Max Höfer

# Taschenbuch zum Abstecken von Kreisbogen

*mit und ohne Übergangsbogen*
*für Teilung des Kreises in 400$^g$*

Neunte Auflage

Herausgegeben von
Dipl.-Ing. Jürgen Streble

Springer-Verlag Berlin Heidelberg GmbH  1972

Mit 39 Abbildungen

ISBN 978-3-642-64984-4          ISBN 978-3-642-64983-7 (eBook)
DOI 10.1007/978-3-642-64983-7

# Vorwort zur neunten Auflage.

Seit dem Ableben von Max Höfer im Februar 1970 habe ich die Betreuung der Bogentafel übernommen. Ich werde das Taschenbuch in seinem Sinne weiterführen.

Auf Grund neuer Forschungsergebnisse hat die Deutsche Bundesbahn Richtlinien für die Überhöhung und Geschwindigkeit im Gleisbogen herausgegeben, die jedoch ohne Einfluß auf die Bogentafeln sind.

Die Bestimmungen der Oberbauvorschriften von 1969 sind berücksichtigt.

Durch die Aufmerksamkeit eines Benutzers konnte auf S. 401 ein Druckfehler berichtigt werden. Ansonsten sind die Tafeln nicht verändert worden.

Bayreuth, im April 1972.

Jürgen Streble.

# Vorwort zur dritten Auflage.

Zwölf schicksalsreiche Jahre sind seit dem Erscheinen der zweiten Auflage vergangen, und seit rund 10 Jahren ist dieses Taschenbuch vom Markt verschwunden.

Glücklicherweise sind die Druckplatten vor der Vernichtung bewahrt geblieben, so daß man das Buch mit vollem Vertrauen benutzen kann, ohne Druckfehler zu befürchten; aus den älteren Auflagen sind keine bekannt geworden.

In der Einführung sind geringe Änderungen in den Oberbauvorschriften der Deutschen Bundesbahn berücksichtigt worden.

Die Formeln im Anhang sind mit Rücksicht auf die Bevorzugung langer Parabeln auf den Festwert $m$ der Funktion $y = m \cdot x^3$ umgestellt worden, der nicht gleich $1 : 6rl$ zu sein braucht, wie früher angenommen worden war.

Auf die äußere Ausstattung hat der Verlag alle Sorgfalt verwendet, die ein Taschenbuch, das lange halten soll, verdient.

Möge der gute Ruf der älteren Auflagen dieser neuen zugute kommen!

Hamburg-Bergedorf, im November 1952.

**Max Höfer.**


# Vorwort zur ersten Auflage.

In wenigen Jahren wird in der deutschen Technik die Teilung des Kreises in 360° verdrängt sein von der Teilung in 400$^g$ mit Zehner-Unterteilung.

Dieses Taschenbuch ist der neuen Teilung angepaßt.

Es soll künftig das auf alte Kreisteilung zugeschnittene altbewährte Taschenbuch von Sarrazin und Oberbeck ersetzen, das ich, den Fortschritten der Eisenbahntechnik folgend, seit der 44. Auflage immer stärker umarbeiten mußte, bis nun endlich von der Arbeitsleistung seiner Urheber nichts mehr übrig geblieben ist.

In der Übergangszeit erscheint das alte Taschenbuch weiter, solange Nachfrage vorhanden sein wird.

Hamburg-Altona, im Mai 1938.

**Max Höfer.**

# Inhaltsverzeichnis.

# Einführung.

## I. Absteckung des Kreisbogens von der Tangente aus.

Die Absteckung eines Kreisbogens zur Verbindung der Mittellinien gerader Strecken von Straßen, Kanälen oder Eisenbahnen erfordert:

1. die Ermittelung des Winkels, den die Mittellinien bilden,

2. die Berechnung der Tangenten vom Winkelpunkt bis zum Berührungspunkt, des Abstandes des Bogenscheitels vom Winkelpunkt, der Koordinaten des Scheitels und der Bogenlänge,

3. unter Umständen die Bestimmung von Hilfstangenten,

4. Die Absteckung einzelner Bogenpunkte (Kleinpunkte).

### 1. Ermittelung des Winkels.

Der Winkel wird in der Regel mit dem Theodoliten gemessen. Er kann auch durch Längenmessung mit hinreichender Genauigkeit bestimmt werden. Da man statt des inneren Brechungswinkels $\beta$ (Abb. 1) stets seinen Nebenwinkel $\alpha$, der gleich dem Mittelpunktwinkel des Bogens ist, zu den Rechnungen benutzt, verlängert man eine Tangente

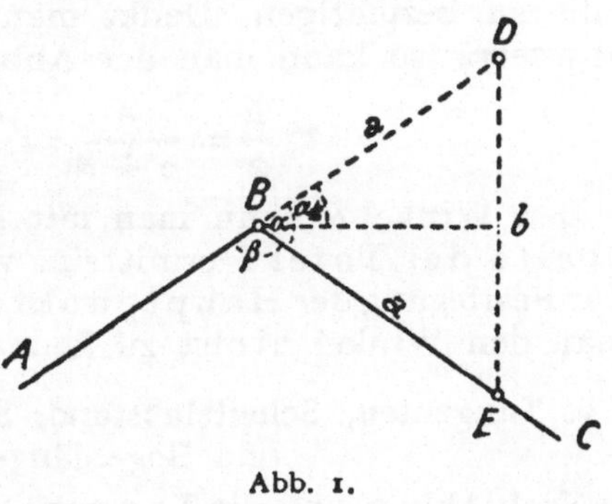

Abb. 1.

$AB$ über den Winkelpunkt hinaus, setzt eine beliebige Strecke $a$ auf der Verlängerung und auf der anderen

Tangente ab $(BD = BE = a)$ und mißt die Entfernung $DE = b$. Dann ist

$$\frac{\frac{1}{2}b}{a} = \sin\frac{\alpha}{2}. \tag{1}$$

Diesen Wert sucht man in der Spalte „$\sin\frac{\alpha}{2}$" der Tafel I auf. Am linken Rande findet man auf gleicher Zeile den Winkel $\alpha$.

Kommt der gesuchte Wert selbst in der Tafel nicht vor, so ermittelt man den Winkel durch Zwischenschaltung des gesuchten Wertes zwischen die in der Tafel aufgeführten benachbarten Werte, wobei zu beachten ist, daß der Unterschied dieser Tafelwerte einer Änderung des Winkels um $2^s = 200^{cc}$ entspricht.

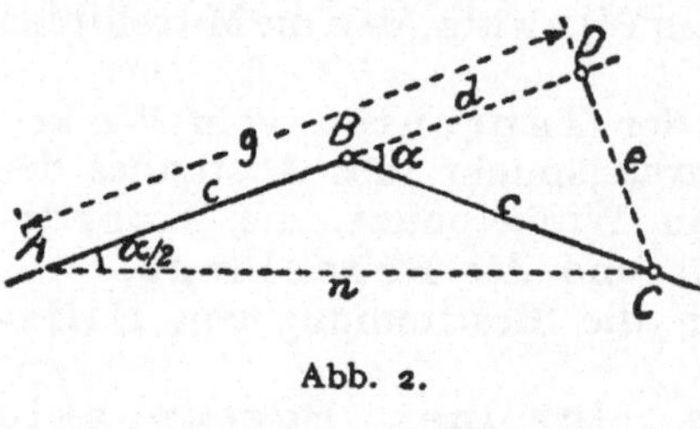

Abb. 2.

Ein anderes Verfahren ist besonders bei spitzem Winkel $\alpha$ zu empfehlen. Man steckt nach Abb. 2 auf einer Tangente ein beliebiges Maß $BC = c$ ab und nimmt den Punkt $C$ winkelrecht auf die andere Tangente auf. Der Fußpunkt $D$ ist nach der Formel $d = \sqrt{c^2 - e^2} = \sqrt{(c + e)(c - e)}$ zu prüfen und nötigenfalls zu berichtigen. Denkt man sich $BA = BC = c$ abgesetzt, so kann man der Abb. 2 entnehmen:

$$\operatorname{tg}\frac{\alpha}{2} = \frac{e}{c + d} = \frac{e}{g}. \tag{2}$$

Den Winkel $\alpha$ kann man mit Hilfe der Tangens-Spalte der Tafel I ermitteln, wie oben angegeben. Zur Festlegung der Hauptpunkte des Bogens braucht man den Winkel nicht zu kennen.

### 2. Tangenten, Scheitelabstand, Scheitelkoordinaten und Bogenlänge.

Nach Abb. 3 sind die Tangenten bis zu den Berührungspunkten

$$AB = BC = r \cdot \operatorname{tg}\frac{\alpha}{2}. \tag{3}$$

**Der Scheitelabstand ist:**

$$BD = BO - r = \frac{r}{\cos\dfrac{\alpha}{2}} - r = r \cdot \sec\frac{\alpha}{2} - r$$

**oder**

$$BD = r \cdot \left(\sec\frac{\alpha}{2} - 1\right). \qquad (4)$$

Die Abszisse $AE$ des Scheitels ist gleich der halben Sehne $AC$, nämlich:

$$AE = AF = r \cdot \sin\frac{\alpha}{2}. \quad (5)$$

Die Ordinate $DE$ des Scheitels ist gleich der Pfeilhöhe $DF$ des Bogens, nämlich:

$$DE = DF = OD - OF$$
$$= r \cdot \left(1 - \cos\frac{\alpha}{2}\right). \quad (6)$$

Die Bogenlänge ist:

$$ADC = r \cdot \frac{\pi \cdot \alpha}{200}. \qquad (7)$$

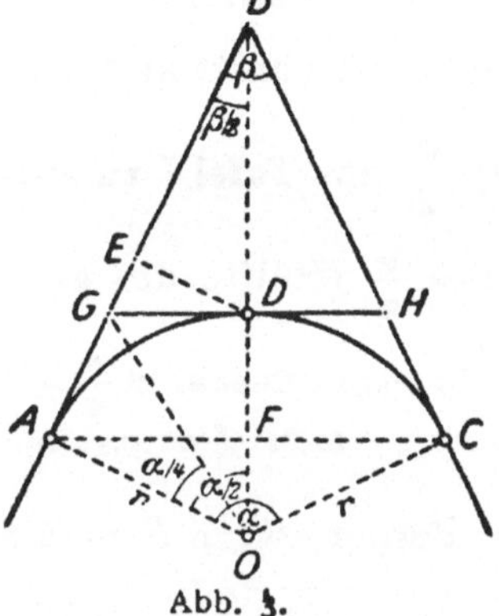


Abb. 3.

Die Tafel I enthält die Werte $\operatorname{tg}\dfrac{\alpha}{2}$, $\sec\dfrac{\alpha}{2} - 1$, $\sin\dfrac{\alpha}{2}$, $1 - \cos\dfrac{\alpha}{2}$ und $\dfrac{\pi\,\alpha}{200}$ der Reihe nach auf gleicher Zeile für die Winkel $\alpha$ von o bis 100 Grad in Abständen von je 2 Minuten. Zwischenwerte ermittelt man durch Einschaltung.

Liegt $\alpha$ zwischen 100$^g$ und 200$^g$, so berechnet man:

$$\beta = 200^g - \alpha \quad \text{und}$$

$$BA = BC = \frac{r}{\operatorname{tg}\dfrac{\beta}{2}}$$

$\operatorname{tg}\dfrac{\beta}{2}$ ist der Tafel I zu entnehmen für den Tafelwert $\alpha = \beta$; denn die Tafel enthält die Tangenswerte für Winkelhälften, gleichviel welche Namen die Winkel tragen. Ist z. B. der gemessene Winkel $\alpha = 123{,}6438^g$, also $\beta = 76,3562^g$, so ist tg $\dfrac{\beta}{2}$ bei dem Tafelwert $\alpha = 76,3562^g$ zu suchen. Man findet für $\alpha = 76,34^g$ den Wert 0,68351. Da tg $\dfrac{\alpha}{2}$ für die folgenden $200^{00}$ um 23 Einheiten der 5. Stelle wächst, beträgt der Zuwachs für $162^{00}$: $\dfrac{23 \cdot 162}{200} = 19$ Einheiten der 5. Stelle. Der Tafelwert für $76,34^g$ wächst demnach auf 0,68370 an. Also ist

$$\frac{1}{\text{tg}\ \dfrac{\beta}{2}} = 1 : 0,68370 = 1,46263.$$

Dann bestimmt man die Scheiteltangente nach der im 3. Abschnitt angegebenen Formel: $r \cdot \text{tg}\ \dfrac{\alpha}{4}$, wobei tg $\dfrac{\alpha}{4}$ aus Tafel I zu entnehmen ist für den Tafelwert:

$$\alpha = \frac{\alpha}{2}\ \text{(Hälfte des gemessenen Winkels).}$$

In obigem Beispiel ist $\dfrac{\alpha}{2} = 61,8219^g$. Man findet tg $\dfrac{\alpha}{4}$ beim Tafelwert $\alpha = 61,8219^g$ zu 0,52768.

Ferner ist: $A\,E = A\,F = r \cdot \cos \dfrac{\beta}{2}$. In Tafel I sind nur die Werte für $\left(1 - \cos \dfrac{\alpha}{2}\right)$ enthalten; daraus ist $\cos \dfrac{\alpha}{2}$ durch Abzug von 1 zu ermitteln.

In unserem Beispiel finden wir für $\alpha = \beta = 76,3562^g$ den Wert $\left[1 - \cos \dfrac{\alpha}{2} = \right] 1 - \cos \dfrac{\beta}{2} = 0,17449$, also ist $\cos \dfrac{\beta}{2} = 0,82551$.

Ferner ist: $E\,D = D\,F = r - r \cdot \sin \dfrac{\beta}{2} = r\left(1 - \sin \dfrac{\beta}{2}\right)$.

Wir entnehmen $\sin \dfrac{\beta}{2}$ aus Tafel I für den Tafelwert $\alpha = \beta = 76,3562^g$ mit 0,56440, also ist: $1 - \sin \dfrac{\beta}{2} = 0,43560$.

Der Scheitelabstand $B\,D$ ist zu berechnen aus:

$$\frac{r}{\sin \dfrac{\beta}{2}} - r = r\left(\frac{1}{\sin \dfrac{\beta}{2}} - 1\right) = r\left(\text{cosec}\ \dfrac{\beta}{2} - 1\right).$$

Für $\alpha = \beta = 76{,}3562^g$ ist nach Tafel I: $\sin \dfrac{\beta}{2} = 0{,}56440$; demnach: $\operatorname{cosec} \dfrac{\beta}{2} = 1 : 0{,}56440 = 1{,}771793$ und $\operatorname{cosec} \dfrac{\beta}{2} - 1 = 0{,}771793$.

Die Bogenlänge beträgt $1{,}57080 \cdot r$ für je $100^g$.

Für $\alpha = 123{,}6438^g$ ist der Bogen: $1{,}57080 \cdot 1{,}236438 \cdot r = 1{,}942197 \cdot r$.

Hat man die Tangenten nach Abb. 2 gegeneinander festgelegt, so berechne man aus den gemessenen Längen $c$, $d$ und $e$ das Maß

$$A C = n = \sqrt{(c + d)^2 + e^2} = \sqrt{g^2 + e^2}. \qquad (8)$$

Dann läßt sich ohne Benutzung der Tafel I berechnen:

Die Tangente:

$$A B = B C = r \cdot \frac{e}{g}. \qquad (3\,\mathrm{a})$$

Der Scheitelabstand:

$$B D = r \cdot \frac{n - g}{g}. \qquad (4\,\mathrm{a})$$

Die Scheitelabszisse:

$$A E = A F = r \cdot \frac{e}{n}. \qquad (5\,\mathrm{a})$$

Die Scheitelordinate:

$$D E = D F = r \cdot \frac{n - g}{n}. \qquad (6\,\mathrm{a})$$

Die Bogenlänge läßt sich nur mit Hilfe des Winkels bestimmen.

Beide Arten der Winkelbestimmung dürften als gleichwertig anzusehen sein. Die Art nach Abb. 2 erfordert zwar die rechnerische Prüfung nach dem Satze des Pythagoras, liefert dafür aber eine Messungsprobe, während man nach der Art der Abb. 1 zum Schutz vor Irrtümern je 2 Punkte $D$ und $E$ bestimmen, also die Messung verdoppeln und die Ergebnisse für den Winkel mitteln wird. Man kann beide Arten in der Weise verbinden, daß man die Strecke $b$ der Abb. 1 wirklich halbiert und das Lot vom Mittelpunkt nach $B$ mißt. Setzt man dann $a = c$, $\dfrac{b}{2} = e$ und das Lot gleich $d$, so kommt man auf die Formeln (3a) bis (6a).

Diese, namentlich (3a), verdienen besondere Beachtung wegen der Bequemlichkeit, die sie bei zeichnerischen Ermittelungen bieten. Will man etwa auf einem Plan die Tangentenlängen ermitteln, so braucht man nur vom Fußpunkt $D$ der Abb. 2 auf der Tangente $D A$ den Halbmesser $r$ in beliebigem Maßstab abzutragen und durch den erhaltenen Punkt die Gleichlauflinie zu der Strecke $n$ zu ziehen. Sie schneidet von dem Lot $e$ die gesuchte Tangentenlänge in demselben Maßstab ab

Umgekehrt läßt sich der Halbmesser aus der verfügbaren Tangenten-länge zeichnerisch ermitteln, indem man diese auf dem Lot $e$ in beliebigem Maßstab abträgt und die Gleichlauflinie zu $n$ bis zum Schnitt mit der Tangente $DA$ zieht. Die Entfernung von $D$ ist dann der Halbmesser in dem gewählten Maßstab.

### 3. Hilfstangenten.

Bei starker Krümmung oder bei Gelände-Hindernissen kann die Absteckung der Kleinpunkte von den Haupttangenten aus unzuverlässig oder unbequem werden. Dann berechnet man die Lage der Scheiteltangente und nach Bedarf weitere Zwischentangenten durch fortgesetzte Unterteilung des Bogens. Nach Abb. 3 ist:

$$AG = CH = GD = DH = r \cdot \mathrm{tg}\,\frac{\alpha}{4}. \qquad (9)$$

Man findet den Wert für $\mathrm{tg}\,\dfrac{\alpha}{4}$ in der Tangens-Spalte der Tafel I für den Winkel $\dfrac{\alpha}{2}$.

Mit den Werten der Abb. 2 erhält man ohne Kenntnis des Winkels:

$$AG = CH = GD = DH = r \cdot \frac{e}{g+n}. \qquad (9\,\mathrm{a})$$

### 4. Kleinpunkte.

Die Einzelpunkte (Kleinpunkte) können von der Tangente aus nach zwei verschiedenen Grundsätzen abgesteckt werden.

a) Man macht die Abschnitte der Tangente gleich groß. Dann wachsen die Abstände benachbarter Kleinpunkte voneinander mit der Entfernung vom Berührungspunkt.

Der senkrechte Abstand $y$ (Ordinate) in der Entfernung $x$ des Fußpunktes vom Berührungspunkt (Abszisse) ist nach Abb. 4:

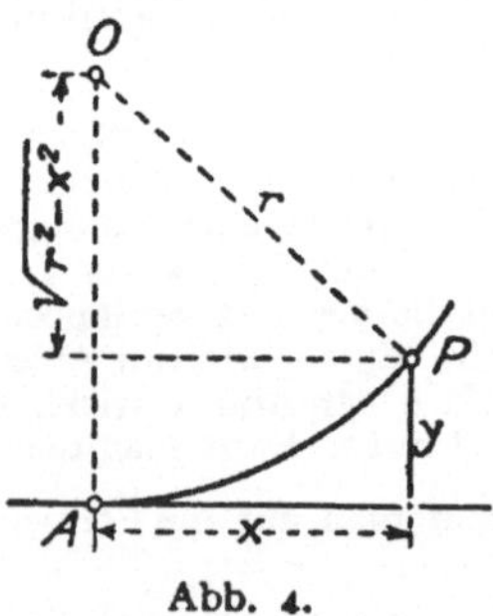

Abb. 4.

$$y = r - \sqrt{r^2 - x^2}$$
$$= r - \sqrt{(r+x)\,(r-x)}. \qquad (10)$$

Nach dieser Formel ist die Tafel IIa berechnet worden.

b) Man bestimmt die Abszissen so, daß die Kleinpunkte gleichen Abstand voneinander erhalten.

Nach Abb. 5 ist:

$$x = r \cdot \sin \alpha$$

$$y = r - r \cdot \cos \alpha = r (1 - \cos \alpha).$$

Nach diesen Formeln ist die Tafel IIb aufgestellt. Die Angabe der Winkel, die zur Absteckung nicht benutzt werden, wird für Rechenarbeiten nützlich sein.

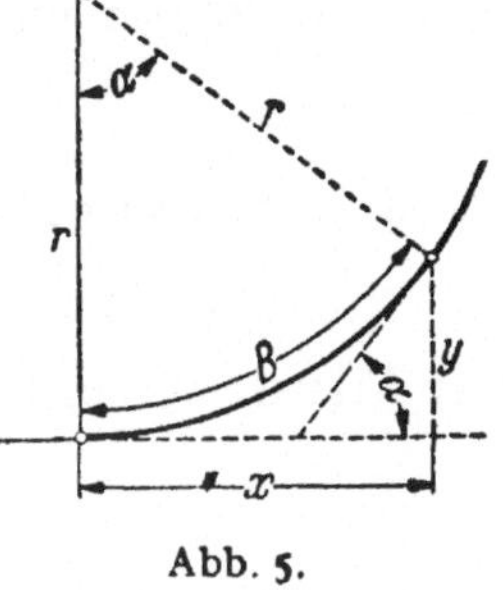

Abb. 5.

## II. Überhöhungsrampe und Übergangsbogen.

### 5. Die Überhöhung der äußeren Schiene.

Um der Fliehkraft entgegenzuwirken, muß der äußere Schienenstrang des Bogengleises höher gelegt werden als der innere. Die erforderliche Überhöhung hangt von der Fahrgeschwindigkeit und vom Halbmesser des Bogens ab. Auf demselben Gleis verkehren aber in der Regel Schnellzüge und Güterzüge. Eine zu starke Überhöhung wirkt störend auf den Lauf der langsam fahrenden Züge, weil diese aus Mangel an Schwung auf der schiefen Ebene nach innen drängen, während es umgekehrt sein soll. Eine zu geringe Überhöhung wird von den Reisenden in den Schnellzügen unangenehm empfunden, weil die überschüssige Fliehkraft sich den Insassen mitteilt.

Daraus folgt, daß es nötig ist, für die Überhöhung außer den Regelwerten Mindest- und Höchstwerte festzusetzen.

Die Deutsche Bundesbahn hat auf Grund langer Erfahrung die Regelüberhöhung auf rund $^2/_3$ der nach den Gesetzen der Mechanik errechneten Überhöhung festgesetzt, so daß die für den Fahrgast unangenehme überschüssige Fliehbeschleunigung nie mehr als 0,85 m/sec² beträgt.

Bezeichnet $V$ die höchste planmäßige Fahrgeschwindigkeit in Kilometern für die Stunde (km/Std.), $r$ den Bogenhalbmesser in $m$ und $h$ die Überhöhung in mm, so gilt als Regelwert:

$$h = 8\,\frac{V^2}{r}.\tag{11}$$

Der Höchstwert ist:

$$h = 150\ \text{mm}.$$

Der Mindestwert ist:

$$h = 11,8 \cdot \frac{V^2}{r} - 100.\tag{11a}$$

Als Kleinstwert der Mindestüberhöhung ist:

$$h = 11,8 \cdot \frac{V^2}{r} - 130\tag{11b}$$

nur in Gleisbogen ohne Zwangspunkte wie Weichen, Bahnübergänge, Brücken u. a. m. zugelassen.

Für Strecken, die von allen Zügen mit gleicher Geschwindigkeit befahren werden, gilt als Regel:

$$h = \frac{11,8\ V^2}{r}.$$

Die berechnete Überhöhung wird auf halbe cm abgerundet.

Die größte Geschwindigkeit, mit der ein Bogen überhaupt durchfahren werden darf, beträgt:

$$V = 4,6\sqrt{r}.$$

Daraus folgt, daß der kleinste Halbmesser einer mit $V$ zu befahrenden Strecke mindestens betragen muß:

$$r = \frac{V^2}{21,16}.$$

## 6. Die Überhöhungsrampe.

Die Überhöhung der äußeren Schiene erfordert die Herstellung einer Rampe. Diese ist am leichtesten zu überwachen und zu unterhalten, wenn sie geradlinig ansteigt. Auf dieser Strecke wächst die Überhöhung allmählich vom Werte Null bis zum Werte $h$. Da sie nach Gleichung (11) vom Halbmesser abhängig ist, muß der Halbmesser mit zunehmender Überhöhung allmählich kleiner werden. Der **Grundriß** dieser Übergangsstrecke darf also **kein Kreisbogen sein**, sondern er muß eine Krümmung darstellen, deren Krummheit von $1/0 = \infty$ bis $1/r$ allmählich zunimmt. Diese Strecke heißt „Übergangsbogen" (siehe Abschnitt 7).

**Übergangsbogen und Überhöhungsrampe sollen in der Regel, und ihre Anfänge müssen zusammenfallen.** Für die Neigung der Rampe gilt als Regel:

$$1 : n = 1 : 10\ V,$$

als Höchstmaß ausnahmsweise:

$$1 : n = 1 : 8\ V \quad \text{und} \quad 1 : n = 1 : 400.$$

Aus der Verbindung mit den Gleichungen (11), (11a) und (11b), aus denen $h$ in mm erhalten wird, folgen für die Rampenlänge $l_r$ in m die **Regelformel**:

$$l_r = \frac{h \cdot V}{100} \tag{12}$$

und die **Mindestformel**:

$$l_r = \frac{8h \cdot V}{1000} \tag{12a}$$

In (12a) kann für $h$ nötigenfalls der Mindestwert nach (11a) bzw. (11b) gebraucht werden. Die Längen der Rampen und Übergangsbogen werden auf 10 oder mindestens 5 m abgerundet.

Überhöhungsrampen sollen nicht zusammenstoßen. Die Deutsche Bundesbahn verlangt ein Zwischenstück von mindestens $V/10$ m Länge mit gleichbleibender oder ohne Überhöhung.

Sind diese Forderungen nicht erfüllbar, so muß die Geschwindigkeit herabgesetzt werden. Die zulässige Fahrgeschwindigkeit berechnet man bei Überhöhungsmangel aus:

$$V = \sqrt{\frac{h + 100}{11,8} \cdot r},$$

bei unzureichender Rampenlänge aus:

$$V = \frac{1000 \cdot l_r}{8\,h}.$$

Es sei hier — dem Abschnitt 7 vorgreifend — bemerkt, daß die Übergangsbogen zusammenstoßen dürfen, nur nicht die Rampen. Wenn ausnahmsweise die Übergangsbogen kürzer werden müssen als die Rampen, so dürfen diese in den Kreisbogen hineinragen; aber dann muß am Ende des Übergangsbogens die Mindestüberhöhung vorhanden sein.

In unvermeidlichen kurzen Geraden zwischen gleichwendigen Bogen wird die Überhöhung — g. F. in Form einer Rampe zur Überleitung aus der einen Überhöhung in die andere — durchgeführt.

An Wegekreuzungen in Bogen zweigleisiger Strecken soll man alle 4 Schienen in eine Ebene oder wenigstens die beiden mittleren auf gleiche Höhe bringen; das erfordert eine geringfügige Abweichung in den Neigungsverhältnissen beider Gleise.

In seltenen Fällen baut man geschwungene Rampen, die aus zwei quadratischen Parabeln bestehen und als Grundriß eine Doppelparabel vierten Grades verlangen. Darauf kann hier nicht eingegangen werden.

### 7. Übergangsbogen von mäßiger Länge.

Die Deutsche Bundesbahn formt den Übergangsbogen als kubische Parabel. Ihre Koordinatengleichung lautet allgemein:

$$y = m\,x^3, \tag{13}$$

wenn $y$ den senkrechten Abstand des Bogenpunktes von der Anfangstangente — die Ordinate —, $x$ die Entfernung des Fußpunktes vom Anfangspunkt — die Abszisse — und $m$ einen Festwert bezeichnet.

Der Krümmungshalbmesser eines beliebigen Bogenpunktes ist:

$$\varrho = \frac{\sqrt{1 + 9\,m^2 \cdot x^4}^{\,3}}{6 \cdot m \cdot x}. \tag{14}$$

Für den Punkt, in dem die Parabel in den Kreis übergeht, ist $x = l$ (Parabellänge) und es soll $\varrho = r$ werden, also

$$r = \frac{\sqrt[3]{1 + 9\,m^2 \cdot l^4}}{6 \cdot m \cdot l}\,. \qquad (15)$$

Der Übergangsbogen ist sehr flach; er löst sich nur ganz allmählich von der Tangente ab; d. h. der Festwert $m$ ist außerordentlich klein. Wenn nun die Parabel nur eine mäßige Länge hat, wird das Produkt $9\,m^2 \cdot l^4$ in Gleichung (15) fast verschwindend klein, so daß man es ganz fortlassen darf. Dann wird der Zähler gleich eins, und es entsteht:

$$r = \frac{1}{6 \cdot m \cdot l}\,,$$

aus der folgt:

$$m = \frac{1}{6 \cdot r \cdot l}\,. \qquad (16)$$

Die Parabelgleichung (13) geht über in:

$$y = \frac{x^3}{6 \cdot r \cdot l}\,. \qquad (17)$$

Für die Endordinate ergibt sich:

$$k = y_l = \frac{l^3}{6 \cdot r \cdot l}$$

$$= \frac{l^2}{6\,r}\,. \qquad (18)$$

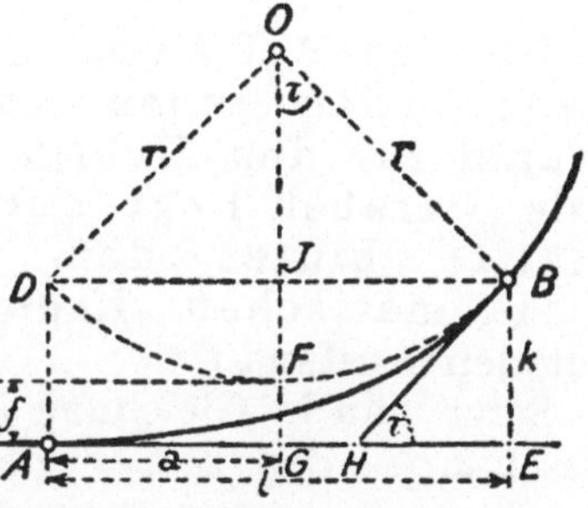


Abb. 6.

Der Schatten einer beliebigen Parabeltangente auf die Anfangstangente, die sog. Subtangente, ist stets $^1/_3$ der Abszisse des Berührungspunktes, also in Abb. 6:

$$HE = \frac{l}{3}\,.$$

Nun ist $\sphericalangle BHE = \sphericalangle BOG = \tau$ und

$$\mathrm{tg}\,\tau = \frac{k}{HE} = \frac{l^2}{6 \cdot r} : \frac{l}{3} = \frac{l}{2 \cdot r}\,. \qquad (19)$$

Da $\tau$ sehr klein ist, darf man den Sinus mit dem Tangens vertauschen, und es folgt dann:

$$GE = BJ = r \cdot \sin \tau = r \cdot \operatorname{tg} \tau = \frac{r \cdot l}{2 \cdot r}$$

oder:

$$GE = \frac{l}{2}. \tag{20}$$

Die Pfeilhöhe eines flachen Bogens ist gleich dem Quadrat der Sehne, geteilt durch das 8-fache des Halbmessers. Es ist also:

$$JF = \frac{l^2}{8 \cdot r}$$

und:

$$FG = JG - JF = k - \frac{l^2}{8 \cdot r} = \frac{l^2}{6 \cdot r} - \frac{l^2}{8 \cdot r}$$

oder

$$FG = f = \frac{l^2}{24 \cdot r}. \tag{21}$$

Um das Maß $f$ muß der Kreis von der Tangente nach innen abgerückt werden, um Raum für den Übergangsbogen zu schaffen. Die Parabel liegt zur Hälfte vor und zur Hälfte hinter dem ursprünglichen, sog. mathematischen, Kreisbogenanfang und hälftet den Abstand $f$.

Setzt man in Gleichung (14) — wie nachher in (15) geschah — den Zähler gleich eins, so erkennt man aus: $\varrho = \dfrac{1}{6 \cdot m \cdot x}$ oder $\dfrac{1}{\varrho} = 6 \cdot m \cdot x$, daß die Krummheit $\dfrac{1}{\varrho}$ in gleichem Verhältnis mit der Bogenlänge $x$ zunimmt. Innerhalb der Überhöhungsrampe nimmt die Überhöhung auch in gleichem Verhältnis mit der Bogenlänge zu; sie entspricht also an jeder Stelle der Krummheit. Daher ist die kubische Parabel als Übergangsbogen besonders geeignet, wenn man die Überhöhungsrampe mit ihr zusammenfallen und geradlinig ansteigen läßt.

### 8. Übergangsbogen von erheblicher Länge.

Die in Abschnitt 7 angegebenen Formeln verbürgen eine hinreichende Genauigkeit für Parabeln bis zu einer Länge von höchstens etwa $\dfrac{r}{3,5}$. Hohe Geschwindigkeiten erfordern viel längere Übergangsbogen; dann ist es nicht mehr statthaft, die Gleichung (15) in der dargestellten Weise zu vereinfachen. Wir bilden daraus zunächst:

$$6\,r\,m\,l = \sqrt{1 + 9\,m^2\,l^4}^{\,3}. \tag{22}$$

In Abb. 5 ist nach Gleichung (13):

$$BE = m \cdot l^3,$$

die Subtangente $HE = \dfrac{l}{3}$,

folglich:

$$BH = \sqrt{\frac{l^2}{9} + m^2\,l^6} = \sqrt{\frac{l^2}{9} + \frac{l^2}{9} \cdot 9 \cdot m^2\,l^4}$$

$$= \frac{l}{3}\,\sqrt{1 + 9 \cdot m^2\,l^4},$$

$$\frac{BH}{\frac{1}{3}\,l} = \frac{1}{\cos\tau} = \sqrt{1 + 9 \cdot m^2\,l^4}. \tag{23}$$

Die Verbindung mit (22) ergibt:

$$6 \cdot r \cdot m \cdot l = \frac{1}{\cos^3\tau},$$

$$m = \frac{1}{6 \cdot r \cdot l \cdot \cos^3\tau}. \tag{24}$$

Den Winkel $\tau$ kennt man zwar nicht; aber da $BE$ im Verhältnis zu $^1/_3\,l$ stets klein ist und der Kosinus kleiner Winkel sich nur sehr langsam ändert, werden wir eine sehr gute Annäherung erhalten, wenn wir nach Gleichung (18):

$$BE = \frac{l^2}{6\,r}$$

und demnach:

$$BH = \sqrt{\frac{l^2}{9} + \frac{l^4}{36\,r^2}} = \frac{l}{3}\sqrt{1 + \left(\frac{l}{2\,r}\right)^2}$$

setzen. Dann ist:

$$\cos \tau = \frac{1}{\sqrt{1 + \left(\frac{l}{2\,r}\right)^2}}$$

und:

$$m = \frac{\sqrt{1 + \left(\frac{l}{2\,r}\right)^2}^{\,3}}{6\cdot r\cdot l}.\tag{25}$$

Die verbesserte Parabelgleichung lautet:

$$y = \frac{\sqrt{1 + \left(\frac{l}{2\,r}\right)^2}^{\,3}}{6\cdot r\cdot l}\,x^3.\tag{26}$$

Diese Gleichung ist der Tafel III für alle verhältnismäßig langen Parabeln zugrunde gelegt.

Die Bogenlänge der kubischen Parabel ist:

$$L = l\left[1 + \frac{1}{10}\left(\frac{l}{2r}\right)^2 - \frac{1}{72}\left(\frac{l}{2r}\right)^4 + \frac{1}{208}\left(\frac{l}{2r}\right)^6 - \cdots\right].$$

Man kann sich auf die beiden ersten Glieder der Klammer beschränken und setzen:

$$L = l + \frac{l}{10}\cdot\left(\frac{l}{2r}\right)^2.\tag{27}$$

Ist $L$ gegeben, so wäre $l$ aus einer Gleichung 3. Grades zu berechnen. Um das zu vermeiden, verkürzt man wegen des verschwindend kleinen Unterschiedes die Bogenlänge $L$ um das — nahezu — gleiche Maß, um das eine gegebene Schattenlänge $l$ vergrößert werden müßte, um auf $L$ anzuwachsen. Man setzt also:

$$l = L - \frac{L}{10}\cdot\left(\frac{L}{2r}\right)^2.\tag{28}$$

Das ist in Tafel III geschehen; die Absteckung liefert also die im Kopf verzeichnete runde Bogenlänge $L$.

Das Maß $f$ in Gleichung (21) ist nun nicht genau $\frac{1}{4}$ der Endordinate; auch liegt die Stelle, an der der verlängert gedachte Kreis der Tangente am nächsten kommt, nicht auf halber Länge von $l$, sondern etwas rückwärts nach dem Anfangspunkt $A$ zu. Wir bezeichnen diesen — kürzeren — Abschnitt vom Anfangspunkt bis zum Fußpunkt des Lotes vom Kreismittelpunkt fortan mit $a$.

Die Rechenformeln lauten:

$$y_l = \frac{\sqrt{1 + \left(\frac{l}{2\,r}\right)^2}^{\,3}}{6\,r} \cdot l^2, \tag{29}$$

$$\operatorname{tg} \tau = \frac{y_l}{\frac{1}{3}\,l} = \frac{3 \cdot y_l}{l}, \tag{30}$$

$$a = l - r \cdot \sin \tau, \tag{31}$$

$$f = y_l + r \cdot \cos \tau - r. \tag{32}$$

Die Ordinaten der Kleinpunkte in Tafel III sind für die Parabel nach Gleichung (26), für den Kreisteil nach:

$$y = r + f - \sqrt{[r + (x - a)] \cdot [r - (x - a)]}$$

entsprechend der Gleichung (42) in Abschnitt 11 berechnet.

Der Mangel der in Abschnitt 7 besprochenen vereinfachten Gleichung macht sich bei langen Parabeln dadurch geltend, daß die Parabel außen am Kreise vorbeiführt; diesem Mangel könnte man zwar dadurch abhelfen, daß man die Parabel an den Kreis heranrückt, wie ja auch hier geschah. Aber die Parabel hat dann im Berührungspunkt nicht den Krümmungshalbmesser $r$. Die Bindungsform (14) hat übrigens für $\varrho$ einen Mindestwert, der bei $x = \dfrac{1}{2{,}59\,\sqrt{m}}$ erreicht wird; von da an nimmt der Krümmungshalbmesser wieder zu. Für diesen Grenzfall ist $\tau = 26{,}78^{g}$.

# III. Absteckung des Kreisbogens mit Übergangsbogen von der Tangente aus.

## 9. Tangenten, Scheitelabstand, Scheitelkoordinaten und Bogenlänge.

Die in den Abschnitten 9 bis 11 dargestellten Beziehungen gelten nur für Bogen mit den in Abschnitt 7 behandelten Übergangsbogen von mäßiger Länge.

Nach Abb. 7 ist die **Tangente** vom Winkelpunkt bis zur Berührung der Parabel:

$$AB = BC + AC = (r+f)\cdot \mathrm{tg}\,\frac{\alpha}{2} + \frac{l}{2}. \qquad (33)$$

Der Abstand des Scheitels vom Winkelpunkt ist:

$$BD = BO - r = (r+f)\sec\frac{\alpha}{2} - r.$$

Fügt man dieser Gleichung $+f-f$ hinzu, so läßt sie sich umformen in:

$$BD = (r+f)\left(\sec\frac{\alpha}{2} - 1\right) + f. \qquad (34)$$

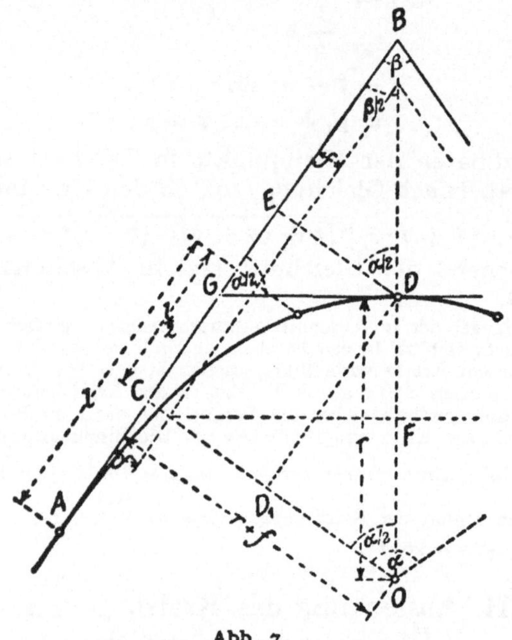


Abb. 7.

Die **Abszisse** des Scheitels ist:

$$AE = r\cdot\sin\frac{\alpha}{2} + \frac{l}{2}. \qquad (35)$$

Die **Ordinate** des Scheitels ist:

$$ED = r\left(1 - \cos\frac{\alpha}{2}\right) + f \qquad (36)$$

Die Bogenlänge ist:

$$2\,AD = r\,\frac{\pi \cdot \alpha}{200} + l\,. \tag{37}$$

Die Werte

$$\operatorname{tg}\frac{\alpha}{2}\,,\quad \sec\frac{\alpha}{2} - 1\,,\quad \sin\frac{\alpha}{2}\,,\quad 1 - \cos\frac{\alpha}{2}\quad\text{und}\quad \frac{\pi \cdot \alpha}{200}$$

sind der Tafel I zu entnehmen.

Hat man die Tangenten nach Abb. 2 gegeneinander festgelegt, so läßt sich ohne Benutzung der Tafel berechnen:

Die Tangente:

$$AB = (r + f) \cdot \frac{e}{g} + \frac{l}{2}\,. \tag{33a}$$

Der Scheitelabstand:

$$BD = (r + f) \cdot \frac{n - g}{g} + f\,. \tag{34a}$$

Die Scheitelabszisse:

$$AE = r \cdot \frac{e}{n} + \frac{l}{2}\,. \tag{35a}$$

Die Scheitelordinate:

$$ED = r \cdot \frac{n - g}{n} + f\,. \tag{36a}$$

Die Bogenlänge kann nur mit Hilfe des Winkels bestimmt werden.

## 10. Hilfstangenten.

Aus Abb. 7 ergibt sich mit Hilfe der aus den Gleichungen (34) bis (36) ermittelten Werte:

$$AG = AE - EG = AE - \frac{ED}{\operatorname{tg}\dfrac{\alpha}{2}}\,, \tag{38}$$

$$BG = \frac{BD}{\sin\dfrac{\alpha}{2}} = \frac{2\,ED}{\sin\alpha}\,, \tag{39}$$

$$DG = \frac{BD}{\operatorname{tg}\dfrac{\alpha}{2}}\,. \tag{40}$$

Aus den Gleichungen (34a) bis (36a) lassen sich mit den Bezeichnungen der Abb. 2 die entsprechenden Werte ohne Winkelkenntnis herleiten, nämlich:

$$A\,G = \frac{r \cdot n - (r+f)\,g}{e} + \frac{l}{2} = A\,E - \frac{g}{e} \cdot E\,D\,, \qquad (38\text{a})$$

$$B\,G = \frac{2\,c}{e}\left(r \cdot \frac{n-g}{n} + f\right) = \frac{n}{e} \cdot B\,D\,, \qquad (39\text{a})$$

$$D\,G = \frac{n \cdot (r+f) - r \cdot g}{e} = \frac{g}{e} \cdot B\,D\,. \qquad (40\text{a})$$

Sind weitere Hilfslinien erforderlich, so empfiehlt es sich, die Haupttangenten um das Maß $f$ zu verschieben und unter Berücksichtigung der Verlegung des Anfangspunktes um $\dfrac{l}{2}$ die weiteren Absteckmaße durch Unterteilung des Winkels $\alpha$ nach Abschnitt 3 zu bestimmen.

## 11. Kleinpunkte.

Die Ordinaten für die Kleinpunkte des Übergangsbogens erhält man nach Gleichung (17), nämlich

$$y = \frac{x^3}{6\,r \cdot l}\,. \qquad (41)$$

Die Koordinaten der Kleinpunkte des anschließenden Kreisbogens unterscheiden sich von denjenigen des ohne Übergangsbogen nach Abschnitt 4 abzusteckenden Kreisbogens durch Zuwachs der Abszisse um $\dfrac{l}{2}$ und Zuwachs der Ordinate um $f$. Es ist also nach Abb. 8:

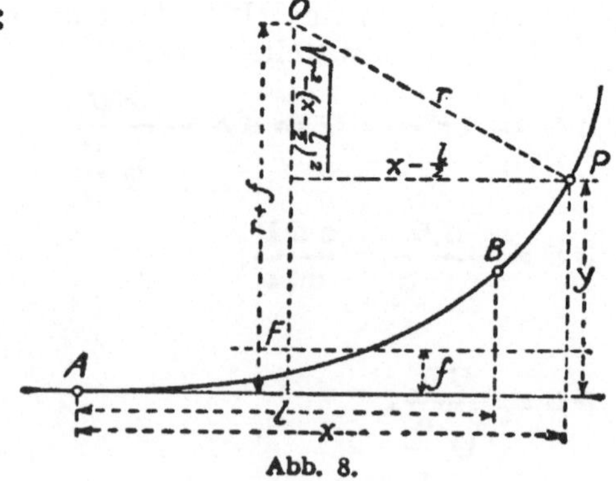


Abb. 8.

$$y = r + f - \sqrt{r^2 - \left(x - \frac{l}{2}\right)^2}$$

$$= r + f - \sqrt{\left(r - \frac{l}{2} + x\right)\left(r + \frac{l}{2} - x\right)}. \qquad (42)$$

## 12. Kreisbogen mit langen Übergangsbogen.

Mit Hilfe des im Kopf der Tafel III angegebenen Winkels $\tau$, der nach Gleichung (30) zu ermitteln ist, berechnet man zweckmäßig die Schnittpunkte $H$ der

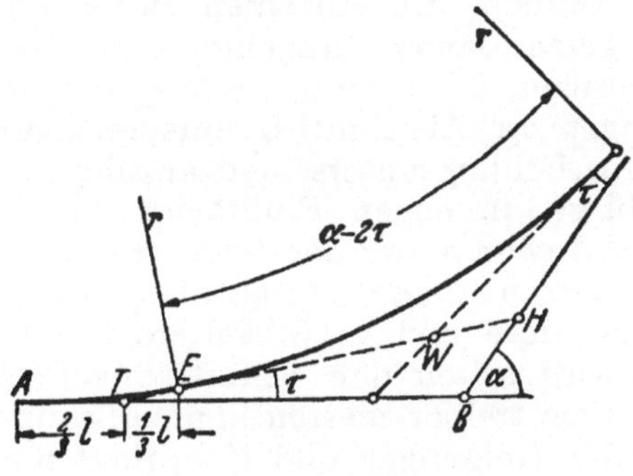


Abb. 9.

Parabelendtangente mit den gegebenen Haupttangenten. Nach Abb. 9 ist:

$$BT = AB - \frac{2}{3}l, \qquad (43)$$

$$BH = BT \cdot \frac{\sin \tau}{\sin(\alpha - \tau)}, \qquad (44)$$

$$TH = BT \cdot \frac{\sin \alpha}{\sin(\alpha - \tau)}. \qquad (45)$$

$TE$ läßt sich aus den Koordinaten des Parabelendes nach Pythagoras berechnen. Ferner ist:

$$EW = r \cdot \mathrm{tg}\left(\frac{\alpha}{2} - \tau\right). \qquad (46)$$

Bei ungünstigem (flachen) Schnitt kann man die Koordinaten des Punktes $W$ zu den Haupttangenten berechnen nach:

$$TW \cdot \sin \tau \quad \text{und} \quad TW \cdot \cos \tau.$$

Der Kreisbogen wird dann nach Abschnitt 2 (Tafeln II) abgesteckt, nötigenfalls mit Hilfstangenten nach Abschnitt 3.

# IV. Korbbogen.

Ein Korbbogen ist ein aus zwei oder mehr Kreisbogenstücken verschiedenen Halbmessers zusammengesetzter Bogen: Korbbogen sind unbeliebt wegen des Überhöhungswechsels und daher nach „Möglichkeit zu vermeiden". Sie verdanken ihre Unbeliebtheit größtenteils dem Brauch, die einzelnen Bogenstücke, wenn auch mit gemeinsamer Tangente, unmittelbar aneinander zu stoßen. Dann fehlt die Möglichkeit, eine den Ausführungen in Abschnitt 6 entsprechende Rampe für den Überhöhungsunterschied anzulegen.

Im Gebirge, in engen Flußtälern, zur Umgehung wertvoller Anwesen werden sich Korbbogen nicht vermeiden lassen. Diese Verhältnisse setzen gewöhnlich umfassendere und verwickeltere Messungen voraus. Man wird selten den Schnittwinkel der Haupttangenten unmittelbar messen können, sondern diesen meist aus den Neigungen und Koordinaten eines Vieleckzuges ableiten. Da also ein Koordinatennetz fast stets vorhanden ist, wird man gut tun, die Mittelpunkte der Bogenteile und die Hauptpunkte des Bogens nach Koordinaten zu bestimmen, diese nötigenfalls auf den Vieleckzug umzuformen und von ihm aus in die Örtlichkeit zu übertragen. Als Koordinaten-Nullpunkt wählt man zweckmäßig einen Bogenanfang auf einer Haupttangente, als Abszissenachse diese Tangente.

## 13. Zweiteilige Korbbogen ohne Übergangsbogen.

Gegeben seien Winkel $\alpha$, die Tangenten $AB = t_1$ und $AC = t_2$ und der Halbmesser $r_1$ der Abb. 10. Gesucht: $r_2$, der Wechselpunkt $D$ und die Lage der gemeinsamen Tangente $HJ$.

Man formt die Koordinaten des Mittelpunktes $O_1$ auf die andere Tangente um.

$$AE = r_1 \cdot \sin \alpha - t_1 \cdot \cos \alpha,$$
$$O_1 E = t_1 \cdot \sin \alpha + r_1 \cdot \cos \alpha.$$

Die Sehne $CD$ schneidet $O_1E$ im Punkte größter Annäherung des $r_1$-Kreises an $AC$; denn Dreieck $CO_2D$
ist ähnlich dem Dreieck $FO_1D$. Man erhält weiter:

$$FE = O_1E - r_1,$$

$$CE = t_2 - AE,$$

$$\frac{FE}{CE} = \operatorname{tg}\delta,$$

$$\delta = \frac{1}{2}\,\alpha_2.$$

Ferner ist:

$$O_1 - O_2 = r_2 - r_1 = \frac{CE}{\sin\alpha_2}$$

also

$$r_2 = r_1 + \frac{CE}{\sin\alpha_2}.$$

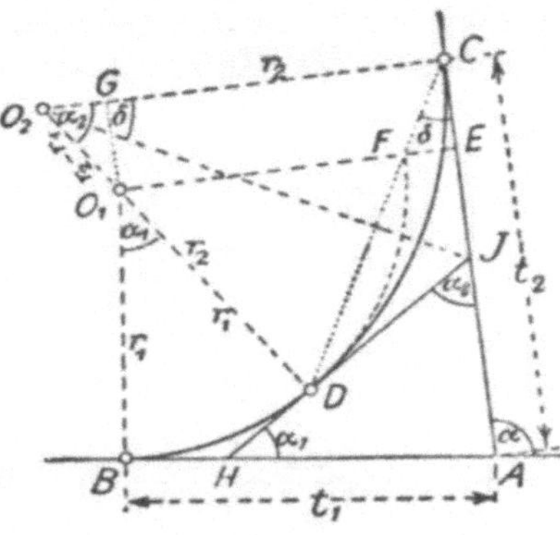

Abb. 10.

Da endlich $\alpha_1 = \alpha - \alpha_2$, sind die Abschnitte der gemeinsamen Tangente zu berechnen aus:

$$BH = DH = r_1 \cdot \operatorname{tg}\frac{\alpha_1}{2}$$

und

$$DJ = CJ = r_2 \cdot \operatorname{tg}\frac{\alpha_2}{2}.$$

Ist der Punkt $C$ nicht gegeben, dafür aber $r_2$ bekannt,
so nimmt die Rechnung nach Umformung der Koordinaten von $O_1$ folgenden Gang:

$$\frac{r_2 - O_1E}{r_2 - r_1} = \cos\alpha_2 = \cos 2\delta,$$

$$CE = O_1G = (r_2 - r_1)\cdot \sin 2\delta.$$

Damit ist Punkt $C$ bestimmt. Das Weitere ergibt sich
nach vorstehendem Beispiel.

Geht man von dem Bogenteil mit dem größeren
Halbmesser aus, der die andere Tangente überschnei-
det, so ändert sich an dem Gang der Rechnung nichts.
Punkt $F$ ist dann der Punkt größten Abstandes des
verlängert gedachten Ausgangsbogens von der anderen
Tangente, und $FE$ wird gleich $r_2 - O_2E$ (vgl. Abb. 12).

### 14. Dreiteilige Korbbogen ohne Übergangsbogen.

Wenn die Haupttangenten $AB$ und $AC$, der Winkel $\alpha$ und die Halbmesser $r_1$, $r_2$ und $r_3$ der Abb. 11 gegeben sind, so forme man wie beim zweiteiligen Korbbogen die Koordinaten des Mittelpunktes eines äußeren Bogenteils, etwa des $r_3$-Bogens, auf die andere Haupttangente um. Dann kennt man $AD$, $BD$ und $O_3D$. Da nun

$$\operatorname{tg} \nu = \frac{O_3 D - r_1}{B D}$$

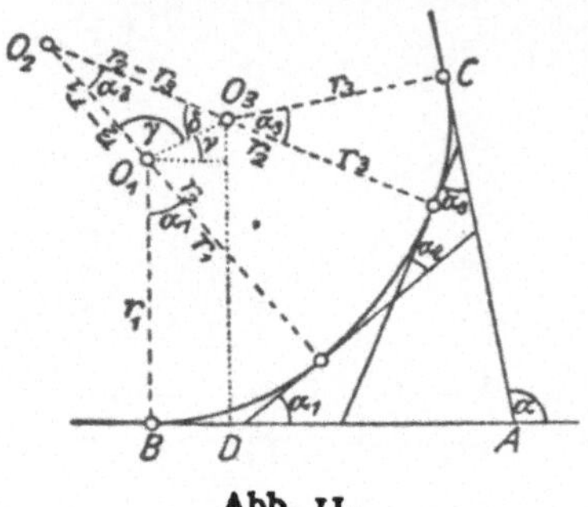

Abb. 11.

und

$$O_1 O_3 = \frac{O_3 D - r_1}{\sin \nu},$$

so kennt man von dem Dreieck $O_1 O_2 O_3$ die drei Seiten. Nach der allgemeinen Formel $\cos \alpha = \dfrac{b^2 + c^2 - a^2}{2\,b\,c}$ berechnet man die Winkel $\alpha_2$, $\gamma$ und $\delta$ — oder einen von ihnen und die beiden anderen nach dem Sinussatz: $a : b : c = \sin \alpha : \sin \beta : \sin \gamma$.

Endlich ist:

$$\alpha_1 = \gamma + \nu - 100^g$$

und

$$\alpha_3 = \alpha - (\alpha_1 + \alpha_2).$$

Aus den Halbmessern und den Mittelpunktwinkeln ergeben sich in bekannter Weise die Abschnitte der gemeinsamen Tangenten.

Sind statt der drei Halbmesser nur zwei, etwa $r_1$ und $r_3$, dafür aber die Länge eines Bogenteils, mithin ein Winkel, etwa $\alpha_1$ gegeben, so läßt sich die Aufgabe auf die Berechnung eines zweiteiligen Korbbogens nach Abschnitt 13 (bzw. 15) zurückführen. Es ist nicht immer ratsam, das Mittelpunktdreieck aufzulösen.

Korbbogen aus mehr als drei Teilen lassen sich stets auf einfachere Fälle zurückführen, zumal in der Praxis immer ein gewisser Spielraum in der Wahl der Halbmesser und der Lage der Bogenwechselpunkte vorhanden sein wird.

## 15. Zweiteilige Korbbogen mit Übergangsbogen an den Außenenden.

Wenn $AB$, $\alpha$, $r_1$ und $r_2$ in Abb. 12 gegeben sind, so verschiebt man die Tangenten gleichlaufend um die Maße $f_1$ und $f_2$, die zu den Halbmessern $r_1$ und $r_2$ mit den Übergangsbogenlängen $l_1$ und $l_2$ gehören, gemäß den Gleichungen (21) oder (32) (siehe Tafel III), und berechnet die Abszissen für den Schnittpunkt $A_1$ auf den Tangenten $AB$ und $AC$, nämlich:

$$AD = \frac{f_1}{\mathrm{tg}\,(200^g - \alpha)} + \frac{f_2}{\sin(200^g - \alpha)},$$

$$AE = \frac{f_1}{\sin(200^g - \alpha)} + \frac{f_2}{\mathrm{tg}\,(200^g - \alpha)}.$$

Sodann berechnet man

$$A_1 B_1 = AB - AD - a_1,$$

formt die auf $A_1 B_1$ bezogenen Koordinaten des Mittelpunktes $O_1$ auf die durch $A_1$ gehende Gleichlauflinie zu $AC$ um und hat nun die im Abschnitt 13 an zweiter Stelle behandelte Aufgabe zu lösen, ohne auf die Parabeln Rücksicht zu nehmen.

Um den Punkt $C$ festzulegen, wird man $A_1 C_1$, das sich aus der Rechnung ergeben hat, um $AE + a_2$ vergrößern. Will man die

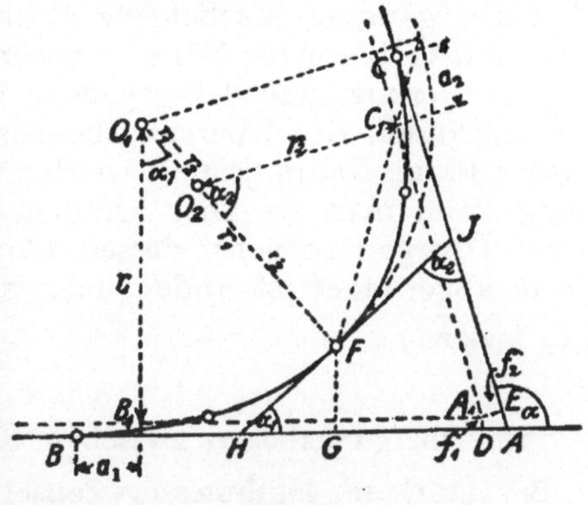

Abb. 12.

gemeinsame Tangente beider Korbbogenteile mit den Haupttangenten zum Schnitt bringen — einfacher ist die Benutzung der um $f_1$ und $f_2$ verschobenen Gleichlauflinien —, so empfiehlt sich die Berechnung der Koordinaten des Punktes $F$, bezogen auf die Haupttangente mit $A$ als Nullpunkt, also:

$$FG = (r_1 + f_1) - r_1 \cdot \cos \alpha_1$$

und

$$A\,G = (A\,B - a_1) - r_1 \cdot \sin \alpha_1.$$

Dann ist

$$G\,H = \frac{F\,G}{\operatorname{tg} \alpha_1}$$

und

$$F\,H = \frac{F\,G}{\sin \alpha_1}.$$

In entsprechender Weise berechnet man $A\,J$ und $F\,J$ mit Benutzung der Wertgruppe $r_2$, $f_2$, $a_2$ und $\alpha_2$.

Größere Schwierigkeit bereitet die Berechnung des zweiteiligen Korbbogens mit Übergangsbogen, wenn die Punkte $A$, $B$ und $C$, also auch $\alpha$, und $r_1$ gegeben sind, dagegen $r_2$ unbekannt ist. Weil alsdann auch die von $r_2$ abhängigen Werte $l_2$ und $f_2$ unbekannt sind, führt die Rechnung zu einer unbequemen Gleichung vom dritten Grade. Es ist ratsam, sich einen Näherungswert für $r_2$ zu verschaffen, den man wohl immer dem Bauplan entnehmen kann, und die an der vorigen Aufgabe gezeigte bescheidene Rechnung lieber mehrmals mit verbesserten Näherungswerten durchzuführen. Die Forderung, daß der gegebene Punkt $C$ genau der Anfangspunkt des Übergangsbogens werden soll, wird in der Praxis kaum gestellt werden. Bei guter Annäherung kann man sie aber erfüllen durch den Einbau eines Übergangsbogens, dessen Länge nicht auf volle 10 m abgerundet ist, indem man diese berechnet aus

$$l = \sqrt{24\,r \cdot f}.$$

## 16. Übergangsbogen zwischen Korbbogenteilen.

Bei starkem Halbmesserwechsel wird ein Überhöhungswechsel, also eine Zwischenrampe, also auch ein Übergangsbogen notwendig, dessen Länge nach den Gleichungen (12) oder (12a) zu berechnen ist, wenn man für $h$ den Unterschied der Überhöhungen einsetzt. Um den Übergangsbogen einzuschalten, muß der schärfer gekrümmte Bogen nach innen oder der flachere nach außen gerückt werden. Dann wird der schärfer gekrümmte auf die halbe Länge des Übergangsbogens allmählich flacher gestreckt und der flachere auf die andere Hälfte allmählich schärfer gekrümmt.

Die Wirkung einer solchen Verkrümmung veranschaulicht Abb. 13. Denkt man sich die Kreisbogen $r_1$ und $r_2$ als Ränder von Scheiben, um die je ein Faden geschlungen ist, und denkt man sich diese Fäden nach der Tangente hin abgewickelt, so beschreibt ein Knoten bei der Länge $l$ die Evolventen $e_2$ und $e_1$, die sich übrigens nicht mathematisch genau decken.

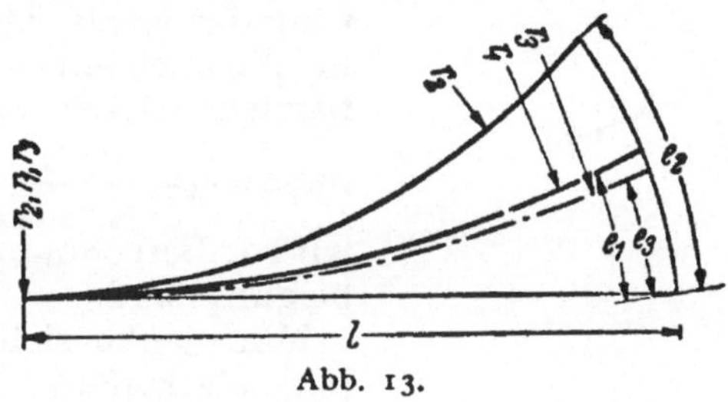


Abb. 13.

Die Kreisevolvente ist bei der Bogenlänge $l$ allgemein: $e = \dfrac{l^2}{2\,r}$. Der Unterschied $e_3$ beider Evolventen ist demnach:

$$e_3 = \frac{l^2}{2\,r_2} - \frac{l^2}{2\,r_1} = l^2 \cdot \frac{r_1 - r_2}{2\,r_1 r_2} = \frac{l^2}{2 \cdot \dfrac{r_1 r_2}{r_1 - r_2}} . \qquad (47)$$

Das ist aber der Ausdruck für die Evolvente eines Bogens von der Länge $l$ und dem Halbmesser:

$$r_3 = \frac{r_1 r_2}{r_1 - r_2} . \qquad (48)$$

Daraus folgt:

$$\frac{1}{r_3} = \frac{1}{r_2} - \frac{1}{r_1} \qquad (49)$$

oder auch:

$$\frac{1}{r_3} + \frac{1}{r_1} = \frac{1}{r_2} . \qquad (50)$$

Das heißt: Wenn man einen Bogen vom Halbmesser $r_3$, also der Krummheit $\dfrac{1}{r_3}$, um so viel schärfer krümmt, daß seine mit ihm fest verbunden gedachte Tangente einen Bogen vom Halbmesser $r_1$, also von der Krummheit $\dfrac{1}{r_1}$, bildet, dann wächst seine eigene Krummheit auf die Summe dieser Krummheiten.

Der Kreis vom Halbmesser $r_3$ ist in Abb. 13 gestrichelt angedeutet. Seine Evolventen zur Tangente sind bei jeder Entfernung vom Bogenanfang gleich dem Abstand der Kreise $r_1$ und $r_2$ voneinander in Richtung der Evolvente. Diesen in Wirklichkeit nicht vorhandenen Kreis vom Halbmesser $r_3 = \dfrac{r_1 r_2}{r_1 - r_2}$ benutzen wir zur Berechnung der Verbiegungsmaße.

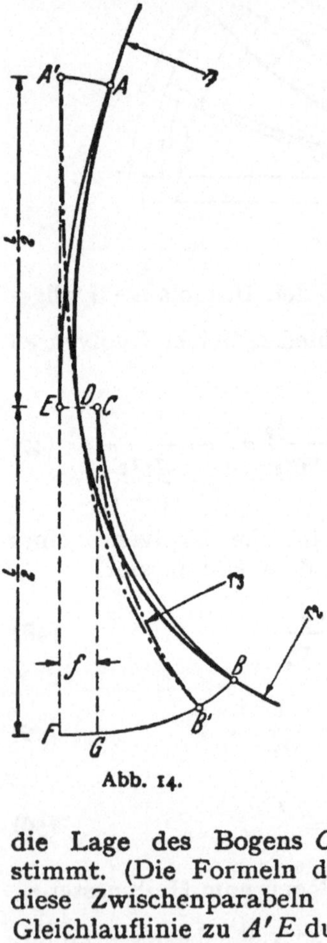

Man denke sich Abb. 14 folgendermaßen entstanden: Gegeben sei ein Bogen $AE$ vom Halbmesser $r_1$ und von der Länge $\dfrac{1}{2}\,l$. Wir legen an $E$ die als gleich lang zu betrachtende Tangente $EA'$; dann zeichnen wir eine kubische Parabel $A'B'$ von der Länge $l$ für den Endhalbmesser $r_3$, den wir aus $r_1$ und dem gegebenen $r_2$ eines örtlich noch nicht festgelegten, schärfer gekrümmten Bogens berechnen nach Gleichung (48).

Nach Gleichung (21) ist

$$E\,C = f = \frac{l^2}{24 \cdot r_3}\,,\quad \text{also ist}$$

Abb. 14.

die Lage des Bogens $CB'$ vom Halbmesser $r_3$ bestimmt. (Die Formeln des Abschnitts 8 kommen für diese Zwischenparabeln nicht in Betracht.) An die Gleichlauflinie zu $A'E$ durch $C$ als Tangente legen wir den Bogen $CB$ vom Halbmesser $r_2$. Dann ist als Evolvente dieses Bogens bei der Länge $\frac{1}{2}l$:

$$G B = \frac{l^2}{8\,r_2},$$

als Evolvente des $r_3 =$ Bogens:

$$G B' = \frac{l^2}{8\,r_3},$$

folglich:

$$B B' = \frac{l^2}{8} \cdot \left( \frac{1}{r_2} - \frac{1}{r_3} \right) = \frac{l^2}{8\,r_1}$$

nach Gleichung (50). Das ist aber die Evolvente $A A'$ für den $r_1$-Bogen.

In ähnlicher Weise ist leicht zu beweisen, daß die Parabel $A B$ nichts anderes ist als eine Verkrümmung der Parabel $A' B'$, daß sie mit dieser die Strecke $C E = f$ hälftet, daß die Breiten der Halbsicheln $C D B$ und $C D B'$ und ebenso die Breiten der Halbsicheln $A A' D$ und $A A' E$ bei gleicher Entfernung von der Mitte $C E$ gleich sind. Auch die Sicheln $D E A$ und $D C B$ sind in gleicher Entfernung von der Mitte gleich breit. Wir haben also nur die Evolventen (Ordinaten) für die Parabelhälfte $A' D$ zu berechnen, diese von $A$ bis $E$ den Ordinaten des Kreisbogens $r_1$ zuzusetzen und in spiegelgleicher Entfernung von der Mitte von den Ordinaten des um $f$ abgerückten $r_2$-Bogens abzuziehen.

### 17. Absteckung des zweiteiligen Korbbogens mit Übergangsbogen an den Enden und am Krümmungswechsel.

Für die Absteckung empfiehlt es sich, die Hilfstangente an das Ende des um $\frac{l}{2}$ verlängerten flacheren Bogens zu legen. Die Rechnung nimmt dann folgenden Gang (vgl. Abb. 15):

$$R_1 = r_1 + f_1,$$

$$R_2 = r_2 + f_2.$$

$$r = \frac{r_1 \cdot r_2}{r_1 - r_2},$$

$$f = \frac{l^2}{24\,r},$$

$$R = r + f,$$

$$AD = R_1 \cdot \sin \alpha - t_1 \cdot \cos \alpha,$$

und

$$O_1 D = t_1 \cdot \sin \alpha + R_1 \cdot \cos \alpha,$$

$$DE = r_1 - O_1 D,$$

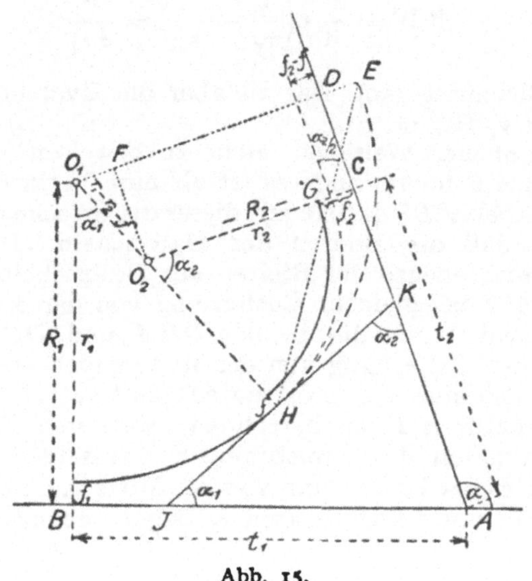


Abb. 15.

$$DC = O_2F = \sqrt{(2\,r_1 - 2\,r_2 - f - f_2 - DE)\,(DE - f + f_2)},$$

$$\sin \alpha_2 = \frac{O_2 F}{r_1 - r_2 - f}$$

oder

$$\operatorname{tg} \frac{\alpha_2}{2} = \frac{DE + f_2 - f}{DC},$$

$$CK = (r_2 + f) \cdot \operatorname{tg} \frac{\alpha_2}{2} - \frac{f_2 - f}{\operatorname{tg} \alpha_2},$$

$$HK = (r_2 + f) \cdot \operatorname{tg} \frac{\alpha_2}{2} + \frac{f_2 - f}{\sin \alpha_2},$$

$$\alpha_1 = \alpha - \alpha_2,$$

$$BJ = r_1 \cdot \text{tg}\, \frac{\alpha_1}{2} - \frac{f_1}{\text{tg}\, \alpha_1},$$

$$JH = r_1 \cdot \text{tg}\, \frac{\alpha_1}{2} + \frac{f_1}{\sin \alpha_1}.$$

Rechenprobe: $JK : AJ : AK = \sin \alpha : \sin \alpha_2 : \sin \alpha_1$.

Die Absteckung der Zwischenparabel erläutere ein Zahlenbeispiel. Es sei $r_1 = 1800$ m und $r_2 = 500$ m.

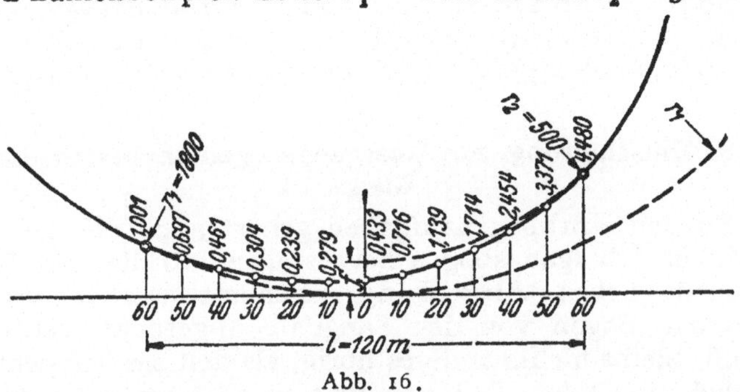


Abb. 16.

Die von der Fahrgeschwindigkeit abhängigen Überhöhungen mögen eine Rampe von rund 120 m Länge erfordern.

Wir berechnen einen Halbmesser $r = \dfrac{r_1 r_2}{r_1 - r_2}$ $= 692,3$ m, den wir als Krümmungshalbmesser am Ende einer kubischen Parabel von 120 m Länge auffassen. Für diese berechnen wir $f = \dfrac{l^2}{24 \cdot r} = 0,867$ m und die Ordinaten für die halbe Parabellänge in 10 m-Abständen. Wir erhalten nach $y = \dfrac{x^3}{6 r l}$

$$
\begin{aligned}
y_{10} &= 0,002 & y_{40} &= 0,128 \\
y_{20} &= 0,016 & y_{50} &= 0,251 \\
y_{30} &= 0,054 & y_{60} &= 0,433
\end{aligned}
$$

Die Ordinaten für die Kreisbogen $r_1$ und $r_2$ entnehmen wir der Tafel IIa, ordnen sie nach Zählung von der Mitte aus, wie Abb. 16 zeigt, vergrößern die Ordi-

naten des flacheren Bogens um die Parabelordinaten
und verkleinern die vorher um $f$ vergrößerten Ordinaten des schärfer gekrümmten Bogens um die rück-
läufig geordneten Parabelordinaten.

Wir erhalten von links nach rechts der Abb. 16:

| | | | |
|---|---|---|---|
| —60 | $1,001 + 0,000 = 1,001$ | ( 0 | $0,867 - 0,433 = 0,434$) |
| —50 | $0,695 + 0,002 = 0,697$ | +10 | $0,967 - 0,251 = 0,716$ |
| —40 | $0,445 + 0,016 = 0,461$ | +20 | $1,267 - 0,128 = 1,139$ |
| —30 | $0,250 + 0,054 = 0,304$ | +30 | $1,768 - 0,054 = 1,714$ |
| —20 | $0,111 + 0,128 = 0,239$ | +40 | $2,470 - 0,016 = 2,454$ |
| —10 | $0,028 + 0,251 = 0,279$ | +50 | $3,373 - 0,002 = 3,371$ |
| 0 | $0,000 + 0,433 = 0,433$ | +60 | $4,480 - 0,000 = 4,480$ |

## 18. Einschaltung von Übergangsbogen in bestehende Gleise.

Zu den Korbbogenaufgaben gehört auch die, nachträglich Übergangsbogen herzustellen, wo dies bei der
ursprünglichen Absteckung versäumt worden war.
Da der Bogen von der Tangente abgerückt werden
muß, bleibt nichts anderes übrig, als den der Tangente
nahekommenden Teil des Bogens schärfer zu krüm-
men, also den ursprünglich einfachen Bogen in einen
dreiteiligen Korbbogen zu verwandeln. Dieses Verfahren ist durch das Absteckverfahren aus Evol-
ventenunterschieden überholt. Das Evolventenverfahren ermöglicht, ohne mühsame Rechnungen den Raum-
bedarf für die Übergangsbogen durch geringe Änderung
des Halbmessers und Verdrückung des Bogenscheitels
nach außen auf die ganze Bogenlänge zu verteilen oder
wenigstens durch Verwandlung des einfachen Bogens
in einen Korbbogen mit sehr geringen Krümmungs-
wechseln auf eine viel längere Strecke zu verteilen,
als nach dem früheren Verfahren möglich war.

## V. Absteckung der Bogen durch Polarkoordinaten.

In gebirgigem Gelände, in stark bebauten Gegenden
und überall, wo sich die Tangenten wegen örtlicher
Hindernisse nicht in ausreichender Länge herstellen
lassen, läßt sich der Bogen nicht durch rechtwinklige
Koordinaten von der Tangente aus abstecken. Man

leitet dann den Tangentenschnittwinkel aus einem Vieleckzuge ab und bestimmt die Bogenhauptpunkte (Endpunkte, Scheitelpunkt, nach Bedarf wichtige Zwischenpunkte) durch Koordinatenberechnung. Die Kleinpunkte werden dann zweckmäßig mit dem Theodoliten durch Polarkoordinaten abgesteckt.

### 19. Absteckung der Kreisbogen.

Die Absteckung der Kreisbogen durch Polarkoordinaten beruht auf der Gleichheit der zu gleichen Bogen eines Kreises gehörigen Umfangswinkel, die gleich dem halben Mittelpunktwinkel des Bogens sind. Sind in Abb. 17 die Bogenstücke $Ab$, $bc$, $cd$ usw. einander gleich, so sind die Winkel $\delta$ zwischen benachbarten Sehnen von $A$ nach den Bogenkleinpunkten sämtlich gleich $\frac{1}{2}\gamma$, und auch der Winkel $BAb$ zwischen Sehne und Tangente ist gleich $\delta = \frac{1}{2}\gamma$.

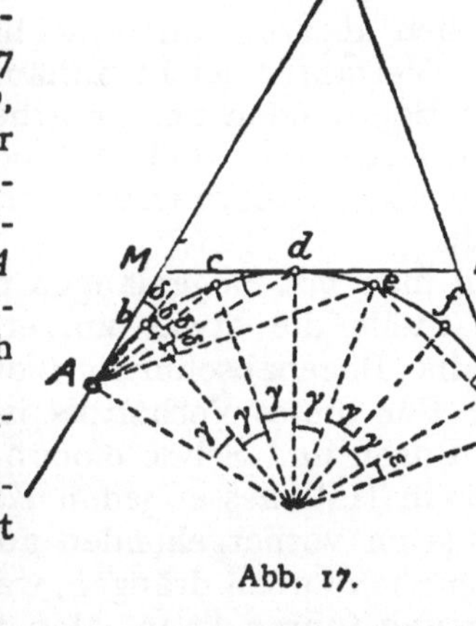

Abb. 17.

Die Tafel IV enthält für runde Halbmesserwerte die Umfangswinkel, die zu Bogenlängen von 10 m und Vielfachen von 10 m gehören. Zu Bruchteilen von 10 m Bogen gehören die gleichen Bruchteile der Winkel. Danach läßt sich der Winkel für jede gewünschte Bogenlänge leicht zusammenstellen.

Dieser Winkel und seine vervielfachten Werte $2\,\delta$, $3\,\delta$, $4\,\delta$ usw. sind von $AB$ aus im Punkte $A$ abzusetzen; die Endpunkte der Winkelstrahlen werden bei fortschreitender Messung der gleichen Bogenlängen vom zuletzt gewonnenen Kleinpunkt aus in den Zielstrahl von $A$ eingewinkt.

Unter der Voraussetzung geringer Übersichtlichkeit des Geländes wird man den ganzen Bogen nicht von einem Punkt aus beherrschen. Dann stellt man das Gerät um, etwa auf $d$, zielt einen zurückliegenden Punkt, etwa $A$, an und erhält durch Absetzung des entsprechenden Vielfachen (in diesem Falle des Dreifachen) von $\delta$ die Zwischentangente $MN$, von der aus sich der beschriebene Vorgang wiederholt.

Man wird, von einem seltenen Zufall abgesehen, den Endpunkt $C$ nicht als Kleinpunkt treffen. Dann bestimmt man die Entfernung des letzten oder eines der letzten Kleinpunkte von $C$, mißt den Winkel zwischen diesem Strahl und der Tangente $CB$ und vergleicht ihn mit dem für den Winkelrest $\varepsilon$ aus der Tafel IV zu entnehmenden Wert. Ein nennenswerter Ausschlag darf sich nicht zeigen.

Da sich aber die unvermeidlichen Einstellfehler bei diesem Verfahren leicht anhäufen, ist es ratsam, von beiden Bogenenden aus zu arbeiten und außerdem bei langen Bogen den Scheitel oder mehrere Zwischenpunkte durch Koordinaten vom Vieleckzuge aus festzulegen.

Weil man mit Bogenlängen rechnet, aber örtlich an deren Stelle die etwas kürzeren Sehnen mißt, darf man die Bogenabschnitte nicht größer nehmen als $0,1 \cdot r$. Für dieses Verhältnis ist der Unterschied zwischen Bogen und Sehne $0,0000416\, r$; d. h. man würde bei 200 m Halbmesser jeden Kleinpunkt um mehr als 8 mm (vom vorhergehenden aus) zu weit bestimmen, folglich nach außen drängen, was zu einer unzulässigen Verzerrung führen kann. Man tut gut, die zu der gewählten Bogenabschnittlänge gehörige Sehne auszurechnen und diese abzustecken. Die Sehne ist $2\,r \cdot \sin \delta$, und $\sin \delta$ kann aus Tafel I (für den Winkel $2\,\delta$) entnommen werden.

## 20. Absteckung der Kreisbogen mit Übergangsbogen.

Die Übergangsbogen werden von den Tangenten aus abgesteckt. Zur Bestimmung der Tangenten im Endpunkt des Übergangsbogens benutzt man den Umstand, daß die Subtangente der dritte Teil der Parabellänge ist. Ist die Tangente vom Parabelende bis zum Schnitt mit der Haupttangente zu kurz, um dem Theodoliten ein sicheres Ziel zu bieten, so stecke man in vervielfachter Entfernung das entsprechende Vielfache der Endordinate ab. Von den Parabelendpunkten an nimmt das Verfahren den in Abschnitt 19 beschriebenen Verlauf.

# VI. Andere Absteckverfahren.

Es gibt Fälle, in denen weder die Absteckung von der Tangente aus noch die durch Polarkoordinaten zweckmäßig ist.

### 21. Absteckung des Bogens von Sekanten aus.

Die besonders in Tunneln empfehlenswerte Absteckung von Sekanten aus beruht auf einer gleichlaufenden Verschiebung von Tangenten. Man nimmt dabei den Mittelpunkt der Sehne zum Ausgangspunkt und Nullpunkt, die Sekante zur Abszissenachse und die Pfeilhöhe zur Ordinatenachse. Für die Absteckung sind die auf die Scheiteltangente bezogenen und aus den Tafeln II zu entnehmenden Ordinaten um das gewählte Verschiebungsmaß, die Pfeilhöhe des von der Sekante abgeschnittenen Bogens, zu verändern, also innerhalb des Bogens von dieser Pfeilhöhe abzuziehen, außerhalb des Bogens um die Pfeilhöhe zu vermindern.

### 22. Absteckung des Bogens durch ein Sehnenvieleck.

Die Absteckung eines Sehnenvielecks ist verwandt mit dem Verfahren der Absteckung aus Polarkoordinaten. Kann man, etwa beim Tunnelbau, den Bogen der Abb. 17 nur auf geringe Länge übersehen, so stellt man das Gerät von Punkt zu Punkt weiter und setzt die Umfangswinkel ab. Nach Abb. 17 ist der Winkel $A\,bc = 200^g - \gamma$, sein Nebenwinkel gleich $\gamma$. Hierbei ist zu beachten, daß der Winkel zwischen Sehne und Tangente $B\,ab = \frac{1}{2}\gamma$ ist. Die Sehne ist

$$A\,b = b\,c = 2r \cdot \sin \frac{\gamma}{2}.$$

### 23. Die Viertelsmethode.

Die Pfeilhöhe $h_1$ eines Bogens ist nach Abb. 18

$$h_1 = r - r \cos \alpha = r (1 - \cos \alpha).$$

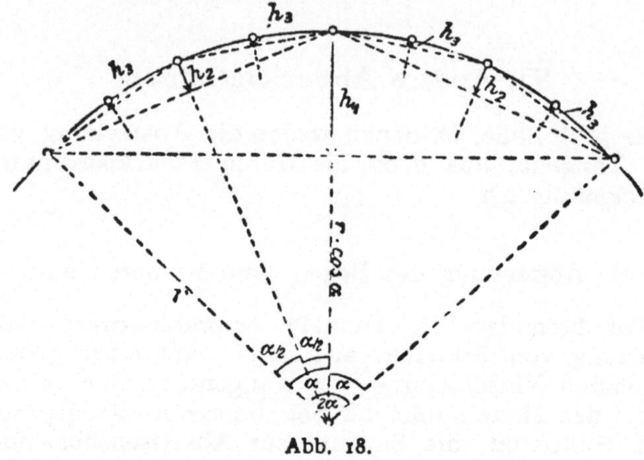

Abb. 18.

Die Pfeilhöhe $h_2$ des halben Bogens ist

$$h_2 = r \left( 1 - \cos \frac{\alpha}{2} \right).$$

Das Verhältnis beider Pfeilhöhen ist in ziemlich weiten Grenzen $1 : 4$.

Ist $\alpha = 20^g$, so ist:

$$1 - \cos \alpha = 0,048943$$

$$\frac{1 - \cos \alpha}{4} = 0,012236$$

aber

$$1 - \cos \frac{\alpha}{2} = 0,012312$$

Der Unterschied ist:      $0,000076$

Steckt man $h_2 = \frac{1}{4} h_1$ in einem $20^g$ umfassenden Bogen von 1000 m Halbmesser ab, so begeht man einen Fehler von 0,076 m, aber der Bogen, dem $h_2$ angehört, ist in diesem Falle schon 314,16 m lang!

Ist $\alpha = 10^g$, so ist:

$$1 - \cos \alpha = 0,012\,312$$

$$\frac{1 - \cos \alpha}{4} = 0,003\,078.$$

Dagegen

$$1 - \cos \frac{\alpha}{2} = 0,003\,083$$

Der Unterschied ist: $\qquad$ $0,000\,005$.

In diesem Falle würde obiger Fehler nur noch 0,005 m betragen, also für die praktischen Bedürfnisse nicht mehr ins Gewicht fallen. Die zu $h_2$ gehörige Bogenlänge beträgt schon 157,08 m.

Da ein Bedürfnis, Bogen von solcher Länge unterzuteilen, praktisch nicht wohl denkbar ist, sondern diese meistens erheblich kleiner sind, braucht man keine Ungenauigkeit zu fürchten.

Das Verfahren eignet sich besonders zur Einschaltung von Kleinpunkten zwischen die nach Polarkoordinaten in gleichen Abständen abgesteckten Punkte.

## 24. Das Winkelbildverfahren.

Das von dem Landmesser Nalenz erfundene Winkelbildverfahren bedient sich zeichnerisch ermittelter Evolventenunterschiede zur Absteckung eines Kreisbogens, auch eines solchen mit Übergangsbogen, von einem anderen Bogen aus, der fehlerhaft sein kann. Das Verfahren hier darzustellen, verbietet der Raum und der Zweck dieses Buches. Bogentafeln werden dabei nicht benutzt; aber die Formeln im Anhang werden zur Prüfung der Absteckung willkommen sein.

Für Kenner dieses Verfahrens sei hier darauf hingewiesen, daß der vorhandene Bogen, der bei Absteckung des neuen Bogens als Standlinie dient, kein Gleis zu sein braucht. Man kann auch durch Absteckpfähle, die in gleichen Abständen nach Augenmaß eingeschlagen werden, einen — fehlerhaften — Bogen herstellen. Da die Arbeit nach diesem Verfahren auf Pfeilhöhenmessungen beruht, wird man hochstehende Nägel in die Pfahlköpfe treiben, sofern man die Sehne mit einer Schnur bilden will und kann.

Von den Pfählen aus werden die richtigen Bogenpunkte nach zeichnerischer Ermittelung der Verschiebungsmaße seitlich abgesteckt.

Das Verfahren ist natürlich nur zweckdienlich, wenn der Bogen nach Augenmaß einigermaßen richtig abgesteckt werden kann, und das wird der Fall sein, wenn etwa die Dammkrone einer Bahn vollendet ist und es sich nun darum handelt, die genaue Achse für den Oberbau anzugeben, besonders auch beim Tunnelbau.

# VII. Ausrundung bei Gefällwechseln.

## 25. Absteckung der Gefällwechselbogen.

Gefällwechsel sind nach den Oberbauvorschriften der Deutschen Bundesbahn durch Bogen zu vermitteln, deren Halbmesser in der Regel $r = 0{,}4 \cdot V^2$ m betragen soll. Ausnahmsweise darf man bis auf $r = 550 + 20 \cdot V$, aber nicht unter 2000 m heruntergehen. Zur Absteckung ist wie bei Bogen in der waagerechten Ebene die Berechnung der Tangentenlänge nötig, die vom Halbmesser und vom Brechungswinkel abhängt nach Gleichung (3).

$$ t = r \cdot \operatorname{tg} \frac{\alpha}{2} . $$

Das steilste ohne Genehmigung der Hauptverwaltung der Deutschen Bundesbahn zulässige Gefälle ist für Nebenbahnen $1 : 25$. Der ungünstigste annehmbare Fall ist ein Gegengefälle von je $1 : 25$. In diesem Fall ist der Brechungswinkel

$$ \alpha = 5{,}0903^\mathrm{g} \quad \text{und} \quad \operatorname{tg} \frac{\alpha}{2} = 0{,}0400000 . $$

$$ \text{Da aber} \quad \frac{1}{2} \operatorname{tg} \alpha = 0{,}0400631 $$

$$ \text{um nur} \qquad\qquad \overline{\phantom{0{,}0}0{,}0000631} $$

von $\operatorname{tg} \dfrac{\alpha}{2}$ abweicht und das 2000fache davon die 80 m lange Tangente mit einem Längenfehler von nur

12,6 cm belastet, und da die Verhältnisse auf Hauptbahnen trotz des größeren Ausrundungshalbmessers sehr viel günstiger liegen — stärkstes Gefälle 1 : 40 —, so kann man allgemein $\mathrm{tg}\,\dfrac{\alpha}{2}$ durch $\dfrac{1}{2}\,\mathrm{tg}\,\alpha$ ersetzen und statt Gleichung (3) schreiben:

$$t = \frac{r}{2} \cdot \mathrm{tg}\,\alpha\,.$$

Abb. 19 sei ein Ausschnitt aus einem Höhenplan. Wegen der Kleinheit der Brechungswinkel pflegt man

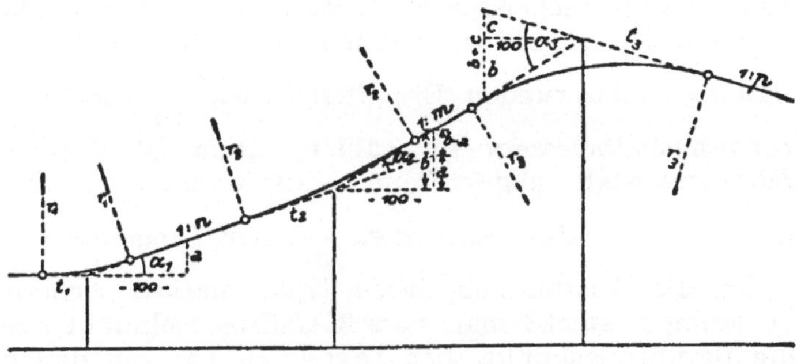

Abb. 19.

den Maßstab für die Höhen mindestens 10 fach so groß zu wählen als den Längenmaßstab. Das Bild ist also nicht winkeltreu. Der Tangens als nackte Zahl wird indessen von dieser Verzerrung nicht weiter beeinflußt als durch die Überhöhung des Maßstabes selbst, d. h. die aus dem Plan zu entnehmenden Zahlenwerte bleiben richtig und gültig.

Geht die Neigung aus der Waagerechten in $1 : n$ über, so ist $\mathrm{tg}\,\alpha_1 = \dfrac{1}{n}$ . Kommt auf etwa 100 m Länge dieser Neigung $1 : n$ ein Höhenunterschied $a$, so ist $a = 100 \cdot \mathrm{tg}\,\alpha_1$. Soll der Ausrundungshalbmesser 10 000 m werden, so ist $t_1 = 50\,a$, weil $\dfrac{r_1}{2} = 5000$ m und $a$ schon den hundertfachen Tangens darstellt.

Auf die Neigung $1 : n$ folgt die gleichgerichtete Neigung $1 : m$. Verlängert man die erste, so entsteht der Brechungswinkel $\alpha_2$. Erreicht die Neigung $1 : m$

auf 100 m Länge den Höhenunterschied $b$, so ist $b - a$ der 100fache Tangens von $\alpha_2$, also $t_2 = 50\,(b - a)$, wenn $r_2 = 10000$ m sein soll.

Dann folgt die entgegengesetzte Neigung $1 : p$ mit dem Gefälle $c$ auf 100 m Länge. Man erhält $t = 50\,(b + c)$ für $r_3 = 10000$ m.

Die Höhenunterschiede $a$, $b$ und $c$ für je 100 m kennt man meistens auf mm genau aus der schon abgeschlossenen Berechnung der Neigungen. Bei genauer Planunterlage genügen schon die abgegriffenen Maße für $a$, $b - a$, $b + c$ usw., man wird sie aber zur Sicherheit in entsprechender Entfernung vom Brechpunkt vervielfacht entnehmen. Bequem ist es, für diese Entfernung einen runden Bruchteil, etwa $\dfrac{1}{20}$, des Ausrundungshalbmessers zu wählen; dann ist das im Höhenmaßstab abgegriffene Maß unmittelbar der doppelte Bruchteil, also etwa $\dfrac{1}{10}$, der Tangente.

Um die Ausrundung durch Höhenmarken sichern zu können, steckt man vom Gefällwechselpunkt aus die Berührungspunkte der Tangenten ab; von diesen aus verfährt man durchaus so, wie es nach Abschnitt 4 in der waagerechten Ebene geschah. Die Höhen der Tangentenpunkte sind nach dem Längenschnitt zu berechnen; von diesen sind die Bogenordinaten abzuziehen, wenn der Bogenmittelpunkt unten liegt; sie sind zuzusetzen, wenn dieser oben liegt. Mit Rücksicht auf die Ausrundungsbogen sind die Ordinaten für die in Frage kommenden Halbmesser (von 2000 m aufwärts) in der Tafel IIa auf mm in Längenabständen von je 5 m angegeben, soweit ein Bedürfnis dazu gegeben erscheint.

## VIII. Behandlung einiger geometrischer Aufgaben.

Soll ein Weg oder Wasserlauf unter der Bahn hindurch oder über sie hinweg geführt werden, so muß man für den Entwurf des Kreuzungsbauwerks den Schnittwinkel der Mittellinien beider Flächenstreifen wissen. Fällt die Baustelle in einen Bogen der Bahn, so gibt man den Winkel zwischen der Tangente im Kreuzungspunkt und der Mittellinie des Weges oder Wasserlaufes an. Liegt auch dieser im Bogen, so gilt der Schnittwinkel der Tangenten beider Mittellinien im Kreuzungspunkt. Man hat hiernach zunächst den Kreuzungspunkt zu bestimmen, der — von Zufällen abgesehen — nicht mit einem nach der Abstecktafel ermittelten Punkt zusammenfallen wird, und weiterhin die Tangenten aufzusuchen. Der Winkel läßt sich dann nach Abschnitt 1 feststellen.

### 26. Bestimmung eines Bogenpunktes.

Ist der Punkt nach seiner Bogenlänge in der Streckenteilung gegeben, so ist sein Abstand von der Haupttangente, sofern er im Übergangsbogen liegt, nach Gleichung (41) — Abschnitt 11, Abb. 8 — zu berechnen.

Liegt er auf dem Kreisbogen und ist ein Übergangsbogen nicht vorhanden, so teilt man die gegebene Bogenlänge durch den Halbmesser und sucht den Bruch in der Spalte $\dfrac{\pi\,\alpha''}{,,\,200}$ der Tafel I auf. Dadurch erhält man den Winkel $\alpha$ zwischen den Halbmessern zum gesuchten Punkt und zum Berührungspunkt der Haupttangente. Die Abszisse des zu bestimmenden Punktes ist dann

$$x = r \cdot \sin \alpha$$

und die Ordinate

$$y = r(1 - \cos \alpha).$$

Die Werte $\sin \alpha$ und $1 - \cos \alpha$ lassen sich für den doppelten Wert von $\alpha$ aus Tafel I entnehmen.

Hat der Bogen einen Übergangsbogen nach Abschnitt 7, so teilt man die um $\dfrac{l}{2}$ verkürzte Bogenlänge durch den Halbmesser. Der Bruch liefert aus der Spalte $\dfrac{\pi\,\alpha''}{,,\,200}$ der Tafel I den Winkel $\alpha$ zwischen den Halbmessern zu dem gesuchten Punkt und dem Berührungspunkt der um $l$ nach innen verschoben gedachten Haupttangente. Dann ist

$$x = \frac{l}{2} + r \cdot \sin \alpha$$

und

$$y = r(1 - \cos \alpha) + l.$$

Gewöhnlich wird der Kreuzungspunkt nicht nach der Bogenlänge bekannt, sondern nach örtlich abgesteckten Achspunkten des Weges festzustellen sein. Dann wird es sich meist nicht lohnen, die Bogenlänge durch Messung zu ermitteln. Man kommt schneller zum Ziel, wenn man die Absteckung des Bogens verdichtet. Zu dem Zweck mißt man den Abstand *a* der dem gesuchten Punkt zunächst liegenden nach der Bogentafel abgesteckten Punkte. Die Pfeilhöhe *h* des Bogenstückes über der Sehne *a* ist:

$$h = \frac{a^2}{8r}.$$

Hiernach läßt sich der Mittelpunkt dieses Bogenstückes einschalten und nach der Viertelsmethode — Abschnitt 23 — sind nötigenfalls weitere Punkte leicht herzustellen, bis der Abstand von Punkt zu Punkt so eng ist, daß ein Zweifel über die genaue Lage des Kreuzungspunktes nicht mehr besteht.

Liegt der Weg ebenfalls im Bogen, so ist mit der Absteckung seiner Achse ebenso zu verfahren.

### 27. Absteckung der Tangente.

Ist der Bogen mit Übergangsbogen versehen und fällt der Punkt *P*, an den die Tangente gelegt werden soll, auf die Parabel, so bestimmt man die Richtung der Tangente durch Absetzung der Subtangente, die stets gleich dem dritten Teil der Abszisse $\left( = \frac{1}{3}\,x \right)$ ist. Um eine größere Länge zu erhalten, steckt man ein beliebiges Vielfaches der Ordinate in entsprechend vervielfachter Entfernung ab.

Liegt der Punkt *P* auf dem Kreisbogen und schließt sich an diesen keine Parabel, so liegt der Schnitt *S* der gesuchten Tangente mit

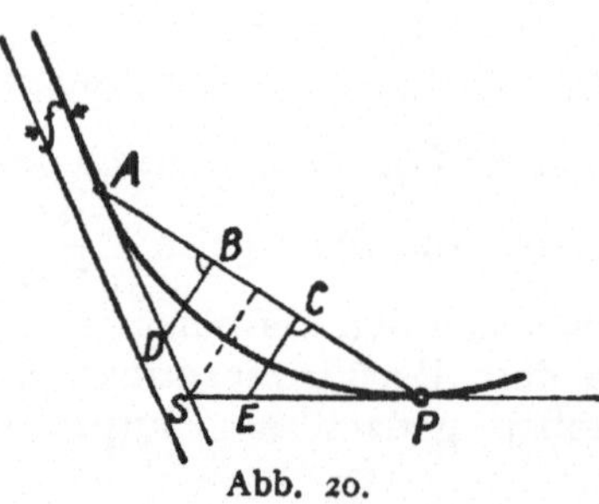

Abb. 20.

der Haupttangente nach Abb. 20 auf der Mittelsenkrechten der Sehne *A P*. Ist die Sehne sehr lang oder wegen örtlicher Hindernisse nicht gut meßbar, so lege man einen Punkt $D$ der Haupttangente rechtwinkelig gegen die Sehne fest. Das Dreieck $ABD$ (oder ein ihm ähnliches Dreieck) überträgt man an das andere Sehnenende, indem man $PC = AB$ und winkelrecht dazu $CE = BD$ absetzt.

Hat der Bogen einen Übergangsbogen, so stellt man den Punkt $A$ durch Absetzen des Verschiebungsmaßes $f$ von der Haupttangente her, wählt den Punkt $D$ auf der um $f$ verschobenen Tangente und verfährt weiter, wie vorstehend angegeben.

Bei · langen Bogen messe man eine Sehne $PA = S$ von $P$ zu einem beliebigen bereits vorhandenen Kleinpunkt $A$, der aber nicht schon in der Parabel liegen darf. Nach Abb. 21 ist dann das Lot auf $S$ im Punkte $A$

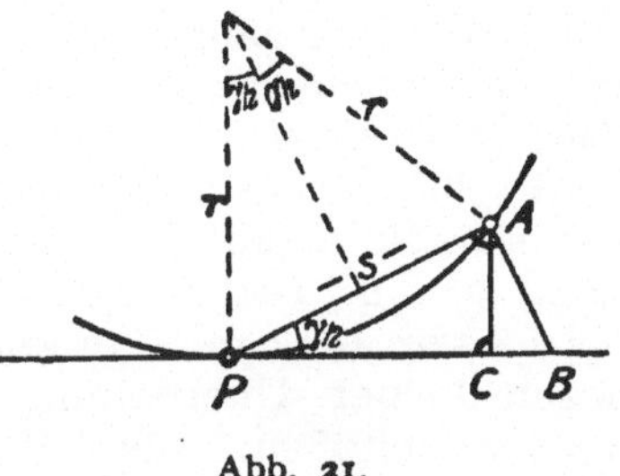

Abb. 21.

$$AB = \frac{S}{\sqrt{\left(\dfrac{2r}{S}\right)^2 - 1}}$$

und das Lot von $A$ auf die gesuchte Tangente

$$AC = \frac{S^2}{2r}.$$

Man kann auch den Winkel $\dfrac{\gamma}{2}$ ermitteln aus

$$\sin \frac{\gamma}{2} = \frac{S}{2r}$$

und dann $AB = S \cdot \mathrm{tg}\,\dfrac{\gamma}{2}$ abstecken oder den Winkel mit dem Theodoliten absetzen.

Falls ein Bauwerk nachträglich in einen schon bestehenden Bahnkörper gesetzt werden soll, so ist unter allen Umständen die Lage des Gleisbogens auf seine Richtigkeit zu prüfen und nötigenfalls zu berichtigen, was am besten nach dem Evolventenverfahren geschieht. Erfahrungsgemäß sind vielfach Bauwerke ohne solche Prüfung errichtet worden; eine später gewünschte Verbesserung der Bogenlage ist dann nur durch unliebsame Umformung des einfachen Bogens in einen Korbbogen zu erzielen.

## 28. Gegenkrümmungen.

Soll am Übergang der freien Strecke in einen Bahnhof der Abstand zweier gerader Gleise vergrößert werden, insbesondere bei Anlage eines Zwischenbahnsteigs, so erhält ein Gleis — oder beide — eine Gegenkrümmung. Zweckmäßig macht man die Gegenbogen nach Abb. 22 völlig gleich. Die Halbmesser sollen, wenn möglich, $r \geqq V^2$ sein ($r$ in m, $V$ in km/Std.). Dann bedürfen die Bogen keiner Überhöhung und können unmittelbar aneinanderstoßen. Auch Übergangsbogen dürfen aneinanderstoßen, wenn sie die Regellänge haben. Man wird dann gern geschwungene Überhöhungsrampen bauen. Wenn eine Zwischengerade nötig ist, empfiehlt sich die Berechnung und Absteckung nach folgenden Formeln:

$$b = -\frac{z}{2} + \sqrt{\left(\frac{z}{2}\right)^2 + a \cdot r}$$

$$e = a \cdot \frac{r}{b}$$

$$y = \frac{b^2}{2r}$$

$$L = e + b.$$

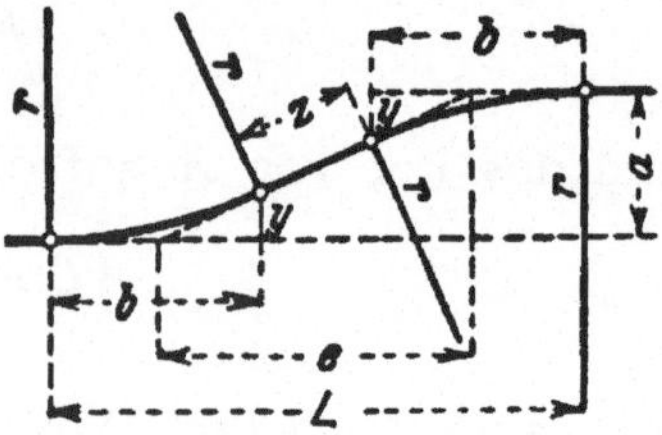

Abb 22

Ist nun eine Zwischengerade nicht erforderlich, wird also $z = 0$, so wird:

$$b = \sqrt{a \cdot r}.$$

Die weiteren Formeln bleiben unverändert.

# Tafel I

## Tangente, Scheitelabstand, Scheitelkoordinaten und Länge

## des Kreisbogens

### vom Halbmesser $r = 1$ für Mittelpunktwinkel

### von 0 bis 100 Grad
### neuer Teilung

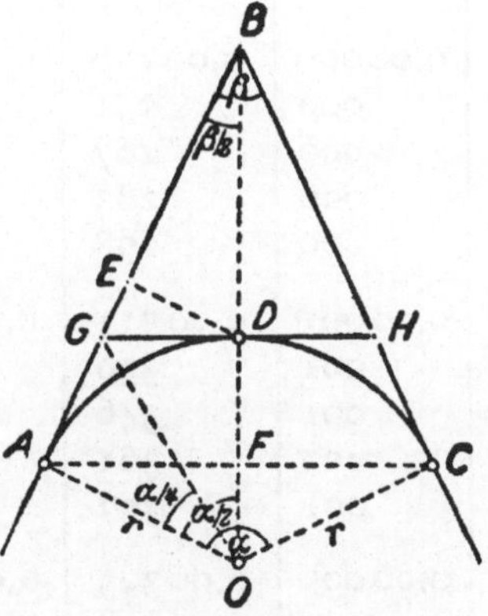



Hierzu Abschnitt 2 der
Einführung

# Tafel I.

| α | | Tangente $AB$ | Scheitel-abstand $BD$ | Abszisse $A\,E$. Halbe Sehne $A\,F$ | Ordinate $ED$. Pfeil-höhe $DF$ | Bogen-länge $ADC$ |
|---|---|---|---|---|---|---|
| g | c | $\operatorname{tg}\dfrac{\alpha}{2}$ | $\sec\dfrac{\alpha}{2}-1$ | $\sin\dfrac{\alpha}{2}$ | $1-\cos\dfrac{\alpha}{2}$ | $\dfrac{\pi\cdot\alpha}{200}$ |
| 0 | 0 | 0,00000 | 0,00000 | 0,00000 | 0,00000 | 0,00000 |
|   | 2 | 016 | 000 | 016 | 000 | 031 |
|   | 4 | 031 | 000 | 031 | 000 | 063 |
|   | 6 | 047 | 000 | 047 | 000 | 094 |
|   | 8 | 063 | 000 | 063 | 000 | 126 |
| 0 | 10 | 0,00079 | 0,00000 | 0,00079 | 0,00000 | 0,00157 |
|   | 12 | 094 | 000 | 094 | 000 | 188 |
|   | 14 | 110 | 000 | 110 | 000 | 220 |
|   | 16 | 126 | 000 | 126 | 000 | 251 |
|   | 18 | 141 | 000 | 141 | 000 | 283 |
| 0 | 20 | 0,00157 | 0,00000 | 0,00157 | 0,00000 | 0,00314 |
|   | 22 | 173 | 000 | 173 | 000 | 346 |
|   | 24 | 188 | 000 | 188 | 000 | 377 |
|   | 26 | 204 | 000 | 204 | 000 | 408 |
|   | 28 | 220 | 000 | 220 | 000 | 440 |
| 0 | 30 | 0,00236 | 0,00000 | 0,00236 | 0,00000 | 0,00471 |
|   | 32 | 251 | 000 | 251 | 000 | 503 |
|   | 34 | 267 | 000 | 267 | 000 | 534 |
|   | 36 | 283 | 000 | 283 | 000 | 565 |
|   | 38 | 298 | 000 | 298 | 000 | 597 |
| 0 | 40 | 0,00314 | 0,00001 | 0,00314 | 0,00001 | 0,00628 |
|   | 42 | 330 | 001 | 330 | 001 | 660 |
|   | 44 | 346 | 001 | 346 | 001 | 691 |
|   | 46 | 361 | 001 | 361 | 001 | 723 |
|   | 48 | 377 | 001 | 377 | 001 | 754 |
| 0 | 50 | 0,00393 | 0,00001 | 0,00393 | 0,00001 | 0,00785 |
|   | 52 | 408 | 001 | 408 | 001 | 817 |
|   | 54 | 424 | 001 | 424 | 001 | 848 |
|   | 56 | 440 | 001 | 440 | 001 | 880 |
|   | 58 | 456 | 001 | 456 | 001 | 911 |
| 0 | 60 | 471 | 001 | 471 | 001 | 942 |

| α | | Tangente $AB$ | Scheitel-abstand $BD$ | Abszisse $AE$. Halbe Sehne $AF$ | Ordinate $ED$. Pfeil-höhe $DF$ | Bogen-länge $ADC$ |
|---|---|---|---|---|---|---|
| g | c | $\operatorname{tg}\dfrac{\alpha}{2}$ | $\sec\dfrac{\alpha}{2}-1$ | $\sin\dfrac{\alpha}{2}$ | $1-\cos\dfrac{\alpha}{2}$ | $\dfrac{\pi\cdot\alpha}{200}$ |
| 0 | 60 | 0,00 471 | 0,00 001 | 0,00 471 | 0,00 001 | 0,00 942 |
|   | 62 | 487 | 001 | 487 | 001 | 974 |
|   | 64 | 503 | 001 | 503 | 001 | 0,01 005 |
|   | 66 | 518 | 001 | 518 | 001 | 037 |
|   | 68 | 534 | 001 | 534 | 001 | 068 |
| 0 | 70 | 0,00 550 | 0,00 001 | 0,00 550 | 0,00 001 | 0,01 100 |
|   | 72 | 565 | 002 | 565 | 002 | 131 |
|   | 74 | 581 | 002 | 581 | 002 | 162 |
|   | 76 | 597 | 002 | 597 | 002 | 194 |
|   | 78 | 613 | 002 | 613 | 002 | 225 |
| 0 | 80 | 0,00 628 | 0,00 002 | 0,00 628 | 0,00 002 | 0,01 257 |
|   | 82 | 644 | 002 | 644 | 002 | 288 |
|   | 84 | 660 | 002 | 660 | 002 | 319 |
|   | 86 | 675 | 002 | 675 | 002 | 351 |
|   | 88 | 691 | 002 | 691 | 002 | 382 |
| 0 | 90 | 0,00 707 | 0,00 003 | 0,00 707 | 0,00 003 | 0,01 414 |
|   | 92 | 723 | 003 | 723 | 003 | 445 |
|   | 94 | 738 | 003 | 738 | 003 | 477 |
|   | 96 | 754 | 003 | 754 | 003 | 508 |
|   | 98 | 770 | 003 | 770 | 003 | 539 |
| 1 | 0 | 0,00 785 | 0,00 003 | 0,00 785 | 0,00 003 | 0,01 571 |
|   | 2 | 801 | 003 | 801 | 003 | 602 |
|   | 4 | 817 | 003 | 817 | 003 | 634 |
|   | 6 | 833 | 003 | 833 | 003 | 665 |
|   | 8 | 848 | 004 | 848 | 004 | 696 |
| 1 | 10 | 0,00 864 | 0,00 004 | 0,00 864 | 0,00 004 | 0,01 728 |
|   | 12 | 880 | 004 | 880 | 004 | 759 |
|   | 14 | 895 | 004 | 895 | 004 | 791 |
|   | 16 | 911 | 004 | 911 | 004 | 822 |
|   | 18 | 927 | 004 | 927 | 004 | 854 |
| 1 | 20 | 943 | 004 | 942 | 004 | 885 |

# Tafel I.

| α |  | Tangente $AB$ | Scheitelabstand $BD$ | Abszisse $AE$. Halbe Sehne $AF$ | Ordinate $ED$. Pfeilhöhe $DF$ | Bogenlänge $ADC$ |
|---|---|---|---|---|---|---|
| g | c | $\mathrm{tg}\ \dfrac{\alpha}{2}$ | $\sec \dfrac{\alpha}{2} - 1$ | $\sin \dfrac{\alpha}{2}$ | $1 - \cos \dfrac{\alpha}{2}$ | $\dfrac{\pi \cdot \alpha}{200}$ |
| 1 | 20 | 0,00 943 | 0,00 004 | 0,00 942 | 0,00 004 | 0,01 885 |
|  | 22 | 958 | 005 | 958 | 005 | 916 |
|  | 24 | 974 | 005 | 974 | 005 | 948 |
|  | 26 | 990 | 005 | 990 | 005 | 979 |
|  | 28 | 0,01 005 | 005 | 0,01 005 | 005 | 0,02 011 |
| 1 | 30 | 0,01 021 | 0,00 005 | 0,01 021 | 0,00 005 | 0,02 042 |
|  | 32 | 037 | 005 | 037 | 005 | 073 |
|  | 34 | 052 | 006 | 052 | 006 | 105 |
|  | 36 | 068 | 006 | 068 | 006 | 136 |
|  | 38 | 084 | 006 | 084 | 006 | 168 |
| 1 | 40 | 0,01 100 | 0,00 006 | 0,01 100 | 0,00 006 | 0,02 199 |
|  | 42 | 115 | 006 | 115 | 006 | 231 |
|  | 44 | 131 | 006 | 131 | 006 | 262 |
|  | 46 | 147 | 007 | 147 | 007 | 293 |
|  | 48 | 162 | 007 | 162 | 007 | 325 |
| 1 | 50 | 0,01 178 | 0,00 007 | 0,01 178 | 0,00 007 | 0,02 356 |
|  | 52 | 194 | 007 | 194 | 007 | 388 |
|  | 54 | 210 | 007 | 210 | 007 | 419 |
|  | 56 | 225 | 007 | 225 | 007 | 450 |
|  | 58 | 241 | 008 | 241 | 008 | 482 |
| 1 | 60 | 0,01 257 | 0,00 008 | 0,01 257 | 0,00 008 | 0,02 513 |
|  | 62 | 272 | 008 | 272 | 008 | 545 |
|  | 64 | 288 | 008 | 288 | 008 | 576 |
|  | 66 | 304 | 009 | 304 | 009 | 608 |
|  | 68 | 319 | 009 | 319 | 009 | 639 |
| 1 | 70 | 0,01 335 | 0,00 009 | 0,01 335 | 0,00 009 | 0,02 670 |
|  | 72 | 351 | 009 | 351 | 009 | 702 |
|  | 74 | 367 | 009 | 367 | 009 | 733 |
|  | 76 | 382 | 010 | 382 | 010 | 765 |
|  | 78 | 398 | 010 | 398 | 010 | 796 |
| 1 | 80 | 414 | 010 | 414 | 010 | 827 |

| α | | Tangente $AB$ | Scheitel-abstand $BD$ | Abszisse $AE$. Halbe Sehne $AF$ | Ordinate $ED$. Pfeil-höhe $DF$ | Bogen-länge $ADC$ |
|---|---|---|---|---|---|---|
| g | c | $\text{tg}\,\dfrac{\alpha}{2}$ | $\sec\dfrac{\alpha}{2}-1$ | $\sin\dfrac{\alpha}{2}$ | $1-\cos\dfrac{\alpha}{2}$ | $\dfrac{\pi\cdot\alpha}{200}$ |
| 1 | 80 | 0,01 414 | 0,00 010 | 0,01 414 | 0,00 010 | 0,02 827 |
|   | 82 | 429 | 010 | 429 | 010 | 859 |
|   | 84 | 445 | 010 | 445 | 010 | 890 |
|   | 86 | 461 | 011 | 461 | 011 | 922 |
|   | 88 | 477 | 011 | 477 | 011 | 953 |
| 1 | 90 | 0,01 492 | 0,00 011 | 0,01 492 | 0,00 011 | 0,02 985 |
|   | 92 | 508 | 011 | 508 | 011 | 0,03 016 |
|   | 94 | 524 | 012 | 524 | 012 | 047 |
|   | 96 | 539 | 012 | 539 | 012 | 079 |
|   | 98 | 555 | 012 | 555 | 012 | 110 |
| 2 | 0 | 0,01 571 | 0,00 012 | 0,01 571 | 0,00 012 | 0,03 142 |
|   | 2 | 587 | 013 | 587 | 013 | 173 |
|   | 4 | 602 | 013 | 602 | 013 | 204 |
|   | 6 | 618 | 013 | 618 | 013 | 236 |
|   | 8 | 634 | 013 | 634 | 013 | 267 |
| 2 | 10 | 0,01 649 | 0,00 014 | 0,01 649 | 0,00 014 | 0,03 299 |
|   | 12 | 665 | 014 | 665 | 014 | 330 |
|   | 14 | 681 | 014 | 681 | 014 | 362 |
|   | 16 | 697 | 014 | 697 | 014 | 393 |
|   | 18 | 712 | 015 | 712 | 015 | 424 |
| 2 | 20 | 0,01 728 | 0,00 015 | 0,01 728 | 0,00 015 | 0,03 456 |
|   | 22 | 744 | 015 | 744 | 015 | 487 |
|   | 24 | 759 | 015 | 759 | 015 | 519 |
|   | 26 | 775 | 016 | 775 | 016 | 550 |
|   | 28 | 791 | 016 | 791 | 016 | 581 |
| 2 | 30 | 0,01 807 | 0,00 016 | 0,01 807 | 0,00 016 | 0,03 613 |
|   | 32 | 822 | 017 | 822 | 017 | 644 |
|   | 34 | 838 | 017 | 838 | 017 | 676 |
|   | 36 | 854 | 017 | 854 | 017 | 707 |
|   | 38 | 869 | 017 | 869 | 017 | 738 |
|   | 40 | 885 | 018 | 885 | 018 | 770 |

Tafel I.

| α | | Tangente $AB$ | Scheitel- abstand $BD$ | Abszisse $AE$. Halbe Sehne $AF$ | Ordinate $ED$. Pfeil- höhe $DF$ | Bogen- länge $ADC$ |
|---|---|---|---|---|---|---|
| g | c | $\operatorname{tg}\dfrac{\alpha}{2}$ | $\sec\dfrac{\alpha}{2}-1$ | $\sin\dfrac{\alpha}{2}$ | $1-\cos\dfrac{\alpha}{2}$ | $\dfrac{\pi\cdot\alpha}{200}$ |
| 2 | 40 | 0,01 885 | 0,00 018 | 0,01 885 | 0,00 018 | 0,03 770 |
|   | 42 | 901 | 018 | 901 | 018 | 801 |
|   | 44 | 917 | 018 | 916 | 018 | 833 |
|   | 46 | 932 | 019 | 932 | 019 | 864 |
|   | 48 | 948 | 019 | 948 | 019 | 896 |
| 2 | 50 | 0,01 964 | 0,00 019 | 0,01 963 | 0,00 019 | 0,03 927 |
|   | 52 | 979 | 020 | 979 | 020 | 958 |
|   | 54 | 995 | 020 | 995 | 020 | 990 |
|   | 56 | 0,02 011 | 020 | 0,02 011 | 020 | 0,04 021 |
|   | 58 | 027 | 021 | 026 | 021 | 053 |
| 2 | 60 | 0,02 042 | 0,00 021 | 0,02 042 | 0,00 021 | 0,04 084 |
|   | 62 | 058 | 021 | 057 | 021 | 115 |
|   | 64 | 074 | 022 | 073 | 022 | 147 |
|   | 66 | 089 | 022 | 089 | 022 | 178 |
|   | 68 | 105 | 022 | 105 | 022 | 210 |
| 2 | 70 | 0,02 121 | 0,00 022 | 0,02 120 | 0,00 022 | 0,04 241 |
|   | 72 | 137 | 023 | 136 | 023 | 273 |
|   | 74 | 152 | 023 | 152 | 023 | 304 |
|   | 76 | 168 | 023 | 168 | 023 | 335 |
|   | 78 | 184 | 024 | 183 | 024 | 367 |
| 2 | 80 | 0,02 199 | 0,00 024 | 0,02 199 | 0,00 024 | 0,04 398 |
|   | 82 | 215 | 025 | 215 | 025 | 430 |
|   | 84 | 231 | 025 | 230 | 025 | 461 |
|   | 86 | 247 | 025 | 247 | 025 | 492 |
|   | 88 | 262 | 026 | 262 | 026 | 524 |
| 2 | 90 | 0,02 278 | 0,00 026 | 0,02 277 | 0,00 026 | 0,04 555 |
|   | 92 | 294 | 026 | 293 | 026 | 587 |
|   | 94 | 309 | 027 | 309 | 027 | 618 |
|   | 96 | 325 | 027 | 325 | 027 | 650 |
|   | 98 | 341 | 027 | 340 | 027 | 681 |
| 3 | 0 | 357 | 028 | 356 | 028 | 712 |

| α | | Tangente $AB$ | Scheitel-abstand $BD$ | Abszisse $AE$. Halbe Sehne $AF$ | Ordinate $ED$. Pfeil-höhe $DF$ | Bogen-länge $ADC$ |
|---|---|---|---|---|---|---|
| $g$ | $c$ | $\operatorname{tg}\dfrac{\alpha}{2}$ | $\sec\dfrac{\alpha}{2}-1$ | $\sin\dfrac{\alpha}{2}$ | $1-\cos\dfrac{\alpha}{2}$ | $\dfrac{\pi\cdot\alpha}{200}$ |
| 3 | 0 | 0,02 357 | 0,000 28 | 0,02 356 | 0,000 28 | 0,04 712 |
| | 2 | 372 | 028 | 372 | 028 | 744 |
| | 4 | 388 | 028 | 387 | 028 | 775 |
| | 6 | 404 | 029 | 403 | 029 | 807 |
| | 8 | 419 | 029 | 419 | 029 | 838 |
| 3 | 10 | 0,02 435 | 0,000 30 | 0,02 434 | 0,000 30 | 0,04 869 |
| | 12 | 451 | 030 | 450 | 030 | 901 |
| | 14 | 467 | 030 | 466 | 030 | 932 |
| | 16 | 482 | 031 | 482 | 031 | 964 |
| | 18 | 498 | 031 | 497 | 031 | 995 |
| 3 | 20 | 0,02 514 | 0,000 32 | 0,02 513 | 0,000 32 | 0,05 027 |
| | 22 | 530 | 032 | 529 | 032 | 058 |
| | 24 | 545 | 032 | 544 | 032 | 089 |
| | 26 | 561 | 033 | 560 | 033 | 121 |
| | 28 | 577 | 033 | 576 | 033 | 152 |
| 3 | 30 | 0,02 592 | 0,000 34 | 0,02 591 | 0,000 34 | 0,05 184 |
| | 32 | 608 | 034 | 607 | 034 | 215 |
| | 34 | 624 | 034 | 623 | 034 | 246 |
| | 36 | 640 | 035 | 639 | 035 | 278 |
| | 38 | 655 | 035 | 654 | 035 | 309 |
| 3 | 40 | 0,02 671 | 0,000 36 | 0,02 670 | 0,000 36 | 0,05 341 |
| | 42 | 687 | 036 | 686 | 036 | 372 |
| | 44 | 702 | 036 | 701 | 036 | 404 |
| | 46 | 7.18 | 037 | 717 | 037 | 435 |
| | 48 | 734 | 037 | 733 | 037 | 466 |
| 3 | 50 | 0,02 750 | 0,000 38 | 0,02 749 | 0,000 38 | 0,05 498 |
| | 52 | 765 | 038 | 764 | 038 | 529 |
| | 54 | 781 | 039 | 780 | 039 | 561 |
| | 56 | 797 | 039 | 796 | 039 | 592 |
| | 58 | 812 | 040 | 811 | 040 | 623 |
| | 60 | 828 | 040 | 827 | 040 | 655 |

# Tafel I.

| g | c | Tangente $AB$ | Scheitel-abstand $BD$ | Abszisse $AE$. Halbe Sehne $AF$ | Ordinate $ED$. Pfeil-höhe $DF$ | Bogen-länge $ADC$ |
|---|---|---|---|---|---|---|
|   |   | $\mathrm{tg}\,\dfrac{\alpha}{2}$ | $\sec\dfrac{\alpha}{2}-1$ | $\sin\dfrac{\alpha}{2}$ | $1-\cos\dfrac{\alpha}{2}$ | $\dfrac{\pi\cdot\alpha}{200}$ |
| 3 | 60 | 0,02 828 | 0,00 040 | 0,02 827 | 0,00 040 | 0,05 655 |
|   | 62 | 844 | 040 | 843 | 040 | 686 |
|   | 64 | 860 | 041 | 858 | 041 | 718 |
|   | 66 | 875 | 041 | 874 | 041 | 749 |
|   | 68 | 891 | 042 | 890 | 042 | 781 |
| 3 | 70 | 0,02 907 | 0,00 042 | 0,02 906 | 0,00 042 | 0,05 812 |
|   | 72 | 923 | 043 | 921 | 043 | 843 |
|   | 74 | 938 | 043 | 937 | 043 | 875 |
|   | 76 | 954 | 044 | 953 | 044 | 906 |
|   | 78 | 970 | 044 | 968 | 044 | 938 |
| 3 | 80 | 0,02 985 | 0,00 045 | 0,02 984 | 0,00 045 | 0,05 969 |
|   | 82 | 0,03 001 | 045 | 0,03 000 | 045 | 0,06 000 |
|   | 84 | 017 | 045 | 015 | 045 | 032 |
|   | 86 | 033 | 046 | 031 | 046 | 063 |
|   | 88 | 048 | 046 | 047 | 046 | 095 |
| 3 | 90 | 0,03 064 | 0,00 047 | 0,03 063 | 0,00 047 | 0,06 126 |
|   | 92 | 080 | 047 | 078 | 047 | 158 |
|   | 94 | 095 | 048 | 094 | 048 | 189 |
|   | 96 | 111 | 048 | 110 | 048 | 220 |
|   | 98 | 127 | 049 | 125 | 049 | 252 |
| 4 | 0 | 0,03 143 | 0,00 049 | 0,03 141 | 0,00 049 | 0,06 283 |
|   | 2 | 158 | 050 | 157 | 050 | 315 |
|   | 4 | 174 | 050 | 172 | 050 | 346 |
|   | 6 | 190 | 051 | 188 | 051 | 377 |
|   | 8 | 206 | 051 | 204 | 051 | 409 |
| 4 | 10 | 0,03 221 | 0,00 052 | 0,03 220 | 0,00 052 | 0,06 440 |
|   | 12 | 237 | 052 | 235 | 052 | 472 |
|   | 14 | 253 | 053 | 251 | 053 | 503 |
|   | 16 | 268 | 053 | 267 | 053 | 535 |
|   | 18 | 284 | 054 | 282 | 054 | 566 |
|   | 20 | 300 | 054 | 298 | 054 | 597 |

| α | | Tangente $AB$ | Scheitel-abstand $BD$ | Abszisse $AE$. Halbe Sehne $AF$ | Ordinate $ED$. Pfeil-höhe $DF$ | Bogen-länge $ADC$ |
|---|---|---|---|---|---|---|
| g | c | $\mathrm{tg}\,\dfrac{\alpha}{2}$ | $\sec\dfrac{\alpha}{2}-1$ | $\sin\dfrac{\alpha}{2}$ | $1-\cos\dfrac{\alpha}{2}$ | $\dfrac{\pi\cdot\alpha}{200}$ |
| 4 | 20 | 0,03 300 | 0,000 54 | 0,03 298 | 0,000 54 | 0,06 597 |
|   | 22 | 316 | 055 | 314 | 055 | 629 |
|   | 24 | 331 | 055 | 329 | 055 | 660 |
|   | 26 | 347 | 056 | 345 | 056 | 692 |
|   | 28 | 363 | 056 | 361 | 056 | 723 |
| 4 | 30 | 0,03 379 | 0,000 57 | 0,03 377 | 0,000 57 | 0,06 754 |
|   | 32 | 394 | 058 | 392 | 058 | 786 |
|   | 34 | 410 | 058 | 408 | 058 | 817 |
|   | 36 | 426 | 059 | 424 | 059 | 849 |
|   | 38 | 441 | 059 | 439 | 059 | 880 |
| 4 | 40 | 0,03 457 | 0,000 60 | 0,03 455 | 0,000 60 | 0,06 912 |
|   | 42 | 473 | 060 | 471 | 060 | 943 |
|   | 44 | 489 | 061 | 486 | 061 | 974 |
|   | 46 | 504 | 061 | 502 | 061 | 0,07 006 |
|   | 48 | 520 | 062 | 518 | 062 | 037 |
| 4 | 50 | 0,03 536 | 0,000 62 | 0,03 534 | 0,000 62 | 0,07 069 |
|   | 52 | 551 | 063 | 549 | 063 | 100 |
|   | 54 | 567 | 064 | 565 | 064 | 131 |
|   | 56 | 583 | 064 | 581 | 064 | 163 |
|   | 58 | 599 | 065 | 596 | 065 | 194 |
| 4 | 60 | 0,03 614 | 0,000 65 | 0,03 612 | 0,000 65 | 0,07 226 |
|   | 62 | 630 | 066 | 628 | 066 | 257 |
|   | 64 | 646 | 066 | 643 | 066 | 288 |
|   | 66 | 662 | 067 | 659 | 067 | 320 |
|   | 68 | 677 | 068 | 675 | 068 | 351 |
| 4 | 70 | 0,03 693 | 0,000 68 | 0,03 691 | 0,000 68 | 0,07 383 |
|   | 72 | 709 | 069 | 706 | 069 | 414 |
|   | 74 | 725 | 069 | 722 | 069 | 446 |
|   | 76 | 740 | 070 | 738 | 070 | 477 |
|   | 78 | 756 | 070 | 753 | 070 | 508 |
|   | 80 | 772 | 071 | 769 | 071 | 540 |

4*

## Tafel I.

| $\alpha$ | | Tangente $AB$ | Scheitel-abstand $BD$ | Abszisse $AE$. Halbe Sehne $AF$ | Ordinate $ED$. Pfeil-höhe $DF$ | Bogen-länge $ADC$ |
|---|---|---|---|---|---|---|
| $g$ | $c$ | $\operatorname{tg}\dfrac{\alpha}{2}$ | $\sec\dfrac{\alpha}{2}-1$ | $\sin\dfrac{\alpha}{2}$ | $1-\cos\dfrac{\alpha}{2}$ | $\dfrac{\pi\cdot\alpha}{200}$ |
| 4 | 80 | 0,03 772 | 0,000 71 | 0,03 769 | 0,000 71 | 0,07 540 |
|   | 82 | 787 | 072 | 785 | 072 | 571 |
|   | 84 | 803 | 072 | 800 | 072 | 603 |
|   | 86 | 819 | 073 | 816 | 073 | 634 |
|   | 88 | 835 | 073 | 832 | 073 | 665 |
| 4 | 90 | 0,03 850 | 0,000 74 | 0,03 848 | 0,000 74 | 0,07 697 |
|   | 92 | 866 | 075 | 863 | 075 | 728 |
|   | 94 | 882 | 075 | 879 | 075 | 760 |
|   | 96 | 898 | 076 | 895 | 076 | 791 |
|   | 98 | 913 | 076 | 910 | 076 | 823 |
| 5 | 0 | 0,03 929 | 0,000 77 | 0,03 926 | 0,000 77 | 0,07 854 |
|   | 2 | 945 | 078 | 942 | 078 | 885 |
|   | 4 | 960 | 078 | 957 | 078 | 917 |
|   | 6 | 976 | 079 | 973 | 079 | 948 |
|   | 8 | 992 | 080 | 989 | 080 | 980 |
| 5 | 10 | 0,04 008 | 0,000 80 | 0,04 004 | 0,000 80 | 0,08 011 |
|   | 12 | 023 | 081 | 020 | 081 | 042 |
|   | 14 | 039 | 081 | 035 | 081 | 074 |
|   | 16 | 055 | 083 | 052 | 082 | 105 |
|   | 18 | 071 | 083 | 067 | 083 | 137 |
| 5 | 20 | 0,04 086 | 0,000 83 | 0,04 083 | 0,000 83 | 0,08 168 |
|   | 22 | 102 | 084 | 099 | 084 | 200 |
|   | 24 | 118 | 085 | 114 | 085 | 231 |
|   | 26 | 134 | 085 | 130 | 085 | 262 |
|   | 28 | 149 | 086 | 146 | 086 | 294 |
| 5 | 30 | 0,04 165 | 0,000 87 | 0,04 161 | 0,000 87 | 0,08 325 |
|   | 32 | 181 | 087 | 177 | 087 | 357 |
|   | 34 | 196 | 088 | 193 | 088 | 388 |
|   | 36 | 212 | 089 | 208 | 089 | 419 |
|   | 38 | 228 | 089 | 224 | 089 | 451 |
|   | 40 | 244 | 090 | 240 | 090 | 482 |

| $\alpha$ | | Tangente $AB$ | Scheitel-abstand $BD$ | Abszisse $AE$. Halbe Sehne $AF$ | Ordinate $ED$. Pfeil-höhe $DF$ | Bogen-länge $DAC$ |
|---|---|---|---|---|---|---|
| $g$ | $c$ | $\operatorname{tg} \dfrac{\alpha}{2}$ | $\sec \dfrac{\alpha}{2} - 1$ | $\sin \dfrac{\alpha}{2}$ | $1 - \cos \dfrac{\alpha}{2}$ | $\dfrac{\pi \cdot \alpha}{200}$ |
| 5 | 40 | 0,04 244 | 0,00 090 | 0,04 240 | 0,00 090 | 0,08 482 |
|   | 42 | 259 | 091 | 256 | 091 | 514 |
|   | 44 | 275 | 091 | 271 | 091 | 545 |
|   | 46 | 291 | 092 | 287 | 092 | 577 |
|   | 48 | 307 | 093 | 303 | 093 | 608 |
| 5 | 50 | 0,04 322 | 0,00 093 | 0,04 318 | 0,00 093 | 0,08 639 |
|   | 52 | 338 | 094 | 334 | 094 | 671 |
|   | 54 | 354 | 095 | 350 | 095 | 702 |
|   | 56 | 370 | 095 | 365 | 095 | 734 |
|   | 58 | 385 | 096 | 381 | 096 | 765 |
| 5 | 60 | 0,04 401 | 0,00 097 | 0,04 397 | 0,00 097 | 0,08 796 |
|   | 62 | 417 | 097 | 413 | 097 | 828 |
|   | 64 | 433 | 098 | 428 | 098 | 859 |
|   | 66 | 448 | 099 | 444 | 099 | 891 |
|   | 68 | 464 | 100 | 460 | 100 | 922 |
| 5 | 70 | 0,04 480 | 0,00 100 | 0,04 475 | 0,00 100 | 0,08 954 |
|   | 72 | 496 | 101 | 491 | 101 | 985 |
|   | 74 | 511 | 102 | 507 | 102 | 0,09 016 |
|   | 76 | 527 | 102 | 522 | 102 | 048 |
|   | 78 | 543 | 103 | 538 | 103 | 079 |
| 5 | 80 | 0,04 558 | 0,00 104 | 0,04 554 | 0,00 104 | 0,09 111 |
|   | 82 | 574 | 105 | 569 | 105 | 142 |
|   | 84 | 590 | 105 | 585 | 105 | 173 |
|   | 86 | 606 | 106 | 601 | 106 | 205 |
|   | 88 | 621 | 107 | 616 | 107 | 236 |
| 5 | 90 | 0,04 637 | 0,00 107 | 0,04 632 | 0,00 107 | 0,09 268 |
|   | 92 | 653 | 108 | 648 | 108 | 299 |
|   | 94 | 669 | 109 | 664 | 109 | 331 |
|   | 96 | 684 | 110 | 679 | 110 | 362 |
|   | 98 | 700 | 110 | 695 | 110 | 393 |
| 6 | 0 | 716 | 111 | 711 | 111 | 425 |

## Tafel I.

| $\alpha$ | | Tangente $AB$ | Scheitelabstand $BD$ | Abszisse $AE$. Halbe Sehne $AF$ | Ordinate $ED$. Pfeilhöhe $DF$ | Bogenlänge $ADC$ |
|---|---|---|---|---|---|---|
| $g$ | $c$ | $\mathrm{tg}\ \dfrac{\alpha}{2}$ | $\sec \dfrac{\alpha}{2} - 1$ | $\sin \dfrac{\alpha}{2}$ | $1 - \cos \dfrac{\alpha}{2}$ | $\dfrac{\pi \cdot \alpha}{200}$ |
| 6 | 0 | 0,04716 | 0,00111 | 0,04711 | 0,00111 | 0,09425 |
|   | 2 | 732 | 112 | 726 | 112 | 456 |
|   | 4 | 747 | 113 | 742 | 113 | 488 |
|   | 6 | 763 | 113 | 758 | 113 | 519 |
|   | 8 | 779 | 114 | 773 | 114 | 550 |
| 6 | 10 | 0,04795 | 0,00115 | 0,04789 | 0,00115 | 0,09582 |
|   | 12 | 810 | 116 | 805 | 116 | 613 |
|   | 14 | 826 | 116 | 820 | 116 | 645 |
|   | 16 | 842 | 117 | 836 | 117 | 676 |
|   | 18 | 858 | 118 | 852 | 118 | 708 |
| 6 | 20 | 0,04873 | 0,00119 | 0,04868 | 0,00119 | 0,09739 |
|   | 22 | 889 | 119 | 883 | 119 | 770 |
|   | 24 | 905 | 120 | 899 | 120 | 802 |
|   | 26 | 921 | 121 | 915 | 121 | 833 |
|   | 28 | 936 | 122 | 930 | 122 | 865 |
| 6 | 30 | 0,04952 | 0,00122 | 0,04946 | 0,00122 | 0,09896 |
|   | 32 | 968 | 123 | 962 | 123 | 927 |
|   | 34 | 984 | 124 | 977 | 124 | 959 |
|   | 36 | 999 | 125 | 993 | 125 | 990 |
|   | 38 | 0,05015 | 126 | 0,05009 | 126 | 0,10022 |
| 6 | 40 | 0,05031 | 0,00126 | 0,05024 | 0,00126 | 0,10053 |
|   | 42 | 047 | 127 | 040 | 127 | 085 |
|   | 44 | 062 | 128 | 056 | 128 | 116 |
|   | 46 | 078 | 129 | 071 | 129 | 147 |
|   | 48 | 094 | 130 | 087 | 130 | 179 |
| 6 | 50 | 0,05110 | 0,00130 | 0,05103 | 0,00130 | 0,10210 |
|   | 52 | 125 | 131 | 119 | 131 | 242 |
|   | 54 | 141 | 132 | 134 | 132 | 273 |
|   | 56 | 157 | 133 | 150 | 133 | 304 |
|   | 58 | 173 | 134 | 166 | 134 | 336 |
|   | 60 | 188 | 134 | 181 | 134 | 367 |

| α | | Tangente $AB$ | Scheitel-abstand $BD$ | Abszisse $AE$. Halbe Sehne $AF$ | Ordinate $ED$. Pfeil-höhe $DF$ | Bogen-länge $ADC$ |
|---|---|---|---|---|---|---|
| g | c | $\operatorname{tg}\dfrac{\alpha}{2}$ | $\sec\dfrac{\alpha}{2}-1$ | $\sin\dfrac{\alpha}{2}$ | $1-\cos\dfrac{\alpha}{2}$ | $\dfrac{\pi\cdot\alpha}{200}$ |
| 6 | 60 | 0,05 188 | 0,00 134 | 0,05 181 | 0,00 134 | 0,10 367 |
| | 62 | 204 | 135 | 197 | 135 | 399 |
| | 64 | 220 | 136 | 213 | 136 | 430 |
| | 66 | 236 | 137 | 228 | 137 | 462 |
| | 68 | 251 | 138 | 244 | 138 | 493 |
| 6 | 70 | 0,05 267 | 0,00 139 | 0,05 260 | 0,00 138 | 0,10 524 |
| | 72 | 283 | 139 | 275 | 139 | 556 |
| | 74 | 299 | 140 | 291 | 140 | 587 |
| | 76 | 314 | 141 | 307 | 141 | 619 |
| | 78 | 330 | 142 | 322 | 142 | 650 |
| 6 | 80 | 0,05 346 | 0,00 143 | 0,05 338 | 0,00 143 | 0,10 681 |
| | 82 | 362 | 144 | 354 | 143 | 713 |
| | 84 | 377 | 145 | 370 | 144 | 744 |
| | 86 | 393 | 145 | 385 | 145 | 776 |
| | 88 | 409 | 146 | 401 | 146 | 807 |
| 6 | 90 | 0,05 425 | 0,00 147 | 0,05 417 | 0,00 147 | 0,10 838 |
| | 92 | 440 | 148 | 432 | 148 | 870 |
| | 94 | 456 | 149 | 448 | 148 | 901 |
| | 96 | 472 | 150 | 464 | 149 | 933 |
| | 98 | 488 | 151 | 479 | 151 | 964 |
| 7 | 0 | 0,05 503 | 0,00 151 | 0,05 495 | 0,00 151 | 0,10 996 |
| | 2 | 519 | 152 | 511 | 152 | 0,11 027 |
| | 4 | 535 | 153 | 526 | 153 | 058 |
| | 6 | 551 | 154 | 542 | 154 | 090 |
| | 8 | 566 | 155 | 558 | 155 | 121 |
| 7 | 10 | 0,05 582 | 0,00 156 | 0,05 573 | 0,00 155 | 0,11 153 |
| | 12 | 598 | 157 | 589 | 156 | 184 |
| | 14 | 614 | 157 | 605 | 157 | 215 |
| | 16 | 629 | 158 | 620 | 158 | 247 |
| | 18 | 645 | 159 | 636 | 159 | 278 |
| | 20 | 661 | 160 | 652 | 160 | 310 |

## Tafel I.

| $\alpha$ | | Tangente $A\,B$ | Scheitel-abstand $B\,D$ | Abszisse $A\,E$. Halbe Sehne $A\,F$ | Ordinate $E\,D$. Pfeil-höhe $D\,F$ | Bogen-länge $A\,D\,C$ |
|---|---|---|---|---|---|---|
| $g$ | $c$ | $\operatorname{tg}\dfrac{\alpha}{2}$ | $\sec\dfrac{\alpha}{2}-1$ | $\sin\dfrac{\alpha}{2}$ | $1-\cos\dfrac{\alpha}{2}$ | $\dfrac{\pi\cdot\alpha}{200}$ |
| 7 | 20 | 0,05 661 | 0,00 160 | 0,05 652 | 0,00 160 | 0,11 310 |
|   | 22 | 678 | 161 | 668 | 161 | 341 |
|   | 24 | 692 | 162 | 683 | 162 | 373 |
|   | 26 | 708 | 163 | 699 | 163 | 404 |
|   | 28 | 724 | 164 | 715 | 163 | 435 |
| 7 | 30 | 0,05 740 | 0,00 165 | 0,05 730 | 0,00 164 | 0,11 467 |
|   | 32 | 755 | 165 | 746 | 165 | 498 |
|   | 34 | 771 | 166 | 762 | 166 | 530 |
|   | 36 | 787 | 167 | 777 | 167 | 561 |
|   | 38 | 803 | 168 | 793 | 168 | 592 |
| 7 | 40 | 0,05 818 | 0,00 169 | 0,05 809 | 0,00 169 | 0,11 624 |
|   | 42 | 834 | 170 | 824 | 170 | 655 |
|   | 44 | 850 | 171 | 840 | 171 | 687 |
|   | 46 | 866 | 172 | 856 | 172 | 718 |
|   | 48 | 882 | 173 | 871 | 173 | 750 |
| 7 | 50 | 0,05 897 | 0,00 174 | 0,05 887 | 0,00 173 | 0,11 781 |
|   | 52 | 913 | 175 | 903 | 174 | 812 |
|   | 54 | 929 | 176 | 918 | 175 | 844 |
|   | 56 | 945 | 177 | 934 | 176 | 875 |
|   | 58 | 960 | 177 | 950 | 177 | 907 |
| 7 | 60 | 0,05 976 | 0,00 178 | 0,05 965 | 0,00 178 | 0,11 938 |
|   | 62 | 992 | 179 | 981 | 179 | 969 |
|   | 64 | 0,06 008 | 180 | 997 | 180 | 0,12 001 |
|   | 66 | 023 | 181 | 0,06 013 | 181 | 032 |
|   | 68 | 039 | 182 | 028 | 182 | 064 |
| 7 | 70 | 0,06 055 | 0,00 183 | 0,06 044 | 0,00 183 | 0,12 095 |
|   | 72 | 071 | 184 | 060 | 184 | 127 |
|   | 74 | 086 | 185 | 075 | 185 | 158 |
|   | 76 | 102 | 186 | 091 | 186 | 189 |
|   | 78 | 118 | 187 | 107 | 187 | 221 |
|   | 80 | 134 | 188 | 122 | 188 | 252 |

| α | | Tangente $AB$ | Scheitel-abstand $BD$ | Abszisse $AE$. Halbe Sehne $AF$ | Ordinate $ED$. Pfeil-höhe $DF$ | Bogen-länge $ADC$ |
|---|---|---|---|---|---|---|
| g | c | $\operatorname{tg}\dfrac{\alpha}{2}$ | $\sec\dfrac{\alpha}{2}-1$ | $\sin\dfrac{\alpha}{2}$ | $1-\cos\dfrac{\alpha}{2}$ | $\dfrac{\pi\cdot\alpha}{200}$ |
| 7 | 80 | 0,06 134 | 0,00 188 | 0,06 122 | 0,00 188 | 0,12 252 |
|   | 82 | 150 | 189 | 138 | 189 | 284 |
|   | 84 | 165 | 190 | 154 | 190 | 315 |
|   | 86 | 181 | 191 | 169 | 190 | 346 |
|   | 88 | 197 | 192 | 185 | 191 | 378 |
| 7 | 90 | 0,06 213 | 0,00 193 | 0,06 201 | 0,00 192 | 0,12 409 |
|   | 92 | 228 | 194 | 216 | 193 | 441 |
|   | 94 | 244 | 195 | 232 | 194 | 472 |
|   | 96 | 260 | 196 | 248 | 195 | 504 |
|   | 98 | 276 | 197 | 263 | 196 | 535 |
| 8 | 0 | 0,06 292 | 0,00 198 | 0,06 279 | 0,00 197 | 0,12 566 |
|   | 2 | 307 | 199 | 295 | 198 | 598 |
|   | 4 | 323 | 200 | 310 | 199 | 629 |
|   | 6 | 339 | 201 | 326 | 200 | 661 |
|   | 8 | 355 | 202 | 342 | 201 | 692 |
| 8 | 10 | 0,06 370 | 0,00 203 | 0,06 357 | 0,00 202 | 0,12 723 |
|   | 12 | 386 | 204 | 373 | 203 | 755 |
|   | 14 | 402 | 205 | 389 | 204 | 786 |
|   | 16 | 418 | 206 | 404 | 205 | 818 |
|   | 18 | 433 | 207 | 420 | 206 | 849 |
| 8 | 20 | 0,06 449 | 0,00 208 | 0,06 436 | 0,00 207 | 0,12 881 |
|   | 22 | 465 | 209 | 451 | 208 | 912 |
|   | 24 | 481 | 210 | 467 | 209 | 943 |
|   | 26 | 497 | 211 | 483 | 210 | 975 |
|   | 28 | 512 | 212 | 499 | 211 | 0,13 006 |
| 8 | 30 | 0,06 528 | 0,00 213 | 0,06 514 | 0,00 212 | 0,13 038 |
|   | 32 | 544 | 214 | 530 | 213 | 069 |
|   | 34 | 560 | 215 | 546 | 214 | 100 |
|   | 36 | 575 | 216 | 561 | 215 | 132 |
|   | 38 | 591 | 217 | 577 | 217 | 163 |
|   | 40 | 607 | 218 | 593 | 218 | 195 |

## Tafel I.

| α | | Tangente $AB$ | Scheitel-abstand $BD$ | Abszisse $AE$. Halbe Sehne $AF$ | Ordinate $ED$. Pfeil-höhe $DF$ | Bogen-länge $ADC$ |
|---|---|---|---|---|---|---|
| g | c | $\operatorname{tg} \dfrac{\alpha}{2}$ | $\sec \dfrac{\alpha}{2} - 1$ | $\sin \dfrac{\alpha}{2}$ | $1 - \cos \dfrac{\alpha}{2}$ | $\dfrac{\pi \cdot \alpha}{200}$ |
| 8 | 40 | 0,06 607 | 0,00 218 | 0,06 593 | 0,00 218 | 0,13 195 |
|   | 42 | 623 | 219 | 608 | 219 | 226 |
|   | 44 | 638 | 220 | 624 | 220 | 258 |
|   | 46 | 654 | 221 | 640 | 221 | 289 |
|   | 48 | 670 | 222 | 655 | 222 | 320 |
| 8 | 50 | 0,06 686 | 0,00 223 | 0,06 671 | 0,00 223 | 0,13 352 |
|   | 52 | 702 | 224 | 687 | 224 | 383 |
|   | 54 | 717 | 225 | 702 | 225 | 415 |
|   | 56 | 733 | 226 | 718 | 226 | 446 |
|   | 58 | 749 | 228 | 734 | 227 | 477 |
| 8 | 60 | 0,06 765 | 0,00 229 | 0,06 749 | 0,00 228 | 0,13 509 |
|   | 62 | 780 | 230 | 765 | 229 | 540 |
|   | 64 | 796 | 231 | 781 | 230 | 572 |
|   | 66 | 812 | 232 | 796 | 231 | 603 |
|   | 68 | 828 | 233 | 812 | 232 | 635 |
| 8 | 70 | 0,06 844 | 0,00 234 | 0,06 828 | 0,00 233 | 0,13 666 |
|   | 72 | 859 | 235 | 843 | 234 | 697 |
|   | 74 | 875 | 236 | 859 | 236 | 729 |
|   | 76 | 891 | 237 | 875 | 237 | 760 |
|   | 78 | 907 | 238 | 890 | 238 | 792 |
| 8 | 80 | 0,06 923 | 0,00 239 | 0,06 906 | 0,00 239 | 0,13 823 |
|   | 82 | 938 | 240 | 922 | 240 | 854 |
|   | 84 | 954 | 242 | 937 | 241 | 886 |
|   | 86 | 970 | 243 | 953 | 242 | 917 |
|   | 88 | 986 | 244 | 969 | 243 | 949 |
| 8 | 90 | 0,07 001 | 0,00 245 | 0,06 984 | 0,00 244 | 0,13 980 |
|   | 92 | 017 | 246 | 0,07 000 | 245 | 0,14 012 |
|   | 94 | 033 | 247 | 016 | 246 | 043 |
|   | 96 | 049 | 248 | 031 | 248 | 074 |
|   | 98 | 065 | 249 | 047 | 248 | 106 |
| 9 | 0 | 080 | 250 | 063 | 250 | 137 |

| α | | Tangente $AB$ | Scheitel-abstand $BD$ | Abszisse $AE$. Halbe Sehne $AF$ | Ordinate $ED$. Pfeil-höhe $DF$ | Bogen-länge $ADC$ |
|---|---|---|---|---|---|---|
| g | c | $\operatorname{tg} \dfrac{\alpha}{2}$ | $\sec \dfrac{\alpha}{2} - 1$ | $\sin \dfrac{\alpha}{2}$ | $1 - \cos \dfrac{\alpha}{2}$ | $\dfrac{\pi\cdot\alpha}{200}$ |
| 9 | 0 | 0,07 080 | 0,00 250 | 0,07 063 | 0,00 250 | 0,14 137 |
|   | 2 | 096 | 251 | 078 | 251 | 169 |
|   | 4 | 112 | 253 | 094 | 252 | 200 |
|   | 6 | 128 | 254 | 110 | 253 | 231 |
|   | 8 | 144 | 255 | 125 | 254 | 263 |
| 9 | 10 | 0,07 159 | 0,00 256 | 0,07 141 | 0,00 255 | 0,14 294 |
|   | 12 | 175 | 257 | 157 | 256 | 326 |
|   | 14 | 191 | 258 | 172 | 258 | 357 |
|   | 16 | 207 | 259 | 188 | 259 | 388 |
|   | 18 | 222 | 260 | 204 | 260 | 420 |
| 9 | 20 | 0,07 238 | 0,00 262 | 0,07 219 | 0,00 261 | 0,14 451 |
|   | 22 | 254 | 263 | 235 | 262 | 483 |
|   | 24 | 270 | 264 | 251 | 263 | 514 |
|   | 26 | 286 | 265 | 266 | 264 | 546 |
|   | 28 | 301 | 266 | 282 | 265 | 577 |
| 9 | 30 | 0,07 317 | 0,00 267 | 0,07 298 | 0,00 267 | 0,14 608 |
|   | 32 | 333 | 268 | 313 | 268 | 640 |
|   | 34 | 349 | 270 | 329 | 269 | 671 |
|   | 36 | 365 | 271 | 345 | 270 | 703 |
|   | 38 | 380 | 272 | 360 | 271 | 734 |
| 9 | 40 | 0,07 396 | 0,00 273 | 0,07 376 | 0,00 272 | 0,14 765 |
|   | 42 | 412 | 274 | 392 | 274 | 797 |
|   | 44 | 428 | 275 | 407 | 275 | 828 |
|   | 46 | 444 | 277 | 423 | 276 | 860 |
|   | 48 | 459 | 278 | 439 | 277 | 891 |
| 9 | 50 | 0,07 475 | 0,00 279 | 0,07 454 | 0,00 278 | 0,14 923 |
|   | 52 | 491 | 280 | 470 | 279 | 954 |
|   | 54 | 507 | 281 | 486 | 281 | 985 |
|   | 56 | 523 | 283 | 501 | 282 | 0,15 017 |
|   | 58 | 538 | 284 | 517 | 283 | 048 |
|   | 60 | 554 | 285 | 533 | 284 | 080 |

# Tafel I.

| α | | Tangente $AB$ | Scheitel-abstand $BD$ | Abszisse $AE$. Halbe Sehne $AF$ | Ordinate $ED$. Pfeil-höhe $DF$ | Bogen-länge $ADC$ |
|---|---|---|---|---|---|---|
| g | c | $\operatorname{tg}\dfrac{\alpha}{2}$ | $\sec\dfrac{\alpha}{2}-1$ | $\sin\dfrac{\alpha}{2}$ | $1-\cos\dfrac{\alpha}{2}$ | $\dfrac{\pi\cdot\alpha}{200}$ |
| 9 | 60 | 0,07 554 | 0,00 285 | 0,07 533 | 0,00 284 | 0,15 080 |
|   | 62 | 570 | 286 | 548 | 285 | 111 |
|   | 64 | 586 | 287 | 564 | 286 | 142 |
|   | 66 | 602 | 289 | 580 | 288 | 174 |
|   | 68 | 617 | 290 | 595 | 289 | 205 |
| 9 | 70 | 0,07 633 | 0,00 291 | 0,07 611 | 0,00 290 | 0,15 237 |
|   | 72 | 649 | 292 | 627 | 291 | 268 |
|   | 74 | 665 | 293 | 642 | 292 | 300 |
|   | 76 | 681 | 295 | 658 | 294 | 331 |
|   | 78 | 696 | 296 | 674 | 295 | 362 |
| 9 | 80 | 0,07 712 | 0,00 297 | 0,07 689 | 0,00 296 | 0,15 394 |
|   | 82 | 728 | 298 | 705 | 297 | 425 |
|   | 84 | 744 | 299 | 721 | 298 | 457 |
|   | 86 | 760 | 301 | 736 | 300 | 488 |
|   | 88 | 775 | 302 | 752 | 301 | 519 |
| 9 | 90 | 0,07 791 | 0,00 303 | 0,07 768 | 0,00 302 | 0,15 551 |
|   | 92 | 807 | 304 | 783 | 303 | 582 |
|   | 94 | 823 | 305 | 799 | 305 | 614 |
|   | 96 | 839 | 307 | 815 | 306 | 645 |
|   | 98 | 854 | 308 | 830 | 307 | 677 |
| 10 | 0 | 0,07 870 | 0,00 309 | 0,07 846 | 0,00 308 | 0,15 708 |
|   | 2 | 886 | 310 | 862 | 309 | 739 |
|   | 4 | 902 | 312 | 877 | 311 | 771 |
|   | 6 | 918 | 313 | 893 | 312 | 802 |
|   | 8 | 933 | 314 | 909 | 313 | 834 |
| 10 | 10 | 0,07 949 | 0,00 315 | 0,07 924 | 0,00 314 | 0,15 865 |
|   | 12 | 965 | 317 | 940 | 316 | 896 |
|   | 14 | 981 | 318 | 956 | 317 | 928 |
|   | 16 | 997 | 319 | 971 | 318 | 959 |
|   | 18 | 0,08 012 | 320 | 987 | 319 | 991 |
|   | 20 | 028 | 322 | 0,08 002 | 321 | 0,16 022 |

| α | | Tangente $AB$ | Scheitelabstand $BD$ | Abszisse $AE$. Halbe Sehne $AF$ | Ordinate $ED$. Pfeilhöhe $DF$ | Bogenlänge $ADC$ |
|---|---|---|---|---|---|---|
| $g$ | $c$ | $\operatorname{tg}\dfrac{\alpha}{2}$ | $\sec\dfrac{\alpha}{2}-1$ | $\sin\dfrac{\alpha}{2}$ | $1-\cos\dfrac{\alpha}{2}$ | $\dfrac{\pi\cdot\alpha}{200}$ |
| 10 | 20 | 0,08028 | 0,00322 | 0,08002 | 0,00321 | 0,16022 |
|  | 22 | 044 | 323 | 018 | 322 | 054 |
|  | 24 | 060 | 324 | 034 | 323 | 085 |
|  | 26 | 076 | 326 | 049 | 325 | 116 |
|  | 28 | 091 | 327 | 065 | 326 | 148 |
| 10 | 30 | 0,08107 | 0,00328 | 0,08081 | 0,00327 | 0,16179 |
|  | 32 | 123 | 329 | 096 | 328 | 211 |
|  | 34 | 139 | 331 | 112 | 330 | 242 |
|  | 36 | 155 | 332 | 128 | 331 | 273 |
|  | 38 | 171 | 333 | 143 | 332 | 305 |
| 10 | 40 | 0,08186 | 0,00335 | 0,08159 | 0,00333 | 0,16336 |
|  | 42 | 202 | 336 | 175 | 335 | 368 |
|  | 44 | 218 | 337 | 190 | 336 | 399 |
|  | 46 | 234 | 338 | 206 | 337 | 431 |
|  | 48 | 250 | 340 | 222 | 339 | 462 |
| 10 | 50 | 0,08265 | 0,00341 | 0,08237 | 0,00340 | 0,16493 |
|  | 52 | 281 | 342 | 253 | 341 | 525 |
|  | 54 | 297 | 344 | 269 | 342 | 556 |
|  | 56 | 313 | 345 | 284 | 344 | 588 |
|  | 58 | 329 | 346 | 300 | 345 | 619 |
| 10 | 60 | 0,08345 | 0,00348 | 0,08316 | 0,00346 | 0,16650 |
|  | 62 | 360 | 349 | 331 | 348 | 682 |
|  | 64 | 376 | 350 | 347 | 349 | 713 |
|  | 66 | 392 | 352 | 363 | 350 | 745 |
|  | 68 | 408 | 353 | 378 | 352 | 776 |
| 10 | 70 | 0,08424 | 0,00354 | 0,08394 | 0,00353 | 0,16808 |
|  | 72 | 439 | 355 | 410 | 354 | 839 |
|  | 74 | 455 | 357 | 425 | 356 | 870 |
|  | 76 | 471 | 358 | 441 | 357 | 902 |
|  | 78 | 487 | 359 | 456 | 358 | 933 |
|  | 80 | 503 | 361 | 472 | 360 | 965 |

# Tafel I.

| α | | Tangente $AB$ | Scheitel-abstand $BD$ | Abszisse $AE$. Halbe Sehne $AF$ | Ordinate $ED$. Pfeil-höhe $DF$ | Bogen-länge $ADC$ |
|---|---|---|---|---|---|---|
| $g$ | $c$ | $\operatorname{tg}\dfrac{\alpha}{2}$ | $\sec\dfrac{\alpha}{2}-1$ | $\sin\dfrac{\alpha}{2}$ | $1-\cos\dfrac{\alpha}{2}$ | $\dfrac{\pi\cdot\alpha}{200}$ |
| 10 | 80 | 0,08 503 | 0,00 361 | 0,08 472 | 0,00 360 | 0,16 965 |
| | 82 | 519 | 362 | 488 | 361 | 996 |
| | 84 | 534 | 363 | 503 | 362 | 0,17 027 |
| | 86 | 550 | 365 | 519 | 364 | 059 |
| | 88 | 566 | 366 | 535 | 365 | 090 |
| 10 | 90 | 0,08 582 | 0,00 368 | 0,08 550 | 0,00 366 | 0,17 122 |
| | 92 | 598 | 369 | 566 | 368 | 153 |
| | 94 | 613 | 370 | 582 | 369 | 185 |
| | 96 | 629 | 372 | 597 | 370 | 216 |
| | 98 | 645 | 373 | 613 | 372 | 247 |
| 11 | 0 | 0,08 661 | 0,00 374 | 0,08 629 | 0,00 373 | 0,17 279 |
| | 2 | 677 | 376 | 644 | 374 | 310 |
| | 4 | 693 | 377 | 660 | 376 | 342 |
| | 6 | 708 | 378 | 676 | 377 | 373 |
| | 8 | 724 | 380 | 691 | 378 | 404 |
| 11 | 10 | 0,08 740 | 0,00 381 | 0,08 707 | 0,00 380 | 0,17 436 |
| | 12 | 756 | 383 | 723 | 381 | 467 |
| | 14 | 772 | 384 | 738 | 383 | 499 |
| | 16 | 788 | 385 | 754 | 384 | 530 |
| | 18 | 803 | 387 | 769 | 385 | 562 |
| 11 | 20 | 0,08 819 | 0,00 388 | 0,08 785 | 0,00 387 | 0,17 593 |
| | 22 | 835 | 390 | 801 | 388 | 624 |
| | 24 | 851 | 391 | 816 | 389 | 656 |
| | 26 | 867 | 392 | 832 | 391 | 687 |
| | 28 | 883 | 394 | 848 | 392 | 719 |
| 11 | 30 | 0,08 898 | 0,00 395 | 0,08 863 | 0,00 394 | 0,17 750 |
| | 32 | 914 | 397 | 879 | 395 | 781 |
| | 34 | 930 | 398 | 895 | 396 | 813 |
| | 36 | 946 | 399 | 910 | 398 | 844 |
| | 38 | 962 | 401 | 926 | 399 | 876 |
| | 40 | 978 | 402 | 942 | 401 | 907 |

| α | | Tangente<br>A B | Scheitel-<br>abstand<br>B D | Abszisse<br>A E. Halbe<br>Sehne A F | Ordinate<br>E D. Pfeil-<br>höhe D F | Bogen-<br>länge<br>A D C |
|---|---|---|---|---|---|---|
| g | c | tg $\frac{\alpha}{2}$ | sec $\frac{\alpha}{2}$ − 1 | sin $\frac{\alpha}{2}$ | 1 − cos $\frac{\alpha}{2}$ | $\frac{\pi \cdot \alpha}{200}$ |
| 11 | 40 | 0,08 978 | 0,00 402 | 0,08 942 | 0,00 401 | 0,17 907 |
| | 42 | 993 | 404 | 957 | 402 | 938 |
| | 44 | 0,09 009 | 405 | 973 | 403 | 970 |
| | 46 | 025 | 406 | 989 | 405 | 0,18 001 |
| | 48 | 041 | 408 | 0,09 004 | 406 | 033 |
| 11 | 50 | 0,09 057 | 0,00 409 | 0,09 020 | 0,00 408 | 0,18 064 |
| | 52 | 073 | 411 | 035 | 409 | 096 |
| | 54 | 088 | 412 | 051 | 411 | 127 |
| | 56 | 104 | 414 | 067 | 412 | 158 |
| | 58 | 120 | 415 | 082 | 413 | 190 |
| 11 | 60 | 0,09 136 | 0,00 416 | 0,09 098 | 0,00 415 | 0,18 221 |
| | 62 | 152 | 418 | 114 | 416 | 253 |
| | 64 | 168 | 419 | 129 | 418 | 284 |
| | 66 | 183 | 421 | 145 | 419 | 315 |
| | 68 | 199 | 422 | 161 | 420 | 347 |
| 11 | 70 | 0,09 215 | 0,00 424 | 0,09 176 | 0,00 422 | 0,18 378 |
| | 72 | 231 | 425 | 192 | 423 | 410 |
| | 74 | 247 | 427 | 208 | 425 | 441 |
| | 76 | 263 | 428 | 223 | 426 | 473 |
| | 78 | 278 | 430 | 239 | 428 | 504 |
| 11 | 80 | 0,09 294 | 0,00 431 | 0,09 254 | 0,00 429 | 0,18 535 |
| | 82 | 310 | 432 | 270 | 431 | 567 |
| | 84 | 326 | 434 | 286 | 432 | 598 |
| | 86 | 342 | 435 | 301 | 434 | 630 |
| | 88 | 358 | 437 | 317 | 435 | 661 |
| 11 | 90 | 0,09 374 | 0,00 438 | 0,09 333 | 0,00 436 | 0,18 692 |
| | 92 | 389 | 440 | 348 | 438 | 724 |
| | 94 | 405 | 441 | 364 | 439 | 755 |
| | 96 | 421 | 443 | 380 | 441 | 787 |
| | 98 | 437 | 444 | 395 | 442 | 818 |
| 12 | 0 | 453 | 446 | 411 | 444 | 850 |

# Tafel I.

| α | | Tangente $AB$ | Scheitel-abstand $BD$ | Abszisse $AE$. Halbe Sehne $AF$ | Ordinate $ED$. Pfeil-höhe $DF$ | Bogen-länge $ADC$ |
|---|---|---|---|---|---|---|
| g | c | $\operatorname{tg}\dfrac{\alpha}{2}$ | $\sec\dfrac{\alpha}{2}-1$ | $\sin\dfrac{\alpha}{2}$ | $1-\cos\dfrac{\alpha}{2}$ | $\dfrac{\pi\cdot\alpha}{200}$ |
| 12 | 0 | 0,09453 | 0,00446 | 0,09411 | 0,00444 | 0,18850 |
|  | 2 | 469 | 447 | 426 | 445 | 881 |
|  | 4 | 484 | 449 | 442 | 447 | 912 |
|  | 6 | 500 | 450 | 458 | 448 | 944 |
|  | 8 | 516 | 452 | 473 | 450 | 975 |
| 12 | 10 | 0,09532 | 0,00453 | 0,09489 | 0,00451 | 0,19007 |
|  | 12 | 548 | 455 | 505 | 453 | 038 |
|  | 14 | 564 | 456 | 520 | 454 | 069 |
|  | 16 | 580 | 458 | 536 | 456 | 101 |
|  | 18 | 595 | 459 | 552 | 457 | 132 |
| 12 | 20 | 0,09611 | 0,00461 | 0,09567 | 0,00459 | 0,19164 |
|  | 22 | 627 | 462 | 583 | 460 | 195 |
|  | 24 | 643 | 464 | 598 | 462 | 227 |
|  | 26 | 659 | 465 | 614 | 463 | 258 |
|  | 28 | 675 | 467 | 630 | 465 | 289 |
| 12 | 30 | 0,09691 | 0,00468 | 0,09645 | 0,00466 | 0,19321 |
|  | 32 | 706 | 470 | 661 | 468 | 352 |
|  | 34 | 722 | 472 | 677 | 469 | 384 |
|  | 36 | 738 | 473 | 692 | 471 | 415 |
|  | 38 | 754 | 475 | 708 | 472 | 446 |
| 12 | 40 | 0,09770 | 0,00476 | 0,09724 | 0,00474 | 0,19478 |
|  | 42 | 786 | 478 | 739 | 475 | 509 |
|  | 44 | 802 | 479 | 755 | 477 | 541 |
|  | 46 | 817 | 481 | 770 | 478 | 572 |
|  | 48 | 833 | 482 | 786 | 480 | 604 |
| 12 | 50 | 0,09849 | 0,00484 | 0,09802 | 0,00482 | 0,19635 |
|  | 52 | 865 | 485 | 817 | 483 | 666 |
|  | 54 | 881 | 487 | 833 | 485 | 698 |
|  | 56 | 897 | 489 | 849 | 486 | 729 |
|  | 58 | 913 | 490 | 864 | 488 | 761 |
|  | 60 | 928 | 492 | 880 | 489 | 792 |

| α | | Tangente $A\,B$ | Scheitel-abstand $B\,D$ | Abszisse $A\,E.$ Halbe Sehne $A\,F$ | Ordinate $E\,D.$ Pfeil-höhe $D\,F$ | Bogen-länge $A\,D\,C$ |
|---|---|---|---|---|---|---|
| g | c | $\operatorname{tg}\dfrac{\alpha}{2}$ | $\sec\dfrac{\alpha}{2}-1$ | $\sin\dfrac{\alpha}{2}$ | $1-\cos\dfrac{\alpha}{2}$ | $\dfrac{\pi\cdot\alpha}{200}$ |
| **12** | 60 | 0,09 928 | 0,00 492 | 0,09 880 | 0,00 489 | 0,19 792 |
| | 62 | 944 | 493 | 896 | 491 | 823 |
| | 64 | 960 | 495 | 911 | 492 | 855 |
| | 66 | 976 | 496 | 927 | 494 | 886 |
| | 68 | 992 | 498 | 942 | 495 | 918 |
| 12 | 70 | 0,10 008 | 0,00 500 | 0,09 958 | 0,00 497 | 0,19 949 |
| | 72 | 024 | 501 | 974 | 499 | 981 |
| | 74 | 040 | 503 | 989 | 500 | 0,20 012 |
| | 76 | 055 | 504 | 0,10 005 | 502 | 043 |
| | 78 | 071 | 506 | 021 | 503 | 075 |
| 12 | 80 | 0,10 087 | 0,00 507 | 0,10 036 | 0,00 505 | 0,20 106 |
| | 82 | 103 | 509 | 052 | 506 | 138 |
| | 84 | 119 | 511 | 067 | 508 | 169 |
| | 86 | 135 | 512 | 083 | 510 | 200 |
| | 88 | 151 | 514 | 099 | 511 | 232 |
| 12 | 90 | 0,10 166 | 0,00 515 | 0,10 114 | 0,00 513 | 0,20 263 |
| | 92 | 182 | 517 | 130 | 514 | 295 |
| | 94 | 198 | 519 | 146 | 516 | 326 |
| | 96 | 214 | 520 | 161 | 518 | 358 |
| | 98 | 230 | 522 | 177 | 519 | 389 |
| **13** | 0 | 0,10 246 | 0,00 524 | 0,10 192 | 0,00 521 | 0,20 420 |
| | 2 | 262 | 525 | 208 | 522 | 452 |
| | 4 | 278 | 527 | 224 | 524 | 483 |
| | 6 | 293 | 528 | 239 | 526 | 515 |
| | 8 | 309 | 530 | 255 | 527 | 546 |
| 13 | 10 | 0,10 325 | 0,00 532 | 0,10 271 | 0,00 529 | 0,20 577 |
| | 12 | 341 | 533 | 286 | 530 | 609 |
| | 14 | 357 | 535 | 302 | 532 | 640 |
| | 16 | 373 | 537 | 317 | 534 | 672 |
| | 18 | 389 | 538 | 333 | 535 | 703 |
| | 20 | 405 | 540 | 349 | 537 | 735 |

5   Höfer, Bogentafeln.

Tafel I.

| $\alpha$ | | Tangente $AB$ | Scheitel-abstand $BD$ | Abszisse $AE$. Halbe Sehne $AF$ | Ordinate $ED$. Pfeil-höhe $DF$ | Bogen-länge $ADC$ |
|---|---|---|---|---|---|---|
| $g$ | $c$ | $\operatorname{tg}\dfrac{\alpha}{2}$ | $\sec\dfrac{\alpha}{2}-1$ | $\sin\dfrac{\alpha}{2}$ | $1-\cos\dfrac{\alpha}{2}$ | $\dfrac{\pi\cdot\alpha}{200}$ |
| 13 | 20 | 0,10405 | 0,00540 | 0,10349 | 0,00537 | 0,20735 |
| | 22 | 420 | 541 | 364 | 539 | 766 |
| | 24 | 436 | 543 | 380 | 540 | 797 |
| | 26 | 452 | 545 | 396 | 542 | 829 |
| | 28 | 468 | 546 | 411 | 543 | 860 |
| 13 | 30 | 0,10484 | 0,00548 | 0,10427 | 0,00545 | 0,20892 |
| | 32 | 500 | 550 | 442 | 547 | 923 |
| | 34 | 516 | 551 | 458 | 548 | 954 |
| | 36 | 532 | 553 | 474 | 550 | 986 |
| | 38 | 547 | 555 | 489 | 552 | 0,21017 |
| 13 | 40 | 0,10563 | 0,00556 | 0,10505 | 0,00553 | 0,21049 |
| | 42 | 579 | 558 | 521 | 555 | 080 |
| | 44 | 595 | 560 | 536 | 557 | 112 |
| | 46 | 611 | 561 | 552 | 558 | 143 |
| | 48 | 627 | 563 | 567 | 560 | 174 |
| 13 | 50 | 0,10643 | 0,00565 | 0,10583 | 0,00562 | 0,21206 |
| | 52 | 659 | 566 | 599 | 563 | 237 |
| | 54 | 675 | 568 | 614 | 565 | 269 |
| | 56 | 690 | 570 | 630 | 567 | 300 |
| | 58 | 706 | 572 | 645 | 568 | 331 |
| 13 | 60 | 0,10722 | 0,00573 | 0,10661 | 0,00570 | 0,21363 |
| | 62 | 738 | 575 | 677 | 572 | 394 |
| | 64 | 754 | 577 | 692 | 573 | 426 |
| | 66 | 770 | 578 | 708 | 575 | 457 |
| | 68 | 786 | 580 | 724 | 577 | 488 |
| 13 | 70 | 0,10802 | 0,00582 | 0,10739 | 0,00578 | 0,21520 |
| | 72 | 818 | 583 | 755 | 580 | 551 |
| | 74 | 834 | 585 | 770 | 582 | 583 |
| | 76 | 849 | 587 | 786 | 583 | 614 |
| | 78 | 865 | 589 | 802 | 585 | 646 |
| | 80 | 881 | 590 | 817 | 587 | 677 |

| g | c | Tangente $AB$<br>$\operatorname{tg}\dfrac{\alpha}{2}$ | Scheitelabstand $BD$<br>$\sec\dfrac{\alpha}{2}-1$ | Abszisse $AE$. Halbe Sehne $AF$<br>$\sin\dfrac{\alpha}{2}$ | Ordinate $ED$. Pfeilhöhe $DF$<br>$1-\cos\dfrac{\alpha}{2}$ | Bogenlänge $ADC$<br>$\dfrac{\pi\cdot\alpha}{200}$ |
|---|---|---|---|---|---|---|
| **13** | 80 | 0,10881 | 0,00590 | 0,10817 | 0,00587 | 0,21677 |
|  | 82 | 897 | 592 | 833 | 588 | 708 |
|  | 84 | 913 | 594 | 849 | 590 | 740 |
|  | 86 | 929 | 595 | 864 | 592 | 771 |
|  | 88 | 945 | 597 | 880 | 594 | 803 |
| **13** | 90 | 0,10961 | 0,00599 | 0,10895 | 0,00595 | 0,21834 |
|  | 92 | 977 | 601 | 911 | 597 | 865 |
|  | 94 | 992 | 602 | 927 | 599 | 897 |
|  | 96 | 0,11008 | 604 | 942 | 600 | 928 |
|  | 98 | 024 | 606 | 958 | 602 | 960 |
| **14** | 0 | 0,11040 | 0,00608 | 0,10973 | 0,00604 | 0,21991 |
|  | 2 | 056 | 609 | 989 | 606 | 0,22023 |
|  | 4 | 072 | 611 | 0,11005 | 607 | 054 |
|  | 6 | 088 | 613 | 020 | 609 | 085 |
|  | 8 | 104 | 615 | 036 | 611 | 117 |
| **14** | 10 | 0,11120 | 0,00616 | 0,11051 | 0,00613 | 0,22148 |
|  | 12 | 136 | 618 | 067 | 614 | 180 |
|  | 14 | 151 | 620 | 083 | 616 | 211 |
|  | 16 | 167 | 622 | 098 | 618 | 242 |
|  | 18 | 183 | 623 | 114 | 620 | 274 |
| **14** | 20 | 0,11199 | 0,00625 | 0,11130 | 0,00621 | 0,22305 |
|  | 22 | 215 | 627 | 145 | 623 | 337 |
|  | 24 | 231 | 629 | 161 | 625 | 368 |
|  | 26 | 247 | 630 | 176 | 627 | 400 |
|  | 28 | 263 | 632 | 192 | 628 | 431 |
| **14** | 30 | 0,11279 | 0,00634 | 0,11208 | 0,00630 | 0,22462 |
|  | 32 | 295 | 636 | 223 | 632 | 494 |
|  | 34 | 310 | 638 | 239 | 634 | 525 |
|  | 36 | 326 | 639 | 254 | 635 | 557 |
|  | 38 | 342 | 641 | 270 | 637 | 588 |
|  | 40 | 358 | 643 | 286 | 639 | 619 |

| α | | Tangente $AB$ | Scheitel-abstand $BD$ | Abszisse $AE$. Halbe Sehne $AF$ | Ordinate $ED$. Pfeil-höhe $DF$ | Bogen-länge $ADC$ |
|---|---|---|---|---|---|---|
| g | c | $\operatorname{tg}\dfrac{\alpha}{2}$ | $\sec\dfrac{\alpha}{2}-1$ | $\sin\dfrac{\alpha}{2}$ | $1-\cos\dfrac{\alpha}{2}$ | $\dfrac{\pi\cdot\alpha}{200}$ |
| **14** | 40 | 0,11 358 | 0,00 643 | 0,11 286 | 0,00 639 | 0,22 619 |
| | 42 | 374 | 645 | 301 | 641 | 651 |
| | 44 | 390 | 647 | 317 | 642 | 682 |
| | 46 | 406 | 648 | 332 | 644 | 714 |
| | 48 | 422 | 650 | 348 | 646 | 745 |
| **14** | 50 | 0,11 438 | 0,00 652 | 0,11 364 | 0,00 648 | 0,22 777 |
| | 52 | 454 | 654 | 379 | 650 | 808 |
| | 54 | 470 | 656 | 395 | 651 | 839 |
| | 56 | 486 | 657 | 411 | 653 | 871 |
| | 58 | 501 | 659 | 426 | 655 | 902 |
| **14** | 60 | 0,11 517 | 0,00 661 | 0,11 442 | 0,00 657 | 0,22 934 |
| | 62 | 533 | 663 | 457 | 659 | 965 |
| | 64 | 549 | 665 | 473 | 660 | 996 |
| | 66 | 565 | 667 | 489 | 662 | 0,23 028 |
| | 68 | 581 | 668 | 504 | 664 | 059 |
| **14** | 70 | 0,11 597 | 0,00 670 | 0,11 520 | 0,00 666 | 0,23 091 |
| | 72 | 613 | 672 | 535 | 668 | 122 |
| | 74 | 629 | 674 | 551 | 669 | 154 |
| | 76 | 645 | 676 | 566 | 671 | 185 |
| | 78 | 661 | 678 | 582 | 673 | 216 |
| **14** | 80 | 0,11 677 | 0,00 679 | 0,11 598 | 0,00 675 | 0,23 248 |
| | 82 | 692 | 681 | 613 | 677 | 279 |
| | 84 | 708 | 683 | 629 | 678 | 311 |
| | 86 | 724 | 685 | 645 | 680 | 342 |
| | 88 | 740 | 687 | 660 | 682 | 373 |
| **14** | 90 | 0,11 756 | 0,00 689 | 0,11 676 | 0,00 684 | 0,23 405 |
| | 92 | 772 | 691 | 691 | 686 | 436 |
| | 94 | 788 | 692 | 707 | 688 | 468 |
| | 96 | 804 | 694 | 723 | 689 | 499 |
| | 98 | 820 | 696 | 738 | 691 | 531 |
| **15** | 0 | 836 | 698 | 754 | 693 | 562 |

| α | | Tangente $AB$ | Scheitelabstand $BD$ | Abszisse $AE$. Halbe Sehne $AF$ | Ordinate $ED$. Pfeilhöhe $DF$ | Bogenlänge $ADC$ |
|---|---|---|---|---|---|---|
| $g$ | $c$ | $\operatorname{tg}\dfrac{\alpha}{2}$ | $\sec\dfrac{\alpha}{2}-1$ | $\sin\dfrac{\alpha}{2}$ | $1-\cos\dfrac{\alpha}{2}$ | $\dfrac{\pi\cdot\alpha}{200}$ |
| **15** | 0 | 0,11 836 | 0,00 698 | 0,11 754 | 0,00 693 | 0,23 562 |
|  | 2 | 852 | 700 | 769 | 695 | 593 |
|  | 4 | 868 | 702 | 785 | 697 | 625 |
|  | 6 | 884 | 704 | 801 | 699 | 656 |
|  | 8 | 899 | 705 | 816 | 701 | 688 |
| 15 | 10 | 0,11 915 | 0,00 707 | 0,11 832 | 0,00 702 | 0,23 719 |
|  | 12 | 931 | 709 | 847 | 704 | 750 |
|  | 14 | 947 | 711 | 863 | 706 | 782 |
|  | 16 | 963 | 713 | 879 | 708 | 813 |
|  | 18 | 979 | 715 | 894 | 710 | 845 |
| 15 | 20 | 0,11 995 | 0,00 717 | 0,11 910 | 0,00 712 | 0,23 876 |
|  | 22 | 0,12 011 | 719 | 925 | 714 | 908 |
|  | 24 | 027 | 721 | 941 | 715 | 939 |
|  | 26 | 043 | 723 | 957 | 717 | 970 |
|  | 28 | 059 | 724 | 972 | 719 | 0,24 002 |
| 15 | 30 | 0,12 075 | 0,00 726 | 0,11 988 | 0,00 721 | 0,24 033 |
|  | 32 | 091 | 728 | 0,12 003 | 723 | 065 |
|  | 34 | 107 | 730 | 019 | 725 | 096 |
|  | 36 | 123 | 732 | 034 | 727 | 127 |
|  | 38 | 139 | 734 | 050 | 729 | 159 |
| 15 | 40 | 0,12 154 | 0,00 736 | 0,12 066 | 0,00 731 | 0,24 190 |
|  | 42 | 170 | 738 | 081 | 733 | 222 |
|  | 44 | 186 | 740 | 097 | 734 | 253 |
|  | 46 | 202 | 742 | 112 | 736 | 285 |
|  | 48 | 218 | 744 | 128 | 738 | 316 |
| 15 | 50 | 0,12 234 | 0,00 746 | 0,12 144 | 0,00 740 | 0,24 347 |
|  | 52 | 250 | 748 | 159 | 742 | 379 |
|  | 54 | 266 | 750 | 175 | 744 | 410 |
|  | 56 | 282 | 751 | 190 | 746 | 442 |
|  | 58 | 298 | 753 | 206 | 748 | 473 |
|  | 60 | 314 | 755 | 222 | 750 | 504 |

**Tafel I.**

| $g$ | $c$ | Tangente $AB$<br>$\operatorname{tg}\dfrac{\alpha}{2}$ | Scheitel-abstand $BD$<br>$\sec\dfrac{\alpha}{2}-1$ | Abszisse $AE$. Halbe Sehne $AF$<br>$\sin\dfrac{\alpha}{2}$ | Ordinate $ED$. Pfeil-höhe $DF$<br>$1-\cos\dfrac{\alpha}{2}$ | Bogen-länge $ADC$<br>$\dfrac{\pi\cdot\alpha}{200}$ |
|---|---|---|---|---|---|---|
| **15** | 60 | 0,12 314 | 0,00 755 | 0,12 222 | 0,00 750 | 0,24 504 |
|  | 62 | 330 | 757 | 237 | 752 | 536 |
|  | 64 | 346 | 759 | 253 | 753 | 567 |
|  | 66 | 362 | 761 | 268 | 755 | 599 |
|  | 68 | 378 | 763 | 284 | 757 | 630 |
| 15 | 70 | 0,12 394 | 0,00 765 | 0,12 300 | 0,00 759 | 0,24 662 |
|  | 72 | 410 | 767 | 315 | 761 | 693 |
|  | 74 | 426 | 769 | 331 | 763 | 724 |
|  | 76 | 441 | 771 | 346 | 765 | 756 |
|  | 78 | 457 | 773 | 362 | 767 | 787 |
| 15 | 80 | 0,12 473 | 0,00 775 | 0,12 377 | 0,00 769 | 0,24 819 |
|  | 82 | 489 | 777 | 393 | 771 | 850 |
|  | 84 | 505 | 779 | 409 | 773 | 881 |
|  | 86 | 521 | 781 | 424 | 775 | 913 |
|  | 88 | 537 | 783 | 440 | 777 | 944 |
| 15 | 90 | 0,12 553 | 0,00 785 | 0,12 455 | 0,00 779 | 0,24 976 |
|  | 92 | 569 | 787 | 471 | 781 | 0,25 007 |
|  | 94 | 585 | 789 | 487 | 783 | 038 |
|  | 96 | 601 | 791 | 502 | 785 | 070 |
|  | 98 | 617 | 793 | 518 | 787 | 101 |
| **16** | 0 | 0,12 633 | 0,00 795 | 0,12 533 | 0,00 789 | 0,25 133 |
|  | 2 | 649 | 797 | 549 | 790 | 164 |
|  | 4 | 665 | 799 | 564 | 792 | 196 |
|  | 6 | 681 | 801 | 580 | 794 | 227 |
|  | 8 | 697 | 803 | 596 | 796 | 258 |
| 16 | 10 | 0,12 713 | 0,00 805 | 0,12 611 | 0,00 798 | 0,25 290 |
|  | 12 | 729 | 807 | 627 | 800 | 321 |
|  | 14 | 745 | 809 | 642 | 802 | 353 |
|  | 16 | 761 | 811 | 658 | 804 | 384 |
|  | 18 | 777 | 813 | 674 | 806 | 415 |
|  | 20 | 793 | 815 | 689 | 808 | 447 |

| α | | Tangente $AB$ | Scheitel-abstand $BD$ | Abszisse $AE$. Halbe Sehne $AF$ | Ordinate $ED$. Pfeil-höhe $DF$ | Bogen-länge $ADC$ |
|---|---|---|---|---|---|---|
| g | c | $\operatorname{tg}\dfrac{\alpha}{2}$ | $\sec\dfrac{\alpha}{2}-1$ | $\sin\dfrac{\alpha}{2}$ | $1-\cos\dfrac{\alpha}{2}$ | $\dfrac{\pi\cdot\alpha}{200}$ |
| 16 | 20 | 0,12 793 | 0,00 815 | 0,12 689 | 0,00 808 | 0,25 447 |
|    | 22 | 809 | 817 | 705 | 810 | 478 |
|    | 24 | 824 | 819 | 720 | 812 | 510 |
|    | 26 | 840 | 821 | 736 | 814 | 541 |
|    | 28 | 856 | 823 | 751 | 816 | 573 |
| 16 | 30 | 0,12 872 | 0,00 825 | 0,12 767 | 0,00 818 | 0,25 604 |
|    | 32 | 888 | 827 | 783 | 820 | 635 |
|    | 34 | 904 | 829 | 798 | 822 | 667 |
|    | 36 | 920 | 831 | 814 | 824 | 698 |
|    | 38 | 936 | 833 | 829 | 826 | 730 |
| 16 | 40 | 0,12 952 | 0,00 835 | 0,12 845 | 0,00 828 | 0,25 761 |
|    | 42 | 968 | 837 | 861 | 830 | 792 |
|    | 44 | 984 | 839 | 876 | 832 | 824 |
|    | 46 | 0,13 000 | 841 | 892 | 834 | 855 |
|    | 48 | 016 | 843 | 907 | 836 | 887 |
| 16 | 50 | 0,13 032 | 0,00 846 | 0,12 923 | 0,00 839 | 0,25 918 |
|    | 52 | 048 | 848 | 938 | 841 | 950 |
|    | 54 | 064 | 850 | 954 | 843 | 981 |
|    | 56 | 080 | 852 | 970 | 845 | 0,26 012 |
|    | 58 | 096 | 854 | 985 | 847 | 044 |
| 16 | 60 | 0,13 112 | 0,00 856 | 0,13 001 | 0,00 849 | 0,26 075 |
|    | 62 | 128 | 858 | 016 | 851 | 107 |
|    | 64 | 144 | 860 | 032 | 853 | 138 |
|    | 66 | 160 | 862 | 047 | 855 | 169 |
|    | 68 | 176 | 864 | 063 | 857 | 201 |
| 16 | 70 | 0,13 192 | 0,00 866 | 0,13 079 | 0,00 859 | 0,26 232 |
|    | 72 | 208 | 868 | 094 | 861 | 264 |
|    | 74 | 224 | 871 | 110 | 863 | 295 |
|    | 76 | 240 | 873 | 125 | 865 | 327 |
|    | 78 | 256 | 875 | 141 | 867 | 358 |
|    | 80 | 272 | 877 | 156 | 869 | 389 |

Tafel I.

| $\alpha$ | | Tangente $AB$ | Scheitel-abstand $BD$ | Abszisse $AE$. Halbe Sehne $AF$ | Ordinate $ED$. Pfeil-höhe $DF$ | Bogen-länge $ADC$ |
|---|---|---|---|---|---|---|
| $g$ | $c$ | $\operatorname{tg}\dfrac{\alpha}{2}$ | $\sec\dfrac{\alpha}{2}-1$ | $\sin\dfrac{\alpha}{2}$ | $1-\cos\dfrac{\alpha}{2}$ | $\dfrac{\pi\cdot\alpha}{200}$ |
| 16 | 80 | 0,13272 | 0,00877 | 0,13156 | 0,00869 | 0,26389 |
|  | 82 | 288 | 879 | 172 | 871 | 421 |
|  | 84 | 304 | 881 | 188 | 873 | 452 |
|  | 86 | 320 | 883 | 203 | 875 | 484 |
|  | 88 | 336 | 885 | 219 | 878 | 515 |
| 16 | 90 | 0,13352 | 0,00887 | 0,13234 | 0,00880 | 0,26546 |
|  | 92 | 368 | 890 | 250 | 882 | 578 |
|  | 94 | 384 | 892 | 265 | 884 | 609 |
|  | 96 | 400 | 894 | 281 | 886 | 641 |
|  | 98 | 416 | 896 | 297 | 888 | 672 |
| 17 | 0 | 0,13432 | 0,00898 | 0,13312 | 0,00890 | 0,26704 |
|  | 2 | 448 | 900 | 328 | 892 | 735 |
|  | 4 | 464 | 902 | 343 | 894 | 766 |
|  | 6 | 480 | 904 | 359 | 896 | 798 |
|  | 8 | 496 | 907 | 374 | 898 | 829 |
| 17 | 10 | 0,13512 | 0,00909 | 0,13390 | 0,00901 | 0,26861 |
|  | 12 | 528 | 911 | 406 | 903 | 892 |
|  | 14 | 544 | 913 | 421 | 905 | 923 |
|  | 16 | 560 | 915 | 437 | 907 | 955 |
|  | 18 | 576 | 917 | 452 | 909 | 986 |
| 17 | 20 | 0,13592 | 0,00919 | 0,13468 | 0,00911 | 0,27018 |
|  | 22 | 608 | 922 | 483 | 913 | 049 |
|  | 24 | 624 | 924 | 499 | 915 | 081 |
|  | 26 | 640 | 926 | 514 | 917 | 112 |
|  | 28 | 656 | 928 | 530 | 920 | 143 |
| 17 | 30 | 0,13672 | 0,00930 | 0,13546 | 0,00922 | 0,27175 |
|  | 32 | 688 | 932 | 561 | 924 | 206 |
|  | 34 | 704 | 935 | 577 | 926 | 238 |
|  | 36 | 720 | 937 | 592 | 928 | 269 |
|  | 38 | 736 | 939 | 608 | 930 | 300 |
|  | 40 | 752 | 941 | 623 | 932 | 332 |

| α | | Tangente $AB$ | Scheitel-abstand $BD$ | Abszisse $AE$. Halbe Sehne $AF$ | Ordinate $ED$. Pfeil-höhe $DF$ | Bogen-länge $ADC$ |
|---|---|---|---|---|---|---|
| $g$ | $c$ | $\mathrm{tg}\,\dfrac{\alpha}{2}$ | $\sec\dfrac{\alpha}{2}-1$ | $\sin\dfrac{\alpha}{2}$ | $1-\cos\dfrac{\alpha}{2}$ | $\dfrac{\pi\cdot\alpha}{200}$ |
| **17** | 40 | 0,13 752 | 0,00 941 | 0,13 623 | 0,00 932 | 0,27 332 |
| | 42 | 768 | 943 | 639 | 934 | 363 |
| | 44 | 784 | 945 | 655 | 937 | 395 |
| | 46 | 800 | 948 | 670 | 939 | 426 |
| | 48 | 816 | 950 | 686 | 941 | 458 |
| 17 | 50 | 0,13 832 | 0,00 952 | 0,13 701 | 0,00 943 | 0,27 489 |
| | 52 | 848 | 954 | 717 | 945 | 520 |
| | 54 | 864 | 956 | 732 | 947 | 552 |
| | 56 | 880 | 959 | 748 | 950 | 583 |
| | 58 | 896 | 961 | 763 | 952 | 615 |
| 17 | 60 | 0,13 912 | 0,00 963 | 0,13 779 | 0,00 954 | 0,27 646 |
| | 62 | 928 | 965 | 795 | 956 | 677 |
| | 64 | 944 | 967 | 810 | 958 | 709 |
| | 66 | 960 | 970 | 826 | 960 | 740 |
| | 68 | 976 | 972 | 841 | 963 | 772 |
| 17 | 70 | 0,13 992 | 0,00 974 | 0,13 857 | 0,00 965 | 0,27 803 |
| | 72 | 0,14 008 | 976 | 872 | 967 | 835 |
| | 74 | 024 | 979 | 888 | 969 | 866 |
| | 76 | 040 | 981 | 903 | 971 | 897 |
| | 78 | 056 | 983 | 920 | 973 | 929 |
| 17 | 80 | 0,14 072 | 0,00 985 | 0,13 935 | 0,00 976 | 0,27 960 |
| | 82 | 088 | 987 | 950 | 978 | 992 |
| | 84 | 104 | 990 | 966 | 980 | 0,28 023 |
| | 86 | 120 | 992 | 981 | 982 | 054 |
| | 88 | 136 | 994 | 997 | 984 | 086 |
| 17 | 90 | 0,14 152 | 0,00 996 | 0,14 012 | 0,00 987 | 0,28 117 |
| | 92 | 168 | 999 | 028 | 989 | 149 |
| | 94 | 184 | 0,01 001 | 043 | 991 | 180 |
| | 96 | 200 | 003 | 059 | 993 | 212 |
| | 98 | 216 | 005 | 075 | 995 | 243 |
| **18** | 0 | 232 | 008 | 090 | 998 | 274 |

# Tafel I.

| α | | Tangente $AB$ | Scheitel-abstand $BD$ | Abszisse $AE$. Halbe Sehne $AF$ | Ordinate $ED$. Pfeil-höhe $DF$ | Bogen-länge $ADC$ |
|---|---|---|---|---|---|---|
| g | c | $\mathrm{tg}\ \dfrac{\alpha}{2}$ | $\sec \dfrac{\alpha}{2} - 1$ | $\sin \dfrac{\alpha}{2}$ | $1 - \cos \dfrac{\alpha}{2}$ | $\dfrac{\pi \cdot \alpha}{200}$ |
| 18 | 0 | 0,14 232 | 0,01 008 | 0,14 090 | 0,00 998 | 0,28 274 |
| | 2 | 248 | 010 | 106 | 0,01 000 | 306 |
| | 4 | 264 | 012 | 121 | 002 | 337 |
| | 6 | 280 | 014 | 137 | 004 | 369 |
| | 8 | 296 | 017 | 152 | 007 | 400 |
| 18 | 10 | 0,14 312 | 0,01 019 | 0,14 168 | 0,01 009 | 0,28 431 |
| | 12 | 328 | 021 | 183 | 011 | 463 |
| | 14 | 344 | 024 | 199 | 013 | 494 |
| | 16 | 360 | 026 | 215 | 015 | 526 |
| | 18 | 376 | 028 | 230 | 018 | 557 |
| 18 | 20 | 0,14 392 | 0,01 030 | 0,14 246 | 0,01 020 | 0,28 588 |
| | 22 | 408 | 033 | 261 | 022 | 620 |
| | 24 | 424 | 035 | 277 | 024 | 651 |
| | 26 | 441 | 037 | 292 | 027 | 683 |
| | 28 | 457 | 040 | 308 | 029 | 714 |
| 18 | 30 | 0,14 473 | 0,01 042 | 0,14 323 | 0,01 031 | 0,28 746 |
| | 32 | 489 | 044 | 339 | 033 | 777 |
| | 34 | 505 | 046 | 354 | 036 | 808 |
| | 36 | 521 | 049 | 370 | 038 | 840 |
| | 38 | 537 | 051 | 386 | 040 | 871 |
| 18 | 40 | 0,14 553 | 0,01 053 | 0,14 401 | 0,01 042 | 0,28 903 |
| | 42 | 569 | 056 | 417 | 045 | 934 |
| | 44 | 585 | 058 | 432 | 047 | 965 |
| | 46 | 601 | 060 | 448 | 049 | 997 |
| | 48 | 617 | 063 | 463 | 051 | 0,29 028 |
| 18 | 50 | 0,14 633 | 0,01 065 | 0,14 479 | 0,01 054 | 0,29 060 |
| | 52 | 649 | 067 | 494 | 056 | 091 |
| | 54 | 665 | 070 | 510 | 058 | 123 |
| | 56 | 681 | 072 | 525 | 061 | 154 |
| | 58 | 697 | 074 | 541 | 063 | 185 |
| | 60 | 713 | 077 | 557 | 065 | 217 |

| α | | Tangente $AB$ | Scheitel-abstand $BD$ | Abszisse $AE$. Halbe Sehne $AF$ | Ordinate $ED$. Pfeil-höhe $DF$ | Bogen-länge $ADC$ |
|---|---|---|---|---|---|---|
| g | c | $\operatorname{tg} \dfrac{\alpha}{2}$ | $\sec \dfrac{\alpha}{2} - 1$ | $\sin \dfrac{\alpha}{2}$ | $1 - \cos \dfrac{\alpha}{2}$ | $\dfrac{\pi \cdot \alpha}{200}$ |
| 18 | 60 | 0,14 713 | 0,01 077 | 0,14 557 | 0,01 065 | 0,29 217 |
|  | 62 | 729 | 079 | 572 | 067 | 248 |
|  | 64 | 745 | 081 | 588 | 070 | 280 |
|  | 66 | 761 | 084 | 603 | 072 | 311 |
|  | 68 | 777 | 086 | 619 | 074 | 342 |
| 18 | 70 | 0,14 793 | 0,01 088 | 0,14 634 | 0,01 077 | 0,29 374 |
|  | 72 | 810 | 091 | 650 | 079 | 405 |
|  | 74 | 826 | 093 | 665 | 081 | 437 |
|  | 76 | 842 | 095 | 681 | 084 | 468 |
|  | 78 | 858 | 098 | 696 | 086 | 500 |
| 18 | 80 | 0,14 874 | 0,01 100 | 0,14 712 | 0,01 088 | 0,29 531 |
|  | 82 | 890 | 102 | 727 | 090 | 562 |
|  | 84 | 906 | 105 | 743 | 093 | 594 |
|  | 86 | 922 | 107 | 759 | 095 | 625 |
|  | 88 | 938 | 110 | 774 | 097 | 657 |
| 18 | 90 | 0,14 954 | 0,01 112 | 0,14 790 | 0,01 100 | 0,29 688 |
|  | 92 | 970 | 114 | 805 | 102 | 719 |
|  | 94 | 986 | 117 | 821 | 104 | 751 |
|  | 96 | 0,15 002 | 119 | 836 | 107 | 782 |
|  | 98 | 018 | 121 | 852 | 109 | 814 |
| 19 | 0 | 0,15 034 | 0,01 124 | 0,14 867 | 0,01 111 | 0,29 845 |
|  | 2 | 050 | 126 | 883 | 114 | 877 |
|  | 4 | 066 | 129 | 898 | 116 | 908 |
|  | 6 | 083 | 131 | 914 | 118 | 939 |
|  | 8 | 099 | 133 | 929 | 121 | 971 |
| 19 | 10 | 0,15 115 | 0,01 136 | 0,14 945 | 0,01 123 | 0,30 002 |
|  | 12 | 131 | 138 | 960 | 125 | 034 |
|  | 14 | 147 | 141 | 976 | 128 | 065 |
|  | 16 | 163 | 143 | 992 | 130 | 096 |
|  | 18 | 179 | 145 | 0,15 007 | 132 | 128 |
|  | 20 | 195 | 148 | 023 | 135 | 159 |

## Tafel I.

| $\alpha$ | | Tangente $AB$ | Scheitel-abstand $BD$ | Abszisse $AE$. Halbe Sehne $AF$ | Ordinate $ED$. Pfeil-höhe $DF$ | Bogen-länge $ADC$ |
|---|---|---|---|---|---|---|
| $g$ | $c$ | $\operatorname{tg}\dfrac{\alpha}{2}$ | $\sec\dfrac{\alpha}{2}-1$ | $\sin\dfrac{\alpha}{2}$ | $1-\cos\dfrac{\alpha}{2}$ | $\dfrac{\pi\cdot\alpha}{200}$ |
| 19 | 20 | 0,15 195 | 0,01 148 | 0,15 023 | 0,01 135 | 0,30 159 |
|  | 22 | 211 | 150 | 038 | 137 | 191 |
|  | 24 | 227 | 153 | 054 | 140 | 222 |
|  | 26 | 243 | 155 | 069 | 142 | 254 |
|  | 28 | 259 | 158 | 085 | 144 | 285 |
| 19 | 30 | 0,15 275 | 0,01 160 | 0,15 100 | 0,01 147 | 0,30 316 |
|  | 32 | 291 | 162 | 116 | 149 | 348 |
|  | 34 | 308 | 165 | 131 | 151 | 379 |
|  | 36 | 324 | 167 | 147 | 154 | 411 |
|  | 38 | 340 | 170 | 162 | 156 | 442 |
| 19 | 40 | 0,15 356 | 0,01 172 | 0,15 178 | 0,01 159 | 0,30 473 |
|  | 42 | 372 | 175 | 193 | 161 | 505 |
|  | 44 | 388 | 177 | 209 | 163 | 536 |
|  | 46 | 404 | 179 | 224 | 166 | 568 |
|  | 48 | 420 | 182 | 240 | 168 | 599 |
| 19 | 50 | 0,15 436 | 0,01 184 | 0,15 255 | 0,01 170 | 0,30 631 |
|  | 52 | 452 | 187 | 271 | 173 | 662 |
|  | 54 | 468 | 189 | 287 | 175 | 693 |
|  | 56 | 484 | 192 | 302 | 178 | 725 |
|  | 58 | 500 | 194 | 318 | 180 | 756 |
| 19 | 60 | 0,15 517 | 0,01 197 | 0,15 333 | 0,01 183 | 0,30 788 |
|  | 62 | 533 | 199 | 349 | 185 | 819 |
|  | 64 | 549 | 202 | 364 | 187 | 850 |
|  | 66 | 565 | 204 | 380 | 190 | 882 |
|  | 68 | 581 | 207 | 395 | 192 | 913 |
| 19 | 70 | 0,15 597 | 0,01 209 | 0,15 411 | 0,01 195 | 0,30 945 |
|  | 72 | 613 | 212 | 426 | 197 | 976 |
|  | 74 | 629 | 214 | 442 | 199 | 0,31 008 |
|  | 76 | 645 | 216 | 457 | 202 | 039 |
|  | 78 | 661 | 219 | 473 | 204 | 070 |
|  | 80 | 677 | 221 | 488 | 207 | 102 |

| α |  | Tangente $AB$ | Scheitel-abstand $BD$ | Abszisse $AE$. Halbe Sehne $AF$ | Ordinate $ED$. Pfeil-höhe $DF$ | Bogen-länge $ADC$ |
|---|---|---|---|---|---|---|
| $g$ | $c$ | $\operatorname{tg}\dfrac{\alpha}{2}$ | $\sec\dfrac{\alpha}{2}-1$ | $\sin\dfrac{\alpha}{2}$ | $1-\cos\dfrac{\alpha}{2}$ | $\dfrac{\pi\cdot\alpha}{200}$ |
| 19 | 80 | 0,15 677 | 0,01 221 | 0,15 488 | 0,01 207 | 0,31 102 |
|  | 82 | 694 | 224 | 504 | 209 | 133 |
|  | 84 | 710 | 226 | 519 | 212 | 165 |
|  | 86 | 726 | 229 | 535 | 214 | 196 |
|  | 88 | 742 | 231 | 550 | 216 | 227 |
| 19 | 90 | 0,15 758 | 0,01 234 | 0,15 566 | 0,01 219 | 0,31 259 |
|  | 92 | 774 | 236 | 581 | 221 | 290 |
|  | 94 | 790 | 239 | 597 | 224 | 322 |
|  | 96 | 806 | 241 | 612 | 226 | 353 |
|  | 98 | 822 | 244 | 628 | 229 | 385 |
| 20 | 0 | 0,15 838 | 0,01 247 | 0,15 643 | 0,01 231 | 0,31 416 |
|  | 2 | 855 | 249 | 659 | 234 | 447 |
|  | 4 | 871 | 252 | 674 | 236 | 479 |
|  | 6 | 887 | 254 | 690 | 239 | 510 |
|  | 8 | 903 | 257 | 706 | 241 | 542 |
| 20 | 10 | 0,15 919 | 0,01 259 | 0,15 721 | 0,01 244 | 0,31 573 |
|  | 12 | 935 | 262 | 737 | 246 | 604 |
|  | 14 | 951 | 264 | 752 | 248 | 636 |
|  | 16 | 967 | 267 | 768 | 251 | 667 |
|  | 18 | 983 | 269 | 783 | 253 | 699 |
| 20 | 20 | 0,16 000 | 0,01 272 | 0,15 799 | 0,01 256 | 0,31 730 |
|  | 22 | 016 | 274 | 814 | 258 | 762 |
|  | 24 | 032 | 277 | 830 | 261 | 793 |
|  | 26 | 048 | 279 | 845 | 263 | 824 |
|  | 28 | 064 | 282 | 861 | 266 | 856 |
| 20 | 30 | 0,16 080 | 0,01 285 | 0,15 876 | 0,01 268 | 0,31 887 |
|  | 32 | 096 | 287 | 892 | 271 | 919 |
|  | 34 | 112 | 290 | 907 | 273 | 950 |
|  | 36 | 128 | 292 | 923 | 276 | 981 |
|  | 38 | 145 | 295 | 938 | 278 | 0,32 013 |
|  | 40 | 161 | 297 | 954 | 281 | 044 |

Tafel I.

| $\alpha$ | | Tangente $AB$ | Scheitel-abstand $BD$ | Abszisse $AE$. Halbe Sehne $AF$ | Ordinate $ED$. Pfeil-höhe $DF$ | Bogen-länge $ADC$ |
|---|---|---|---|---|---|---|
| $g$ | $c$ | $\operatorname{tg}\dfrac{\alpha}{2}$ | $\sec\dfrac{\alpha}{2}-1$ | $\sin\dfrac{\alpha}{2}$ | $1-\cos\dfrac{\alpha}{2}$ | $\dfrac{\pi\cdot\alpha}{200}$ |
| 20 | 40 | 0,16 161 | 0,01 297 | 0,15 954 | 0,01 281 | 0,32 044 |
|  | 42 | 177 | 300 | 969 | 283 | 076 |
|  | 44 | 193 | 303 | 985 | 286 | 107 |
|  | 46 | 209 | 305 | 0,16 000 | 288 | 138 |
|  | 48 | 225 | 308 | 016 | 291 | 170 |
| 20 | 50 | 0,16 241 | 0,01 310 | 0,16 031 | 0,01 293 | 0,32 201 |
|  | 52 | 257 | 313 | 047 | 296 | 233 |
|  | 54 | 273 | 315 | 062 | 298 | 264 |
|  | 56 | 290 | 318 | 078 | 301 | 296 |
|  | 58 | 306 | 321 | 093 | 303 | 327 |
| 20 | 60 | 0,16 322 | 0,01 323 | 0,16 109 | 0,01 306 | 0,32 358 |
|  | 62 | 338 | 326 | 124 | 308 | 390 |
|  | 64 | 354 | 328 | 140 | 311 | 421 |
|  | 66 | 370 | 331 | 155 | 314 | 453 |
|  | 68 | 386 | 334 | 171 | 316 | 484 |
| 20 | 70 | 0,16 403 | 0,01 336 | 0,16 186 | 0,01 319 | 0,32 515 |
|  | 72 | 419 | 339 | 202 | 321 | 547 |
|  | 74 | 435 | 342 | 217 | 324 | 578 |
|  | 76 | 451 | 344 | 233 | 326 | 610 |
|  | 78 | 467 | 347 | 248 | 329 | 641 |
| 20 | 80 | 0,16 483 | 0,01 349 | 0,16 264 | 0,01 331 | 0,32 673 |
|  | 82 | 499 | 352 | 279 | 334 | 704 |
|  | 84 | 515 | 355 | 295 | 337 | 735 |
|  | 86 | 532 | 357 | 310 | 339 | 767 |
|  | 88 | 548 | 360 | 326 | 342 | 798 |
| 20 | 90 | 0,16 564 | 0,01 363 | 0,16 341 | 0,01 344 | 0,32 830 |
|  | 92 | 580 | 365 | 357 | 347 | 861 |
|  | 94 | 596 | 368 | 372 | 349 | 892 |
|  | 96 | 612 | 370 | 388 | 352 | 924 |
|  | 98 | 628 | 373 | 403 | 354 | 955 |
| 21 | 0 | 645 | 376 | 419 | 357 | 987 |

| α | | Tangente $AB$ | Scheitel-abstand $BD$ | Abszisse $AE$. Halbe Sehne $AF$ | Ordinate $ED$. Pfeil-höhe $DF$ | Bogen-länge $ADC$ |
|---|---|---|---|---|---|---|
| g | c | $\operatorname{tg}\dfrac{\alpha}{2}$ | $\sec\dfrac{\alpha}{2}-1$ | $\sin\dfrac{\alpha}{2}$ | $1-\cos\dfrac{\alpha}{2}$ | $\dfrac{\pi\cdot\alpha}{200}$ |
| 21 | 0 | 0,16 645 | 0,01 376 | 0,16 419 | 0,01 357 | 0,32 987 |
|  | 2 | 661 | 378 | 434 | 360 | 0,33 018 |
|  | 4 | 677 | 381 | 450 | 362 | 050 |
|  | 6 | 693 | 384 | 465 | 365 | 081 |
|  | 8 | 709 | 386 | 481 | 367 | 112 |
| 21 | 10 | 0,16 725 | 0,01 389 | 0,16 496 | 0,01 370 | 0,33 144 |
|  | 12 | 741 | 392 | 512 | 373 | 175 |
|  | 14 | 758 | 394 | 527 | 375 | 207 |
|  | 16 | 774 | 397 | 543 | 378 | 238 |
|  | 18 | 790 | 400 | 558 | 380 | 269 |
| 21 | 20 | 0,16 806 | 0,01 402 | 0,16 574 | 0,01 383 | 0,33 301 |
|  | 22 | 822 | 405 | 589 | 386 | 332 |
|  | 24 | 838 | 408 | 605 | 388 | 364 |
|  | 26 | 854 | 410 | 620 | 391 | 395 |
|  | 28 | 871 | 413 | 636 | 393 | 427 |
| 21 | 30 | 0,16 887 | 0,01 416 | 0,16 651 | 0,01 396 | 0,33 458 |
|  | 32 | 903 | 418 | 667 | 399 | 489 |
|  | 34 | 919 | 421 | 682 | 401 | 521 |
|  | 36 | 935 | 424 | 698 | 404 | 552 |
|  | 38 | 951 | 427 | 713 | 407 | 584 |
| 21 | 40 | 0,16 968 | 0,01 429 | 0,16 728 | 0,01 409 | 0,33 615 |
|  | 42 | 984 | 432 | 744 | 412 | 646 |
|  | 44 | 0,17 000 | 435 | 758 | 414 | 678 |
|  | 46 | 016 | 437 | 775 | 417 | 709 |
|  | 48 | 032 | 440 | 790 | 420 | 741 |
| 21 | 50 | 0,17 048 | 0,01 443 | 0,16 806 | 0,01 422 | 0,33 772 |
|  | 52 | 065 | 446 | 821 | 425 | 804 |
|  | 54 | 081 | 448 | 837 | 428 | 835 |
|  | 56 | 097 | 451 | 852 | 430 | 866 |
|  | 58 | 113 | 454 | 868 | 433 | 898 |
|  | 60 | 129 | 456 | 883 | 436 | 929 |

Tafel I.

| α | | Tangente $AB$ | Scheitel-abstand $BD$ | Abszisse $AE$. Halbe Sehne $AF$ | Ordinate $ED$. Pfeil-höhe $DF$ | Bogen-länge $ADC$ |
|---|---|---|---|---|---|---|
| g | c | $\mathrm{tg}\ \dfrac{\alpha}{2}$ | $\sec \dfrac{\alpha}{2} - 1$ | $\sin \dfrac{\alpha}{2}$ | $1 - \cos \dfrac{\alpha}{2}$ | $\dfrac{\pi \cdot \alpha}{200}$ |
| **21** | 60 | 0,17 129 | 0,01 456 | 0,16 883 | 0,01 436 | 0,33 929 |
| | 62 | 145 | 459 | 899 | 438 | 961 |
| | 64 | 162 | 462 | 914 | 441 | 992 |
| | 66 | 178 | 465 | 930 | 444 | 0,34 023 |
| | 68 | 194 | 467 | 945 | 446 | 055 |
| 21 | 70 | 0,17 210 | 0,01 470 | 0,16 961 | 0,01 449 | 0,34 086 |
| | 72 | 226 | 473 | 976 | 452 | 118 |
| | 74 | 242 | 476 | 992 | 454 | 149 |
| | 76 | 259 | 478 | 0,17 007 | 457 | 181 |
| | 78 | 275 | 481 | 023 | 460 | 212 |
| 21 | 80 | 0,17 291 | 0,01 484 | 0,17 038 | 0,01 462 | 0,34 243 |
| | 82 | 307 | 487 | 054 | 465 | 275 |
| | 84 | 323 | 489 | 069 | 468 | 306 |
| | 86 | 340 | 492 | 085 | 470 | 338 |
| | 88 | 356 | 495 | 100 | 473 | 369 |
| 21 | 90 | 0,17 372 | 0,01 498 | 0,17 116 | 0,01 476 | 0,34 400 |
| | 92 | 388 | 500 | 131 | 478 | 432 |
| | 94 | 404 | 503 | 146 | 481 | 463 |
| | 96 | 420 | 506 | 162 | 484 | 495 |
| | 98 | 437 | 509 | 177 | 486 | 526 |
| **22** | 0 | 0,17 453 | 0,01 512 | 0,17 193 | 0,01 489 | 0,34 558 |
| | 2 | 469 | 514 | 208 | 492 | 589 |
| | 4 | 485 | 517 | 224 | 494 | 620 |
| | 6 | 501 | 520 | 239 | 497 | 652 |
| | 8 | 518 | 523 | 255 | 500 | 683 |
| 22 | 10 | 0,17 534 | 0,01 526 | 0,17 270 | 0,01 503 | 0,34 715 |
| | 12 | 550 | 528 | 286 | 505 | 746 |
| | 14 | 566 | 531 | 301 | 508 | 777 |
| | 16 | 582 | 534 | 317 | 511 | 809 |
| | 18 | 599 | 537 | 332 | 513 | 840 |
| | 20 | 615 | 540 | 348 | 516 | 872 |

| α | | Tangente $AB$ | Scheitelabstand $BD$ | Abszisse $AE$. Halbe Sehne $AF$ | Ordinate $ED$. Pfeilhöhe $DF$ | Bogenlänge $ADC$ |
|---|---|---|---|---|---|---|
| $g$ | $c$ | $\operatorname{tg}\dfrac{\alpha}{2}$ | $\sec\dfrac{\alpha}{2}-1$ | $\sin\dfrac{\alpha}{2}$ | $1-\cos\dfrac{\alpha}{2}$ | $\dfrac{\pi\cdot\alpha}{200}$ |
| 22 | 20 | 0,17615 | 0,01540 | 0,17348 | 0,01516 | 0,34872 |
|    | 22 | 631 | 542 | 363 | 519 | 903 |
|    | 24 | 647 | 545 | 379 | 522 | 935 |
|    | 26 | 663 | 548 | 394 | 524 | 966 |
|    | 28 | 680 | 551 | 410 | 527 | 997 |
| 22 | 30 | 0,17696 | 0,01554 | 0,17425 | 0,01530 | 0,35029 |
|    | 32 | 712 | 556 | 440 | 533 | 060 |
|    | 34 | 728 | 559 | 456 | 535 | 092 |
|    | 36 | 744 | 562 | 471 | 538 | 123 |
|    | 38 | 760 | 565 | 487 | 541 | 154 |
| 22 | 40 | 0,17777 | 0,01568 | 0,17502 | 0,01544 | 0,35186 |
|    | 42 | 793 | 571 | 518 | 546 | 217 |
|    | 44 | 809 | 573 | 533 | 549 | 249 |
|    | 46 | 825 | 576 | 549 | 552 | 280 |
|    | 48 | 842 | 579 | 564 | 555 | 312 |
| 22 | 50 | 0,17858 | 0,01582 | 0,17580 | 0,01557 | 0,35343 |
|    | 52 | 874 | 585 | 595 | 560 | 374 |
|    | 54 | 890 | 588 | 611 | 563 | 406 |
|    | 56 | 906 | 591 | 626 | 566 | 437 |
|    | 58 | 923 | 593 | 642 | 568 | 469 |
| 22 | 60 | 0,17939 | 0,01596 | 0,17657 | 0,01571 | 0,35500 |
|    | 62 | 955 | 599 | 672 | 574 | 531 |
|    | 64 | 971 | 602 | 688 | 577 | 563 |
|    | 66 | 987 | 605 | 703 | 580 | 594 |
|    | 68 | 0,18004 | 608 | 719 | 582 | 626 |
| 22 | 70 | 0,18020 | 0,01611 | 0,17734 | 0,01585 | 0,35657 |
|    | 72 | 036 | 613 | 750 | 588 | 688 |
|    | 74 | 052 | 616 | 765 | 591 | 720 |
|    | 76 | 069 | 619 | 781 | 593 | 751 |
|    | 78 | 085 | 622 | 796 | 596 | 783 |
|    | 80 | 101 | 625 | 812 | 599 | 814 |

# Tafel I.

| $\alpha$ | | Tangente $AB$ | Scheitel-abstand $BD$ | Abszisse $AE$. Halbe Sehne $AF$ | Ordinate $ED$. Pfeil-höhe $DF$ | Bogen-länge $ADC$ |
|---|---|---|---|---|---|---|
| $g$ | $c$ | $\operatorname{tg} \dfrac{\alpha}{2}$ | $\sec \dfrac{\alpha}{2} - 1$ | $\sin \dfrac{\alpha}{2}$ | $1 - \cos \dfrac{\alpha}{2}$ | $\dfrac{\pi \cdot \alpha}{200}$ |
| **22** | 80 | 0,18101 | 0,01625 | 0,17812 | 0,01599 | 0,35814 |
| | 82 | 117 | 628 | 827 | 602 | 846 |
| | 84 | 133 | 631 | 842 | 605 | 877 |
| | 86 | 150 | 634 | 858 | 607 | 908 |
| | 88 | 166 | 637 | 873 | 610 | 940 |
| 22 | 90 | 0,18182 | 0,01639 | 0,17889 | 0,01613 | 0,35971 |
| | 92 | 198 | 642 | 904 | 616 | 0,36003 |
| | 94 | 215 | 645 | 920 | 619 | 034 |
| | 96 | 231 | 648 | 935 | 622 | 065 |
| | 98 | 247 | 651 | 951 | 624 | 097 |
| **23** | 0 | 0,18263 | 0,01654 | 0,17966 | 0,01627 | 0,36128 |
| | 2 | 279 | 657 | 982 | 630 | 160 |
| | 4 | 296 | 660 | 997 | 633 | 191 |
| | 6 | 312 | 663 | 0,18012 | 636 | 223 |
| | 8 | 328 | 666 | 028 | 638 | 254 |
| 23 | 10 | 0,18344 | 0,01669 | 0,18043 | 0,01641 | 0,36285 |
| | 12 | 361 | 672 | 059 | 644 | 317 |
| | 14 | 377 | 675 | 074 | 647 | 348 |
| | 16 | 393 | 677 | 090 | 650 | 380 |
| | 18 | 409 | 680 | 105 | 653 | 411 |
| 23 | 20 | 0,18426 | 0,01683 | 0,18121 | 0,01656 | 0,36442 |
| | 22 | 442 | 686 | 136 | 658 | 474 |
| | 24 | 458 | 689 | 151 | 661 | 505 |
| | 26 | 474 | 692 | 167 | 664 | 537 |
| | 28 | 491 | 695 | 182 | 667 | 568 |
| 23 | 30 | 0,18507 | 0,01698 | 0,18198 | 0,01670 | 0,36600 |
| | 32 | 523 | 701 | 213 | 673 | 631 |
| | 34 | 539 | 704 | 229 | 675 | 662 |
| | 36 | 556 | 707 | 244 | 678 | 694 |
| | 38 | 572 | 710 | 260 | 681 | 725 |
| | 40 | 588 | 713 | 275 | 684 | 757 |

| α | | Tangente $AB$ | Scheitel-abstand $BD$ | Abszisse $AE$. Halbe Sehne $AF$ | Ordinate $ED$. Pfeil-höhe $DF$ | Bogen-länge $ADC$ |
|---|---|---|---|---|---|---|
| g | c | $\operatorname{tg} \dfrac{\alpha}{2}$ | $\sec \dfrac{\alpha}{2} - 1$ | $\sin \dfrac{\alpha}{2}$ | $1 - \cos \dfrac{\alpha}{2}$ | $\dfrac{\pi \cdot \alpha}{200}$ |
| **23** | 40 | 0,18 588 | 0,01 713 | 0,18 275 | 0,01 684 | 0,36 757 |
| | 42 | 604 | 716 | 290 | 687 | 788 |
| | 44 | 621 | 719 | 306 | 690 | 819 |
| | 46 | 637 | 722 | 321 | 693 | 851 |
| | 48 | 653 | 725 | 337 | 696 | 882 |
| 23 | 50 | 0,18 669 | 0,01 728 | 0,18 352 | 0,01 698 | 0,36 914 |
| | 52 | 686 | 731 | 368 | 701 | 945 |
| | 54 | 702 | 734 | 383 | 704 | 977 |
| | 56 | 718 | 737 | 399 | 707 | 0,37 008 |
| | 58 | 734 | 740 | 414 | 710 | 039 |
| 23 | 60 | 0,18 751 | 0,01 743 | 0,18 429 | 0,01 713 | 0,37 071 |
| | 62 | 767 | 746 | 445 | 716 | 102 |
| | 64 | 783 | 749 | 460 | 719 | 134 |
| | 66 | 799 | 752 | 476 | 722 | 165 |
| | 68 | 816 | 755 | 491 | 724 | 196 |
| 23 | 70 | 0,18 832 | 0,01 758 | 0,18 507 | 0,01 727 | 0,37 228 |
| | 72 | 848 | 761 | 522 | 730 | 259 |
| | 74 | 864 | 764 | 538 | 733 | 291 |
| | 76 | 881 | 767 | 553 | 736 | 322 |
| | 78 | 897 | 770 | 568 | 739 | 354 |
| 23 | 80 | 0,18 913 | 0,01 773 | 0,18 584 | 0,01 742 | 0,37 385 |
| | 82 | 930 | 776 | 599 | 745 | 416 |
| | 84 | 946 | 779 | 615 | 748 | 448 |
| | 86 | 962 | 782 | 630 | 751 | 479 |
| | 88 | 978 | 785 | 646 | 754 | 511 |
| 23 | 90 | 0,18 995 | 0,01 788 | 0,18 661 | 0,01 757 | 0,37 542 |
| | 92 | 0,19 011 | 791 | 676 | 760 | 573 |
| | 94 | 027 | 794 | 692 | 762 | 605 |
| | 96 | 043 | 797 | 707 | 765 | 636 |
| | 98 | 060 | 800 | 723 | 768 | 668 |
| **24** | 0 | 076 | 803 | 738 | 771 | 699 |

## Tafel I.

| g | c | Tangente $AB$<br>$\mathrm{tg}\dfrac{\alpha}{2}$ | Scheitel-abstand $BD$<br>$\sec\dfrac{\alpha}{2}-1$ | Abszisse $AE$. Halbe Sehne $AF$<br>$\sin\dfrac{\alpha}{2}$ | Ordinate $ED$. Pfeil-höhe $DF$<br>$1-\cos\dfrac{\alpha}{2}$ | Bogen-länge $ADC$<br>$\dfrac{\pi\cdot\alpha}{200}$ |
|---|---|---|---|---|---|---|
| 24 | 0 | 0,19076 | 0,01803 | 0,18738 | 0,01771 | 0,37699 |
|  | 2 | 092 | 806 | 754 | 774 | 731 |
|  | 4 | 109 | 809 | 769 | 777 | 762 |
|  | 6 | 125 | 812 | 784 | 780 | 793 |
|  | 8 | 141 | 815 | 800 | 783 | 825 |
| 24 | 10 | 0,19157 | 0,01818 | 0,18815 | 0,01786 | 0,37856 |
|  | 12 | 174 | 822 | 831 | 789 | 888 |
|  | 14 | 190 | 825 | 846 | 792 | 919 |
|  | 16 | 206 | 828 | 862 | 795 | 950 |
|  | 18 | 223 | 831 | 877 | 798 | 982 |
| 24 | 20 | 0,19239 | 0,01834 | 0,18892 | 0,01801 | 0,38013 |
|  | 22 | 255 | 837 | 908 | 804 | 045 |
|  | 24 | 271 | 840 | 923 | 807 | 076 |
|  | 26 | 288 | 843 | 939 | 810 | 108 |
|  | 28 | 304 | 846 | 954 | 813 | 139 |
| 24 | 30 | 0,19320 | 0,01849 | 0,18970 | 0,01816 | 0,38170 |
|  | 32 | 337 | 852 | 985 | 819 | 202 |
|  | 34 | 353 | 856 | 0,19000 | 822 | 233 |
|  | 36 | 369 | 859 | 016 | 825 | 265 |
|  | 38 | 386 | 862 | 031 | 828 | 296 |
| 24 | 40 | 0,19402 | 0,01865 | 0,19047 | 0,01831 | 0,38327 |
|  | 42 | 418 | 868 | 062 | 834 | 359 |
|  | 44 | 434 | 871 | 077 | 837 | 390 |
|  | 46 | 451 | 874 | 093 | 840 | 422 |
|  | 48 | 467 | 877 | 108 | 843 | 453 |
| 24 | 50 | 0,19483 | 0,01880 | 0,19124 | 0,01846 | 0,38485 |
|  | 52 | 500 | 883 | 139 | 849 | 516 |
|  | 54 | 516 | 887 | 155 | 852 | 547 |
|  | 56 | 532 | 890 | 170 | 855 | 579 |
|  | 58 | 549 | 893 | 185 | 858 | 610 |
|  | 60 | 565 | 896 | 201 | 861 | 642 |

| g | c | Tangente $AB$ $\text{tg}\,\dfrac{\alpha}{2}$ | Scheitel-abstand $BD$ $\sec\dfrac{\alpha}{2}-1$ | Abszisse $AE$. Halbe Sehne $AF$ $\sin\dfrac{\alpha}{2}$ | Ordinate $ED$. Pfeil-höhe $DF$ $1-\cos\dfrac{\alpha}{2}$ | Bogen-länge $ADC$ $\dfrac{\pi\cdot\alpha}{200}$ |
|---|---|---|---|---|---|---|
| 24 | 60 | 0,19 565 | 0,01 896 | 0,19 201 | 0,01 861 | 0,38 642 |
|  | 62 | 581 | 899 | 216 | 864 | 673 |
|  | 64 | 597 | 902 | 232 | 867 | 704 |
|  | 66 | 614 | 905 | 247 | 870 | 736 |
|  | 68 | 630 | 908 | 262 | 873 | 767 |
| 24 | 70 | 0,19 646 | 0,01 912 | 0,19 278 | 0,01 876 | 0,38 799 |
|  | 72 | 663 | 915 | 293 | 879 | 830 |
|  | 74 | 679 | 918 | 309 | 882 | 862 |
|  | 76 | 695 | 921 | 324 | 885 | 893 |
|  | 78 | 712 | 924 | 340 | 888 | 924 |
| 24 | 80 | 0,19 728 | 0,01 927 | 0,19 355 | 0,01 891 | 0,38 956 |
|  | 82 | 744 | 931 | 370 | 894 | 987 |
|  | 84 | 761 | 934 | 386 | 897 | 0,39 019 |
|  | 86 | 777 | 937 | 401 | 900 | 050 |
|  | 88 | 793 | 940 | 417 | 903 | 081 |
| 24 | 90 | 0,19 810 | 0,01 943 | 0,19 432 | 0,01 906 | 0,39 113 |
|  | 92 | 826 | 946 | 447 | 909 | 144 |
|  | 94 | 842 | 950 | 463 | 912 | 176 |
|  | 96 | 859 | 953 | 478 | 915 | 207 |
|  | 98 | 875 | 956 | 494 | 918 | 238 |
| 25 | 0 | 0,19 891 | 0,01 959 | 0,19 509 | 0,01 921 | 0,39 270 |
|  | 2 | 908 | 962 | 524 | 924 | 301 |
|  | 4 | 924 | 965 | 540 | 928 | 333 |
|  | 6 | 940 | 969 | 555 | 931 | 364 |
|  | 8 | 957 | 972 | 571 | 934 | 396 |
| 25 | 10 | 0,19 973 | 0,01 975 | 0,19 586 | 0,01 937 | 0,39 427 |
|  | 12 | 989 | 978 | 601 | 940 | 458 |
|  | 14 | 0,20 006 | 982 | 617 | 943 | 490 |
|  | 16 | 022 | 985 | 632 | 946 | 521 |
|  | 18 | 038 | 988 | 648 | 949 | 553 |
|  | 20 | 055 | 991 | 663 | 952 | 584 |

**Tafel I.**

| α | | Tangente $AB$ | Scheitel-abstand $BD$ | Abszisse $AE$. Halbe Sehne $AF$ | Ordinate $ED$. Pfeilhöhe $DF$ | Bogen-länge $ADC$ |
|---|---|---|---|---|---|---|
| g | c | $\operatorname{tg}\dfrac{\alpha}{2}$ | $\sec\dfrac{\alpha}{2}-1$ | $\sin\dfrac{\alpha}{2}$ | $1-\cos\dfrac{\alpha}{2}$ | $\dfrac{\pi\cdot\alpha}{200}$ |
| **25** | 20 | 0,20055 | 0,01991 | 0,19663 | 0,01952 | 0,39584 |
| | 22 | 071 | 994 | 678 | 955 | 615 |
| | 24 | 087 | 998 | 694 | 958 | 647 |
| | 26 | 104 | 0,02001 | 709 | 962 | 678 |
| | 28 | 120 | 004 | 725 | 965 | 710 |
| 25 | 30 | 0,20136 | 0,02007 | 0,19740 | 0,01968 | 0,39741 |
| | 32 | 153 | 010 | 755 | 971 | 773 |
| | 34 | 169 | 014 | 771 | 974 | 804 |
| | 36 | 185 | 017 | 786 | 977 | 835 |
| | 38 | 202 | 020 | 802 | 980 | 867 |
| 25 | 40 | 0,20218 | 0,02023 | 0,19817 | 0,01983 | 0,39898 |
| | 42 | 234 | 027 | 832 | 986 | 930 |
| | 44 | 251 | 030 | 848 | 989 | 961 |
| | 46 | 267 | 033 | 863 | 993 | 992 |
| | 48 | 283 | 036 | 879 | 996 | 0,40024 |
| 25 | 50 | 0,20300 | 0,02040 | 0,19894 | 0,01999 | 0,40055 |
| | 52 | 316 | 043 | 909 | 0,02002 | 087 |
| | 54 | 333 | 046 | 925 | 005 | 118 |
| | 56 | 349 | 049 | 940 | 008 | 150 |
| | 58 | 365 | 053 | 956 | 011 | 181 |
| 25 | 60 | 0,20382 | 0,02056 | 0,19971 | 0,02014 | 0,40212 |
| | 62 | 398 | 059 | 986 | 018 | 244 |
| | 64 | 414 | 062 | 0,20002 | 021 | 275 |
| | 66 | 431 | 066 | 017 | 024 | 307 |
| | 68 | 447 | 069 | 033 | 027 | 338 |
| 25 | 70 | 0,20463 | 0,02072 | 0,20048 | 0,02030 | 0,40369 |
| | 72 | 480 | 076 | 063 | 033 | 401 |
| | 74 | 496 | 079 | 079 | 037 | 432 |
| | 76 | 513 | 082 | 094 | 040 | 464 |
| | 78 | 529 | 085 | 110 | 043 | 495 |
| | 80 | 545 | 089 | 125 | 046 | 527 |

| $\alpha$ | | Tangente $AB$ | Scheitel-abstand $BD$ | Abszisse $AE$. Halbe Sehne $AF$ | Ordinate $ED$. Pfeil-höhe $DF$ | Bogen-länge $ADC$ |
|---|---|---|---|---|---|---|
| $g$ | $c$ | $\operatorname{tg} \dfrac{\alpha}{2}$ | $\sec \dfrac{\alpha}{2} - 1$ | $\sin \dfrac{\alpha}{2}$ | $1 - \cos \dfrac{\alpha}{2}$ | $\dfrac{\pi \cdot \alpha}{200}$ |
| 25 | 80 | 0,20545 | 0,02089 | 0,20125 | 0,02046 | 0,40527 |
| | 82 | 562 | 092 | 140 | 049 | 558 |
| | 84 | 578 | 095 | 156 | 052 | 589 |
| | 86 | 594 | 099 | 171 | 055 | 621 |
| | 88 | 611 | 102 | 186 | 059 | 652 |
| 25 | 90 | 0,20627 | 0,02105 | 0,20202 | 0,02062 | 0,40684 |
| | 92 | 643 | 109 | 217 | 065 | 715 |
| | 94 | 660 | 112 | 233 | 068 | 746 |
| | 96 | 676 | 115 | 248 | 071 | 778 |
| | 98 | 693 | 118 | 263 | 075 | 809 |
| 26 | 0 | 0,20709 | 0,02122 | 0,20279 | 0,02078 | 0,40841 |
| | 2 | 725 | 125 | 294 | 081 | 872 |
| | 4 | 742 | 128 | 309 | 084 | 904 |
| | 6 | 758 | 132 | 325 | 087 | 935 |
| | 8 | 775 | 135 | 340 | 091 | 966 |
| 26 | 10 | 0,20791 | 0,02138 | 0,20356 | 0,02094 | 0,40998 |
| | 12 | 807 | 142 | 371 | 097 | 0,41029 |
| | 14 | 824 | 145 | 386 | 100 | 061 |
| | 16 | 840 | 148 | 402 | 103 | 092 |
| | 18 | 856 | 152 | 417 | 106 | 123 |
| 26 | 20 | 0,20873 | 0,02155 | 0,20433 | 0,02110 | 0,41155 |
| | 22 | 889 | 158 | 448 | 113 | 186 |
| | 24 | 906 | 162 | 463 | 116 | 218 |
| | 26 | 922 | 165 | 479 | 119 | 249 |
| | 28 | 938 | 169 | 494 | 123 | 281 |
| 26 | 30 | 0,20955 | 0,02172 | 0,20509 | 0,02126 | 0,41312 |
| | 32 | 971 | 175 | 525 | 129 | 343 |
| | 34 | 988 | 179 | 540 | 132 | 375 |
| | 36 | 0,21004 | 182 | 555 | 135 | 406 |
| | 38 | 020 | 185 | 571 | 139 | 438 |
| | 40 | 037 | 189 | 586 | 142 | 469 |

## Tafel I.

| α | | Tangente $AB$ | Scheitel-abstand $BD$ | Abszisse $AE$. Halbe Sehne $AF$ | Ordinate $ED$. Pfeil-höhe $DF$ | Bogen-länge $ADC$ |
|---|---|---|---|---|---|---|
| g | c | $\operatorname{tg} \dfrac{\alpha}{2}$ | $\sec \dfrac{\alpha}{2} - 1$ | $\sin \dfrac{\alpha}{2}$ | $1 - \cos \dfrac{\alpha}{2}$ | $\dfrac{\pi \cdot \alpha}{200}$ |
| 26 | 40 | 0,21 037 | 0,02 189 | 0,20 586 | 0,02 142 | 0,41 469 |
|  | 42 | 053 | 192 | 602 | 145 | 500 |
|  | 44 | 070 | 196 | 617 | 148 | 532 |
|  | 46 | 086 | 199 | 632 | 152 | 563 |
|  | 48 | 102 | 202 | 648 | 155 | 595 |
| 26 | 50 | 0,21 119 | 0,02 206 | 0,20 663 | 0,02 158 | 0,41 626 |
|  | 52 | 135 | 209 | 678 | 161 | 658 |
|  | 54 | 152 | 212 | 694 | 165 | 689 |
|  | 56 | 168 | 216 | 709 | 168 | 720 |
|  | 58 | 185 | 219 | 725 | 171 | 752 |
| 26 | 60 | 0,21 201 | 0,02 223 | 0,20 740 | 0,02 174 | 0,41 783 |
|  | 62 | 217 | 226 | 755 | 178 | 815 |
|  | 64 | 234 | 230 | 771 | 181 | 846 |
|  | 66 | 250 | 233 | 786 | 184 | 877 |
|  | 68 | 267 | 236 | 801 | 187 | 909 |
| 26 | 70 | 0,21 283 | 0,02 240 | 0,20 817 | 0,02 191 | 0,41 940 |
|  | 72 | 299 | 243 | 832 | 194 | 972 |
|  | 74 | 316 | 247 | 848 | 197 | 0,42 003 |
|  | 76 | 332 | 250 | 863 | 200 | 035 |
|  | 78 | 349 | 253 | 878 | 204 | 066 |
| 26 | 80 | 0,21 365 | 0,02 257 | 0,20 894 | 0,02 207 | 0,42 097 |
|  | 82 | 382 | 260 | 909 | 210 | 129 |
|  | 84 | 398 | 264 | 924 | 214 | 160 |
|  | 86 | 414 | 267 | 940 | 217 | 192 |
|  | 88 | 431 | 271 | 955 | 220 | 223 |
| 26 | 90 | 0,21 447 | 0,02 274 | 0,20 970 | 0,02 224 | 0,42 254 |
|  | 92 | 464 | 278 | 986 | 227 | 286 |
|  | 94 | 480 | 281 | 0,21 001 | 230 | 317 |
|  | 96 | 497 | 284 | 016 | 233 | 349 |
|  | 98 | 513 | 288 | 032 | 237 | 380 |
| 27 | 0 | 529 | 291 | 047 | 240 | 412 |

| α | | Tangente $AB$ | Scheitel-abstand $BD$ | Abszisse $AE$. Halbe Sehne $AF$ | Ordinate $ED$. Pfeil-höhe $DF$ | Bogen-länge $ADC$ |
|---|---|---|---|---|---|---|
| g | c | $\operatorname{tg}\dfrac{\alpha}{2}$ | $\sec\dfrac{\alpha}{2}-1$ | $\sin\dfrac{\alpha}{2}$ | $1-\cos\dfrac{\alpha}{2}$ | $\dfrac{\pi\cdot\alpha}{200}$ |
| **27** | 0 | 0,21 529 | 0,02 291 | 0,21 047 | 0,02 240 | 0,42 412 |
| | 2 | 546 | 295 | 063 | 243 | 443 |
| | 4 | 562 | 298 | 078 | 247 | 474 |
| | 6 | 579 | 302 | 093 | 250 | 506 |
| | 8 | 595 | 305 | 109 | 253 | 537 |
| 27 | 10 | 0,21 612 | 0,02 309 | 0,21 124 | 0,02 257 | 0.42 569 |
| | 12 | 628 | 312 | 139 | 260 | 600 |
| | 14 | 645 | 316 | 155 | 263 | 631 |
| | 16 | 661 | 319 | 170 | 267 | 663 |
| | 18 | 677 | 323 | 185 | 270 | 694 |
| 27 | 20 | 0,21 694 | 0,02 326 | 0,21 201 | 0,02 273 | 0,42 726 |
| | 22 | 710 | 330 | 216 | 276 | 757 |
| | 24 | 727 | 333 | 231 | 280 | 788 |
| | 26 | 743 | 337 | 247 | 283 | 820 |
| | 28 | 760 | 340 | 262 | 287 | 851 |
| 27 | 30 | 0,21 776 | 0,02 344 | 0,21 277 | 0,02 290 | 0,42 883 |
| | 32 | 793 | 347 | 293 | 293 | 914 |
| | 34 | 809 | 351 | 308 | 297 | 946 |
| | 36 | 825 | 354 | 324 | 300 | 977 |
| | 38 | 842 | 358 | 339 | 303 | 0,43 008 |
| 27 | 40 | 0,21 858 | 0,02 361 | 0,21 354 | 0,02 307 | 0,43 040 |
| | 42 | 875 | 365 | 370 | 310 | 071 |
| | 44 | 891 | 368 | 385 | 313 | 103 |
| | 46 | 908 | 372 | 400 | 317 | 134 |
| | 48 | 924 | 375 | 416 | 320 | 165 |
| 27 | 50 | 0,21 941 | 0,02 379 | 0,21 431 | 0,02 323 | 0,43 197 |
| | 52 | 957 | 382 | 446 | 327 | 228 |
| | 54 | 974 | 386 | 462 | 330 | 260 |
| | 56 | 990 | 389 | 477 | 334 | 291 |
| | 58 | 0,22 007 | 393 | 492 | 337 | 323 |
| | 60 | 023 | 396 | 508 | 340 | 354 |

Tafel I.

| α | | Tangente $AB$ | Scheitel-abstand $BD$ | Abszisse $AE$. Halbe Sehne $AF$ | Ordinate $ED$. Pfeil-höhe $DF$ | Bogen-länge $ADC$ |
|---|---|---|---|---|---|---|
| $g$ | $c$ | $\operatorname{tg}\dfrac{\alpha}{2}$ | $\sec\dfrac{\alpha}{2}-1$ | $\sin\dfrac{\alpha}{2}$ | $1-\cos\dfrac{\alpha}{2}$ | $\dfrac{\pi\cdot\alpha}{200}$ |
| 27 | 60 | 0,22 023 | 0,02 396 | 0,21 508 | 0,02 340 | 0,43 354 |
| | 62 | 039 | 400 | 523 | 344 | 385 |
| | 64 | 056 | 403 | 538 | 347 | 417 |
| | 66 | 072 | 407 | 554 | 350 | 448 |
| | 68 | 089 | 411 | 569 | 354 | 480 |
| 27 | 70 | 0,22 105 | 0,02 414 | 0,21 584 | 0,02 357 | 0,43 511 |
| | 72 | 122 | 418 | 600 | 361 | 542 |
| | 74 | 138 | 421 | 615 | 364 | 574 |
| | 76 | 155 | 425 | 630 | 367 | 605 |
| | 78 | 171 | 428 | 646 | 371 | 637 |
| 27 | 80 | 0,22 188 | 0,02 432 | 0,21 661 | 0,02 374 | 0,43 668 |
| | 82 | 204 | 435 | 676 | 378 | 700 |
| | 84 | 221 | 439 | 692 | 381 | 731 |
| | 86 | 237 | 443 | 707 | 384 | 762 |
| | 88 | 254 | 446 | 722 | 388 | 794 |
| 27 | 90 | 0,22 270 | 0,02 450 | 0,21 738 | 0,02 392 | 0,43 825 |
| | 92 | 287 | 453 | 753 | 395 | 857 |
| | 94 | 303 | 457 | 768 | 398 | 888 |
| | 96 | 320 | 461 | 784 | 401 | 919 |
| | 98 | 336 | 464 | 799 | 405 | 951 |
| 28 | 0 | 0,22 353 | 0,02 468 | 0,21 814 | 0,02 408 | 0,43 982 |
| | 2 | 369 | 471 | 830 | 412 | 0,44 014 |
| | 4 | 386 | 475 | 845 | 415 | 045 |
| | 6 | 402 | 479 | 860 | 419 | 077 |
| | 8 | 419 | 482 | 876 | 422 | 108 |
| 28 | 10 | 0,22 435 | 0,02 486 | 0,21 891 | 0,02 425 | 0,44 139 |
| | 12 | 452 | 489 | 906 | 429 | 171 |
| | 14 | 468 | 493 | 922 | 432 | 202 |
| | 16 | 485 | 497 | 937 | 436 | 234 |
| | 18 | 501 | 500 | 952 | 439 | 265 |
| | 20 | 518 | 504 | 968 | 443 | 296 |

| α | | Tangente $AB$ | Scheitel-abstand $BD$ | Abszisse $AE$. Halbe Sehne $AF$ | Ordinate $ED$. Pfeil-höhe $DF$ | Bogen-länge $ADC$ |
|---|---|---|---|---|---|---|
| g | c | $\operatorname{tg}\dfrac{\alpha}{2}$ | $\sec\dfrac{\alpha}{2}-1$ | $\sin\dfrac{\alpha}{2}$ | $1-\cos\dfrac{\alpha}{2}$ | $\dfrac{\pi\cdot\alpha}{200}$ |
| 28 | 20 | 0,22 518 | 0,02 504 | 0,21 968 | 0,02 443 | 0,44 296 |
|  | 22 | 534 | 507 | 983 | 446 | 328 |
|  | 24 | 551 | 511 | 998 | 450 | 359 |
|  | 26 | 567 | 515 | 0,22 014 | 453 | 391 |
|  | 28 | 584 | 518 | 029 | 457 | 422 |
| 28 | 30 | 0,22 600 | 0,02 522 | 0,22 044 | 0,02 460 | 0,44 454 |
|  | 32 | 617 | 526 | 060 | 463 | 485 |
|  | 34 | 633 | 529 | 075 | 467 | 516 |
|  | 36 | 650 | 533 | 090 | 470 | 548 |
|  | 38 | 666 | 537 | 105 | 474 | 579 |
| 28 | 40 | 0,22 683 | 0,02 540 | 0,22 121 | 0,02 477 | 0,44 611 |
|  | 42 | 699 | 544 | 136 | 481 | 642 |
|  | 44 | 716 | 548 | 151 | 484 | 673 |
|  | 46 | 732 | 551 | 167 | 488 | 705 |
|  | 48 | 749 | 555 | 182 | 491 | 736 |
| 28 | 50 | 0,22 765 | 0,02 559 | 0,22 197 | 0,02 495 | 0,44 768 |
|  | 52 | 782 | 562 | 213 | 498 | 799 |
|  | 54 | 798 | 566 | 228 | 502 | 831 |
|  | 56 | 815 | 570 | 243 | 505 | 862 |
|  | 58 | 831 | 573 | 259 | 509 | 893 |
| 28 | 60 | 0,22 848 | 0,02 577 | 0,22 274 | 0,02 512 | 0,44 925 |
|  | 62 | 864 | 581 | 289 | 516 | 956 |
|  | 64 | 881 | 584 | 305 | 519 | 988 |
|  | 66 | 898 | 588 | 320 | 523 | 0,45 019 |
|  | 68 | 914 | 592 | 335 | 526 | 050 |
| 28 | 70 | 0,22 931 | 0,02 595 | 0,22 351 | 0,02 530 | 0,45 082 |
|  | 72 | 947 | 599 | 366 | 533 | 113 |
|  | 74 | 964 | 603 | 381 | 537 | 145 |
|  | 76 | 980 | 606 | 396 | 540 | 176 |
|  | 78 | 997 | 610 | 412 | 544 | 208 |
|  | 80 | 0,23 013 | 614 | 427 | 547 | 239 |

Tafel I.

| g | c | Tangente $AB$ $\mathrm{tg}\ \dfrac{\alpha}{2}$ | Scheitelabstand $BD$ $\sec\dfrac{\alpha}{2}-1$ | Abszisse $AE$. Halbe Sehne $AF$ $\sin\dfrac{\alpha}{2}$ | Ordinate $ED$. Pfeilhöhe $DF$ $1-\cos\dfrac{\alpha}{2}$ | Bogenlänge $ADC$ $\dfrac{\pi\cdot\alpha}{200}$ |
|---|---|---|---|---|---|---|
| **28** | 80 | 0,23 013 | 0,02 614 | 0,22 427 | 0,02 547 | 0,45 239 |
|  | 82 | 030 | 618 | 442 | 551 | 270 |
|  | 84 | 046 | 621 | 458 | 554 | 302 |
|  | 86 | 063 | 625 | 473 | 558 | 333 |
|  | 88 | 079 | 629 | 488 | 561 | 365 |
| 28 | 90 | 0,23 096 | 0,02 632 | 0,22 504 | 0,02 565 | 0,45 396 |
|  | 92 | 113 | 636 | 519 | 568 | 427 |
|  | 94 | 129 | 640 | 534 | 572 | 459 |
|  | 96 | 146 | 644 | 550 | 576 | 490 |
|  | 98 | 162 | 647 | 565 | 579 | 522 |
| **29** | 0 | 0,23 179 | 0,02 651 | 0,22 580 | 0,02 583 | 0,45 553 |
|  | 2 | 195 | 655 | 595 | 586 | 585 |
|  | 4 | 212 | 659 | 611 | 590 | 616 |
|  | 6 | 228 | 662 | 626 | 593 | 647 |
|  | 8 | 245 | 666 | 641 | 597 | 679 |
| 29 | 10 | 0,23 262 | 0,02 670 | 0,22 657 | 0,02 600 | 0,45 710 |
|  | 12 | 278 | 674 | 672 | 604 | 742 |
|  | 14 | 295 | 677 | 687 | 608 | 773 |
|  | 16 | 311 | 681 | 703 | 611 | 804 |
|  | 18 | 328 | 685 | 718 | 615 | 836 |
| 29 | 20 | 0,23 344 | 0,02 689 | 0,22 733 | 0,02 618 | 0,45 867 |
|  | 22 | 361 | 692 | 748 | 622 | 899 |
|  | 24 | 377 | 696 | 764 | 625 | 930 |
|  | 26 | 394 | 700 | 779 | 629 | 962 |
|  | 28 | 411 | 704 | 794 | 633 | 993 |
| 29 | 30 | 0,23 427 | 0,02 708 | 0,22 810 | 0,02 636 | 0,46 024 |
|  | 32 | 444 | 711 | 825 | 640 | 056 |
|  | 34 | 460 | 715 | 840 | 643 | 087 |
|  | 36 | 477 | 719 | 855 | 647 | 119 |
|  | 38 | 493 | 723 | 871 | 650 | 150 |
|  | 40 | 510 | 726 | 886 | 654 | 181 |

| α | | Tangente $AB$ | Scheitel-abstand $BD$ | Abszisse $AE$. Halbe Sehne $AF$ | Ordinate $ED$. Pfeil-höhe $DF$ | Bogen-länge $ADC$ |
|---|---|---|---|---|---|---|
| g | c | $\operatorname{tg}\dfrac{\alpha}{2}$ | $\sec\dfrac{\alpha}{2}-1$ | $\sin\dfrac{\alpha}{2}$ | $1-\cos\dfrac{\alpha}{2}$ | $\dfrac{\pi\cdot\alpha}{200}$ |
| 29 | 40 | 0,23 510 | 0,02 726 | 0,22 886 | 0,02 654 | 0,46 181 |
| | 42 | 527 | 730 | 901 | 658 | 213 |
| | 44 | 543 | 734 | 917 | 661 | 244 |
| | 46 | 560 | 738 | 932 | 665 | 276 |
| | 48 | 576 | 742 | 947 | 668 | 307 |
| 29 | 50 | 0,23 593 | 0,02 745 | 0,22 963 | 0,02 672 | 0,46 338 |
| | 52 | 610 | 749 | 978 | 676 | 370 |
| | 54 | 626 | 753 | 993 | 679 | 401 |
| | 56 | 643 | 757 | 0,23 008 | 683 | 433 |
| | 58 | 659 | 761 | 024 | 687 | 464 |
| 29 | 60 | 0,23 676 | 0,02 765 | 0,23 039 | 0,02 690 | 0,46 496 |
| | 62 | 692 | 768 | 054 | 694 | 527 |
| | 64 | 709 | 772 | 070 | 697 | 558 |
| | 66 | 726 | 776 | 085 | 701 | 590 |
| | 68 | 742 | 780 | 100 | 705 | 621 |
| 29 | 70 | 0,23 759 | 0,02 784 | 0,23 115 | 0,02 708 | 0,46 653 |
| | 72 | 775 | 788 | 131 | 712 | 684 |
| | 74 | 792 | 791 | 146 | 716 | 715 |
| | 76 | 809 | 795 | 161 | 719 | 747 |
| | 78 | 825 | 799 | 176 | 723 | 778 |
| 29 | 80 | 0,23 842 | 0,02 803 | 0,23 192 | 0,02 726 | 0,46 810 |
| | 82 | 858 | 807 | 207 | 730 | 841 |
| | 84 | 875 | 811 | 222 | 734 | 873 |
| | 86 | 892 | 814 | 238 | 737 | 904 |
| | 88 | 908 | 818 | 253 | 741 | 935 |
| 29 | 90 | 0,23 925 | 0,02 822 | 0,23 268 | 0,02 745 | 0,46 967 |
| | 92 | 941 | 826 | 283 | 748 | 998 |
| | 94 | 958 | 830 | 299 | 752 | 0,47 030 |
| | 96 | 975 | 834 | 314 | 756 | 061 |
| | 98 | 991 | 838 | 329 | 759 | 092 |
| 30 | 0 | 0,24 008 | 842 | 345 | 763 | 124 |

Tafel I.

| α | | Tangente $AB$ | Scheitel- abstand $BD$ | Abszisse $AE$. Halbe Sehne $AF$ | Ordinate $ED$. Pfeil- höhe $DF$ | Bogen- länge $ADC$ |
|---|---|---|---|---|---|---|
| g | c | $\operatorname{tg}\dfrac{\alpha}{2}$ | $\sec\dfrac{\alpha}{2}-1$ | $\sin\dfrac{\alpha}{2}$ | $1-\cos\dfrac{\alpha}{2}$ | $\dfrac{\pi\cdot\alpha}{200}$ |
| 30 | 0 | 0,24 008 | 0,02 842 | 0,23 345 | 0,02 763 | 0,47 124 |
| | 2 | 024 | 845 | 360 | 767 | 155 |
| | 4 | 041 | 849 | 375 | 770 | 187 |
| | 6 | 058 | 853 | 390 | 774 | 218 |
| | 8 | 074 | 857 | 406 | 778 | 250 |
| 30 | 10 | 0,24 091 | 0,02 861 | 0,23 421 | 0,02 781 | 0,47 281 |
| | 12 | 108 | 865 | 436 | 785 | 312 |
| | 14 | 124 | 869 | 451 | 789 | 344 |
| | 16 | 141 | 873 | 467 | 792 | 375 |
| | 18 | 157 | 877 | 482 | 796 | 407 |
| 30 | 20 | 0,24 174 | 0,02 880 | 0,23 497 | 0,02 800 | 0,47 438 |
| | 22 | 191 | 884 | 513 | 803 | 469 |
| | 24 | 207 | 888 | 528 | 807 | 501 |
| | 26 | 224 | 892 | 543 | 811 | 532 |
| | 28 | 241 | 896 | 558 | 815 | 564 |
| 30 | 30 | 0,24 257 | 0,02 900 | 0,23 574 | 0,02 818 | 0,47 595 |
| | 32 | 274 | 904 | 589 | 822 | 627 |
| | 34 | 290 | 908 | 604 | 826 | 658 |
| | 36 | 307 | 912 | 619 | 829 | 689 |
| | 38 | 324 | 916 | 635 | 833 | 721 |
| 30 | 40 | 0,24 340 | 0,02 920 | 0,23 650 | 0,02 837 | 0,47 752 |
| | 42 | 357 | 924 | 665 | 841 | 784 |
| | 44 | 374 | 928 | 680 | 844 | 815 |
| | 46 | 390 | 931 | 696 | 848 | 846 |
| | 48 | 407 | 935 | 711 | 852 | 878 |
| 30 | 50 | 0,24 424 | 0,02 939 | 0,23 726 | 0,02 855 | 0,47 909 |
| | 52 | 440 | 943 | 741 | 859 | 941 |
| | 54 | 457 | 947 | 757 | 863 | 972 |
| | 56 | 474 | 951 | 772 | 867 | 0,48 004 |
| | 58 | 490 | 955 | 787 | 870 | 035 |
| | 60 | 507 | 959 | 802 | 874 | 066 |

| α | | Tangente $AB$ | Scheitelabstand $BD$ | Abszisse $AE$. Halbe Sehne $AF$ | Ordinate $ED$. Pfeilhöhe $DF$ | Bogenlänge $ADC$ |
|---|---|---|---|---|---|---|
| g | c | $\operatorname{tg}\dfrac{\alpha}{2}$ | $\sec\dfrac{\alpha}{2}-1$ | $\sin\dfrac{\alpha}{2}$ | $1-\cos\dfrac{\alpha}{2}$ | $\dfrac{\pi\cdot\alpha}{200}$ |
| 30 | 60 | 0,24 507 | 0,02 959 | 0,23 802 | 0,02 874 | 0,48 066 |
|  | 62 | 523 | 963 | 818 | 878 | 098 |
|  | 64 | 540 | 967 | 833 | 882 | 129 |
|  | 66 | 557 | 971 | 848 | 885 | 161 |
|  | 68 | 573 | 975 | 864 | 889 | 192 |
| 30 | 70 | 0,24 590 | 0,02 979 | 0,23 879 | 0,02 893 | 0,48 223 |
|  | 72 | 607 | 983 | 894 | 897 | 255 |
|  | 74 | 623 | 987 | 909 | 900 | 286 |
|  | 76 | 640 | 991 | 925 | 904 | 318 |
|  | 78 | 657 | 995 | 940 | 908 | 349 |
| 30 | 80 | 0,24 673 | 0,02 999 | 0,23 955 | 0,02 912 | 0,48 381 |
|  | 82 | 690 | 0,03 003 | 970 | 915 | 412 |
|  | 84 | 707 | 007 | 986 | 919 | 443 |
|  | 86 | 723 | 011 | 0,24 001 | 923 | 475 |
|  | 88 | 740 | 015 | 016 | 927 | 506 |
| 30 | 90 | 0,24 757 | 0,03 019 | 0,24 031 | 0,02 930 | 0,48 538 |
|  | 92 | 773 | 023 | 047 | 934 | 569 |
|  | 94 | 790 | 027 | 062 | 938 | 600 |
|  | 96 | 807 | 031 | 077 | 942 | 632 |
|  | 98 | 823 | 035 | 092 | 946 | 663 |
| 31 | 0 | 0,24 840 | 0,03 039 | 0,24 108 | 0,02 949 | 0,48 695 |
|  | 2 | 857 | 043 | 123 | 953 | 726 |
|  | 4 | 873 | 047 | 138 | 957 | 758 |
|  | 6 | 890 | 051 | 153 | 961 | 789 |
|  | 8 | 906 | 055 | 168 | 965 | 820 |
| 31 | 10 | 0,24 924 | 0,03 059 | 0,24 184 | 0,02 968 | 0,48 852 |
|  | 12 | 940 | 063 | 199 | 972 | 883 |
|  | 14 | 957 | 067 | 214 | 976 | 915 |
|  | 16 | 974 | 071 | 229 | 980 | 946 |
|  | 18 | 990 | 075 | 245 | 984 | 977 |
|  | 20 | 0,25 007 | 079 | 260 | 987 | 0,49 009 |

Tafel I.

| α | | Tangente $AB$ | Scheitel-abstand $BD$ | Abszisse $AE$. Halbe Sehne $AF$ | Ordinate $ED$. Pfeil-höhe $DF$ | Bogen-länge $ADC$ |
|---|---|---|---|---|---|---|
| g | c | $\operatorname{tg}\dfrac{\alpha}{2}$ | $\sec\dfrac{\alpha}{2}-1$ | $\sin\dfrac{\alpha}{2}$ | $1-\cos\dfrac{\alpha}{2}$ | $\dfrac{\pi\cdot\alpha}{200}$ |
| 31 | 20 | 0,25007 | 0,03079 | 0,24260 | 0,02987 | 0,49009 |
|    | 22 | 024 | 083 | 275 | 991 | 040 |
|    | 24 | 040 | 087 | 290 | 995 | 072 |
|    | 26 | 057 | 091 | 306 | 999 | 103 |
|    | 28 | 074 | 096 | 321 | 0,03003 | 135 |
| 31 | 30 | 0,25090 | 0,03100 | 0,24336 | 0,03006 | 0,49166 |
|    | 32 | 107 | 104 | 351 | 010 | 197 |
|    | 34 | 124 | 108 | 367 | 014 | 229 |
|    | 36 | 141 | 112 | 382 | 018 | 260 |
|    | 38 | 157 | 116 | 397 | 022 | 292 |
| 31 | 40 | 0,25174 | 0,03120 | 0,24412 | 0,03026 | 0,49323 |
|    | 42 | 191 | 124 | 428 | 029 | 354 |
|    | 44 | 207 | 128 | 443 | 033 | 386 |
|    | 46 | 224 | 132 | 458 | 037 | 417 |
|    | 48 | 241 | 136 | 473 | 041 | 449 |
| 31 | 50 | 0,25257 | 0,03140 | 0,24488 | 0,03045 | 0,49480 |
|    | 52 | 274 | 144 | 504 | 049 | 512 |
|    | 54 | 291 | 149 | 519 | 052 | 543 |
|    | 56 | 308 | 153 | 534 | 056. | 574 |
|    | 58 | 324 | 157 | 549 | 060 | 606 |
| 31 | 60 | 0,25341 | 0,03161 | 0,24565 | 0,03064 | 0,49637 |
|    | 62 | 358 | 165 | 580 | 068 | 669 |
|    | 64 | 374 | 169 | 595 | 072 | 700 |
|    | 66 | 391 | 173 | 610 | 076 | 731 |
|    | 68 | 408 | 177 | 625 | 079 | 763 |
| 31 | 70 | 0,25425 | 0,03182 | 0,24641 | 0,03083 | 0,49794 |
|    | 72 | 441 | 186 | 656 | 087 | 826 |
|    | 74 | 458 | 190 | 671 | 091 | 857 |
|    | 76 | 475 | 194 | 686 | ˙095 | 888 |
|    | 78 | 492 | 198 | 702 | 099 | 920 |
|    | 80 | 508 | 202 | 717 | 103 | 951 |

96

| α | | Tangente $AB$ | Scheitel-abstand $BD$ | Abszisse $AE$. Halbe Sehne $AF$ | Ordinate $ED$. Pfeil-höhe $DF$ | Bogen-länge $ADC$ |
|---|---|---|---|---|---|---|
| g | c | $\operatorname{tg}\dfrac{\alpha}{2}$ | $\sec\dfrac{\alpha}{2}-1$ | $\sin\dfrac{\alpha}{2}$ | $1-\cos\dfrac{\alpha}{2}$ | $\dfrac{\pi\cdot\alpha}{200}$ |
| 31 | 80 | 0,25 508 | 0,03 202 | 0,24 717 | 0,03 103 | 0,499 51 |
|  | 82 | 525 | 206 | 732 | 107 | 983 |
|  | 84 | 542 | 210 | 747 | 111 | 0,500 14 |
|  | 86 | 558 | 214 | 762 | 114 | 046 |
|  | 88 | 575 | 219 | 778 | 118 | 077 |
| 31 | 90 | 0,25 592 | 0,03 223 | 0,24 793 | 0,03 122 | 0,50 108 |
|  | 92 | 609 | 227 | 808 | 126 | 140 |
|  | 94 | 625 | 231 | 823 | 130 | 171 |
|  | 96 | 642 | 235 | 839 | 134 | 203 |
|  | 98 | 659 | 239 | 854 | 138 | 234 |
| 32 | 0 | 0,25 676 | 0,03 244 | 0,24 869 | 0,03 142 | 0,50 265 |
|  | 2 | 692 | 248 | 884 | 146 | 297 |
|  | 4 | 709 | 252 | 899 | 150 | 328 |
|  | 6 | 726 | 256 | 915 | 153 | 360 |
|  | 8 | 743 | 260 | 930 | 157 | 391 |
| 32 | 10 | 0,25 759 | 0,03 264 | 0,24 945 | 0,03 161 | 0,50 423 |
|  | 12 | 776 | 269 | 960 | 165 | 454 |
|  | 14 | 793 | 273 | 975 | 169 | 485 |
|  | 16 | 810 | 277 | 991 | 173 | 517 |
|  | 18 | 826 | 281 | 0,25 006 | 177 | 548 |
| 32 | 20 | 0,25 843 | 0,03 285 | 0,25 021 | 0,03 181 | 0,50 580 |
|  | 22 | 860 | 290 | 036 | 185 | 611 |
|  | 24 | 877 | 294 | 052 | 189 | 642 |
|  | 26 | 893 | 298 | 067 | 193 | 674 |
|  | 28 | 910 | 302 | 082 | 197 | 705 |
| 32 | 30 | 0,25 927 | 0,03 306 | 0,25 097 | 0,03 201 | 0,50 737 |
|  | 32 | 944 | 311 | 112 | 204 | 768 |
|  | 34 | 960 | 315 | 128 | 208 | 800 |
|  | 36 | 977 | 319 | 143 | 213 | 831 |
|  | 38 | 994 | 323 | 158 | 216 | 862 |
|  | 40 | 0,26 011 | 327 | 173 | 220 | 894 |

7   Höfer Bogentafeln.

## Tafel I.

| α | | Tangente $AB$ | Scheitelabstand $BD$ | Abszisse $AE$. Halbe Sehne $AF$ | Ordinate $ED$. Pfeilhöhe $DF$ | Bogenlänge $ADC$ |
|---|---|---|---|---|---|---|
| g | c | $\operatorname{tg}\dfrac{\alpha}{2}$ | $\sec\dfrac{\alpha}{2}-1$ | $\sin\dfrac{\alpha}{2}$ | $1-\cos\dfrac{\alpha}{2}$ | $\dfrac{\pi\cdot\alpha}{200}$ |
| 32 | 40 | 0,26 011 | 0,03 327 | 0,25 173 | 0,03 220 | 0,50 894 |
|  | 42 | 028 | 332 | 188 | 224 | 925 |
|  | 44 | 044 | 336 | 204 | 228 | 957 |
|  | 46 | 061 | 340 | 219 | 232 | 988 |
|  | 48 | 078 | 344 | 234 | 236 | 0,51 019 |
| 32 | 50 | 0,26 095 | 0,03 349 | 0,25 249 | 0,03 240 | 0,51 051 |
|  | 52 | 111 | 353 | 264 | 244 | 082 |
|  | 54 | 128 | 357 | 280 | 248 | 114 |
|  | 56 | 145 | 361 | 295 | 252 | 145 |
|  | 58 | 162 | 366 | 310 | 256 | 177 |
| 32 | 60 | 0,26 179 | 0,03 370 | 0,25 325 | 0,03 260 | 0,51 208 |
|  | 62 | 195 | 374 | 340 | 264 | 239 |
|  | 64 | 212 | 378 | 356 | 268 | 271 |
|  | 66 | 229 | 383 | 371 | 272 | 302 |
|  | 68 | 246 | 387 | 386 | 276 | 334 |
| 32 | 70 | 0,26 262 | 0,03 391 | 0,25 401 | 0,03 280 | 0,51 365 |
|  | 72 | 279 | 395 | 416 | 284 | 396 |
|  | 74 | 296 | 400 | 431 | 288 | 428 |
|  | 76 | 313 | 404 | 447 | 292 | 459 |
|  | 78 | 330 | 408 | 462 | 296 | 491 |
| 32 | 80 | 0,26 346 | 0,03 412 | 0,25 477 | 0,03 300 | 0,51 522 |
|  | 82 | 363 | 417 | 492 | 304 | 554 |
|  | 84 | 380 | 421 | 507 | 308 | 585 |
|  | 86 | 397 | 425 | 523 | 312 | 616 |
|  | 88 | 414 | 430 | 538 | 316 | 648 |
| 32 | 90 | 0,26 430 | 0,03 434 | 0,25 553 | 0,03 320 | 0,51 679 |
|  | 92 | 447 | 438 | 568 | 324 | 711 |
|  | 94 | 464 | 442 | 583 | 328 | 742 |
|  | 96 | 481 | 447 | 599 | 332 | 773 |
|  | 98 | 498 | 451 | 614 | 336 | 805 |
| 33 | 0 | 515 | 455 | 629 | 340 | 836 |

| $\alpha$ | | Tangente $AB$ | Scheitel-abstand $BD$ | Abszisse $AE$. Halbe Sehne $AF$ | Ordinate $ED$. Pfeil-höhe $DF$ | Bogen-länge $ADC$ |
|---|---|---|---|---|---|---|
| $g$ | $c$ | $\operatorname{tg} \dfrac{\alpha}{2}$ | $\sec \dfrac{\alpha}{2} - 1$ | $\sin \dfrac{\alpha}{2}$ | $1 - \cos \dfrac{\alpha}{2}$ | $\dfrac{\pi \cdot \alpha}{200}$ |
| 33 | 0 | 0,26 515 | 0,03 455 | 0,25 629 | 0,03 340 | 0,51 836 |
| | 2 | 531 | 460 | 644 | 344 | 868 |
| | 4 | 548 | 464 | 659 | 348 | 899 |
| | 6 | 565 | 468 | 674 | 352 | 931 |
| | 8 | 582 | 473 | 690 | 356 | 962 |
| 33 | 10 | 0,26 599 | 0,03 477 | 0,25 705 | 0,03 360 | 0,51 993 |
| | 12 | 615 | 481 | 720 | 364 | 0,52 025 |
| | 14 | 632 | 486 | 735 | 368 | 056 |
| | 16 | 649 | 490 | 750 | 372 | 088 |
| | 18 | 666 | 494 | 766 | 376 | 119 |
| 33 | 20 | 0,26 683 | 0,03 499 | 0,25 781 | 0,03 380 | 0,52 150 |
| | 22 | 700 | 503 | 796 | 384 | 182 |
| | 24 | 716 | 507 | 811 | 388 | 213 |
| | 26 | 733 | 512 | 826 | 393 | 245 |
| | 28 | 750 | 516 | 841 | 397 | 276 |
| 33 | 30 | 0,26 767 | 0,03 520 | 0,25 857 | 0,03 401 | 0,52 308 |
| | 32 | 784 | 525 | 872 | 405 | 339 |
| | 34 | 801 | 529 | 887 | 409 | 370 |
| | 36 | 817 | 533 | 902 | 413 | 402 |
| | 38 | 834 | 538 | 917 | 417 | 433 |
| 33 | 40 | 0,26 851 | 0,03 542 | 0,25 932 | 0,03 421 | 0,52 465 |
| | 42 | 868 | 547 | 948 | 425 | 496 |
| | 44 | 885 | 551 | 963 | 429 | 527 |
| | 46 | 902 | 555 | 978 | 433 | 559 |
| | 48 | 918 | 560 | 993 | 437 | 590 |
| 33 | 50 | 0,26 935 | 0,03 564 | 0,26 008 | 0,03 441 | 0,52 622 |
| | 52 | 952 | 568 | 023 | 445 | 653 |
| | 54 | 969 | 573 | 039 | 450 | 685 |
| | 56 | 986 | 577 | 054 | 454 | 716 |
| | 58 | 0,27 003 | 582 | 069 | 458 | 747 |
| | 60 | 020 | 586 | 084 | 462 | 779 |

## Tafel I.

| $\alpha$ | | Tangente $AB$ | Scheitel-abstand $BD$ | Abszisse $AE$. Halbe Sehne $AF$ | Ordinate $ED$. Pfeil-höhe $DF$ | Bogen-länge $ADC$ |
|---|---|---|---|---|---|---|
| g | c | $\operatorname{tg}\dfrac{\alpha}{2}$ | $\sec\dfrac{\alpha}{2}-1$ | $\sin\dfrac{\alpha}{2}$ | $1-\cos\dfrac{\alpha}{2}$ | $\dfrac{\pi\cdot\alpha}{200}$ |
| 33 | 60 | 0,27 020 | 0,03 586 | 0,26 084 | 0,03 462 | 0,52 779 |
|    | 62 | 036 | 590 | 099 | 466 | 810 |
|    | 64 | 053 | 595 | 114 | 470 | 842 |
|    | 66 | 070 | 599 | 130 | 474 | 873 |
|    | 68 | 087 | 604 | 145 | 478 | 904 |
| 33 | 70 | 0,27 104 | 0,03 608 | 0,26 160 | 0,03 482 | 0,52 936 |
|    | 72 | 121 | 612 | 175 | 486 | 967 |
|    | 74 | 138 | 617 | 190 | 491 | 999 |
|    | 76 | 154 | 621 | 205 | 495 | 0,53 030 |
|    | 78 | 171 | 626 | 221 | 499 | 061 |
| 33 | 80 | 0,27 188 | 0,03 630 | 0,26 236 | 0,03 503 | 0,53 093 |
|    | 82 | 205 | 635 | 251 | 507 | 124 |
|    | 84 | 222 | 639 | 266 | 511 | 156 |
|    | 86 | 239 | 643 | 281 | 515 | 187 |
|    | 88 | 256 | 648 | 296 | 519 | 219 |
| 33 | 90 | 0,27 273 | 0,03 652 | 0,26 312 | 0,03 524 | 0,53 250 |
|    | 92 | 289 | 657 | 327 | 528 | 281 |
|    | 94 | 306 | 661 | 342 | 532 | 313 |
|    | 96 | 323 | 666 | 357 | 536 | 344 |
|    | 98 | 340 | 670 | 372 | 540 | 376 |
| 34 | 0 | 0,27 357 | 0,03 674 | 0,26 387 | 0,03 544 | 0,53 407 |
|    | 2 | 374 | 679 | 402 | 548 | 438 |
|    | 4 | 391 | 683 | 418 | 553 | 470 |
|    | 6 | 408 | 688 | 433 | 557 | 501 |
|    | 8 | 424 | 692 | 448 | 561 | 533 |
| 34 | 10 | 0,27 441 | 0,03 697 | 0,26 463 | 0,03 565 | 0,53 564 |
|    | 12 | 458 | 701 | 478 | 569 | 596 |
|    | 14 | 475 | 706 | 493 | 573 | 627 |
|    | 16 | 492 | 710 | 508 | 577 | 658 |
|    | 18 | 509 | 715 | 524 | 582 | 690 |
|    | 20 | 526 | 719 | 539 | 586 | 721 |

| α | | Tangente $AB$ | Scheitel-abstand $BD$ | Abszisse $AE$. Halbe Sehne $AF$ | Ordinate $ED$. Pfeil-höhe $DF$ | Bogen-länge $ADC$ |
|---|---|---|---|---|---|---|
| $g$ | $c$ | $\operatorname{tg}\dfrac{\alpha}{2}$ | $\sec\dfrac{\alpha}{2}-1$ | $\sin\dfrac{\alpha}{2}$ | $1-\cos\dfrac{\alpha}{2}$ | $\dfrac{\pi\cdot\alpha}{200}$ |
| 34 | 20 | 0,27 526 | 0,03 719 | 0,26 539 | 0,03 586 | 0,53 721 |
|  | 22 | 543 | 724 | 554 | 590 | 753 |
|  | 24 | 560 | 728 | 569 | 594 | 784 |
|  | 26 | 577 | 733 | 584 | 598 | 815 |
|  | 28 | 593 | 737 | 599 | 603 | 847 |
| 34 | 30 | 0,27 610 | 0,03 742 | 0,26 615 | 0,03 607 | 0,53 878 |
|  | 32 | 627 | 746 | 630 | 611 | 910 |
|  | 34 | 644 | 751 | 645 | 615 | 941 |
|  | 36 | 661 | 755 | 660 | 619 | 973 |
|  | 38 | 678 | 760 | 675 | 623 | 0,54 004 |
| 34 | 40 | 0,27 695 | 0,03 764 | 0,26 690 | 0,03 628 | 0,54 035 |
|  | 42 | 712 | 769 | 705 | 632 | 067 |
|  | 44 | 729 | 773 | 720 | 636 | 098 |
|  | 46 | 746 | 778 | 736 | 640 | 130 |
|  | 48 | 763 | 782 | 751 | 644 | 161 |
| 34 | 50 | 0,27 779 | 0,03 787 | 0,26 766 | 0,03 649 | 0,54 192 |
|  | 52 | 796 | 791 | 781 | 653 | 224 |
|  | 54 | 813 | 796 | 796 | 657 | 255 |
|  | 56 | 830 | 800 | 811 | 661 | 287 |
|  | 58 | 847 | 805 | 826 | 665 | 318 |
| 34 | 60 | 0,27 864 | 0,03 809 | 0,26 842 | 0,03 670 | 0,54 350 |
|  | 62 | 881 | 814 | 857 | 674 | 381 |
|  | 64 | 898 | 819 | 872 | 678 | 412 |
|  | 66 | 915 | 823 | 887 | 682 | 444 |
|  | 68 | 932 | 828 | 902 | 687 | 475 |
| 34 | 70 | 0,27 949 | 0,03 832 | 0,26 917 | 0,03 691 | 0,54 507 |
|  | 72 | 966 | 837 | 932 | 695 | 538 |
|  | 74 | 983 | 841 | 947 | 699 | 569 |
|  | 76 | 0,28 000 | 846 | 963 | 703 | 601 |
|  | 78 | 016 | 850 | 978 | 708 | 632 |
|  | 80 | 033 | 855 | 993 | 712 | 664 |

## Tafel I.

| $\alpha$ | | Tangente $AB$ | Scheitel-abstand $BD$ | Abszisse $AE$. Halbe Sehne $AF$ | Ordinate $ED$. Pfeil-höhe $DF$ | Bogen-länge $ADC$ |
|---|---|---|---|---|---|---|
| $g$ | $c$ | $\operatorname{tg}\dfrac{\alpha}{2}$ | $\sec\dfrac{\alpha}{2}-1$ | $\sin\dfrac{\alpha}{2}$ | $1-\cos\dfrac{\alpha}{2}$ | $\dfrac{\pi\cdot\alpha}{200}$ |
| 34 | 80 | 0,28 033 | 0,03 855 | 0,26 993 | 0,03 712 | 0,54 664 |
|    | 82 | 050 | 860 | 0,27 008 | 716 | 695 |
|    | 84 | 067 | 864 | 023 | 720 | 727 |
|    | 86 | 084 | 869 | 038 | 725 | 758 |
|    | 88 | 101 | 873 | 053 | 729 | 789 |
| 34 | 90 | 0,28 118 | 0,03 878 | 0,27 068 | 0,03 733 | 0,54 821 |
|    | 92 | 135 | 883 | 084 | 737 | 852 |
|    | 94 | 152 | 887 | 099 | 742 | 884 |
|    | 96 | 169 | 892 | 114 | 746 | 915 |
|    | 98 | 186 | 896 | 129 | 750 | 946 |
| 35 | 0 | 0,28 203 | 0,03 901 | 0,27 144 | 0,03 754 | 0,54 978 |
|    | 2 | 220 | 906 | 159 | 759 | 0,55 009 |
|    | 4 | 237 | 910 | 174 | 763 | 041 |
|    | 6 | 254 | 915 | 189 | 767 | 072 |
|    | 8 | 271 | 919 | 205 | 772 | 104 |
| 35 | 10 | 0,28 288 | 0,03 924 | 0,27 220 | 0,03 776 | 0,55 135 |
|    | 12 | 305 | 929 | 235 | 780 | 166 |
|    | 14 | 322 | 933 | 250 | 784 | 198 |
|    | 16 | 339 | 938 | 265 | 789 | 229 |
|    | 18 | 356 | 942 | 280 | 793 | 261 |
| 35 | 20 | 0,28 373 | 0,03 947 | 0,27 295 | 0,03 797 | 0,55 292 |
|    | 22 | 390 | 952 | 310 | 802 | 323 |
|    | 24 | 407 | 956 | 325 | 806 | 355 |
|    | 26 | 423 | 961 | 341 | 810 | 386 |
|    | 28 | 440 | 966 | 356 | 814 | 418 |
| 35 | 30 | 0,28 457 | 0,03 970 | 0,27 371 | 0,03 819 | 0,55 449 |
|    | 32 | 474 | 975 | 386 | 823 | 481 |
|    | 34 | 491 | 980 | 401 | 827 | 512 |
|    | 36 | 508 | 984 | 416 | 832 | 543 |
|    | 38 | 525 | 989 | 431 | 836 | 575 |
|    | 40 | 542 | 994 | 446 | 840 | 606 |

| α | | Tangente $AB$ | Scheitel-abstand $BD$ | Abszisse $AE$. Halbe Sehne $AF$ | Ordinate $ED$. Pfeil-höhe $DF$ | Bogen-länge $ADC$ |
|---|---|---|---|---|---|---|
| $g$ | $c$ | $\operatorname{tg}\dfrac{\alpha}{2}$ | $\sec\dfrac{\alpha}{2}-1$ | $\sin\dfrac{\alpha}{2}$ | $1-\cos\dfrac{\alpha}{2}$ | $\dfrac{\pi\cdot\alpha}{200}$ |
| 35 | 40 | 0,28 542 | 0,03 994 | 0,27 446 | 0,03 840 | 0,55 606 |
|  | 42 | 559 | 998 | 461 | 845 | 638 |
|  | 44 | 576 | 0,04 003 | 476 | 849 | 669 |
|  | 46 | 593 | 008 | 492 | 853 | 700 |
|  | 48 | 610 | 012 | 507 | 857 | 732 |
| 35 | 50 | 0,28 627 | 0,04 017 | 0,27 522 | 0,03 862 | 0,55 763 |
|  | 52 | 644 | 022 | 537 | 866 | 795 |
|  | 54 | 661 | 026 | 552 | 870 | 826 |
|  | 56 | 678 | 031 | 567 | 875 | 858 |
|  | 58 | 695 | 036 | 582 | 879 | 889 |
| 35 | 60 | 0,28 712 | 0,04 040 | 0,27 597 | 0,03 883 | 0,55 920 |
|  | 62 | 729 | 045 | 612 | 888 | 952 |
|  | 64 | 746 | 050 | 627 | 892 | 983 |
|  | 66 | 763 | 054 | 643 | 896 | 0,56 015 |
|  | 68 | 780 | 059 | 658 | 901 | 046 |
| 35 | 70 | 0,28 797 | 0,04 064 | 0,27 673 | 0,03 905 | 0,56 077 |
|  | 72 | 814 | 069 | 688 | 910 | 109 |
|  | 74 | 831 | 073 | 703 | 914 | 140 |
|  | 76 | 848 | 078 | 718 | 918 | 172 |
|  | 78 | 865 | 083 | 733 | 923 | 203 |
| 35 | 80 | 0,28 882 | 0,04 087 | 0,27 748 | 0,03 927 | 0,56 235 |
|  | 82 | 899 | 092 | 763 | 931 | 266 |
|  | 84 | 916 | 097 | 778 | 936 | 297 |
|  | 86 | 933 | 102 | 794 | 940 | 329 |
|  | 88 | 951 | 106 | 809 | 944 | 360 |
| 35 | 90 | 0,28 968 | 0,04 111 | 0,27 824 | 0,03 949 | 0,56 392 |
|  | 92 | 985 | 116 | 839 | 953 | 423 |
|  | 94 | 0,29 002 | 121 | 854 | 957 | 454 |
|  | 96 | 019 | 125 | 869 | 962 | 486 |
|  | 98 | 036 | 130 | 884 | 966 | 517 |
| 36 | 0 | 053 | 135 | 899 | 971 | 549 |

# Tafel I.

| $\alpha$ | | Tangente $AB$ | Scheitel-abstand $BD$ | Abszisse $AE$. Halbe Sehne $AF$ | Ordinate $ED$. Pfeil-höhe $DF$ | Bogen-länge $ADC$ |
|---|---|---|---|---|---|---|
| g | c | $\operatorname{tg}\dfrac{\alpha}{2}$ | $\sec\dfrac{\alpha}{2}-1$ | $\sin\dfrac{\alpha}{2}$ | $1-\cos\dfrac{\alpha}{2}$ | $\dfrac{\pi\cdot\alpha}{200}$ |
| 36 | 0 | 0,29053 | 0,04135 | 0,27899 | 0,03971 | 0,56549 |
|  | 2 | 070 | 140 | 914 | 975 | 580 |
|  | 4 | 087 | 144 | 929 | 979 | 611 |
|  | 6 | 104 | 149 | 944 | 984 | 643 |
|  | 8 | 121 | 154 | 959 | 988 | 674 |
| 36 | 10 | 0,29138 | 0,04159 | 0,27975 | 0,03993 | 0,56706 |
|  | 12 | 155 | 163 | 990 | 997 | 737 |
|  | 14 | 172 | 168 | 0,28005 | 0,04001 | 769 |
|  | 16 | 189 | 173 | 020 | 006 | 800 |
|  | 18 | 206 | 178 | 035 | 010 | 831 |
| 36 | 20 | 0,29223 | 0,04182 | 0,28050 | 0,04015 | 0,56863 |
|  | 22 | 240 | 187 | 065 | 019 | 894 |
|  | 24 | 257 | 192 | 080 | 023 | 926 |
|  | 26 | 274 | 197 | 095 | 028 | 957 |
|  | 28 | 291 | 202 | 110 | 032 | 988 |
| 36 | 30 | 0,29308 | 0,04206 | 0,28125 | 0,04037 | 0,57020 |
|  | 32 | 325 | 211 | 140 | 041 | 051 |
|  | 34 | 342 | 216 | 155 | 045 | 083 |
|  | 36 | 360 | 221 | 171 | 050 | 114 |
|  | 38 | 377 | 226 | 186 | 054 | 146 |
| 36 | 40 | 0,29394 | 0,04230 | 0,28201 | 0,04059 | 0,57177 |
|  | 42 | 411 | 235 | 216 | 063 | 208 |
|  | 44 | 428 | 240 | 231 | 068 | 240 |
|  | 46 | 445 | 245 | 246 | 072 | 271 |
|  | 48 | 462 | 250 | 261 | 076 | 303 |
| 36 | 50 | 0,29479 | 0,04255 | 0,28276 | 0,04081 | 0,57334 |
|  | 52 | 496 | 259 | 291 | 085 | 365 |
|  | 54 | 513 | 264 | 306 | 090 | 397 |
|  | 56 | 530 | 269 | 321 | 094 | 428 |
|  | 58 | 547 | 274 | 336 | 099 | 460 |
|  | 60 | 564 | 279 | 351 | 103 | 491 |

| α | | Tangente $AB$ | Scheitel-abstand $BD$ | Abszisse $AE$. Halbe Sehne $AF$ | Ordinate $ED$. Pfeilhöhe $DF$ | Bogen-länge $ADC$ |
|---|---|---|---|---|---|---|
| g | c | $\operatorname{tg}\dfrac{\alpha}{2}$ | $\sec\dfrac{\alpha}{2}-1$ | $\sin\dfrac{\alpha}{2}$ | $1-\cos\dfrac{\alpha}{2}$ | $\dfrac{\pi\cdot\alpha}{200}$ |
| 36 | 60 | 0,29564 | 0,04279 | 0,28351 | 0,04103 | 0,57491 |
|  | 62 | 581 | 284 | 366 | 108 | 523 |
|  | 64 | 599 | 288 | 381 | 112 | 554 |
|  | 66 | 616 | 293 | 397 | 117 | 585 |
|  | 68 | 633 | 298 | 412 | 121 | 619 |
| 36 | 70 | 0,29650 | 0,04303 | 0,28427 | 0,04125 | 0,57648 |
|  | 72 | 667 | 308 | 442 | 130 | 680 |
|  | 74 | 684 | 313 | 457 | 134 | 711 |
|  | 76 | 701 | 318 | 472 | 139 | 742 |
|  | 78 | 718 | 322 | 487 | 143 | 774 |
| 36 | 80 | 0,29735 | 0,04327 | 0,28502 | 0,04148 | 0,57805 |
|  | 82 | 752 | 332 | 517 | 152 | 837 |
|  | 84 | 769 | 337 | 532 | 157 | 868 |
|  | 86 | 787 | 342 | 547 | 161 | 900 |
|  | 88 | 804 | 347 | 562 | 166 | 931 |
| 36 | 90 | 0,29821 | 0,04352 | 0,28577 | 0,04170 | 0,57962 |
|  | 92 | 838 | 357 | 592 | 175 | 994 |
|  | 94 | 855 | 361 | 607 | 179 | 0,58025 |
|  | 96 | 872 | 366 | 622 | 184 | 057 |
|  | 98 | 889 | 371 | 637 | 188 | 088 |
| 37 | 0 | 0,29906 | 0,04376 | 0,28652 | 0,04193 | 0,58119 |
|  | 2 | 923 | 381 | 668 | 197 | 151 |
|  | 4 | 941 | 386 | 683 | 202 | 182 |
|  | 6 | 958 | 391 | 698 | 206 | 214 |
|  | 8 | 975 | 396 | 713 | 211 | 245 |
| 37 | 10 | 0,29992 | 0,04401 | 0,28728 | 0,04215 | 0,58277 |
|  | 12 | 0,30009 | 406 | 743 | 220 | 308 |
|  | 14 | 026 | 411 | 758 | 224 | 339 |
|  | 16 | 043 | 416 | 773 | 229 | 371 |
|  | 18 | 060 | 420 | 788 | 233 | 402 |
|  | 20 | 078 | 425 | 803 | 238 | 434 |

# Tafel I.

| g | c | Tangente $AB$ $\operatorname{tg} \dfrac{\alpha}{2}$ | Scheitel-abstand $BD$ $\sec \dfrac{\alpha}{2} - 1$ | Abszisse $AE$. Halbe Sehne $AF$ $\sin \dfrac{\alpha}{2}$ | Ordinate $ED$. Pfeil-höhe $DF$ $1 - \cos \dfrac{\alpha}{2}$ | Bogen-länge $ADC$ $\dfrac{\pi \cdot \alpha}{200}$ |
|---|---|---|---|---|---|---|
| 37 | 20 | 0,30 078 | 0,04 425 | 0,28 803 | 0,04 238 | 0,58 434 |
|  | 22 | 095 | 430 | 818 | 242 | 465 |
|  | 24 | 112 | 435 | 833 | 247 | 496 |
|  | 26 | 129 | 440 | 848 | 251 | 528 |
|  | 28 | 146 | 445 | 863 | 256 | 559 |
| 37 | 30 | 0,30 163 | 0,04 450 | 0,28 878 | 0,04 260 | 0,58 591 |
|  | 32 | 180 | 455 | 893 | 265 | 622 |
|  | 34 | 197 | 460 | 908 | 270 | 654 |
|  | 36 | 215 | 465 | 923 | 274 | 685 |
|  | 38 | 232 | 470 | 938 | 279 | 716 |
| 37 | 40 | 0,30 249 | 0,04 475 | 0,28 953 | 0,04 283 | 0,58 748 |
|  | 42 | 266 | 480 | 968 | 288 | 779 |
|  | 44 | 283 | 485 | 983 | 292 | 811 |
|  | 46 | 300 | 490 | 998 | 297 | 842 |
|  | 48 | 318 | 495 | 0,29 013 | 301 | 873 |
| 37 | 50 | 0,30 335 | 0,04 500 | 0,29 028 | 0,04 306 | 0,58 905 |
|  | 52 | 352 | 505 | 044 | 311 | 936 |
|  | 54 | 369 | 510 | 059 | 315 | 968 |
|  | 56 | 386 | 515 | 074 | 320 | 999 |
|  | 58 | 403 | 520 | 089 | 324 | 0,59 031 |
| 37 | 60 | 0,30 420 | 0,04 525 | 0,29 104 | 0,04 329 | 0,59 062 |
|  | 62 | 438 | 530 | 119 | 333 | 093 |
|  | 64 | 455 | 535 | 134 | 338 | 125 |
|  | 66 | 472 | 540 | 149 | 343 | 156 |
|  | 68 | 489 | 545 | 164 | 347 | 188 |
| 37 | 70 | 0,30 506 | 0,04 550 | 0,29 179 | 0,04 352 | 0,59 219 |
|  | 72 | 523 | 555 | 194 | 356 | 250 |
|  | 74 | 541 | 560 | 209 | 361 | 282 |
|  | 76 | 558 | 565 | 224 | 365 | 313 |
|  | 78 | 575 | 570 | 239 | 370 | 345 |
|  | 80 | 592 | 575 | 254 | 375 | 376 |

| α | | Tangente $AB$ | Scheitel-abstand $BD$ | Abszisse $AE$. Halbe Sehne $AF$ | Ordinate $ED$. Pfeil-höhe $DF$ | Bogen-länge $ADC$ |
|---|---|---|---|---|---|---|
| g | c | $\mathrm{tg}\,\dfrac{\alpha}{2}$ | $\sec\dfrac{\alpha}{2}-1$ | $\sin\dfrac{\alpha}{2}$ | $1-\cos\dfrac{\alpha}{2}$ | $\dfrac{\pi\cdot\alpha}{200}$ |
| **37** | 80 | 0,30 592 | 0,04 575 | 0,29 254 | 0,04 375 | 0,59 376 |
| | 82 | 609 | 580 | 269 | 379 | 408 |
| | 84 | 627 | 585 | 284 | 384 | 439 |
| | 86 | 644 | 590 | 299 | 388 | 470 |
| | 88 | 661 | 595 | 314 | 393 | 502 |
| 37 | 90 | 0,30 678 | 0,04 600 | 0,29 329 | 0,04 398 | 0,59 533 |
| | 92 | 695 | 605 | 344 | 402 | 565 |
| | 94 | 712 | 610 | 359 | 407 | 596 |
| | 96 | 730 | 615 | 374 | 410 | 627 |
| | 98 | 747 | 620 | 389 | 416 | 659 |
| **38** | 0 | 0,30 764 | 0,04 625 | 0,29 404 | 0,04 421 | 0,59 690 |
| | 2 | 781 | 630 | 419 | 425 | 722 |
| | 4 | 798 | 635 | 434 | 430 | 753 |
| | 6 | 816 | 640 | 449 | 435 | 785 |
| | 8 | 833 | 645 | 464 | 439 | 816 |
| 38 | 10 | 0,30 850 | 0,04 650 | 0,29 479 | 0,04 444 | 0,59 847 |
| | 12 | 867 | 656 | 494 | 448 | 879 |
| | 14 | 884 | 661 | 509 | 453 | 910 |
| | 16 | 902 | 666 | 524 | 458 | 942 |
| | 18 | 919 | 671 | 539 | 462 | 973 |
| 38 | 20 | 0,30 936 | 0,04 676 | 0,29 554 | 0,04 467 | 0,60 004 |
| | 22 | 953 | 681 | 569 | 472 | 036 |
| | 24 | 970 | 686 | 584 | 476 | 067 |
| | 26 | 988 | 691 | 599 | 481 | 099 |
| | 28 | 0,31 005 | 696 | 614 | 486 | 130 |
| 38 | 30 | 0,31 022 | 0,04 701 | 0,29 629 | 0,04 490 | 0,60 161 |
| | 32 | 039 | 707 | 644 | 495 | 193 |
| | 34 | 057 | 712 | 659 | 500 | 224 |
| | 36 | 074 | 717 | 674 | 504 | 256 |
| | 38 | 091 | 722 | 689 | 508 | 287 |
| | 40 | 108 | 727 | 704 | 514 | 319 |

# Tafel I.

| g | c | Tangente $AB$ $\operatorname{tg}\dfrac{\alpha}{2}$ | Scheitel-abstand $BD$ $\sec\dfrac{\alpha}{2}-1$ | Abszisse $AE$. Halbe Sehne $AF$ $\sin\dfrac{\alpha}{2}$ | Ordinate $ED$. Pfeil-höhe $DF$ $1-\cos\dfrac{\alpha}{2}$ | Bogen-länge $ADC$ $\dfrac{\pi\cdot\alpha}{200}$ |
|---|---|---|---|---|---|---|
| 38 | 40 | 0,31 108 | 0,04 727 | 0,29 704 | 0,04 514 | 0,60 319 |
|    | 42 | 125 | 732 | 719 | 518 | 350 |
|    | 44 | 143 | 737 | 734 | 523 | 381 |
|    | 46 | 160 | 742 | 749 | 528 | 413 |
|    | 48 | 177 | 747 | 764 | 532 | 444 |
| 38 | 50 | 0,31 194 | 0,04 753 | 0,29 779 | 0,04 537 | 0,60 476 |
|    | 52 | 212 | 758 | 794 | 542 | 507 |
|    | 54 | 229 | 763 | 809 | 546 | 538 |
|    | 56 | 246 | 768 | 824 | 551 | 570 |
|    | 58 | 263 | 773 | 839 | 556 | 601 |
| 38 | 60 | 0,31 281 | 0,04 778 | 0,29 854 | 0,04 560 | 0,60 633 |
|    | 62 | 298 | 783 | 869 | 565 | 664 |
|    | 64 | 315 | 789 | 884 | 570 | 696 |
|    | 66 | 332 | 794 | 899 | 574 | 727 |
|    | 68 | 350 | 799 | 914 | 579 | 758 |
| 38 | 70 | 0,31 367 | 0,04 804 | 0,29 929 | 0,04 584 | 0,60 790 |
|    | 72 | 384 | 809 | 944 | 588 | 821 |
|    | 74 | 401 | 814 | 959 | 593 | 853 |
|    | 76 | 419 | 819 | 974 | 598 | 884 |
|    | 78 | 436 | 825 | 989 | 603 | 915 |
| 38 | 80 | 0,31 453 | 0,04 830 | 0,30 004 | 0,04 607 | 0,60 947 |
|    | 82 | 470 | 835 | 019 | 612 | 978 |
|    | 84 | 488 | 840 | 034 | 617 | 0,61 010 |
|    | 86 | 505 | 845 | 049 | 621 | 041 |
|    | 88 | 522 | 851 | 064 | 626 | 073 |
| 38 | 90 | 0,31 539 | 0,04 856 | 0,30 079 | 0,04 631 | 0,61 104 |
|    | 92 | 557 | 861 | 094 | 636 | 135 |
|    | 94 | 574 | 866 | 109 | 640 | 167 |
|    | 96 | 591 | 871 | 124 | 645 | 198 |
|    | 98 | 609 | 877 | 139 | 650 | 230 |
| 39 | 0 | 626 | 882 | 154 | 655 | 261 |

| α | | Tangente $AB$ | Scheitel-abstand $BD$ | Abszisse $AE$. Halbe Sehne $AF$ | Ordinate $ED$. Pfeil-höhe $DF$ | Bogen-länge $ADC$ |
|---|---|---|---|---|---|---|
| g | c | $\operatorname{tg}\dfrac{\alpha}{2}$ | $\sec\dfrac{\alpha}{2}-1$ | $\sin\dfrac{\alpha}{2}$ | $1-\cos\dfrac{\alpha}{2}$ | $\dfrac{\pi\cdot\alpha}{200}$ |
| 39 | 0 | 0,31 626 | 0,04 882 | 0,30 154 | 0,04 655 | 0,61 261 |
| | 2 | 643 | 887 | 169 | 659 | 292 |
| | 4 | 660 | 892 | 184 | 664 | 324 |
| | 6 | 678 | 897 | 199 | 669 | 355 |
| | 8 | 695 | 903 | 214 | 674 | 387 |
| 39 | 10 | 0,31 712 | 0,04 908 | 0,30 229 | 0,04 678 | 0,61 418 |
| | 12 | 730 | 913 | 244 | 683 | 450 |
| | 14 | 747 | 918 | 259 | 688 | 481 |
| | 16 | 764 | 924 | 274 | 693 | 512 |
| | 18 | 781 | 929 | 289 | 697 | 544 |
| 39 | 20 | 0,31 799 | 0,04 934 | 0,30 304 | 0,04 702 | 0,61 575 |
| | 22 | 816 | 939 | 319 | 707 | 607 |
| | 24 | 833 | 945 | 333 | 712 | 638 |
| | 26 | 851 | 950 | 348 | 716 | 669 |
| | 28 | 868 | 955 | 363 | 721 | 701 |
| 39 | 30 | 0,31 885 | 0,04 960 | 0,30 378 | 0,04 726 | 0,61 732 |
| | 32 | 903 | 966 | 393 | 731 | 764 |
| | 34 | 920 | 971 | 408 | 735 | 795 |
| | 36 | 937 | 976 | 423 | 740 | 827 |
| | 38 | 954 | 981 | 438 | 745 | 858 |
| 39 | 40 | 0,31 972 | 0,04 987 | 0,30 453 | 0,04 750 | 0,61 889 |
| | 42 | 989 | 992 | 468 | 755 | 921 |
| | 44 | 0,32 006 | 997 | 483 | 759 | 952 |
| | 46 | 024 | 0,05 002 | 498 | 764 | 984 |
| | 48 | 041 | 008 | 513 | 769 | 0,62 015 |
| 39 | 50 | 0,32 058 | 0,05 013 | 0,30 528 | 0,04 774 | 0,62 046 |
| | 52 | 076 | 018 | 543 | 778 | 078 |
| | 54 | 093 | 024 | 558 | 783 | 109 |
| | 56 | 110 | 029 | 573 | 788 | 141 |
| | 58 | 128 | 034 | 588 | 793 | 172 |
| | 60 | 145 | 040 | 603 | 798 | 204 |

Tafel I.

| g | c | Tangente $AB$ $\operatorname{tg}\dfrac{\alpha}{2}$ | Scheitel-abstand $BD$ $\sec\dfrac{\alpha}{2}-1$ | Abszisse $AE$. Halbe Sehne $AF$ $\sin\dfrac{\alpha}{2}$ | Ordinate $ED$. Pfeil-höhe $DF$ $1-\cos\dfrac{\alpha}{2}$ | Bogen-länge $ADC$ $\dfrac{\pi\cdot\alpha}{200}$ |
|---|---|---|---|---|---|---|
| **39** | 60 | 0,32 145 | 0,05 040 | 0,30 603 | 0,04 798 | 0,62 204 |
|  | 62 | 162 | 045 | 618 | 803 | 235 |
|  | 64 | 180 | 050 | 633 | 807 | 266 |
|  | 66 | 197 | 055 | 648 | 812 | 298 |
|  | 68 | 214 | 061 | 663 | 817 | 329 |
| 39 | 70 | 0,32 232 | 0,05 066 | 0,30 678 | 0,04 822 | 0,62 361 |
|  | 72 | 249 | 071 | 692 | 827 | 392 |
|  | 74 | 266 | 077 | 707 | 831 | 423 |
|  | 76 | 284 | 082 | 722 | 836 | 455 |
|  | 78 | 301 | 087 | 737 | 841 | 486 |
| 39 | 80 | 0,32 318 | 0,05 093 | 0,30 752 | 0,04 846 | 0,62 518 |
|  | 82 | 336 | 098 | 767 | 851 | 549 |
|  | 84 | 353 | 103 | 782 | 856 | 581 |
|  | 86 | 370 | 109 | 797 | 860 | 612 |
|  | 88 | 388 | 114 | 812 | 865 | 643 |
| 39 | 90 | 0,32 405 | 0,05 119 | 0,30 827 | 0,04 870 | 0,62 675 |
|  | 92 | 423 | 125 | 842 | 875 | 706 |
|  | 94 | 440 | 130 | 857 | 880 | 738 |
|  | 96 | 457 | 135 | 872 | 885 | 769 |
|  | 98 | 475 | 141 | 887 | 889 | 800 |
| **40** | 0 | 0,32 492 | 0,05 146 | 0,30 902 | 0,04 894 | 0,62 832 |
|  | 2 | 509 | 152 | 917 | 899 | 863 |
|  | 4 | 527 | 157 | 932 | 904 | 895 |
|  | 6 | 544 | 162 | 947 | 909 | 926 |
|  | 8 | 561 | 168 | 961 | 914 | 958 |
| 40 | 10 | 0,32 579 | 0,05 173 | 0,30 976 | 0,04 919 | 0,62 989 |
|  | 12 | 596 | 178 | 991 | 924 | 0,63 020 |
|  | 14 | 614 | 184 | 0,31 006 | 928 | 052 |
|  | 16 | 631 | 189 | 021 | 933 | 083 |
|  | 18 | 648 | 195 | 036 | 938 | 115 |
|  | 20 | 666 | 200 | 051 | 943 | 146 |

| α | | Tangente $AB$ | Scheitel-abstand $BD$ | Abszisse $AE$. Halbe Sehne $AF$ | Ordinate $ED$. Pfeil-höhe $DF$ | Bogen-länge $ADC$ |
|---|---|---|---|---|---|---|
| g | c | $\operatorname{tg}\dfrac{\alpha}{2}$ | $\sec\dfrac{\alpha}{2}-1$ | $\sin\dfrac{\alpha}{2}$ | $1-\cos\dfrac{\alpha}{2}$ | $\dfrac{\pi\cdot\alpha}{200}$ |
| 40 | 20 | 0,32 666 | 0,05 200 | 0,31 051 | 0,04 943 | 0,63 146 |
|    | 22 | 683 | 205 | 066 | 948 | 177 |
|    | 24 | 700 | 211 | 081 | 953 | 209 |
|    | 26 | 718 | 216 | 096 | 958 | 240 |
|    | 28 | 735 | 222 | 111 | 963 | 272 |
| 40 | 30 | 0,32 753 | 0,05 227 | 0,31 126 | 0,04 967 | 0,63 303 |
|    | 32 | 770 | 232 | 141 | 972 | 335 |
|    | 34 | 787 | 238 | 156 | 977 | 366 |
|    | 36 | 805 | 243 | 170· | 982 | 397 |
|    | 38 | 822 | 249 | 185 | 987 | 429 |
| 40 | 40 | 0,32 840 | 0,05 254 | 0,31 200 | 0,04 992 | 0,63 460 |
|    | 42 | 857 | 260 | 215 | 997 | 492 |
|    | 44 | 874 | 265 | 230 | 0,05 002 | 523 |
|    | 46 | 892 | 270 | 245 | 007 | 554 |
|    | 48 | 909 | 276 | 260 | 012 | 586 |
| 40 | 50 | 0,32 927 | 0,05 281 | 0,31 275 | 0,05 016 | 0,63 617 |
|    | 52 | 944 | 287 | 290 | 021 | 649 |
|    | 54 | 962 | 292 | 305 | 026 | 680 |
|    | 56 | 979 | 298 | 320 | 031 | 711 |
|    | 58 | 996 | 303 | 335 | 036 | 743 |
| 40 | 60 | 0,33 014 | 0,05 309 | 0,31 349 | 0,05 041 | 0,63 774 |
|    | 62 | 031 | 314 | 364 | 046 | 806 |
|    | 64 | 049 | 320 | 379 | 051 | 837 |
|    | 66 | 066 | 325 | 394 | 056 | 869 |
|    | 68 | 083 | 330 | 409 | 061 | 900 |
| 40 | 70 | 0,33 101 | 0,05 336 | 0,31 424 | 0,05 066 | 0,63 931 |
|    | 72 | 118 | 341 | 439 | 071 | 963 |
|    | 74 | 136 | 347 | 454 | 076 | 994 |
|    | 76 | 153 | 352 | 469 | 080 | 0,64 026 |
|    | 78 | 171 | 358 | 484 | 085 | 057 |
|    | 80 | 188 | 363 | 499 | 090 | 088 |

Tafel I.

| g | c | Tangente $AB$ $\operatorname{tg}\dfrac{\alpha}{2}$ | Scheitelabstand $BD$ $\sec\dfrac{\alpha}{2}-1$ | Abszisse $AE$. Halbe Sehne $AF$ $\sin\dfrac{\alpha}{2}$ | Ordinate $ED$. Pfeilhöhe $DF$ $1-\cos\dfrac{\alpha}{2}$ | Bogenlänge $ADC$ $\dfrac{\pi\cdot\alpha}{200}$ |
|---|---|---|---|---|---|---|
| **40** | 80 | 0,33 188 | 0,05 363 | 0,31 499 | 0,05 090 | 0,64 088 |
|  | 82 | 205 | 369 | 514 | 095 | 120 |
|  | 84 | 223 | 374 | 528 | 100 | 151 |
|  | 86 | 240 | 380 | 543 | 105 | 183 |
|  | 88 | 258 | 385 | 558 | 110 | 214 |
| 40 | 90 | 0,33 275 | 0,05 391 | 0,31 573 | 0,05 115 | 0,64 246 |
|  | 92 | 293 | 396 | 588 | 120 | 277 |
|  | 94 | 310 | 402 | 603 | 125 | 308 |
|  | 96 | 328 | 407 | 618 | 130 | 340 |
|  | 98 | 345 | 413 | 633 | 135 | 371 |
| **41** | 0 | 0,33 363 | 0,05 418 | 0,31 648 | 0,05 140 | 0,64 403 |
|  | 2 | 380 | 424 | 663 | 145 | 434 |
|  | 4 | 397 | 430 | 677 | 150 | 465 |
|  | 6 | 415 | 435 | 692 | 155 | 497 |
|  | 8 | 432 | 441 | 707 | 160 | 528 |
| 41 | 10 | 0,33 450 | 0,05 446 | 0,31 722 | 0,05 165 | 0,64 560 |
|  | 12 | 467 | 452 | 737 | 170 | 591 |
|  | 14 | 485 | 457 | 752 | 175 | 623 |
|  | 16 | 502 | 463 | 767 | 180 | 654 |
|  | 18 | 520 | 468 | 782 | 185 | 685 |
| 41 | 20 | 0,33 537 | 0,05 474 | 0,31 797 | 0,05 190 | 0,64 717 |
|  | 22 | 555 | 479 | 812 | 195 | 748 |
|  | 24 | 572 | 485 | 826 | 200 | 780 |
|  | 26 | 590 | 491 | 841 | 205 | 811 |
|  | 28 | 607 | 496 | 856 | 210 | 842 |
| 41 | 30 | 0,33 625 | 0,05 502 | 0,31 871 | 0,05 215 | 0,64 874 |
|  | 32 | 642 | 507 | 886 | 220 | 905 |
|  | 34 | 660 | 513 | 901 | 225 | 937 |
|  | 36 | 677 | 518 | 916 | 230 | 968 |
|  | 38 | 695 | 524 | 931 | 235 | 0,65 000 |
|  | 40 | 712 | 530 | 946 | 240 | 031 |

| α | | Tangente $AB$ | Scheitel-abstand $BD$ | Abszisse $AE$. Halbe Sehne $AF$ | Ordinate $ED$. Pfeil-höhe $DF$ | Bogen-länge $ADC$ |
|---|---|---|---|---|---|---|
| g | c | $\mathrm{tg}\,\dfrac{\alpha}{2}$ | $\sec\dfrac{\alpha}{2}-1$ | $\sin\dfrac{\alpha}{2}$ | $1-\cos\dfrac{\alpha}{2}$ | $\dfrac{\pi\cdot\alpha}{200}$ |
| 41 | 40 | 0,33712 | 0,05530 | 0,31946 | 0,05240 | 0,65031 |
|  | 42 | 730 | 535 | 960 | 245 | 062 |
|  | 44 | 747 | 541 | 975 | 250 | 094 |
|  | 46 | 765 | 546 | 990 | 255 | 125 |
|  | 48 | 782 | 552 | 0,32005 | 260 | 157 |
| 41 | 50 | 0,33800 | 0,05558 | 0,32020 | 0,05265 | 0,65188 |
|  | 52 | 817 | 563 | 035 | 270 | 219 |
|  | 54 | 835 | 569 | 050 | 275 | 251 |
|  | 56 | 852 | 574 | 065 | 280 | 282 |
|  | 58 | 870 | 580 | 079 | 285 | 314 |
| 41 | 60 | 0,33887 | 0,05586 | 0,32094 | 0,05290 | 0,65345 |
|  | 62 | 905 | 591 | 109 | 295 | 377 |
|  | 64 | 922 | 597 | 124 | 300 | 408 |
|  | 66 | 940 | 603 | 139 | 305 | 439 |
|  | 68 | 957 | 608 | 154 | 310 | 471 |
| 41 | 70 | 0,33975 | 0,05614 | 0,32169 | 0,05315 | 0,65502 |
|  | 72 | 992 | 619 | 184 | 320 | 534 |
|  | 74 | 0,34010 | 625 | 198 | 325 | 565 |
|  | 76 | 027 | 631 | 213 | 331 | 596 |
|  | 78 | 045 | 636 | 228 | 336 | 628 |
| 41 | 80 | 0,34062 | 0,05642 | 0,32243 | 0,05341 | 0,65659 |
|  | 82 | 080 | 648 | 258 | 346 | 691 |
|  | 84 | 097 | 653 | 273 | 351 | 722 |
|  | 86 | 115 | 659 | 288 | 356 | 754 |
|  | 88 | 132 | 665 | 303 | 361 | 785 |
| 41 | 90 | 0,34150 | 0,05670 | 0,32317 | 0,05366 | 0,65816 |
|  | 92 | 167 | 676 | 332 | 371 | 848 |
|  | 94 | 185 | 682 | 347 | 376 | 879 |
|  | 96 | 203 | 687 | 362 | 381 | 911 |
|  | 98 | 220 | 693 | 377 | 386 | 942 |
| 42 | 0 | 238 | 699 | 392 | 391 | 973 |

| α | | Tangente $AB$ | Scheitelabstand $BD$ | Abszisse $AE$. Halbe Sehne $AF$ | Ordinate $ED$. Pfeilhöhe $DF$ | Bogenlänge $ADC$ |
|---|---|---|---|---|---|---|
| $g$ | $c$ | $\operatorname{tg}\dfrac{\alpha}{2}$ | $\sec\dfrac{\alpha}{2}-1$ | $\sin\dfrac{\alpha}{2}$ | $1-\cos\dfrac{\alpha}{2}$ | $\dfrac{\pi\cdot\alpha}{200}$ |
| 42 | 0 | 0,34 238 | 0,05 699 | 0,32 392 | 0,05 391 | 0,65 973 |
|  | 2 | 255 | 704 | 407 | 397 | 0,66 005 |
|  | 4 | 273 | 710 | 421 | 402 | 036 |
|  | 6 | 290 | 716 | 436 | 407 | 068 |
|  | 8 | 308 | 721 | 451 | 412 | 099 |
| 42 | 10 | 0,34 325 | 0,05 727 | 0,32 466 | 0,05 417 | 0,66 131 |
|  | 12 | 343 | 733 | 481 | 422 | 162 |
|  | 14 | 361 | 739 | 496 | 427 | 193 |
|  | 16 | 378 | 744 | 511 | 432 | 225 |
|  | 18 | 396 | 750 | 525 | 437 | 256 |
| 42 | 20 | 0,34 413 | 0,05 756 | 0,32 540 | 0,05 442 | 0,66 288 |
|  | 22 | 431 | 761 | 555 | 448 | 319 |
|  | 24 | 448 | 767 | 570 | 453 | 350 |
|  | 26 | 466 | 773 | 585 | 458 | 382 |
|  | 28 | 484 | 779 | 600 | 463 | 413 |
| 42 | 30 | 0,34 501 | 0,05 784 | 0,32 615 | 0,05 468 | 0,66 445 |
|  | 32 | 519 | 790 | 629 | 473 | 476 |
|  | 34 | 536 | 796 | 644 | 478 | 508 |
|  | 36 | 554 | 802 | 659 | 483 | 539 |
|  | 38 | 571 | 807 | 674 | 489 | 570 |
| 42 | 40 | 0,34 589 | 0,05 813 | 0,32 689 | 0,05 494 | 0,66 602 |
|  | 42 | 607 | 819 | 704 | 499 | 633 |
|  | 44 | 624 | 825 | 718 | 504 | 665 |
|  | 46 | 642 | 830 | 733 | 509 | 696 |
|  | 48 | 659 | 836 | 748 | 514 | 727 |
| 42 | 50 | 0,34 677 | 0,05 842 | 0,32 763 | 0,05 519 | 0,66 759 |
|  | 52 | 695 | 848 | 778 | 525 | 790 |
|  | 54 | 712 | 853 | 793 | 530 | 822 |
|  | 56 | 730 | 859 | 808 | 535 | 853 |
|  | 58 | 747 | 865 | 822 | 540 | 885 |
|  | 60 | 765 | 871 | 837 | 545 | 916 |

| α (g) | α (c) | Tangente $AB$ $\operatorname{tg}\dfrac{\alpha}{2}$ | Scheitel-abstand $BD$ $\sec\dfrac{\alpha}{2}-1$ | Abszisse $AE$. Halbe Sehne $AF$ $\sin\dfrac{\alpha}{2}$ | Ordinate $ED$. Pfeil-höhe $DF$ $1-\cos\dfrac{\alpha}{2}$ | Bogen-länge $ADC$ $\dfrac{\pi\cdot\alpha}{200}$ |
|---|---|---|---|---|---|---|
| 42 | 60 | 0,34 765 | 0,05 871 | 0,32 837 | 0,05 545 | 0,66 916 |
|  | 62 | 783 | 876 | 852 | 550 | 947 |
|  | 64 | 800 | 882 | 867 | 555 | 979 |
|  | 66 | 818 | 888 | 882 | 561 | 0,67 010 |
|  | 68 | 835 | 894 | 897 | 566 | 042 |
| 42 | 70 | 0,34 853 | 0,05 900 | 0,32 911 | 0,05 571 | 0,67 073 |
|  | 72 | 871 | 905 | 926 | 576 | 104 |
|  | 74 | 888 | 911 | 941 | 581 | 136 |
|  | 76 | 906 | 917 | 956 | 586 | 167 |
|  | 78 | 924 | 923 | 971 | 592 | 199 |
| 42 | 80 | 0,34 941 | 0,05 929 | 0,32 986 | 0,05 597 | 0,67 230 |
|  | 82 | 959 | 934 | 0,33 000 | 602 | 261 |
|  | 84 | 976 | 940 | 015 | 607 | 293 |
|  | 86 | 994 | 946 | 030 | 612 | 324 |
|  | 88 | 0,35 012 | 952 | 045 | 618 | 356 |
| 42 | 90 | 0,35 029 | 0,05 958 | 0,33 060 | 0,05 623 | 0,67 387 |
|  | 92 | 047 | 964 | 074 | 628 | 419 |
|  | 94 | 065 | 969 | 089 | 633 | 450 |
|  | 96 | 082 | 975 | 104 | 638 | 481 |
|  | 98 | 100 | 981 | 119 | 644 | 513 |
| 43 | 0 | 0,35 118 | 0,05 987 | 0,33 134 | 0,05 649 | 0,67 544 |
|  | 2 | 135 | 993 | 149 | 654 | 576 |
|  | 4 | 153 | 999 | 163 | 659 | 607 |
|  | 6 | 170 | 0,06 005 | 178 | 664 | 638 |
|  | 8 | 188 | 010 | 193 | 670 | 670 |
| 43 | 10 | 0,35 206 | 0,06 016 | 0,33 208 | 0,05 675 | 0,67 701 |
|  | 12 | 223 | 022 | 223 | 680 | 733 |
|  | 14 | 241 | 028 | 238 | 685 | 764 |
|  | 16 | 259 | 034 | 252 | 690 | 796 |
|  | 18 | 276 | 040 | 267 | 696 | 827 |
|  | 20 | 294 | 046 | 282 | 701 | 858 |

## Tafel I.

| α | | Tangente $AB$ | Scheitel-abstand $BD$ | Abszisse $AE$. Halbe Sehne $AF$ | Ordinate $ED$. Pfeil-höhe $DF$ | Bogen-länge $ADC$ |
|---|---|---|---|---|---|---|
| *g* | *c* | $\mathrm{tg}\,\dfrac{\alpha}{2}$ | $\sec\dfrac{\alpha}{2}-1$ | $\sin\dfrac{\alpha}{2}$ | $1-\cos\dfrac{\alpha}{2}$ | $\dfrac{\pi\cdot\alpha}{200}$ |
| 43 | 20 | 0,35294 | 0,06046 | 0,33282 | 0,05701 | 0,67858 |
|    | 22 | 312 | 051 | 297 | 706 | 890 |
|    | 24 | 329 | 057 | 312 | 711 | 921 |
|    | 26 | 347 | 063 | 326 | 717 | 953 |
|    | 28 | 365 | 069 | 341 | 722 | 984 |
| 43 | 30 | 0,35382 | 0,06075 | 0,33356 | 0,05727 | 0,68015 |
|    | 32 | 400 | 081 | 371 | 732 | 047 |
|    | 34 | 418 | 087 | 386 | 738 | 078 |
|    | 36 | 435 | 093 | 400 | 743 | 110 |
|    | 38 | 453 | 099 | 415 | 748 | 141 |
| 43 | 40 | 0,35471 | 0,06105 | 0,33430 | 0,05753 | 0,68173 |
|    | 42 | 488 | 110 | 445 | 759 | 204 |
|    | 44 | 506 | 116 | 460 | 764 | 235 |
|    | 46 | 524 | 122 | 474 | 769 | 267 |
|    | 48 | 542 | 128 | 489 | 774 | 298 |
| 43 | 50 | 0,35559 | 0,06134 | 0,33504 | 0,05780 | 0,68330 |
|    | 52 | 577 | 140 | 519 | 785 | 361 |
|    | 54 | 595 | 146 | 534 | 790 | 392 |
|    | 56 | 612 | 152 | 548 | 795 | 424 |
|    | 58 | 630 | 158 | 563 | 801 | 455 |
| 43 | 60 | 0,35648 | 0,06164 | 0,33578 | 0,05806 | 0,68487 |
|    | 62 | 665 | 170 | 593 | 812 | 518 |
|    | 64 | 683 | 176 | 608 | 817 | 550 |
|    | 66 | 701 | 182 | 622 | 822 | 581 |
|    | 68 | 719 | 188 | 637 | 827 | 612 |
| 43 | 70 | 0,35736 | 0,06194 | 0,33652 | 0,05832 | 0,68644 |
|    | 72 | 754 | 200 | 667 | 838 | 675 |
|    | 74 | 772 | 206 | 682 | 843 | 707 |
|    | 76 | 789 | 212 | 696 | 848 | 738 |
|    | 78 | 807 | 217 | 711 | 854 | 769 |
|    | 80 | 825 | 223 | 726 | 859 | 801 |

| α | | Tangente $AB$ | Scheitel-abstand $BD$ | Abszisse $AE$. Halbe Sehne $AF$ | Ordinate $ED$. Pfeil-höhe $DF$ | Bogen-länge $ADC$ |
|---|---|---|---|---|---|---|
| g | c | $\mathrm{tg}\,\dfrac{\alpha}{2}$ | $\sec\dfrac{\alpha}{2}-1$ | $\sin\dfrac{\alpha}{2}$ | $1-\cos\dfrac{\alpha}{2}$ | $\dfrac{\pi\cdot\alpha}{200}$ |
| 43 | 80 | 0,35 825 | 0,06 223 | 0,33 726 | 0,05 859 | 0,68 801 |
|    | 82 | 843 | 229 | 741 | 864 | 832 |
|    | 84 | 860 | 235 | 756 | 869 | 864 |
|    | 86 | 878 | 241 | 770 | 875 | 895 |
|    | 88 | 896 | 247 | 785 | 880 | 927 |
| 43 | 90 | 0,35 914 | 0,06 253 | 0,33 800 | 0,05 885 | 0,68 958 |
|    | 92 | 931 | 259 | 815 | 891 | 989 |
|    | 94 | 949 | 265 | 830 | 896 | 0,69 021 |
|    | 96 | 967 | 271 | 844 | 901 | 052 |
|    | 98 | 984 | 277 | 859 | 907 | 084 |
| 44 | 0 | 0,36 002 | 0,06 283 | 0,33 874 | 0,05 912 | 0,69 115 |
|    | 2 | 020 | 289 | 889 | 917 | 146 |
|    | 4 | 038 | 295 | 903 | 923 | 178 |
|    | 6 | 055 | 301 | 918 | 928 | 209 |
|    | 8 | 073 | 307 | 933 | 933 | 241 |
| 44 | 10 | 0,36 091 | 0,06 313 | 0,33 948 | 0,05 939 | 0,69 272 |
|    | 12 | 109 | 319 | 962 | 944 | 304 |
|    | 14 | 126 | 326 | 977 | 949 | 335 |
|    | 16 | 144 | 332 | 992 | 954 | 366 |
|    | 18 | 162 | 338 | 0,34 007 | 960 | 398 |
| 44 | 20 | 0,36 180 | 0,06 344 | 0,34 022 | 0,05 965 | 0,69 429 |
|    | 22 | 198 | 350 | 036 | 971 | 461 |
|    | 24 | 215 | 356 | 051 | 976 | 492 |
|    | 26 | 233 | 362 | 066 | 981 | 523 |
|    | 28 | 251 | 368 | 081 | 987 | 555 |
| 44 | 30 | 0,36 269 | 0,06 374 | 0,34 095 | 0,05 992 | 0,69 586 |
|    | 32 | 286 | 380 | 110 | 997 | 618 |
|    | 34 | 304 | 386 | 125 | 0,06 003 | 649 |
|    | 36 | 322 | 392 | 140 | 008 | 681 |
|    | 38 | 340 | 398 | 154 | 013 | 712 |
|    | 40 | 358 | 404 | 169 | 019 | 743 |

## Tafel I.

| $\alpha$ | | Tangente $AB$ | Scheitel-abstand $BD$ | Abszisse $AE$. Halbe Sehne $AF$ | Ordinate $ED$. Pfeil-höhe $DF$ | Bogen-länge $ADC$ |
|---|---|---|---|---|---|---|
| $g$ | $c$ | $\operatorname{tg}\dfrac{\alpha}{2}$ | $\sec\dfrac{\alpha}{2}-1$ | $\sin\dfrac{\alpha}{2}$ | $1-\cos\dfrac{\alpha}{2}$ | $\dfrac{\pi\cdot\alpha}{200}$ |
| 44 | 40 | 0,36 358 | 0,06 404 | 0,34 169 | 0,06 019 | 0,69 743 |
| | 42 | 375 | 410 | 184 | 024 | 775 |
| | 44 | 393 | 416 | 199 | 030 | 806 |
| | 46 | 411 | 422 | 213 | 035 | 838 |
| | 48 | 429 | 429 | 228 | 040 | 869 |
| 44 | 50 | 0,36 446 | 0,06 435 | 0,34 243 | 0,06 046 | 0,69 900 |
| | 52 | 464 | 441 | 258 | 051 | 932 |
| | 54 | 482 | 447 | 273 | 056 | 963 |
| | 56 | 500 | 453 | 287 | 062 | 995 |
| | 58 | 518 | 459 | 302 | 067 | 0,70 026 |
| 44 | 60 | 0,36 535 | 0,06 465 | 0,34 317 | 0,06 073 | 0,70 058 |
| | 62 | 553 | 471 | 332 | 078 | 089 |
| | 64 | 571 | 477 | 346 | 083 | 120 |
| | 66 | 589 | 484 | 361 | 089 | 152 |
| | 68 | 607 | 490 | 376 | 094 | 183 |
| 44 | 70 | 0,36 624 | 0,06 496 | 0,34 391 | 0,06 100 | 0,70 215 |
| | 72 | 642 | 502 | 405 | 105 | 246 |
| | 74 | 660 | 508 | 420 | 110 | 277 |
| | 76 | 678 | 514 | 435 | 116 | 309 |
| | 78 | 696 | 520 | 450 | 121 | 340 |
| 44 | 80 | 0,36 714 | 0,06 526 | 0,34 464 | 0,06 127 | 0,70 372 |
| | 82 | 731 | 533 | 479 | 132 | 403 |
| | 84 | 749 | 539 | 494 | 137 | 435 |
| | 86 | 767 | 545 | 509 | 143 | 466 |
| | 88 | 785 | 551 | 523 | 148 | 497 |
| 44 | 90 | 0,36 803 | 0,06 557 | 0,34 538 | 0,06 154 | 0,70 529 |
| | 92 | 821 | 563 | 553 | 159 | 560 |
| | 94 | 838 | 570 | 567 | 165 | 592 |
| | 96 | 856 | 576 | 582 | 170 | 623 |
| | 98 | 874 | 582 | 597 | 175 | 654 |
| 45 | 0 | 892 | 588 | 612 | 181 | 686 |

| α | | Tangente $AB$ | Scheitel-abstand $BD$ | Abszisse $AE$. Halbe Sehne $AF$ | Ordinate $ED$. Pfeil-höhe $DF$ | Bogen-länge $ADC$ |
|---|---|---|---|---|---|---|
| g | c | $\mathrm{tg}\,\dfrac{\alpha}{2}$ | $\sec\dfrac{\alpha}{2}-1$ | $\sin\dfrac{\alpha}{2}$ | $1-\cos\dfrac{\alpha}{2}$ | $\dfrac{\pi\cdot\alpha\cdot}{200}$ |
| 45 | 0 | 0,36892 | 0,06588 | 0,34612 | 0,06181 | 0,70686 |
| | 2 | 910 | 594 | 626 | 186 | 717 |
| | 4 | 928 | 600 | 641 | 192 | 749 |
| | 6 | 945 | 607 | 656 | 197 | 780 |
| | 8 | 963 | 613 | 671 | 203 | 811 |
| 45 | 10 | 0,36981 | 0,06619 | 0,34685 | 0,06208 | 0,70843 |
| | 12 | 999 | 625 | 700 | 214 | 874 |
| | 14 | 0,37017 | 631 | 715 | 219 | 906 |
| | 16 | 035 | 638 | 730 | 224 | 937 |
| | 18 | 053 | 644 | 744 | 230 | 969 |
| 45 | 20 | 0,37071 | 0,06650 | 0,34759 | 0,06235 | 0,71000 |
| | 22 | 088 | 656 | 774 | 241 | 031 |
| | 24 | 106 | 662 | 788 | 246 | 063 |
| | 26 | 124 | 669 | 803 | 252 | 094 |
| | 28 | 142 | 675 | 818 | 257 | 126 |
| 45 | 30 | 0,37160 | 0,06681 | 0,34833 | 0,06263 | 0,71157 |
| | 32 | 178 | 687 | 847 | 268 | 188 |
| | 34 | 196 | 694 | 862 | 274 | 220 |
| | 36 | 214 | 700 | 877 | 279 | 251 |
| | 38 | 231 | 706 | 892 | 285 | 282 |
| 45 | 40 | 0,37249 | 0,06712 | 0,34906 | 0,06290 | 0,71314 |
| | 42 | 267 | 719 | 921 | 296 | 346 |
| | 44 | 285 | 725 | 936 | 301 | 377 |
| | 46 | 303 | 731 | 950 | 307 | 408 |
| | 48 | 321 | 737 | 965 | 312 | 440 |
| 45 | 50 | 0,37339 | 0,06743 | 0,34980 | 0,06318 | 0,71471 |
| | 52 | 357 | 750 | 995 | 323 | 503 |
| | 54 | 375 | 756 | 0,35009 | 329 | 534 |
| | 56 | 392 | 762 | 024 | 334 | 565 |
| | 58 | 410 | 769 | 039 | 340 | 597 |
| | 60 | 428 | 775 | 053 | 345 | 628 |

Tafel I.

| α | | Tangente $AB$ | Scheitel-abstand $BD$ | Abszisse $AE$. Halbe Sehne $AF$ | Ordinate $ED$. Pfeil-höhe $DF$ | Bogen-länge $ADC$ |
|---|---|---|---|---|---|---|
| g | c | $\operatorname{tg}\dfrac{\alpha}{2}$ | $\sec\dfrac{\alpha}{2}-1$ | $\sin\dfrac{\alpha}{2}$ | $1-\cos\dfrac{\alpha}{2}$ | $\dfrac{\pi\cdot\alpha}{200}$ |
| 45 | 60 | 0,37 428 | 0,06 775 | 0,35 053 | 0,06 345 | 0,71 628 |
|  | 62 | 446 | 781 | 068 | 351 | 660 |
|  | 64 | 464 | 787 | 083 | 356 | 691 |
|  | 66 | 482 | 794 | 098 | 362 | 723 |
|  | 68 | 500 | 800 | 112 | 367 | 754 |
| 45 | 70 | 0,37 518 | 0,06 806 | 0,35 127 | 0,06 373 | 0,71 785 |
|  | 72 | 536 | 813 | 142 | 378 | 817 |
|  | 74 | 554 | 819 | 156 | 384 | 848 |
|  | 76 | 572 | 825 | 171 | 389 | 880 |
|  | 78 | 590 | 831 | 186 | 395 | 911 |
| 45 | 80 | 0,37 607 | 0,06 838 | 0,35 201 | 0,06 400 | 0,71 942 |
|  | 82 | 625 | 844 | 215 | 406 | 974 |
|  | 84 | 643 | 850 | 230 | 411 | 0,72 005 |
|  | 86 | 661 | 857 | 245 | 417 | 037 |
|  | 88 | 679 | 863 | 259 | 422 | 068 |
| 45 | 90 | 0,37 697 | 0,06 869 | 0,35 274 | 0,06 428 | 0,72 100 |
|  | 92 | 715 | 876 | 289 | 433 | 131 |
|  | 94 | 733 | 882 | 303 | 439 | 162 |
|  | 96 | 751 | 888 | 318 | 444 | 194 |
|  | 98 | 769 | 895 | 333 | 450 | 225 |
| 46 | 0 | 0,37 787 | 0,06 901 | 0,35 347 | 0,06 456 | 0,72 257 |
|  | 2 | 805 | 907 | 362 | 461 | 288 |
|  | 4 | 823 | 914 | 377 | 467 | 319 |
|  | 6 | 841 | 920 | 392 | 472 | 351 |
|  | 8 | 859 | 926 | 406 | 478 | 382 |
| 46 | 10 | 0,37 877 | 0,06 933 | 0,35 421 | 0,06 483 | 0,72 414 |
|  | 12 | 895 | 939 | 436 | 489 | 445 |
|  | 14 | 913 | 946 | 450 | 495 | 477 |
|  | 16 | 931 | 952 | 465 | 500 | 508 |
|  | 18 | 948 | 958 | 480 | 506 | 539 |
|  | 20 | 966 | 965 | 494 | 511 | 571 |

| α | | Tangente $AB$ | Scheitel-abstand $BD$ | Abszisse $AE$. Halbe Sehne $AF$ | Ordinate $ED$. Pfeil-höhe $DF$ | Bogen-länge $ADC$ |
|---|---|---|---|---|---|---|
| $g$ | $c$ | $\operatorname{tg}\dfrac{\alpha}{2}$ | $\sec\dfrac{\alpha}{2}-1$ | $\sin\dfrac{\alpha}{2}$ | $1-\cos\dfrac{\alpha}{2}$ | $\dfrac{\pi\cdot\alpha}{200}$ |
| 46 | 20 | 0,37966 | 0,06965 | 0,35494 | 0,06511 | 0,72571 |
| | 22 | 984 | 971 | 509 | 517 | 602 |
| | 24 | 0,38002 | 977 | 524 | 522 | 634 |
| | 26 | 020 | 984 | 538 | 528 | 665 |
| | 28 | 038 | 990 | 553 | 534 | 696 |
| 46 | 30 | 0,38056 | 0,06997 | 0,35568 | 0,06539 | 0,72728 |
| | 32 | 074 | 0,07003 | 582 | 545 | 759 |
| | 34 | 092 | 009 | 597 | 550 | 791 |
| | 36 | 110 | 016 | 612 | 556 | 822 |
| | 38 | 128 | 022 | 627 | 562 | 854 |
| 46 | 40 | 0,38146 | 0,07029 | 0,35641 | 0,06567 | 0,72885 |
| | 42 | 164 | 035 | 656 | 573 | 916 |
| | 44 | 182 | 042 | 671 | 578 | 948 |
| | 46 | 200 | 048 | 685 | 584 | 979 |
| | 48 | 218 | 054 | 700 | 590 | 0,73011 |
| 46 | 50 | 0,38236 | 0,07061 | 0,35715 | 0,06595 | 0,73042 |
| | 52 | 254 | 067 | 729 | 601 | 073 |
| | 54 | 272 | 074 | 744 | 606 | 105 |
| | 56 | 290 | 080 | 759 | 612 | 136 |
| | 58 | 308 | 087 | 773 | 618 | 168 |
| 46 | 60 | 0,38326 | 0,07093 | 0,35788 | 0,06623 | 0,73199 |
| | 62 | 344 | 099 | 803 | 629 | 231 |
| | 64 | 362 | 106 | 817 | 634 | 262 |
| | 66 | 380 | 112 | 832 | 640 | 293 |
| | 68 | 398 | 119 | 847 | 646 | 325 |
| 46 | 70 | 0,38416 | 0,07125 | 0,35861 | 0,06651 | 0,73356 |
| | 72 | 434 | 132 | 876 | 657 | 388 |
| | 74 | 453 | 138 | 891 | 663 | 419 |
| | 76 | 471 | 145 | 905 | 668 | 450 |
| | 78 | 489 | 151 | 920 | 674 | 482 |
| | 80 | 507 | 158 | 935 | 680 | 513 |

## Tafel I.

| g | c | Tangente $AB$ $\quad$ $\operatorname{tg}\dfrac{\alpha}{2}$ | Scheitel-abstand $BD$ $\quad$ $\sec\dfrac{\alpha}{2}-1$ | Abszisse $AE$. Halbe Sehne $AF$ $\quad$ $\sin\dfrac{\alpha}{2}$ | Ordinate $ED$. Pfeil-höhe $DF$ $\quad$ $1-\cos\dfrac{\alpha}{2}$ | Bogen-länge $ADC$ $\quad$ $\dfrac{\pi\cdot\alpha}{200}$ |
|---|---|---|---|---|---|---|
| 46 | 80 | 0,38 507 | 0,07 158 | 0,35 935 | 0,06 680 | 0,73 513 |
|    | 82 | 525 | 164 | 949 | 685 | 545 |
|    | 84 | 543 | 171 | 964 | 691 | 576 |
|    | 86 | 561 | 177 | 979 | 697 | 608 |
|    | 88 | 579 | 184 | 993 | 702 | 639 |
| 46 | 90 | 0,38 597 | 0,07 190 | 0,36 008 | 0,06 708 | 0,73 670 |
|    | 92 | 615 | 197 | 022 | 713 | 702 |
|    | 94 | 633 | 203 | 037 | 719 | 733 |
|    | 96 | 651 | 210 | 052 | 725 | 765 |
|    | 98 | 669 | 216 | 066 | 730 | 796 |
| 47 | 0 | 0,38 687 | 0,07 223 | 0,36 081 | 0,06 736 | 0,73 827 |
|    | 2 | 705 | 229 | 096 | 742 | 859 |
|    | 4 | 723 | 236 | 110 | 747 | 890 |
|    | 6 | 741 | 242 | 125 | 753 | 922 |
|    | 8 | 759 | 249 | 140 | 759 | 953 |
| 47 | 10 | 0,38 777 | 0,07 255 | 0,36 154 | 0,06 764 | 0,73 985 |
|    | 12 | 795 | 262 | 169 | 770 | 0,74 016 |
|    | 14 | 814 | 268 | 184 | 776 | 047 |
|    | 16 | 832 | 275 | 198 | 782 | 079 |
|    | 18 | 850 | 281 | 213 | 787 | 110 |
| 47 | 20 | 0,38 868 | 0,07 288 | 0,36 228 | 0,06 793 | 0,74 142 |
|    | 22 | 886 | 294 | 242 | 799 | 173 |
|    | 24 | 904 | 301 | 257 | 804 | 204 |
|    | 26 | 922 | 308 | 271 | 810 | 236 |
|    | 28 | 940 | 314 | 286 | 816 | 267 |
| 47 | 30 | 0,38 958 | 0,07 321 | 0,36 301 | 0,06 821 | 0,74 299 |
|    | 32 | 976 | 327 | 315 | 827 | 330 |
|    | 34 | 994 | 334 | 330 | 833 | 361 |
|    | 36 | 0,39 012 | 340 | 345 | 838 | 393 |
|    | 38 | 031 | 347 | 359 | 844 | 424 |
|    | 40 | 049 | 354 | 374 | 850 | 456 |

| α | | Tangente $AB$ | Scheitel-abstand $BD$ | Abszisse $AE$. Halbe Sehne $AF$ | Ordinate $ED$. Pfeil-höhe $DF$ | Bogen-länge $ADC$ |
|---|---|---|---|---|---|---|
| g | c | $\operatorname{tg}\dfrac{\alpha}{2}$ | $\sec\dfrac{\alpha}{2}-1$ | $\sin\dfrac{\alpha}{2}$ | $1-\cos\dfrac{\alpha}{2}$ | $\dfrac{\pi\cdot\alpha}{200}$ |
| 47 | 40 | 0,39 049 | 0,07 354 | 0,36 374 | 0,06 850 | 0,74 456 |
| | 42 | 067 | 360 | 389 | 856 | 487 |
| | 44 | 085 | 367 | 403 | 861 | 519 |
| | 46 | 103 | 373 | 418 | 867 | 550 |
| | 48 | 121 | 380 | 432 | 873 | 581 |
| 47 | 50 | 0,39 139 | 0,07 387 | 0,36 447 | 0,06 879 | 0,74 613 |
| | 52 | 157 | 393 | 462 | 884 | 644 |
| | 54 | 175 | 400 | 476 | 890 | 676 |
| | 56 | 194 | 406 | 491 | 896 | 707 |
| | 58 | 212 | 413 | 506 | 901 | 738 |
| 47 | 60 | 0,39 230 | 0,07 420 | 0,36 520 | 0,06 907 | 0,74 770 |
| | 62 | 248 | 426 | 535 | 913 | 801 |
| | 64 | 266 | 433 | 549 | 919 | 833 |
| | 66 | 284 | 440 | 564 | 924 | 864 |
| | 68 | 302 | 446 | 579 | 930 | 896 |
| 47 | 70 | 0,39 320 | 0,07 453 | 0,36 593 | 0,06 936 | 0,74 927 |
| | 72 | 339 | 459 | 608 | 942 | 958 |
| | 74 | 357 | 466 | 623 | 947 | 990 |
| | 76 | 375 | 473 | 637 | 953 | 0,75 021 |
| | 78 | 393 | 479 | 652 | 959 | 053 |
| 47 | 80 | 0,39 411 | 0,07 486 | 0,36 666 | 0,06 965 | 0,75 084 |
| | 82 | 429 | 493 | 681 | 970 | 115 |
| | 84 | 448 | 499 | 696 | 976 | 147 |
| | 86 | 466 | 506 | 710 | 982 | 178 |
| | 88 | 484 | 513 | 725 | 988 | 210 |
| 47 | 90 | 0,39 502 | 0,07 519 | 0,36 739 | 0,06 993 | 0,75 241 |
| | 92 | 520 | 526 | 754 | 999 | 273 |
| | 94 | 538 | 533 | 769 | 0,07 005 | 304 |
| | 96 | 556 | 539 | 783 | 011 | 335 |
| | 98 | 575 | 546 | 798 | 017 | 367 |
| 48 | 0 | 593 | 553 | 812 | 022 | 398 |

**Tafel I.**

| α | | Tangente $AB$ | Scheitel-abstand $BD$ | Abszisse $AE$. Halbe Sehne $AF$ | Ordinate $ED$. Pfeil-höhe $DF$ | Bogen-länge $ADC$ |
|---|---|---|---|---|---|---|
| g | c | $\operatorname{tg}\dfrac{\alpha}{2}$ | $\sec\dfrac{\alpha}{2}-1$ | $\sin\dfrac{\alpha}{2}$ | $1-\cos\dfrac{\alpha}{2}$ | $\dfrac{\pi\cdot\alpha}{200}$ |
| 48 | 0 | 0,39 593 | 0,07 553 | 0,36 812 | 0,07 022 | 0,75 398 |
| | 2 | 611 | 559 | 827 | 028 | 430 |
| | 4 | 629 | 566 | 842 | 034 | 461 |
| | 6 | 647 | 573 | 856 | 040 | 492 |
| | 8 | 666 | 580 | 871 | 046 | 524 |
| 48 | 10 | 0,39 684 | 0,07 586 | 0,36 885 | 0,07 051 | 0,75 555 |
| | 12 | 702 | 593 | 900 | 057 | 587 |
| | 14 | 720 | 600 | 915 | 063 | 618 |
| | 16 | 738 | 606 | 929 | 069 | 650 |
| | 18 | 756 | 613 | 944 | 074 | 681 |
| 48 | 20 | 0,39 775 | 0,07 620 | 0,36 958 | 0,07 080 | 0,75 712 |
| | 22 | 793 | 627 | 973 | 086 | 744 |
| | 24 | 811 | 633 | 988 | 092 | 775 |
| | 26 | 829 | 640 | 0,37 002 | 098 | 807 |
| | 28 | 847 | 647 | 017 | 104 | 838 |
| 48 | 30 | 0,39 866 | 0,07 653 | 0,37 031 | 0,07 109 | 0,75 869 |
| | 32 | 884 | 660 | 046 | 115 | 901 |
| | 34 | 902 | 667 | 061 | 121 | 932 |
| | 36 | 920 | 674 | 075 | 127 | 964 |
| | 38 | 938 | 680 | 090 | 133 | 995 |
| 48 | 40 | 0,39 957 | 0,07 687 | 0,37 104 | 0,07 138 | 0,76 027 |
| | 42 | 975 | 694 | 119 | 144 | 058 |
| | 44 | 993 | 701 | 134 | 150 | 089 |
| | 46 | 0,40 011 | 707 | 148 | 156 | 121 |
| | 48 | 030 | 714 | 163 | 162 | 152 |
| 48 | 50 | 0,40 048 | 0,07 721 | 0,37 177 | 0,07 168 | 0,76 184 |
| | 52 | 066 | 728 | 192 | 173 | 215 |
| | 54 | 084 | 735 | 206 | 179 | 246 |
| | 56 | 102 | 741 | 221 | 185 | 278 |
| | 58 | 121 | 748 | 236 | 191 | 309 |
| | 60 | 139 | 755 | 250 | 197 | 341 |

| α | | Tangente $AB$ | Scheitel-abstand $BD$ | Abszisse $AE$. Halbe Sehne $AF$ | Ordinate $ED$. Pfeil-höhe $DF$ | Bogen-länge $ADC$ |
|---|---|---|---|---|---|---|
| $g$ | $c$ | $\operatorname{tg}\dfrac{\alpha}{2}$ | $\sec\dfrac{\alpha}{2}-1$ | $\sin\dfrac{\alpha}{2}$ | $1-\cos\dfrac{\alpha}{2}$ | $\dfrac{\pi\cdot\alpha}{200}$ |
| 48 | 60 | 0,40 139 | 0,07 755 | 0,37 250 | 0,07 197 | 0,76 341 |
| | 62 | 157 | 762 | 265 | 203 | 372 |
| | 64 | 175 | 769 | 279 | 209 | 404 |
| | 66 | 194 | 775 | 294 | 214 | 435 |
| | 68 | 212 | 782 | 308 | 220 | 466 |
| 48 | 70 | 0,40 230 | 0,07 789 | 0,37 323 | 0,07 226 | 0,76 498 |
| | 72 | 248 | 796 | 338 | 232 | 529 |
| | 74 | 267 | 803 | 352 | 238 | 561 |
| | 76 | 285 | 809 | 367 | 244 | 592 |
| | 78 | 303 | 816 | 381 | 250 | 623 |
| 48 | 80 | 0,40 321 | 0,07 823 | 0,37 396 | 0,07 256 | 0,76 655 |
| | 82 | 340 | 830 | 410 | 261 | 686 |
| | 84 | 358 | 837 | 425 | 267 | 718 |
| | 86 | 376 | 844 | 440 | 273 | 749 |
| | 88 | 394 | 850 | 454 | 279 | 781 |
| 48 | 90 | 0.40 413 | 0,07 857 | 0,37 469 | 0,07 285 | 0,76 812 |
| | 92 | 431 | 864 | 483 | 291 | 843 |
| | 94 | 449 | 871 | 498 | 297 | 875 |
| | 96 | 468 | 878 | 512 | 303 | 906 |
| | 98 | 486 | 885 | 527 | 308 | 938 |
| 49 | 0 | 0,40 504 | 0,07 892 | 0,37 542 | 0,07 314 | 0,76 969 |
| | 2 | 522 | 898 | 556 | 320 | 0,77 000 |
| | 4 | 541 | 905 | 571 | 326 | 032 |
| | 6 | 559 | 912 | 585 | 332 | 063 |
| | 8 | 577 | 919 | 600 | 338 | 095 |
| 49 | 10 | 0,40 596 | 0,07 926 | 0,37 614 | 0,07 344 | 0,77 126 |
| | 12 | 614 | 933 | 629 | 350 | 158 |
| | 14 | 632 | 940 | 643 | 356 | 189 |
| | 16 | 651 | 947 | 658 | 362 | 220 |
| | 18 | 669 | 953 | 673 | 368 | 252 |
| | 20 | 687 | 960 | 687 | 373 | 283 |

## Tafel I.

| $\alpha$ | | Tangente $AB$ | Scheitel-abstand $BD$ | Abszisse $AE$. Halbe Sehne $AF$ | Ordinate $ED$. Pfeil-höhe $DF$ | Bogen-länge $ADC$ |
|---|---|---|---|---|---|---|
| $g$ | $c$ | $\operatorname{tg}\dfrac{\alpha}{2}$ | $\sec\dfrac{\alpha}{2}-1$ | $\sin\dfrac{\alpha}{2}$ | $1-\cos\dfrac{\alpha}{2}$ | $\dfrac{\pi\cdot\alpha}{200}$ |
| 49 | 20 | 0,40 687 | 0,07 960 | 0,37 687 | 0,07 373 | 0,77 283 |
| | 22 | 705 | 967 | 702 | 379 | 315 |
| | 24 | 724 | 974 | 716 | 385 | 346 |
| | 26 | 742 | 981 | 731 | 391 | 377 |
| | 28 | 760 | 988 | 745 | 397 | 409 |
| 49 | 30 | 0,40 779 | 0,07 995 | 0,37 760 | 0,07 403 | 0,77 440 |
| | 32 | 797 | 0,08 002 | 774 | 409 | 472 |
| | 34 | 815 | 009 | 789 | 415 | 503 |
| | 36 | 834 | 016 | 803 | 421 | 535 |
| | 38 | 852 | 023 | 818 | 427 | 566 |
| 49 | 40 | 0,40 870 | 0,08 030 | 0,37 833 | 0,07 433 | 0,77 597 |
| | 42 | 889 | 036 | 847 | 439 | 629 |
| | 44 | 907 | 043 | 862 | 445 | 660 |
| | 46 | 925 | 050 | 876 | 451 | 692 |
| | 48 | 944 | 057 | 891 | 457 | 723 |
| 49 | 50 | 0,40 962 | 0,08 064 | 0,37 905 | 0,07 462 | 0,77 754 |
| | 52 | 980 | 071 | 920 | 468 | 786 |
| | 54 | 999 | 078 | 934 | 474 | 817 |
| | 56 | 0,41 017 | 085 | 949 | 480 | 849 |
| | 58 | 035 | 092 | 963 | 486 | 880 |
| 49 | 60 | 0,41 054 | 0,08 099 | 0,37 978 | 0,07 492 | 0,77 911 |
| | 62 | 072 | 106 | 992 | 498 | 943 |
| | 64 | 090 | 113 | 0,38 007 | 504 | 974 |
| | 66 | 109 | 120 | 022 | 510 | 0,78 006 |
| | 68 | 127 | 127 | 036 | 516 | 037 |
| 49 | 70 | 0,41 146 | 0,08 134 | 0,38 051 | 0,07 522 | 0,78 069 |
| | 72 | 164 | 141 | 065 | 528 | 100 |
| | 74 | 182 | 148 | 080 | 534 | 131 |
| | 76 | 201 | 155 | 094 | 540 | 163 |
| | 78 | 219 | 162 | 109 | 546 | 194 |
| | 80 | 237 | 169 | 123 | 552 | 226 |

| α | | Tangente $AB$ | Scheitel-abstand $BD$ | Abszisse $AE$. Halbe Sehne $AF$ | Ordinate $ED$. Pfeil-höhe $DF$ | Bogen-länge $ADC$ |
|---|---|---|---|---|---|---|
| g | c | $\operatorname{tg}\dfrac{\alpha}{2}$ | $\sec\dfrac{\alpha}{2}-1$ | $\sin\dfrac{\alpha}{2}$ | $1-\cos\dfrac{\alpha}{2}$ | $\dfrac{\pi\cdot\alpha}{200}$ |
| **49** | 80 | 0,41 237 | 0,08 169 | 0,38 123 | 0,07 552 | 0,78 226 |
| | 82 | 256 | 176 | 138 | 558 | 257 |
| | 84 | 274 | 183 | 152 | 564 | 288 |
| | 86 | 293 | 190 | 167 | 570 | 320 |
| | 88 | 311 | 197 | 181 | 576 | 351 |
| 49 | 90 | 0,41 329 | 0,08 204 | 0,38 196 | 0,07 582 | 0,78 383 |
| | 92 | 348 | 211 | 210 | 588 | 414 |
| | 94 | 366 | 218 | 225 | 594 | 446 |
| | 96 | 385 | 225 | 239 | 600 | 477 |
| | 98 | 403 | 232 | 254 | 606 | 508 |
| **50** | 0 | 0,41 421 | 0,08 239 | 0,38 268 | 0,07 612 | 0,78 540 |
| | 2 | 440 | 246 | 283 | 618 | 571 |
| | 4 | 458 | 253 | 297 | 624 | 603 |
| | 6 | 477 | 260 | 312 | 630 | 634 |
| | 8 | 495 | 267 | 326 | 636 | 665 |
| 50 | 10 | 0,41 513 | 0,08 274 | 0,38 341 | 0,07 642 | 0,78 697 |
| | 12 | 532 | 282 | 355 | 648 | 728 |
| | 14 | 550 | 289 | 370 | 654 | 760 |
| | 16 | 569 | 296 | 384 | 660 | 791 |
| | 18 | 587 | 303 | 399 | 666 | 823 |
| 50 | 20 | 0,41 606 | 0,08 310 | 0,38 413 | 0,07 672 | 0,78 854 |
| | 22 | 624 | 317 | 428 | 678 | 885 |
| | 24 | 642 | 324 | 442 | 684 | 917 |
| | 26 | 661 | 331 | 457 | 690 | 948 |
| | 28 | 679 | 338 | 471 | 696 | 980 |
| 50 | 30 | 0,41 698 | 0,08 345 | 0,38 486 | 0,07 702 | 0,79 011 |
| | 32 | 716 | 352 | 500 | 709 | 042 |
| | 34 | 735 | 359 | 515 | 715 | 074 |
| | 36 | 753 | 367 | 529 | 721 | 105 |
| | 38 | 771 | 374 | 544 | 727 | 137 |
| | 40 | 790 | 381 | 558 | 733 | 168 |

## Tafel I.

| $g$ | $c$ | Tangente $AB$ | Scheitelabstand $BD$ | Abszisse $AE$. Halbe Sehne $AF$ | Ordinate $ED$. Pfeilhöhe $DF$ | Bogenlänge $ADC$ |
|---|---|---|---|---|---|---|
| | | $\operatorname{tg}\dfrac{\alpha}{2}$ | $\sec\dfrac{\alpha}{2}-1$ | $\sin\dfrac{\alpha}{2}$ | $1-\cos\dfrac{\alpha}{2}$ | $\dfrac{\pi\cdot\alpha}{200}$ |
| 50 | 40 | 0,41 790 | 0,08 381 | 0,38 558 | 0,07 733 | 0,79 168 |
| | 42 | 808 | 388 | 573 | 739 | 200 |
| | 44 | 827 | 395 | 587 | 745 | 231 |
| | 46 | 845 | 402 | 602 | 751 | 262 |
| | 48 | 864 | 409 | 616 | 757 | 294 |
| 50 | 50 | 0,41 882 | 0,08 416 | 0,38 631 | 0,07 763 | 0,79 325 |
| | 52 | 901 | 424 | 645 | 769 | 357 |
| | 54 | 919 | 431 | 660 | 775 | 388 |
| | 56 | 938 | 438 | 674 | 781 | 419 |
| | 58 | 956 | 445 | 689 | 787 | 451 |
| 50 | 60 | 0,41 975 | 0,08 452 | 0,38 703 | 0,07 793 | 0,79 482 |
| | 62 | 993 | 459 | 718 | 799 | 514 |
| | 64 | 0,42 011 | 466 | 732 | 806 | 545 |
| | 66 | 030 | 474 | 747 | 812 | 577 |
| | 68 | 048 | 481 | 761 | 818 | 608 |
| 50 | 70 | 0,42 067 | 0,08 488 | 0,38 776 | 0,07 824 | 0,79 639 |
| | 72 | 085 | 495 | 790 | 830 | 671 |
| | 74 | 104 | 502 | 805 | 836 | 702 |
| | 76 | 122 | 509 | 819 | 842 | 734 |
| | 78 | 141 | 517 | 834 | 848 | 765 |
| 50 | 80 | 0,42 159 | 0,08 524 | 0,38 848 | 0,07 854 | 0,79 796 |
| | 82 | 178 | 531 | 863 | 860 | 828 |
| | 84 | 196 | 538 | 877 | 867 | 859 |
| | 86 | 215 | 545 | 891 | 873 | 891 |
| | 88 | 233 | 553 | 906 | 879 | 922 |
| 50 | 90 | 0,42 252 | 0,08 560 | 0,38 920 | 0,07 885 | 0,79 954 |
| | 92 | 270 | 567 | 935 | 891 | 985 |
| | 94 | 289 | 574 | 949 | 897 | 0,80 016 |
| | 96 | 307 | 581 | 964 | 903 | 048 |
| | 98 | 326 | 589 | 978 | 909 | 079 |
| 51 | 0 | 345 | 596 | 993 | 915 | 111 |

| $\alpha$ | | Tangente $AB$ | Scheitel-abstand $BD$ | Abszisse $AE$. Halbe Sehne $AF$ | Ordinate $ED$. Pfeil-höhe $DF$ | Bogen-länge $ADC$ |
|---|---|---|---|---|---|---|
| $g$ | $c$ | $\operatorname{tg}\dfrac{\alpha}{2}$ | $\sec\dfrac{\alpha}{2}-1$ | $\sin\dfrac{\alpha}{2}$ | $1-\cos\dfrac{\alpha}{2}$ | $\dfrac{\pi\cdot\alpha}{200}$ |
| 51 | 0 | 0,42 345 | 0,08 596 | 0,38 993 | 0,07 915 | 0,80 111 |
| | 2 | 363 | 603 | 0,39 007 | 922 | 142 |
| | 4 | 382 | 610 | 022 | 928 | 173 |
| | 6 | 400 | 618 | 036 | 934 | 205 |
| | 8 | 419 | 625 | 051 | 940 | 236 |
| 51 | 10 | 0,42 437 | 0,08 632 | 0,39 065 | 0,07 946 | 0,80 268 |
| | 12 | 456 | 639 | 080 | 952 | 299 |
| | 14 | 474 | 647 | 094 | 958 | 331 |
| | 16 | 493 | 654 | 108 | 965 | 362 |
| | 18 | 511 | 661 | 123 | 971 | 393 |
| 51 | 20 | 0,42 530 | 0,08 668 | 0,39 137 | 0,07 977 | 0,80 425 |
| | 22 | 548 | 676 | 152 | 983 | 456 |
| | 24 | 567 | 683 | 166 | 989 | 488 |
| | 26 | 586 | 690 | 181 | 995 | 519 |
| | 28 | 604 | 697 | 195 | 0,08 001 | 550 |
| 51 | 30 | 0,42 623 | 0,08 705 | 0,39 210 | 0,08 008 | 0,80 582 |
| | 32 | 641 | 712 | 224 | 014 | 613 |
| | 34 | 660 | 719 | 239 | 020 | 645 |
| | 36 | 678 | 726 | 253 | 026 | 676 |
| | 38 | 697 | 734 | 267 | 032 | 708 |
| 51 | 40 | 0,42 716 | 0,08 741 | 0,39 282 | 0,08 038 | 0,80 739 |
| | 42 | 734 | 748 | 296 | 045 | 770 |
| | 44 | 753 | 756 | 311 | 051 | 802 |
| | 46 | 771 | 763 | 325 | 057 | 833 |
| | 48 | 790 | 770 | 340 | 063 | 865 |
| 51 | 50 | 0,42 808 | 0,08 778 | 0,39 354 | 0,08 069 | 0,80 896 |
| | 52 | 827 | 785 | 369 | 075 | 927 |
| | 54 | 846 | 792 | 383 | 082 | 959 |
| | 56 | 864 | 800 | 397 | 088 | 990 |
| | 58 | 883 | 807 | 412 | 094 | 0,81 022 |
| | 60 | 901 | 814 | 426 | 100 | 053 |

# Tafel I.

| $\alpha$ | | Tangente $AB$ | Scheitel-abstand $BD$ | Abszisse $AE$. Halbe Sehne $AF$ | Ordinate $ED$. Pfeil-höhe $DF$ | Bogen-länge $ADC$ |
|---|---|---|---|---|---|---|
| $g$ | $c$ | $\operatorname{tg}\dfrac{\alpha}{2}$ | $\sec\dfrac{\alpha}{2}-1$ | $\sin\dfrac{\alpha}{2}$ | $1-\cos\dfrac{\alpha}{2}$ | $\dfrac{\pi\cdot\alpha}{200}$ |
| 51 | 60 | 0,42 901 | 0,08 814 | 0,39 426 | 0,08 100 | 0,81 053 |
|  | 62 | 920 | 822 | 441 | 106 | 085 |
|  | 64 | 939 | 829 | 455 | 113 | 116 |
|  | 66 | 957 | 836 | 470 | 119 | 147 |
|  | 68 | 976 | 844 | 484 | 125 | 179 |
| 51 | 70 | 0,42 994 | 0,08 851 | 0,39 498 | 0,08 131 | 0,81 210 |
|  | 72 | 0,43 013 | 858 | 513 | 137 | 242 |
|  | 74 | 032 | 866 | 527 | 144 | 273 |
|  | 76 | 050 | 873 | 542 | 150 | 304 |
|  | 78 | 069 | 880 | 556 | 156 | 336 |
| 51 | 80 | 0,43 088 | 0,08 888 | 0,39 571 | 0,08 162 | 0,81 367 |
|  | 82 | 106 | 895 | 585 | 168 | 399 |
|  | 84 | 125 | 902 | 599 | 175 | 430 |
|  | 86 | 143 | 910 | 614 | 181 | 461 |
|  | 88 | 162 | 917 | 628 | 187 | 493 |
| 51 | 90 | 0,43 181 | 0,08 925 | 0,39 643 | 0,08 193 | 0,81 524 |
|  | 92 | 199 | 932 | 657 | 200 | 556 |
|  | 94 | 218 | 939 | 672 | 206 | 587 |
|  | 96 | 237 | 947 | 686 | 212 | 619 |
|  | 98 | 255 | 954 | 700 | 218 | 650 |
| 52 | 0 | 0,43 274 | 0,08 962 | 0,39 715 | 0,08 225 | 0,81 681 |
|  | 2 | 293 | 969 | 729 | 231 | 713 |
|  | 4 | 311 | 976 | 744 | 237 | 744 |
|  | 6 | 330 | 984 | 758 | 243 | 776 |
|  | 8 | 348 | 991 | 772 | 250 | 807 |
| 52 | 10 | 0,43 367 | 0,08 999 | 0,39 787 | 0,08 256 | 0,81 838 |
|  | 12 | 386 | 0,09 006 | 801 | 262 | 870 |
|  | 14 | 404 | 014 | 816 | 268 | 901 |
|  | 16 | 423 | 021 | 830 | 275 | 933 |
|  | 18 | 442 | 028 | 844 | 281 | 964 |
|  | 20 | 460 | 036 | 859 | 287 | 996 |

| α | | Tangente AB | Scheitelabstand BD | Abszisse AE. Halbe Sehne AF | Ordinate ED. Pfeilhöhe DF | Bogenlänge ADC |
|---|---|---|---|---|---|---|
| g | c | $\operatorname{tg} \dfrac{\alpha}{2}$ | $\sec \dfrac{\alpha}{2} - 1$ | $\sin \dfrac{\alpha}{2}$ | $1 - \cos \dfrac{\alpha}{2}$ | $\dfrac{\pi \cdot \alpha}{200}$ |
| **52** | 20 | 0,43 460 | 0,09 036 | 0,39 859 | 0,08 287 | 0,81 996 |
|  | 22 | 479 | 043 | 873 | 293 | 0,82 027 |
|  | 24 | 498 | 051 | 888 | 300 | 058 |
|  | 26 | 517 | 058 | 902 | 306 | 090 |
|  | 28 | 535 | 066 | 917 | 312 | 121 |
| 52 | 30 | 0,43 554 | 0,09 073 | 0,39 931 | 0,08 318 | 0,82 153 |
|  | 32 | 573 | 081 | 945 | 325 | 184 |
|  | 34 | 591 | 088 | 960 | 331 | 215 |
|  | 36 | 610 | 096 | 974 | 337 | 247 |
|  | 38 | 629 | 103 | 989 | 343 | 278 |
| 52 | 40 | 0,43 647 | 0,09 110 | 0,40 003 | 0,08 350 | 0,82 310 |
|  | 42 | 666 | 118 | 017 | 356 | 341 |
|  | 44 | 685 | 125 | 032 | 362 | 373 |
|  | 46 | 703 | 133 | 046 | 369 | 404 |
|  | 48 | 722 | 140 | 060 | 375 | 435 |
| 52 | 50 | 0,43 741 | 0,09 148 | 0,40 075 | 0,08 381 | 0,82 467 |
|  | 52 | 760 | 155 | 089 | 388 | 498 |
|  | 54 | 778 | 163 | 104 | 394 | 530 |
|  | 56 | 797 | 170 | 118 | 400 | 561 |
|  | 58 | 816 | 178 | 132 | 406 | 592 |
| 52 | 60 | 0,43 834 | 0,09 185 | 0,40 147 | 0,08 413 | 0,82 624 |
|  | 62 | 853 | 193 | 161 | 419 | 655 |
|  | 64 | 872 | 201 | 176 | 425 | 687 |
|  | 66 | 891 | 208 | 190 | 432 | 718 |
|  | 68 | 909 | 216 | 204 | 438 | 750 |
| 52 | 70 | 0,43 928 | 0,09 223 | 0,40 219 | 0,08 444 | 0,82 781 |
|  | 72 | 947 | 231 | 233 | 451 | 812 |
|  | 74 | 966 | 238 | 248 | 457 | 844 |
|  | 76 | 984 | 246 | 262 | 463 | 875 |
|  | 78 | 0,44 003 | 253 | 276 | 470 | 907 |
|  | 80 | 022 | 261 | 291 | 476 | 938 |

Tafel I.

| $\alpha$ | | Tangente $AB$ | Scheitel-abstand $BD$ | Abszisse $AE$. Halbe Sehne $AF$ | Ordinate $ED$. Pfeil-höhe $DF$ | Bogen-länge $ADC$ |
|---|---|---|---|---|---|---|
| g | c | $\operatorname{tg} \dfrac{\alpha}{2}$ | $\sec \dfrac{\alpha}{2} - 1$ | $\sin \dfrac{\alpha}{2}$ | $1 - \cos \dfrac{\alpha}{2}$ | $\dfrac{\pi \cdot \alpha}{200}$ |
| **52** | 80 | 0,44 022 | 0,09 261 | 0,40 291 | 0,08 476 | 0,82 938 |
| | 82 | 041 | 268 | 305 | 482 | 969 |
| | 84 | 059 | 276 | 319 | 489 | 0,83 001 |
| | 86 | 078 | 284 | 334 | 495 | 032 |
| | 88 | 097 | 291 | 348 | 501 | 064 |
| 52 | 90 | 0,44 116 | 0,09 299 | 0,40 363 | 0,08 508 | 0,83 095 |
| | 92 | 134 | 306 | 377 | 514 | 127 |
| | 94 | 153 | 314 | 391 | 520 | 158 |
| | 96 | 172 | 321 | 406 | 527 | 189 |
| | 98 | 191 | 329 | 420 | 533 | 221 |
| **53** | 0 | 0,44 210 | 0,09 337 | 0,40 434 | 0,08 539 | 0,83 252 |
| | 2 | 228 | 344 | 449 | 546 | 284 |
| | 4 | 247 | 352 | 463 | 552 | 315 |
| | 6 | 266 | 359 | 477 | 558 | 346 |
| | 8 | 285 | 367 | 492 | 565 | 378 |
| 53 | 10 | 0,44 303 | 0,09 375 | 0,40 506 | 0,08 571 | 0,83 409 |
| | 12 | 322 | 382 | 521 | 577 | 441 |
| | 14 | 341 | 390 | 535 | 584 | 472 |
| | 16 | 360 | 397 | 549 | 590 | 504 |
| | 18 | 379 | 405 | 564 | 597 | 535 |
| 53 | 20 | 0,44 397 | 0,09 413 | 0,40 578 | 0,08 603 | 0,83 566 |
| | 22 | 416 | 420 | 592 | 609 | 598 |
| | 24 | 435 | 428 | 607 | 616 | 629 |
| | 26 | 454 | 436 | 621 | 622 | 661 |
| | 28 | 473 | 443 | 635 | 628 | 692 |
| 53 | 30 | 0,44 491 | 0,09 451 | 0,40 650 | 0,08 635 | 0,83 723 |
| | 32 | 510 | 459 | 664 | 641 | 755 |
| | 34 | 529 | 466 | 678 | 648 | 786 |
| | 36 | 548 | 474 | 693 | 654 | 818 |
| | 38 | 567 | 482 | 707 | 660 | 849 |
| | 40 | 586 | 489 | 721 | 667 | 881 |

| α | | Tangente $AB$ | Scheitel-abstand $BD$ | Abszisse $AE$. Halbe Sehne $AF$ | Ordinate $ED$. Pfeil-höhe $DF$ | Bogen-länge $ADC$ |
|---|---|---|---|---|---|---|
| g | c | $\operatorname{tg}\dfrac{\alpha}{2}$ | $\sec\dfrac{\alpha}{2}-1$ | $\sin\dfrac{\alpha}{2}$ | $1-\cos\dfrac{\alpha}{2}$ | $\dfrac{\pi\cdot\alpha}{200}$ |
| 53 | 40 | 0,44 586 | 0,09 489 | 0,40 721 | 0,08 667 | 0,83 881 |
|  | 42 | 604 | 497 | 736 | 673 | 912 |
|  | 44 | 623 | 505 | 750 | 680 | 943 |
|  | 46 | 642 | 512 | 765 | 686 | 975 |
|  | 48 | 661 | 520 | 779 | 692 | 0,84 006 |
| 53 | 50 | 0,44 680 | 0,09 528 | 0,40 793 | 0,08 699 | 0,84 038 |
|  | 52 | 699 | 535 | 808 | 705 | 069 |
|  | 54 | 718 | 543 | 822 | 712 | 100 |
|  | 56 | 736 | 551 | 836 | 718 | 132 |
|  | 58 | 755 | 558 | 851 | 724 | 163 |
| 53 | 60 | 0,44 774 | 0,09 566 | 0,40 865 | 0,08 731 | 0,84 195 |
|  | 62 | 793 | 574 | 879 | 737 | 226 |
|  | 64 | 812 | 581 | 894 | 744 | 258 |
|  | 66 | 831 | 589 | 908 | 750 | 289 |
|  | 68 | 850 | 597 | 922 | 757 | 320 |
| 53 | 70 | 0,44 868 | 0,09 605 | 0,40 937 | 0,08 763 | 0,84 352 |
|  | 72 | 887 | 612 | 951 | 769 | 383 |
|  | 74 | 906 | 620 | 965 | 776 | 415 |
|  | 76 | 925 | 628 | 980 | 782 | 446 |
|  | 78 | 944 | 636 | 994 | 789 | 477 |
| 53 | 80 | 0,44 963 | 0,09 643 | 0,41 008 | 0,08 795 | 0,84 509 |
|  | 82 | 982 | 651 | 023 | 802 | 540 |
|  | 84 | 0,45 001 | 659 | 037 | 808 | 572 |
|  | 86 | 019 | 667 | 051 | 814 | 603 |
|  | 88 | 038 | 674 | 066 | 821 | 635 |
| 53 | 90 | 0,45 057 | 0,09 682 | 0,41 080 | 0,08 827 | 0,84 666 |
|  | 92 | 076 | 690 | 094 | 834 | 697 |
|  | 94 | 095 | 698 | 108 | 840 | 729 |
|  | 96 | 114 | 705 | 123 | 847 | 760 |
|  | 98 | 133 | 713 | 137 | 853 | 792 |
| 54 | 0 | 152 | 721 | 151 | 860 | 823 |

## Tafel I.

| g | c | Tangente $AB$ $\operatorname{tg}\dfrac{\alpha}{2}$ | Scheitelabstand $BD$ $\sec\dfrac{\alpha}{2}-1$ | Abszisse $AE$. Halbe Sehne $AF$ $\sin\dfrac{\alpha}{2}$ | Ordinate $ED$. Pfeilhöhe $DF$ $1-\cos\dfrac{\alpha}{2}$ | Bogenlänge $ADC$ $\dfrac{\pi\cdot\alpha}{200}$ |
|---|---|---|---|---|---|---|
| **54** | 0 | 0,45 152 | 0,09 721 | 0,41 151 | 0,08 860 | 0,84 823 |
|  | 2 | 171 | 729 | 166 | 866 | 854 |
|  | 4 | 190 | 736 | 180 | 873 | 886 |
|  | 6 | 208 | 744 | 194 | 879 | 917 |
|  | 8 | 227 | 752 | 209 | 886 | 949 |
| 54 | 10 | 0,45 246 | 0,09 760 | 0,41 223 | 0,08 892 | 0,84 980 |
|  | 12 | 265 | 768 | 237 | 898 | 0,85 011 |
|  | 14 | 284 | 775 | 252 | 905 | 043 |
|  | 16 | 303 | 783 | 266 | 911 | 074 |
|  | 18 | 322 | 791 | 280 | 918 | 106 |
| 54 | 20 | 0,45 341 | 0,09 799 | 295 | 0,08 924 | 0,85 137 |
|  | 22 | 360 | 807 | 309 | 931 | 169 |
|  | 24 | 379 | 815 | 323 | 937 | 200 |
|  | 26 | 398 | 822 | 337 | 944 | 231 |
|  | 28 | 417 | 830 | 352 | 950 | 263 |
| 54 | 30 | 0,45 436 | 0,09 838 | 0,41 366 | 0,08 957 | 0,85 294 |
|  | 32 | 455 | 846 | 380 | 963 | 326 |
|  | 34 | 474 | 854 | 395 | 970 | 357 |
|  | 36 | 493 | 862 | 409 | 976 | 388 |
|  | 38 | 512 | 869 | 423 | 983 | 420 |
| 54 | 40 | 0,45 530 | 0,09 877 | 0,41 438 | 0,08 989 | 0,85 451 |
|  | 42 | 549 | 885 | 452 | 996 | 483 |
|  | 44 | 568 | 893 | 466 | 0,09 002 | 514 |
|  | 46 | 587 | 901 | 480 | 009 | 546 |
|  | 48 | 606 | 909 | 495 | 015 | 577 |
| 54 | 50 | 0,45 625 | 0,09 917 | 0,41 509 | 0,09 022 | 0,85 608 |
|  | 52 | 644 | 925 | 523 | 028 | 640 |
|  | 54 | 663 | 932 | 538 | 035 | 671 |
|  | 56 | 682 | 940 | 552 | 041 | 703 |
|  | 58 | 701 | 948 | 566 | 048 | 734 |
|  | 60 | 720 | 956 | 580 | 055 | 765 |

| $\alpha$ | | Tangente $AB$ | Scheitel-abstand $BD$ | Abszisse $AE$. Halbe Sehne $AF$ | Ordinate $ED$. Pfeil-höhe $DF$ | Bogen-länge $ADC$ |
|---|---|---|---|---|---|---|
| $g$ | $c$ | $\operatorname{tg}\dfrac{\alpha}{2}$ | $\sec\dfrac{\alpha}{2}-1$ | $\sin\dfrac{\alpha}{2}$ | $1-\cos\dfrac{\alpha}{2}$ | $\dfrac{\pi\cdot\alpha}{200}$ |
| 54 | 60 | 0,45 720 | 0,09 956 | 0,41 580 | 0,09 055 | 0,85 765 |
| | 62 | 739 | 964 | 595 | 061 | 797 |
| | 64 | 758 | 972 | 609 | 068 | 828 |
| | 66 | 777 | 980 | 623 | 074 | 860 |
| | 68 | 796 | 988 | 638 | 081 | 891 |
| 54 | 70 | 0,45 815 | 996 | 0,41 652 | 0,09 087 | 0,85 923 |
| | 72 | 834 | 0,10 004 | 666 | 094 | 954 |
| | 74 | 853 | 011 | 680 | 100 | 985 |
| | 76 | 872 | 019 | 695 | 107 | 0,86 017 |
| | 78 | 891 | 027 | 709 | 113 | 048 |
| 54 | 80 | 0,45 910 | 0,10 035 | 0,41 723 | 0,09 120 | 0,86 080 |
| | 82 | 929 | 043 | 738 | 127 | 111 |
| | 84 | 948 | 051 | 752 | 133 | 142 |
| | 86 | 967 | 059 | 766 | 140 | 174 |
| | 88 | 986 | 067 | 780 | 146 | 205 |
| 54 | 90 | 0,46 005 | 0,10 075 | 0,41 795 | 0,09 153 | 0,86 237 |
| | 92 | 024 | 083 | 809 | 159 | 268 |
| | 94 | 044 | 091 | 823 | 166 | 300 |
| | 96 | 063 | 099 | 837 | 173 | 331 |
| | 98 | 082 | 107 | 852 | 179 | 362 |
| 55 | 0 | 0,46 101 | 0,10 115 | 0,41 866 | 0,09 186 | 0,86 394 |
| | 2 | 120 | 123 | 880 | 192 | 425 |
| | 4 | 139 | 131 | 895 | 199 | 457 |
| | 6 | 158 | 139 | 909 | 205 | 488 |
| | 8 | 177 | 147 | 923 | 212 | 519 |
| 55 | 10 | 0,46 196 | 0,10 155 | 6,41 937 | 0,09 219 | 0,86 551 |
| | 12 | 215 | 163 | 952 | 225 | 582 |
| | 14 | 234 | 171 | 966 | 232 | 614 |
| | 16 | 253 | 179 | 980 | 238 | 645 |
| | 18 | 272 | 187 | 994 | 245 | 677 |
| | 20 | 291 | 195 | 0,42 009 | 252 | 708 |

## Tafel I.

| α | | Tangente $AB$ | Scheitel-abstand $BD$ | Abszisse $AE$. Halbe Sehne $AF$ | Ordinate $ED$. Pfeil-höhe $DF$ | Bogen-länge $ADC$ |
|---|---|---|---|---|---|---|
| g | c | $\operatorname{tg}\dfrac{\alpha}{2}$ | $\sec\dfrac{\alpha}{2}-1$ | $\sin\dfrac{\alpha}{2}$ | $1-\cos\dfrac{\alpha}{2}$ | $\dfrac{\pi\cdot\alpha}{200}$ |
| **55** | 20 | 0,46291 | 0,10195 | 0,42009 | 0,09252 | 0,86708 |
| | 22 | 310 | 203 | 023 | 258 | 739 |
| | 24 | 329 | 211 | 037 | 265 | 771 |
| | 26 | 348 | 219 | 051 | 271 | 802 |
| | 28 | 368 | 227 | 066 | 278 | 834 |
| **55** | 30 | 0,46387 | 0,10235 | 0,42080 | 0,09285 | 0,86865 |
| | 32 | 406 | 243 | 094 | 291 | 896 |
| | 34 | 425 | 251 | 108 | 298 | 928 |
| | 36 | 444 | 259 | 123 | 304 | 959 |
| | 38 | 463 | 267 | 137 | 311 | 991 |
| **55** | 40 | 0,46482 | 0,10275 | 0,42151 | 0,09318 | 0,87022 |
| | 42 | 501 | 283 | 165 | 324 | 054 |
| | 44 | 520 | 291 | 180 | 331 | 085 |
| | 46 | 539 | 299 | 194 | 338 | 116 |
| | 48 | 559 | 307 | 208 | 344 | 148 |
| **55** | 50 | 0,46578 | 0,10315 | 0,42222 | 0,09351 | 0,87179 |
| | 52 | 597 | 323 | 237 | 357 | 211 |
| | 54 | 616 | 332 | 251 | 364 | 242 |
| | 56 | 635 | 340 | 265 | 371 | 273 |
| | 58 | 654 | 348 | 279 | 377 | 305 |
| **55** | 60 | 0,46673 | 0,10356 | 0,42294 | 0,09384 | 0,87336 |
| | 62 | 692 | 364 | 308 | 391 | 368 |
| | 64 | 712 | 372 | 322 | 397 | 399 |
| | 66 | 731 | 380 | 336 | 404 | 431 |
| | 68 | 750 | 388 | 350 | 411 | 462 |
| **55** | 70 | 0,46769 | 0,10396 | 0,42365 | 0,09417 | 0,87493 |
| | 72 | 788 | 404 | 379 | 424 | 525 |
| | 74 | 807 | 413 | 393 | 431 | 556 |
| | 76 | 826 | 421 | 407 | 437 | 588 |
| | 78 | 846 | 429 | 422 | 444 | 619 |
| | 80 | 865 | 437 | 436 | 451 | 650 |

| α | | Tangente $AB$ | Scheitel-abstand $BD$ | Abszisse $AE$. Halbe Sehne $AF$ | Ordinate $ED$. Pfeil-höhe $DF$ | Bogen-länge $ADC$ |
|---|---|---|---|---|---|---|
| g | c | $\operatorname{tg}\dfrac{\alpha}{2}$ | $\sec\dfrac{\alpha}{2}-1$ | $\sin\dfrac{\alpha}{2}$ | $1-\cos\dfrac{\alpha}{2}$ | $\dfrac{\pi\cdot\alpha}{200}$ |
| **55** | 80 | 0,46 865 | 0,10 437 | 0,42 436 | 0,09 451 | 0,87 650 |
| | 82 | 884 | 445 | 450 | 457 | 682 |
| | 84 | 903 | 453 | 464 | 464 | 713 |
| | 86 | 922 | 461 | 478 | 471 | 745 |
| | 88 | 941 | 469 | 493 | 477 | 776 |
| 55 | 90 | 0,46 961 | 0,10 478 | 0,42 507 | 0,09 484 | 0,87 808 |
| | 92 | 980 | 486 | 521 | 491 | 839 |
| | 94 | 999 | 494 | 535 | 497 | 870 |
| | 96 | 0,47 018 | 502 | 550 | 504 | 902 |
| | 98 | 037 | 510 | 564 | 511 | 933 |
| **56** | 0 | 0,47 056 | 0,10 518 | 0,42 578 | 0,09 517 | 0,87 965 |
| | 2 | 076 | 527 | 592 | 524 | 996 |
| | 4 | 095 | 535 | 606 | 531 | 0,88 027 |
| | 6 | 114 | 543 | 621 | 537 | 059 |
| | 8 | 133 | 551 | 635 | 544 | 090 |
| 56 | 10 | 0,47 152 | 0,10 559 | 0,42 649 | 0,09 551 | 0,88 122 |
| | 12 | 172 | 567 | 663 | 557 | 153 |
| | 14 | 191 | 576 | 677 | 564 | 185 |
| | 16 | 210 | 584 | 692 | 571 | 216 |
| | 18 | 229 | 592 | 706 | 578 | 247 |
| 56 | 20 | 0,47 248 | 0,10 600 | 0,42 720 | 0,09 584 | 0,88 279 |
| | 22 | 268 | 608 | 734 | 591 | 310 |
| | 24 | 287 | 617 | 748 | 597 | 342 |
| | 26 | 306 | 625 | 763 | 604 | 373 |
| | 28 | 325 | 633 | 777 | 611 | 404 |
| 56 | 30 | 0,47 345 | 0,10 641 | 0,42 791 | 0,09 618 | 0,88 436 |
| | 32 | 364 | 650 | 805 | 625 | 467 |
| | 34 | 383 | 658 | 819 | 631 | 499 |
| | 36 | 402 | 666 | 834 | 638 | 530 |
| | 38 | 421 | 674 | 848 | 645 | 561 |
| | 40 | 441 | 682 | 862 | 652 | 593 |

## Tafel I.

| $\alpha$ | | Tangente $AB$ | Scheitel-abstand $BD$ | Abszisse $AE$. Halbe Sehne $AF$ | Ordinate $ED$. Pfeil-höhe $DF$ | Bogen-länge $ADC$ |
|---|---|---|---|---|---|---|
| g | c | $\operatorname{tg}\dfrac{\alpha}{2}$ | $\sec\dfrac{\alpha}{2}-1$ | $\sin\dfrac{\alpha}{2}$ | $1-\cos\dfrac{\alpha}{2}$ | $\dfrac{\pi\cdot\alpha}{200}$ |
| 56 | 40 | 0,47 441 | 0,10 682 | 0,42 862 | 0,09 652 | 0,88 593 |
|  | 42 | 460 | 691 | 876 | 658 | 624 |
|  | 44 | 479 | 699 | 890 | 665 | 656 |
|  | 46 | 498 | 707 | 905 | 672 | 687 |
|  | 48 | 518 | 716 | 919 | 678 | 719 |
| 56 | 50 | 0,47 537 | 0,10 724 | 0,42 933 | 0,09 685 | 0,88 750 |
|  | 52 | 556 | 732 | 947 | 692 | 781 |
|  | 54 | 575 | 740 | 961 | 699 | 813 |
|  | 56 | 595 | 749 | 975 | 705 | 844 |
|  | 58 | 614 | 757 | 990 | 712 | 876 |
| 56 | 60 | 0,47 633 | 0,10 765 | 0,43 004 | 0,09 719 | 0,88 907 |
|  | 62 | 653 | 773 | 018 | 726 | 938 |
|  | 64 | 672 | 782 | 032 | 732 | 970 |
|  | 66 | 691 | 790 | 046 | 739 | 0,89 001 |
|  | 68 | 710 | 798 | 061 | 746 | 033 |
| 56 | 70 | 0,47 730 | 0,10 807 | 0,43 075 | 0,09 753 | 0,89 064 |
|  | 72 | 749 | 815 | 089 | 760 | 096 |
|  | 74 | 768 | 823 | 103 | 767 | 127 |
|  | 76 | 788 | 832 | 117 | 773 | 158 |
|  | 78 | 807 | 840 | 131 | 780 | 190 |
| 56 | 80 | 0,47 826 | 0,10 848 | 0,43 146 | 0,09 787 | 0,89 221 |
|  | 82 | 845 | 857 | 160 | 793 | 253 |
|  | 84 | 865 | 865 | 174 | 800 | 284 |
|  | 86 | 884 | 873 | 188 | 807 | 315 |
|  | 88 | 903 | 882 | 202 | 814 | 347 |
| 56 | 90 | 0,47 923 | 0,10 890 | 0,43 216 | 0,09 821 | 0,89 378 |
|  | 92 | 942 | 898 | 231 | 827 | 410 |
|  | 94 | 961 | 907 | 245 | 834 | 441 |
|  | 96 | 981 | 915 | 259 | 841 | 473 |
|  | 98 | 0,48 000 | 923 | 273 | 848 | 504 |
| 57 | 0 | 019 | 932 | 287 | 854 | 535 |

138

| $\alpha$ | | Tangente $AB$ | Scheitel-abstand $BD$ | Abszisse $AE$. Halbe Sehne $AF$ | Ordinate $ED$. Pfeil-höhe $DF$ | Bogen-länge $ADC$ |
|---|---|---|---|---|---|---|
| $g$ | $c$ | $\operatorname{tg}\dfrac{\alpha}{2}$ | $\sec\dfrac{\alpha}{2}-1$ | $\sin\dfrac{\alpha}{2}$ | $1-\cos\dfrac{\alpha}{2}$ | $\dfrac{\pi\cdot\alpha}{200}$ |
| 57 | 0 | 0,48019 | 0,10932 | 0,43287 | 0,09854 | 0,89535 |
| | 2 | 039 | 940 | 301 | 861 | 567 |
| | 4 | 058 | 948 | 316 | 868 | 598 |
| | 6 | 077 | 957 | 330 | 875 | 630 |
| | 8 | 097 | 965 | 344 | 882 | 661 |
| 57 | 10 | 0,48116 | 0,10974 | 0,43358 | 0,09889 | 0,89692 |
| | 12 | 135 | 982 | 372 | 895 | 724 |
| | 14 | 155 | 990 | 386 | 902 | 755 |
| | 16 | 174 | 999 | 401 | 909 | 787 |
| | 18 | 193 | 0,11007 | 415 | 916 | 818 |
| 57 | 20 | 0,48213 | 0,11016 | 0,43429 | 0,09923 | 0,89850 |
| | 22 | 232 | 024 | 443 | 929 | 881 |
| | 24 | 251 | 032 | 457 | 936 | 912 |
| | 26 | 271 | 041 | 471 | 943 | 944 |
| | 28 | 290 | 049 | 485 | 950 | 975 |
| 57 | 30 | 0,48310 | 0,11058 | 0,43500 | 0,09957 | 0,90007 |
| | 32 | 329 | 066 | 514 | 964 | 038 |
| | 34 | 348 | 075 | 528 | 970 | 069 |
| | 36 | 368 | 083 | 542 | 977 | 101 |
| | 38 | 387 | 091 | 556 | 984 | 132 |
| 57 | 40 | 0,48407 | 0,11100 | 0,43570 | 0,09991 | 0,90164 |
| | 42 | 426 | 108 | 584 | 998 | 195 |
| | 44 | 445 | 117 | 599 | 0,10005 | 227 |
| | 46 | 465 | 125 | 613 | 011 | 258 |
| | 48 | 484 | 134 | 627 | 018 | 289 |
| 57 | 50 | 0,48503 | 0,11142 | 0,43641 | 0,10025 | 0,90321 |
| | 52 | 523 | 151 | 655 | 032 | 352 |
| | 54 | 542 | 159 | 669 | 039 | 384 |
| | 56 | 562 | 168 | 683 | 046 | 415 |
| | 58 | 581 | 176 | 697 | 053 | 446 |
| | 60 | 601 | 185 | 712 | 059 | 478 |

# Tafel I.

| $g$ | $c$ | Tangente $AB$<br>$\mathrm{tg}\,\dfrac{\alpha}{2}$ | Scheitel-abstand $BD$<br>$\sec\dfrac{\alpha}{2}-1$ | Abszisse $AE$. Halbe Sehne $AF$<br>$\sin\dfrac{\alpha}{2}$ | Ordinate $ED$. Pfeil-höhe $DF$<br>$1-\cos\dfrac{\alpha}{2}$ | Bogen-länge $ADC$<br>$\dfrac{\pi\cdot\alpha}{200}$ |
|---|---|---|---|---|---|---|
| 57 | 60 | 0,48601 | 0,11185 | 0,43712 | 0,10059 | 0,90478 |
|    | 62 | 620 | 193 | 726 | 066 | 509 |
|    | 64 | 639 | 202 | 740 | 073 | 541 |
|    | 66 | 659 | 210 | 754 | 080 | 572 |
|    | 68 | 678 | 219 | 768 | 087 | 604 |
| 57 | 70 | 0,48698 | 0,11227 | 0,43782 | 0,10094 | 0,90635 |
|    | 72 | 717 | 236 | 796 | 101 | 666 |
|    | 74 | 737 | 244 | 810 | 108 | 698 |
|    | 76 | 756 | 253 | 825 | 114 | 729 |
|    | 78 | 775 | 261 | 839 | 121 | 761 |
| 57 | 80 | 0,48795 | 0,11270 | 0,43853 | 0,10128 | 0,90792 |
|    | 82 | 814 | 278 | 867 | 135 | 823 |
|    | 84 | 834 | 287 | 881 | 142 | 855 |
|    | 86 | 853 | 295 | 895 | 149 | 886 |
|    | 88 | 873 | 304 | 909 | 156 | 918 |
| 57 | 90 | 0,48892 | 0,11312 | 0,43923 | 0,10163 | 0,90949 |
|    | 92 | 912 | 321 | 937 | 170 | 981 |
|    | 94 | 931 | 329 | 952 | 177 | 0,91012 |
|    | 96 | 951 | 338 | 966 | 183 | 043 |
|    | 98 | 970 | 347 | 980 | 190 | 075 |
| 58 | 0 | 0,48989 | 0,11355 | 0,43994 | 0,10197 | 0,91106 |
|    | 2 | 0,49009 | 364 | 0,44008 | 204 | 138 |
|    | 4 | 028 | 372 | 022 | 211 | 169 |
|    | 6 | 048 | 381 | 036 | 218 | 200 |
|    | 8 | 067 | 389 | 050 | 225 | 232 |
| 58 | 10 | 0,49087 | 0,11398 | 0,44064 | 0,10232 | 0,91263 |
|    | 12 | 106 | 407 | 079 | 239 | 295 |
|    | 14 | 126 | 415 | 093 | 246 | 326 |
|    | 16 | 145 | 424 | 107 | 253 | 358 |
|    | 18 | 165 | 432 | 121 | 260 | 389 |
|    | 20 | 184 | 441 | 135 | 266 | 420 |

| α | | Tangente $AB$ | Scheitel-abstand $BD$ | Abszisse $AE$. Halbe Sehne $AF$ | Ordinate $ED$. Pfeil-höhe $DF$ | Bogen-länge $ADC$ |
|---|---|---|---|---|---|---|
| $g$ | $c$ | $\operatorname{tg}\dfrac{\alpha}{2}$ | $\sec\dfrac{\alpha}{2}-1$ | $\sin\dfrac{\alpha}{2}$ | $1-\cos\dfrac{\alpha}{2}$ | $\dfrac{\pi\cdot\alpha}{200}$ |
| 58 | 20 | 0,49 184 | 0,11 441 | 0,44 135 | 0,10 266 | 0,91 420 |
| | 22 | 204 | 450 | 149 | 273 | 452 |
| | 24 | 223 | 458 | 163 | 280 | 483 |
| | 26 | 243 | 467 | 177 | 287 | 515 |
| | 28 | 262 | 476 | 191 | 294 | 546 |
| 58 | 30 | 0,49 282 | 0,11 484 | 0,44 205 | 0,10 301 | 0,91 577 |
| | 32 | 302 | 493 | 219 | 308 | 609 |
| | 34 | 321 | 501 | 234 | 315 | 640 |
| | 36 | 341 | 510 | 248 | 322 | 672 |
| | 38 | 360 | 519 | 262 | 329 | 703 |
| 58 | 40 | 0,49 380 | 0,11 527 | 0,44 276 | 0,10 336 | 0,91 735 |
| | 42 | 399 | 536 | 290 | 343 | 766 |
| | 44 | 419 | 545 | 304 | 350 | 797 |
| | 46 | 438 | 553 | 318 | 357 | 829 |
| | 48 | 458 | 562 | 332 | 364 | 860 |
| 58 | 50 | 0,49 477 | 0,11 571 | 0,44 346 | 0,10 371 | 0,91 892 |
| | 52 | 497 | 579 | 360 | 378 | 923 |
| | 54 | 516 | 588 | 374 | 385 | 954 |
| | 56 | 536 | 597 | 388 | 392 | 986 |
| | 58 | 556 | 605 | 403 | 399 | 0,92 017 |
| 58 | 60 | 0,49 575 | 0,11 614 | 0,44 417 | 0,10 406 | 0,92 049 |
| | 62 | 595 | 623 | 431 | 413 | 080 |
| | 64 | 614 | 631 | 445 | 420 | 111 |
| | 66 | 634 | 640 | 459 | 426 | 143 |
| | 68 | 653 | 649 | 473 | 433 | 174 |
| 58 | 70 | 0,49 673 | 0,11 658 | 0,44 487 | 0,10 440 | 0,92 206 |
| | 72 | 693 | 666 | 501 | 447 | 237 |
| | 74 | 712 | 675 | 515 | 454 | 269 |
| | 76 | 732 | 684 | 529 | 461 | 300 |
| | 78 | 751 | 692 | 543 | 468 | 331 |
| | 80 | 771 | 701 | 557 | 475 | 363 |

## Tafel I.

| α | | Tangente $AB$ | Scheitel-abstand $BD$ | Abszisse $AE$. Halbe Sehne $AF$ | Ordinate $ED$: Pfeil-höhe $DF$ | Bogen-länge $ADC$ |
|---|---|---|---|---|---|---|
| g | c | $tg\ \dfrac{\alpha}{2}$ | $sec\ \dfrac{\alpha}{2}-1$ | $sin\ \dfrac{\alpha}{2}$ | $1-cos\ \dfrac{\alpha}{2}$ | $\dfrac{\pi\cdot\alpha}{200}$ |
| 58 | 80 | 0,49 771 | 0,11 701 | 0,44 557 | 0,10 475 | 0,92 363 |
|  | 82 | 791 | 710 | 571 | 482 | 394 |
|  | 84 | 810 | 719 | 585 | 489 | 426 |
|  | 86 | 830 | 727 | 599 | 496 | 457 |
|  | 88 | 849 | 736 | 614 | 503 | 488 |
| 58 | 90 | 0,49 869 | 0,11 745 | 0,44 628 | 0,10 510 | 0,92 520 |
|  | 92 | 889 | 754 | 642 | 517 | 551 |
|  | 94 | 908 | 762 | 656 | 524 | 583 |
|  | 96 | 928 | 771 | 670 | 531 | 614 |
|  | 98 | 948 | 780 | 684 | 539 | 646 |
| 59 | 0 | 0,49 967 | 0,11 789 | 0,44 698 | 0,10 546 | 0,92 677 |
|  | 2 | 987 | 798 | 712 | 553 | 708 |
|  | 4 | 0,50 006 | 806 | 726 | 560 | 740 |
|  | 6 | 026 | 815 | 740 | 567 | 771 |
|  | 8 | 046 | 824 | 754 | 574 | 803 |
| 59 | 10 | 0,50 065 | 0,11 833 | 0,44 768 | 0,10 581 | 0,92 834 |
|  | 12 | 085 | 841 | 782 | 588 | 865 |
|  | 14 | 105 | 850 | 796 | 595 | 897 |
|  | 16 | 124 | 859 | 810 | 602 | 928 |
|  | 18 | 144 | 868 | 824 | 609 | 960 |
| 59 | 20 | 0,50 164 | 0,11 877 | 0,44 838 | 0,10 616 | 0,92 991 |
|  | 22 | 183 | 885 | 852 | 623 | 0,93 023 |
|  | 24 | 203 | 894 | 866 | 630 | 054 |
|  | 26 | 223 | 903 | 880 | 637 | 085 |
|  | 28 | 242 | 912 | 894 | 644 | 117 |
| 59 | 30 | 0,50 262 | 0,11 921 | 0,44 909 | 0,10 651 | 0,93 148 |
|  | 32 | 282 | 930 | 923 | 658 | 180 |
|  | 34 | 301 | 938 | 937 | 665 | 211 |
|  | 36 | 321 | 947 | 951 | 672 | 242 |
|  | 38 | 341 | 956 | 965 | 679 | 274 |
|  | 40 | 360 | 965 | 979 | 686 | 305 |

| α | | Tangente $A\,B$ | Scheitel-abstand $B\,D$ | Abszisse $A\,E$. Halbe Sehne $A\,F$ | Ordinate $E\,D$. Pfeil-höhe $D\,F$ | Bogen-länge $A\,D\,C$ |
|---|---|---|---|---|---|---|
| g | c | $\operatorname{tg} \dfrac{\alpha}{2}$ | $\sec \dfrac{\alpha}{2} - 1$ | $\sin \dfrac{\alpha}{2}$ | $1 - \cos \dfrac{\alpha}{2}$ | $\dfrac{\pi \cdot \alpha}{200}$ |
| 59 | 40 | 0,50360 | 0,11965 | 0,44979 | 0,10686 | 0,93305 |
|  | 42 | 380 | 974 | 993 | 693 | 337 |
|  | 44 | 400 | 983 | 0,45007 | 701 | 368 |
|  | 46 | 419 | 992 | 021 | 708 | 400 |
|  | 48 | 439 | 0,12001 | 035 | 715 | 431 |
| 59 | 50 | 0,50459 | 0,12009 | 0,45049 | 0,10722 | 0,93462 |
|  | 52 | 479 | 018 | 063 | 729 | 494 |
|  | 54 | 493 | 027 | 077 | 736 | 525 |
|  | 56 | 518 | 036 | 091 | 743 | 557 |
|  | 58 | 538 | 045 | 105 | 750 | 588 |
| 59 | 60 | 0.50557 | 0,12054 | 0,45119 | 0,10757 | 0,93619 |
|  | 62 | 577 | 063 | 133 | 764 | 651 |
|  | 64 | 597 | 072 | 147 | 771 | 682 |
|  | 66 | 617 | 081 | 161 | 778 | 714 |
|  | 68 | 636 | 089 | 175 | 786 | 745 |
| 59 | 70 | 0,50656 | 0,12098 | 0,45189 | 0,10793 | 0,93777 |
|  | 72 | 676 | 107 | 203 | 800 | 808 |
|  | 74 | 696 | 116 | 217 | 807 | 839 |
|  | 76 | 715 | 125 | 231 | 814 | 871 |
|  | 78 | 735 | 134 | 245 | 821 | 902 |
| 59 | 80 | 0,50755 | 0,12143 | 0,45259 | 0,10828 | 0,93934 |
|  | 82 | 775 | 152 | 273 | 835 | 965 |
|  | 84 | 794 | 161 | 287 | 842 | 996 |
|  | 86 | 814 | 170 | 301 | 849 | 0,94028 |
|  | 88 | 834 | 179 | 315 | 857 | 059 |
| 59 | 90 | 0,50854 | 0,12188 | 0,45329 | 0,10864 | 0,94091 |
|  | 92 | 873 | 197 | 343 | 871 | 122 |
|  | 94 | 893 | 206 | 357 | 878 | 154 |
|  | 96 | 913 | 215 | 371 | 885 | 185 |
|  | 98 | 933 | 224 | 385 | 892 | 216 |
| 60 | 0 | 953 | 233 | 399 | 899 | 248 |

# Tafel I.

| g | c | Tangente $AB$ $\operatorname{tg}\frac{\alpha}{2}$ | Scheitel-abstand $BD$ $\sec\frac{\alpha}{2}-1$ | Abszisse $AE$. Halbe Sehne $AF$ $\sin\frac{\alpha}{2}$ | Ordinate $ED$. Pfeil-höhe $DF$ $1-\cos\frac{\alpha}{2}$ | Bogen-länge $ADC$ $\frac{\pi\cdot\alpha}{200}$ |
|---|---|---|---|---|---|---|
| 60 | 0 | 0,50 953 | 0,12 233 | 0,45 399 | 0,10 899 | 0,94 248 |
|  | 2 | 972 | 242 | 413 | 906 | 279 |
|  | 4 | 992 | 251 | 427 | 914 | 311 |
|  | 6 | 0,51 012 | 260 | 441 | 921 | 342 |
|  | 8 | 032 | 269 | 455 | 928 | 373 |
| 60 | 10 | 0,51 052 | 0,12 278 | 0,45 469 | 0,10 935 | 0,94 405 |
|  | 12 | 071 | 287 | 483 | 942 | 436 |
|  | 14 | 091 | 296 | 497 | 949 | 468 |
|  | 16 | 111 | 305 | 511 | 956 | 499 |
|  | 18 | 131 | 314 | 525 | 964 | 531 |
| 60 | 20 | 0,51 151 | 0,12 323 | 0,45 539 | 0,10 971 | 0,94 562 |
|  | 22 | 170 | 332 | 553 | 978 | 593 |
|  | 24 | 190 | 341 | 567 | 985 | 625 |
|  | 26 | 210 | 350 | 581 | 992 | 656 |
|  | 28 | 230 | 359 | 595 | 999 | 688 |
| 60 | 30 | 0,51 250 | 0,12 368 | 0,45 609 | 0,11 007 | 0,94 719 |
|  | 32 | 270 | 377 | 623 | 014 | 750 |
|  | 34 | 289 | 386 | 637 | 021 | 782 |
|  | 36 | 309 | 395 | 651 | 028 | 813 |
|  | 38 | 329 | 404 | 665 | 035 | 845 |
| 60 | 40 | 0,51 349 | 0,12 413 | 0,45 679 | 0,11 042 | 0,94 876 |
|  | 42 | 369 | 422 | 693 | 050 | 908 |
|  | 44 | 389 | 431 | 707 | 057 | 939 |
|  | 46 | 408 | 440 | 721 | 064 | 970 |
|  | 48 | 428 | 449 | 735 | 071 | 0,95 002 |
| 60 | 50 | 0,51 448 | 0,12 458 | 0,45 749 | 0,11 078 | 0,95 033 |
|  | 52 | 468 | 468 | 763 | 086 | 065 |
|  | 54 | 488 | 477 | 777 | 093 | 096 |
|  | 56 | 508 | 486 | 790 | 100 | 127 |
|  | 58 | 528 | 495 | 804 | 107 | 159 |
|  | 60 | 548 | 504 | 818 | 114 | 190 |

| $\alpha$ | | Tangente $A\,B$ | Scheitel-abstand $B\,D$ | Abszisse $AE$. Halbe Sehne $AF$ | Ordinate $ED$. Pfeil-höhe $DF$ | Bogen-länge $A\,D\,C$ |
|---|---|---|---|---|---|---|
| $g$ | $c$ | $\operatorname{tg}\dfrac{\alpha}{2}$ | $\sec\dfrac{\alpha}{2}-1$ | $\sin\dfrac{\alpha}{2}$ | $1-\cos\dfrac{\alpha}{2}$ | $\dfrac{\pi\cdot\alpha}{200}$ |
| 60 | 60 | 0,51 548 | 0,12 504 | 0,45 818 | 0,11 114 | 0,95 190 |
|  | 62 | 567 | 513 | 832 | 121 | 222 |
|  | 64 | 587 | 522 | 846 | 129 | 253 |
|  | 66 | 607 | 531 | 860 | 136 | 285 |
|  | 68 | 627 | 540 | 874 | 143 | 316 |
| 60 | 70 | 0,51 647 | 0,12 550 | 0,45 888 | 0,11 150 | 0,95 347 |
|  | 72 | 667 | 559 | 902 | 157 | 379 |
|  | 74 | 687 | 568 | 916 | 165 | 410 |
|  | 76 | 707 | 577 | 930 | 172 | 442 |
|  | 78 | 727 | 586 | 944 | 179 | 473 |
| 60 | 80 | 0,51 747 | 0,12 595 | 0,45 958 | 0,11 186 | 0,95 504 |
|  | 82 | 766 | 604 | 972 | 194 | 536 |
|  | 84 | 786 | 614 | 986 | 201 | 567 |
|  | 86 | 806 | 623 | 0,46 000 | 208 | 599 |
|  | 88 | 826 | 632 | 014 | 215 | 630 |
| 60 | 90 | 0,51 846 | 0,12 641 | 0,46 028 | 0,11 222 | 0,95 661 |
|  | 92 | 866 | 650 | 042 | 230 | 693 |
|  | 94 | 886 | 660 | 056 | 237 | 724 |
|  | 96 | 906 | 669 | 070 | 244 | 756 |
|  | 98 | 926 | 678 | 083 | 251 | 787 |
| 61 | 0 | 0,51 946 | 0,12 687 | 0,46 097 | 0,11 259 | 0,95 819 |
|  | 2 | 966 | 696 | 111 | 266 | 850 |
|  | 4 | 986 | 705 | 125 | 273 | 881 |
|  | 6 | 0,52 006 | 715 | 139 | 280 | 913 |
|  | 8 | 026 | 724 | 153 | 288 | 944 |
| 61 | 10 | 0,52 046 | 0,12 733 | 0,46 167 | 0,11 295 | 0,95 976 |
|  | 12 | 066 | 742 | 181 | 302 | 0,96 007 |
|  | 14 | 086 | 752 | 195 | 309 | 038 |
|  | 16 | 106 | 761 | 209 | 317 | 070 |
|  | 18 | 125 | 770 | 223 | 324 | 101 |
|  | 20 | 145 | 779 | 237 | 331 | 133 |

Tafel I.

| $\alpha$ | | Tangente<br>$AB$ | Scheitel-<br>abstand<br>$BD$ | Abszisse<br>$AE$. Halbe<br>Sehne $AF$ | Ordinate<br>$ED$. Pfeil-<br>höhe $DF$ | Bogen-<br>länge<br>$ADC$ |
|---|---|---|---|---|---|---|
| g | c | $\operatorname{tg}\dfrac{\alpha}{2}$ | $\sec\dfrac{\alpha}{2}-1$ | $\sin\dfrac{\alpha}{2}$ | $1-\cos\dfrac{\alpha}{2}$ | $\dfrac{\pi\cdot\alpha}{200}$ |
| 61 | 20 | 0,52 145 | 0,12 779 | 0,46 237 | 0,11 331 | 0,96 133 |
|  | 22 | 165 | 788 | 251 | 338 | 164 |
|  | 24 | 185 | 798 | 265 | 346 | 196 |
|  | 26 | 205 | 807 | 279 | 353 | 227 |
|  | 28 | 225 | 816 | 292 | 360 | 258 |
| 61 | 30 | 0,52 245 | 0,12 825 | 0,46 306 | 0,11 368 | 0,96 290 |
|  | 32 | 265 | 835 | 320 | 375 | 321 |
|  | 34 | 285 | 844 | 334 | 382 | 353 |
|  | 36 | 305 | 853 | 348 | 389 | 384 |
|  | 38 | 325 | 863 | 362 | 397 | 415 |
| 61 | 40 | 0,52 345 | 0,12 872 | 0,46 376 | 0,11 404 | 0,96 447 |
|  | 42 | 365 | 881 | 390 | 411 | 478 |
|  | 44 | 385 | 890 | 404 | 418 | 510 |
|  | 46 | 405 | 900 | 418 | 426 | 541 |
|  | 48 | 425 | 909 | 432 | 433 | 573 |
| 61 | 50 | 0,52 446 | 0,12 918 | 0,46 446 | 0,11 440 | 0,96 604 |
|  | 52 | 466 | 928 | 459 | 448 | 635 |
|  | 54 | 486 | 937 | 473 | 455 | 667 |
|  | 56 | 506 | 946 | 487 | 462 | 698 |
|  | 58 | 526 | 956 | 501 | 470 | 730 |
| 61 | 60 | 0,52 546 | 0,12 965 | 0,46 515 | 0,11 477 | 0,96 761 |
|  | 62 | 566 | 974 | 529 | 484 | 792 |
|  | 64 | 586 | 983 | 543 | 491 | 824 |
|  | 66 | 606 | 993 | 557 | 499 | 855 |
|  | 68 | 626 | 0,13 002 | 571 | 506 | 887 |
| 61 | 70 | 0,52 646 | 0,13 012 | 0,46 585 | 0,11 513 | 0,96 918 |
|  | 72 | 666 | 021 | 598 | 521 | 950 |
|  | 74 | 686 | 030 | 612 | 528 | 981 |
|  | 76 | 706 | 040 | 626 | 535 | 0,97 012 |
|  | 78 | 726 | 049 | 640 | 543 | 044 |
|  | 80 | 746 | 058 | 654 | 550 | 075 |

146

| $\alpha$ | | Tangente $AB$ | Scheitel-abstand $BD$ | Abszisse $AE$. Halbe Sehne $AF$ | Ordinate $ED$. Pfeil-höhe $DF$ | Bogen-länge $ADC$ |
|---|---|---|---|---|---|---|
| $g$ | $c$ | $\operatorname{tg}\dfrac{\alpha}{2}$ | $\sec\dfrac{\alpha}{2}-1$ | $\sin\dfrac{\alpha}{2}$ | $1-\cos\dfrac{\alpha}{2}$ | $\dfrac{\pi\cdot\alpha}{200}$ |
| **61** | 80 | 0,52 746 | 0,13 058 | 0,46 654 | 0,11 550 | 0,97 075 |
| | 82 | 766 | 068 | 668 | 557 | 107 |
| | 84 | 786 | 077 | 682 | 565 | 138 |
| | 86 | 807 | 086 | 696 | 572 | 169 |
| | 88 | 827 | 096 | 710 | 579 | 201 |
| 61 | 90 | 0,52 847 | 0,13 105 | 0,46 724 | 0,11 587 | 0,97 232 |
| | 92 | 867 | 115 | 737 | 594 | 264 |
| | 94 | 887 | 124 | 751 | 601 | 295 |
| | 96 | 907 | 133 | 765 | 609 | 327 |
| | 98 | 927 | 143 | 779 | 616 | 358 |
| **62** | 0 | 0,52 947 | 0,13 152 | 0,46 793 | 0,11 623 | 0,97 389 |
| | 2 | 967 | 162 | 807 | 631 | 421 |
| | 4 | 988 | 171 | 821 | 638 | 452 |
| | 6 | 0,53 008 | 180 | 835 | 645 | 484 |
| | 8 | 028 | 190 | 848 | 653 | 515 |
| 62 | 10 | 0,53 048 | 0,13 199 | 0,46 862 | 0,11 660 | 0,97 546 |
| | 12 | 068 | 209 | 876 | 668 | 578 |
| | 14 | 088 | 218 | 890 | 675 | 609 |
| | 16 | 108 | 228 | 904 | 682 | 641 |
| | 18 | 128 | 237 | 917 | 690 | 672 |
| 62 | 20 | 0,53 149 | 0,13 247 | 0,46 932 | 0,11 697 | 0,97 704 |
| | 22 | 169 | 256 | 946 | 704 | 735 |
| | 24 | 189 | 265 | 959 | 712 | 766 |
| | 26 | 209 | 275 | 973 | 719 | 798 |
| | 28 | 229 | 284 | 987 | 727 | 829 |
| 62 | 30 | 0,53 249 | 0,13 294 | 0,47 001 | 0,11 734 | 0,97 861 |
| | 32 | 269 | 303 | 015 | 741 | 892 |
| | 34 | 290 | 313 | 029 | 749 | 923 |
| | 36 | 310 | 322 | 043 | 756 | 955 |
| | 38 | 330 | 332 | 057 | 763 | 986 |
| | 40 | 350 | 341 | 070 | 771 | 0,98 018 |

Tafel I.

| g | c | Tangente $AB$<br>$\operatorname{tg} \dfrac{\alpha}{2}$ | Scheitel-abstand $BD$<br>$\sec \dfrac{\alpha}{2}-1$ | Abszisse $AE$. Halbe Sehne $AF$<br>$\sin \dfrac{\alpha}{2}$ | Ordinate $ED$. Pfeil-höhe $DF$<br>$1-\cos \dfrac{\alpha}{2}$ | Bogen-länge $ADC$<br>$\dfrac{\pi \cdot \alpha}{200}$ |
|---|---|---|---|---|---|---|
| 62 | 40 | 0,53 350 | 0,13 341 | 0,47 070 | 0,11 771 | 0,98 018 |
|  | 42 | 370 | 351 | 084 | 778 | 049 |
|  | 44 | 391 | 360 | 098 | 786 | 081 |
|  | 46 | 411 | 370 | 112 | 793 | 112 |
|  | 48 | 431 | 379 | 126 | 800 | 143 |
| 62 | 50 | 0,53 451 | 0,13 389 | 0,47 140 | 0,11 808 | 0,98 175 |
|  | 52 | 471 | 398 | 154 | 815 | 206 |
|  | 54 | 492 | 408 | 167 | 823 | 238 |
|  | 56 | 512 | 417 | 181 | 830 | 269 |
|  | 58 | 532 | 427 | 195 | 838 | 300 |
| 62 | 60 | 0,53 552 | 0,13 436 | 0,47 209 | 0,11 845 | 0,98 332 |
|  | 62 | 572 | 446 | 223 | 852 | 363 |
|  | 64 | 593 | 456 | 237 | 860 | 395 |
|  | 66 | 613 | 465 | 250 | 867 | 426 |
|  | 68 | 633 | 475 | 264 | 875 | 458 |
| 62 | 70 | 0,53 653 | 0,13 484 | 0,47 278 | 0,11 882 | 0,98 489 |
|  | 72 | 673 | 494 | 292 | 889 | 520 |
|  | 74 | 694 | 503 | 306 | 897 | 552 |
|  | 76 | 714 | 513 | 320 | 904 | 583 |
|  | 78 | 734 | 523 | 334 | 912 | 615 |
| 62 | 80 | 0,53 754 | 0,13 532 | 0,47 347 | 0,11 919 | 0,98 646 |
|  | 82 | 775 | 542 | 361 | 927 | 677 |
|  | 84 | 795 | 551 | 375 | 934 | 709 |
|  | 86 | 815 | 561 | 389 | 942 | 740 |
|  | 88 | 835 | 570 | 403 | 949 | 772 |
| 62 | 90 | 0,53 856 | 0,13 580 | 0,47 417 | 0,11 956 | 0,98 803 |
|  | 92 | 876 | 590 | 430 | 964 | 835 |
|  | 94 | 896 | 599 | 444 | 971 | 866 |
|  | 96 | 917 | 609 | 458 | 979 | 897 |
|  | 98 | 937 | 619 | 472 | 986 | 929 |
| 63 | 0 | 957 | 628 | 486 | 994 | 960 |

| α | | Tangente $AB$ | Scheitel-abstand $BD$ | Abszisse $AE$. Halbe Sehne $AF$ | Ordinate $ED$. Pfeil-höhe $DF$ | Bogen-länge $ADC$ |
|---|---|---|---|---|---|---|
| g | c | $\operatorname{tg}\dfrac{\alpha}{2}$ | $\sec\dfrac{\alpha}{2}-1$ | $\sin\dfrac{\alpha}{2}$ | $1-\cos\dfrac{\alpha}{2}$ | $\dfrac{\pi\cdot\alpha}{200}$ |
| 63 | 0 | 0,53957 | 0,13628 | 0,47486 | 0,11994 | 0,98960 |
| | 2 | 977 | 638 | 499 | 0,12001 | 992 |
| | 4 | 998 | 647 | 513 | 009 | 0,99023 |
| | 6 | 0,54018 | 657 | 527 | 016 | 054 |
| | 8 | 038 | 667 | 541 | 024 | 086 |
| 63 | 10 | 0,54059 | 0,13676 | 0,47555 | 0,12031 | 0,99117 |
| | 12 | 079 | 686 | 569 | 038 | 149 |
| | 14 | 099 | 696 | 582 | 046 | 180 |
| | 16 | 119 | 705 | 596 | 053 | 211 |
| | 18 | 140 | 715 | 610 | 061 | 243 |
| 63 | 20 | 0,54160 | 0,13725 | 0,47624 | 0,12068 | 0,99274 |
| | 22 | 180 | 734 | 638 | 076 | 306 |
| | 24 | 201 | 744 | 651 | 083 | 337 |
| | 26 | 221 | 754 | 665 | 091 | 369 |
| | 28 | 241 | 763 | 679 | 098 | 400 |
| 63 | 30 | 0,54262 | 0,13773 | 0,47693 | 0,12106 | 0,99431 |
| | 32 | 282 | 783 | 707 | 113 | 463 |
| | 34 | 302 | 793 | 721 | 121 | 494 |
| | 36 | 323 | 802 | 734 | 128 | 526 |
| | 38 | 343 | 812 | 748 | 136 | 557 |
| 63 | 40 | 0,54363 | 0,13822 | 0,47762 | 0,12143 | 0,99588 |
| | 42 | 384 | 831 | 776 | 151 | 620 |
| | 44 | 404 | 841 | 789 | 158 | 651 |
| | 46 | 424 | 851 | 803 | 166 | 683 |
| | 48 | 445 | 861 | 817 | 173 | 714 |
| 63 | 50 | 0,54465 | 0,13870 | 0,47831 | 0,12181 | 0,99746 |
| | 52 | 486 | 880 | 845 | 188 | 777 |
| | 54 | 506 | 890 | 858 | 196 | 808 |
| | 56 | 526 | 900 | 872 | 203 | 840 |
| | 58 | 547 | 909 | 886 | 211 | 871 |
| | 60 | 567 | 919 | 900 | 218 | 903 |

**Tafel I.**

| g | c | Tangente $AB$<br>$tg\ \dfrac{\alpha}{2}$ | Scheitel-abstand $BD$<br>$sec\ \dfrac{\alpha}{2}-1$ | Abszisse $AE$. Halbe Sehne $AF$<br>$sin\ \dfrac{\alpha}{2}$ | Ordinate $ED$. Pfeil-höhe $DF$<br>$1-cos\ \dfrac{\alpha}{2}$ | Bogen-länge $ADC$<br>$\dfrac{\pi\cdot\alpha}{200}$ |
|---|---|---|---|---|---|---|
| 63 | 60 | 0,54 567 | 0,13 919 | 0,47 900 | 0,12 218 | 0,99 903 |
|    | 62 | 587 | 929 | 914 | 226 | 934 |
|    | 64 | 608 | 939 | 927 | 233 | 965 |
|    | 66 | 628 | 948 | 941 | 241 | 997 |
|    | 68 | 649 | 958 | 955 | 249 | 1,00 028 |
| 63 | 70 | 0,54 669 | 0,13 968 | 0,47 969 | 0,12 256 | 1,00 060 |
|    | 72 | 689 | 978 | 983 | 264 | 091 |
|    | 74 | 710 | 988 | 996 | 271 | 123 |
|    | 76 | 730 | 997 | 0,48 010 | 279 | 154 |
|    | 78 | 751 | 0,14 007 | 024 | 286 | 185 |
| 63 | 80 | 0,54 771 | 0,14 017 | 0,48 038 | 0,12 294 | 1,00 217 |
|    | 82 | 792 | 027 | 051 | 301 | 248 |
|    | 84 | 812 | 037 | 065 | 309 | 280 |
|    | 86 | 832 | 046 | 079 | 316 | 311 |
|    | 88 | 853 | 056 | 093 | 324 | 342 |
| 63 | 90 | 0,54 873 | 0,14 066 | 0,48 107 | 0,12 332 | 1,00 374 |
|    | 92 | 894 | 076 | 120 | 339 | 405 |
|    | 94 | 914 | 086 | 134 | 347 | 437 |
|    | 96 | 935 | 096 | 148 | 354 | 468 |
|    | 98 | 955 | 105 | 162 | 362 | 500 |
| 64 | 0 | 0,54 975 | 0,14 115 | 0,48 175 | 0,12 369 | 1,00 531 |
|    | 2 | 996 | 125 | 189 | 377 | 562 |
|    | 4 | 0,55 016 | 135 | 203 | 384 | 594 |
|    | 6 | 037 | 145 | 217 | 392 | 625 |
|    | 8 | 057 | 155 | 230 | 400 | 657 |
| 64 | 10 | 0,55 078 | 0,14 165 | 0,48 244 | 0,12 407 | 1,00 688 |
|    | 12 | 098 | 174 | 258 | 415 | 719 |
|    | 14 | 119 | 184 | 272 | 422 | 751 |
|    | 16 | 139 | 194 | 285 | 430 | 782 |
|    | 18 | 160 | 204 | 299 | 438 | 814 |
|    | 20 | 180 | 214 | 313 | 445 | 845 |

| g | c | Tangente $AB$<br>$\operatorname{tg}\dfrac{\alpha}{2}$ | Scheitelabstand $BD$<br>$\sec\dfrac{\alpha}{2}-1$ | Abszisse $AE$. Halbe Sehne $AF$<br>$\sin\dfrac{\alpha}{2}$ | Ordinate $ED$. Pfeilhöhe $DF$<br>$1-\cos\dfrac{\alpha}{2}$ | Bogenlänge $ADC$<br>$\dfrac{\pi\cdot\alpha}{200}$ |
|---|---|---|---|---|---|---|
| 64 | 20 | 0,55 180 | 0,14 214 | 0,48 313 | 0,12 445 | 1,00 845 |
|  | 22 | 201 | 224 | 327 | 453 | 877 |
|  | 24 | 221 | 234 | 340 | 460 | 908 |
|  | 26 | 242 | 244 | 354 | 468 | 939 |
|  | 28 | 262 | 254 | 368 | 475 | 971 |
| 64 | 30 | 0,55 283 | 0,14 264 | 0,48 382 | 0,12 483 | 1,01 002 |
|  | 32 | 303 | 274 | 395 | 491 | 034 |
|  | 34 | 324 | 283 | 409 | 498 | 065 |
|  | 36 | 344 | 293 | 423 | 506 | 096 |
|  | 38 | 365 | 303 | 437 | 514 | 128 |
| 64 | 40 | 0,55 385 | 0,14 313 | 0,48 450 | 0,12 521 | 1,01 159 |
|  | 42 | 406 | 323 | 464 | 529 | 191 |
|  | 44 | 426 | 333 | 478 | 536 | 222 |
|  | 46 | 447 | 343 | 492 | 544 | 254 |
|  | 48 | 467 | 353 | 505 | 552 | 285 |
| 64 | 50 | 0,55 488 | 0,14 363 | 0,48 519 | 0,12 559 | 1,01 316 |
|  | 52 | 509 | 373 | 533 | 567 | 348 |
|  | 54 | 529 | 383 | 547 | 574 | 379 |
|  | 56 | 550 | 393 | 560 | 582 | 411 |
|  | 58 | 570 | 403 | 574 | 590 | 442 |
| 64 | 60 | 0,55 591 | 0,14 413 | 0,48 588 | 0,12 597 | 1,01 473 |
|  | 62 | 611 | 423 | 602 | 605 | 505 |
|  | 64 | 632 | 433 | 615 | 613 | 536 |
|  | 66 | 652 | 443 | 629 | 620 | 568 |
|  | 68 | 673 | 453 | 643 | 628 | 599 |
| 64 | 70 | 0,55 694 | 0,14 463 | 0,48 656 | 0,12 636 | 1,01 631 |
|  | 72 | 714 | 473 | 670 | 643 | 662 |
|  | 74 | 735 | 483 | 684 | 651 | 693 |
|  | 76 | 755 | 493 | 698 | 658 | 725 |
|  | 78 | 776 | 503 | 711 | 666 | 756 |
|  | 80 | 797 | 513 | 725 | 674 | 788 |

**Tafel I.**

| α | | Tangente $AB$ | Scheitel-abstand $BD$ | Abszisse $AE$. Halbe Sehne $AF$ | Ordinate $ED$. Pfeil-höhe $DF$ | Bogen-länge $ADC$ |
|---|---|---|---|---|---|---|
| $g$ | $c$ | $\operatorname{tg} \dfrac{\alpha}{2}$ | $\sec \dfrac{\alpha}{2} - 1$ | $\sin \dfrac{\alpha}{2}$ | $1 - \cos \dfrac{\alpha}{2}$ | $\dfrac{\pi \cdot \alpha}{200}$ |
| 64 | 80 | 0,55 797 | 0,14 513 | 0,48 725 | 0,12 674 | 1,01 788 |
|    | 82 | 817 | 523 | 739 | 681 | 819 |
|    | 84 | 838 | 533 | 752 | 689 | 850 |
|    | 86 | 858 | 543 | 766 | 697 | 882 |
|    | 88 | 879 | 553 | 780 | 704 | 913 |
| 64 | 90 | 0,55 900 | 0,14 563 | 0,48 794 | 0,12 712 | 1,01 945 |
|    | 92 | 920 | 573 | 807 | 719 | 976 |
|    | 94 | 941 | 583 | 821 | 727 | 1,02 008 |
|    | 96 | 961 | 594 | 835 | 735 | 039 |
|    | 98 | 982 | 604 | 848 | 743 | 070 |
| 65 | 0 | 0,56 003 | 0,14 614 | 0,48 862 | 0,12 750 | 1,02 102 |
|    | 2 | 023 | 624 | 876 | 758 | 133 |
|    | 4 | 044 | 634 | 890 | 766 | 165 |
|    | 6 | 065 | 644 | 903 | 773 | 196 |
|    | 8 | 085 | 654 | 917 | 781 | 227 |
| 65 | 10 | 0,56 106 | 0,14 664 | 0,48 931 | 0,12 789 | 1,02 259 |
|    | 12 | 127 | 674 | 944 | 796 | 290 |
|    | 14 | 147 | 684 | 958 | 804 | 322 |
|    | 16 | 168 | 695 | 972 | 812 | 353 |
|    | 18 | 189 | 705 | 985 | 820 | 385 |
| 65 | 20 | 0,56 209 | 0,14 715 | 0,48 999 | 0,12 827 | 1,02 416 |
|    | 22 | 230 | 725 | 0,49 013 | 835 | 447 |
|    | 24 | 251 | 735 | 027 | 843 | 479 |
|    | 26 | 271 | 745 | 040 | 850 | 510 |
|    | 28 | 292 | 755 | 054 | 858 | 542 |
| 65 | 30 | 0,56 313 | 0,14 765 | 0,49 068 | 0,12 866 | 1,02 573 |
|    | 32 | 333 | 776 | 081 | 873 | 604 |
|    | 34 | 354 | 786 | 095 | 881 | 636 |
|    | 36 | 375 | 796 | 109 | 889 | 667 |
|    | 38 | 395 | 806 | 122 | 897 | 699 |
|    | 40 | 416 | 816 | 136 | 904 | 730 |

| α | | Tangente $AB$ | Scheitel-abstand $BD$ | Abszisse $AE$. Halbe Sehne $AF$ | Ordinate $ED$. Pfeil-höhe $DF$ | Bogen-länge $ADC$ |
|---|---|---|---|---|---|---|
| g | c | $\operatorname{tg} \dfrac{\alpha}{2}$ | $\sec \dfrac{\alpha}{2} - 1$ | $\sin \dfrac{\alpha}{2}$ | $1 - \cos \dfrac{\alpha}{2}$ | $\dfrac{\pi \cdot \alpha}{200}$ |
| 65 | 40 | 0,56416 | 0,14816 | 0,49136 | 0,12904 | 1,02730 |
|    | 42 | 437 | 826 | 150 | 912 | 761 |
|    | 44 | 458 | 837 | 163 | 920 | 793 |
|    | 46 | 478 | 847 | 177 | 927 | 824 |
|    | 48 | 499 | 857 | 191 | 935 | 856 |
| 65 | 50 | 0,56520 | 0,14867 | 0,49204 | 0,12943 | 1,02887 |
|    | 52 | 540 | 877 | 218 | 951 | 919 |
|    | 54 | 561 | 888 | 232 | 958 | 950 |
|    | 56 | 582 | 898 | 245 | 966 | 981 |
|    | 58 | 603 | 908 | 259 | 974 | 1,03013 |
| 65 | 60 | 0,56623 | 0,14918 | 0,49273 | 0,12982 | 1,03044 |
|    | 62 | 644 | 928 | 286 | 989 | 076 |
|    | 64 | 665 | 939 | 300 | 997 | 107 |
|    | 66 | 686 | 949 | 314 | 0,13005 | 138 |
|    | 68 | 706 | 959 | 327 | 013 | 170 |
| 65 | 70 | 0,56727 | 0,14969 | 0,49341 | 0,13020 | 1,03201 |
|    | 72 | 748 | 980 | 355 | 028 | 233 |
|    | 74 | 769 | 990 | 368 | 036 | 264 |
|    | 76 | 789 | 0,15000 | 382 | 044 | 296 |
|    | 78 | 810 | 010 | 396 | 051 | 327 |
| 65 | 80 | 0,56831 | 0,15021 | 0,49409 | 0,13059 | 1,03358 |
|    | 82 | 852 | 031 | 423 | 067 | 390 |
|    | 84 | 873 | 041 | 437 | 075 | 421 |
|    | 86 | 893 | 052 | 450 | 082 | 453 |
|    | 88 | 914 | 062 | 464 | 090 | 484 |
| 65 | 90 | 0,56935 | 0,15072 | 0,49478 | 0,13098 | 1,03515 |
|    | 92 | 956 | 082 | 491 | 106 | 547 |
|    | 94 | 977 | 093 | 505 | 114 | 578 |
|    | 96 | 997 | 103 | 519 | 121 | 610 |
|    | 98 | 0,57018 | 113 | 532 | 129 | 641 |
| 66 | 0 | 039 | 124 | 546 | 137 | 673 |

Tafel I.

| $\alpha$ | | Tangente $AB$ | Scheitel-abstand $BD$ | Abszisse $AE$. Halbe Sehne $AF$ | Ordinate $ED$. Pfeil-höhe $DF$ | Bogen-länge $ADC$ |
|---|---|---|---|---|---|---|
| $g$ | $c$ | $\operatorname{tg}\dfrac{\alpha}{2}$ | $\sec\dfrac{\alpha}{2}-1$ | $\sin\dfrac{\alpha}{2}$ | $1-\cos\dfrac{\alpha}{2}$ | $\dfrac{\pi\cdot\alpha}{200}$ |
| 66 | 0 | 0,57039 | 0,15124 | 0,49546 | 0,13137 | 1,03673 |
| | 2 | 060 | 134 | 560 | 145 | 704 |
| | 4 | 081 | 144 | 573 | 152 | 735 |
| | 6 | 101 | 155 | 587 | 160 | 767 |
| | 8 | 122 | 165 | 600 | 168 | 798 |
| 66 | 10 | 0,57143 | 0,15175 | 0,49614 | 0,13176 | 1,03830 |
| | 12 | 164 | 186 | 628 | 184 | 861 |
| | 14 | 185 | 196 | 641 | 191 | 892 |
| | 16 | 206 | 206 | 655 | 199 | 924 |
| | 18 | 227 | 217 | 669 | 207 | 955 |
| 66 | 20 | 0,57247 | 0,15227 | 0,49682 | 0,13215 | 1,03987 |
| | 22 | 268 | 237 | 696 | 223 | 1,04018 |
| | 24 | 289 | 248 | 710 | 230 | 050 |
| | 26 | 310 | 258 | 723 | 238 | 081 |
| | 28 | 331 | 268 | 737 | 246 | 112 |
| 66 | 30 | 0,57352 | 0,15279 | 0,49750 | 0,13254 | 1,04144 |
| | 32 | 373 | 289 | 764 | 262 | 175 |
| | 34 | 393 | 300 | 778 | 269 | 207 |
| | 36 | 414 | 310 | 791 | 277 | 238 |
| | 38 | 435 | 320 | 805 | 285 | 269 |
| 66 | 40 | 0,57456 | 0,15331 | 0,49819 | 0,13293 | 1,04301 |
| | 42 | 477 | 341 | 832 | 301 | 332 |
| | 44 | 498 | 352 | 846 | 309 | 364 |
| | 46 | 519 | 362 | 859 | 316 | 395 |
| | 48 | 540 | 372 | 873 | 324 | 427 |
| 66 | 50 | 0,57561 | 0,15383 | 0,49887 | 0,13332 | 1,04458 |
| | 52 | 582 | 393 | 900 | 340 | 489 |
| | 54 | 602 | 404 | 914 | 348 | 521 |
| | 56 | 623 | 414 | 927 | 356 | 552 |
| | 58 | 644 | 425 | 941 | 363 | 584 |
| | 60 | 665 | 435 | 955 | 371 | 615 |

| α | | Tangente $AB$ | Scheitel-abstand $BD$ | Abszisse $AE$. Halbe Sehne $AF$ | Ordinate $ED$. Pfeilhöhe $DF$ | Bogen-länge $ADC$ |
|---|---|---|---|---|---|---|
| g | c | $\operatorname{tg}\dfrac{\alpha}{2}$ | $\sec\dfrac{\alpha}{2}-1$ | $\sin\dfrac{\alpha}{2}$ | $1-\cos\dfrac{\alpha}{2}$ | $\dfrac{\pi\cdot\alpha}{200}$ |
| 66 | 60 | 0,57 665 | 0,15 435 | 0,49 955 | 0,13 371 | 1,04 615 |
|  | 62 | 686 | 446 | 968 | 379 | 646 |
|  | 64 | 707 | 456 | 982 | 387 | 678 |
|  | 66 | 728 | 467 | 995 | 395 | 709 |
|  | 68 | 749 | 477 | 0,50 009 | 403 | 741 |
| 66 | 70 | 0,57 770 | 0,15 488 | 0,50 023 | 0,13 411 | 1,04 772 |
|  | 72 | 791 | 498 | 036 | 418 | 804 |
|  | 74 | 812 | 508 | 050 | 426 | 835 |
|  | 76 | 833 | 519 | 063 | 434 | 866 |
|  | 78 | 854 | 529 | 077 | 442 | 898 |
| 66 | 80 | 0,57 875 | 0,15 540 | 0,50 091 | 0,13 450 | 1,04 929 |
|  | 82 | 896 | 550 | 104 | 458 | 961 |
|  | 84 | 917 | 561 | 118 | 466 | 992 |
|  | 86 | 938 | 572 | 131 | 473 | 1,05 023 |
|  | 88 | 959 | 582 | 145 | 481 | 055 |
| 66 | 90 | 0,57 980 | 0,15 593 | 0,50 159 | 0,13 489 | 1,05 086 |
|  | 92 | 0,58 001 | 603 | 172 | 497 | 118 |
|  | 94 | 022 | 614 | 186 | 505 | 149 |
|  | 96 | 043 | 624 | 199 | 513 | 181 |
|  | 98 | 064 | 635 | 213 | 521 | 212 |
| 67 | 0 | 0,58 085 | 0,15 645 | 0,50 227 | 0,13 529 | 1,05 243 |
|  | 2 | 106 | 656 | 240 | 537 | 275 |
|  | 4 | 127 | 666 | 254 | 544 | 306 |
|  | 6 | 148 | 677 | 267 | 552 | 338 |
|  | 8 | 169 | 687 | 281 | 560 | 369 |
| 67 | 10 | 0,58 190 | 0,15 698 | 0,50 294 | 0,13 568 | 1,05 400 |
|  | 12 | 211 | 709 | 308 | 576 | 431 |
|  | 14 | 232 | 719 | 322 | 584 | 463 |
|  | 16 | 253 | 730 | 335 | 592 | 495 |
|  | 18 | 274 | 740 | 349 | 600 | 526 |
|  | 20 | 295 | 751 | 362 | 608 | 558 |

**Tafel I.**

| α | | Tangente $AB$ | Scheitel-abstand $BD$ | Abszisse $AE$. Halbe Sehne $AF$ | Ordinate $ED$. Pfeil-höhe $DF$ | Bogen-länge $ADC$ |
|---|---|---|---|---|---|---|
| g | c | $\operatorname{tg}\dfrac{\alpha}{2}$ | $\sec\dfrac{\alpha}{2}-1$ | $\sin\dfrac{\alpha}{2}$ | $1-\cos\dfrac{\alpha}{2}$ | $\dfrac{\pi\cdot\alpha}{200}$ |
| 67 | 20 | 0,58 295 | 0,15 751 | 0,50 362 | 0,13 608 | 1,05 558 |
|    | 22 | 316 | 762 | 376 | 616 | 589 |
|    | 24 | 337 | 772 | 389 | 623 | 620 |
|    | 26 | 358 | 783 | 403 | 631 | 652 |
|    | 28 | 379 | 793 | 417 | 639 | 683 |
| 67 | 30 | 0,58 400 | 0,15 804 | 0,50 430 | 0,13 647 | 1,05 715 |
|    | 32 | 421 | 815 | 444 | 655 | 746 |
|    | 34 | 442 | 825 | 457 | 663 | 777 |
|    | 36 | 463 | 836 | 471 | 671 | 809 |
|    | 38 | 484 | 847 | 484 | 679 | 840 |
| 67 | 40 | 0,58 506 | 0,15 857 | 0,50 498 | 0,13 687 | 1,05 872 |
|    | 42 | 527 | 868 | 512 | 695 | 903 |
|    | 44 | 548 | 879 | 525 | 703 | 935 |
|    | 46 | 569 | 889 | 539 | 711 | 966 |
|    | 48 | 590 | 900 | 552 | 719 | 997 |
| 67 | 50 | 0,58 611 | 0,15 911 | 0,50 566 | 0,13 727 | 1,06 029 |
|    | 52 | 632 | 921 | 579 | 735 | 060 |
|    | 54 | 653 | 932 | 593 | 742 | 092 |
|    | 56 | 674 | 943 | 606 | 750 | 123 |
|    | 58 | 695 | 953 | 620 | 758 | 154 |
| 67 | 60 | 0,58 717 | 0,15 964 | 0,50 633 | 0,13 766 | 1,06 186 |
|    | 62 | 738 | 975 | 647 | 774 | 217 |
|    | 64 | 759 | 985 | 661 | 782 | 249 |
|    | 66 | 780 | 996 | 674 | 790 | 280 |
|    | 68 | 801 | 0,16 007 | 688 | 798 | 311 |
| 67 | 70 | 0,58 822 | 0,16 017 | 0,50 701 | 0,13 806 | 1,06 343 |
|    | 72 | 843 | 028 | 715 | 814 | 374 |
|    | 74 | 865 | 039 | 728 | 822 | 406 |
|    | 76 | 886 | 050 | 742 | 830 | 437 |
|    | 78 | 907 | 060 | 755 | 838 | 469 |
|    | 80 | 928 | 071 | 769 | 846 | 500 |

| α | | Tangente $AB$ | Scheitel-abstand $BD$ | Abszisse $AE$. Halbe Sehne $AF$ | Ordinate $ED$. Pfeil-höhe $DF$ | Bogen-länge $ADC$ |
|---|---|---|---|---|---|---|
| g | c | $\operatorname{tg}\dfrac{\alpha}{2}$ | $\sec\dfrac{\alpha}{2}-1$ | $\sin\dfrac{\alpha}{2}$ | $1-\cos\dfrac{\alpha}{2}$ | $\dfrac{\pi\cdot\alpha}{200}$ |
| 67 | 80 | 0,58928 | 0,16071 | 0,50769 | 0,13846 | 1,06500 |
| | 82 | 949 | 082 | 782 | 854 | 531 |
| | 84 | 970 | 093 | 796 | 862 | 563 |
| | 86 | 992 | 103 | 809 | 870 | 594 |
| | 88 | 0,59013 | 114 | 823 | 878 | 626 |
| 67 | 90 | 0,59034 | 0,16125 | 0,50837 | 0,13886 | 1,06657 |
| | 92 | 055 | 136 | 850 | 894 | 688 |
| | 94 | 076 | 146 | 864 | 902 | 720 |
| | 96 | 097 | 157 | 877 | 910 | 751 |
| | 98 | 119 | 168 | 891 | 918 | 783 |
| 68 | 0 | 0,59140 | 0,16179 | 0,50904 | 0,13926 | 1,06814 |
| | 2 | 161 | 190 | 918 | 934 | 846 |
| | 4 | 182 | 200 | 931 | 942 | 877 |
| | 6 | 203 | 211 | 945 | 950 | 908 |
| | 8 | 225 | 222 | 958 | 958 | 940 |
| 68 | 10 | 0,59246 | 0,16233 | 0,50972 | 0,13966 | 1,06971 |
| | 12 | 267 | 244 | 985 | 974 | 1,07003 |
| | 14 | 288 | 255 | 999 | 982 | 034 |
| | 16 | 310 | 265 | 0,51012 | 990 | 065 |
| | 18 | 331 | 276 | 026 | 998 | 097 |
| 68 | 20 | 0,59352 | 0,16287 | 0,51039 | 0,14006 | 1,07128 |
| | 22 | 373 | 298 | 053 | 014 | 160 |
| | 24 | 395 | 309 | 066 | 022 | 191 |
| | 26 | 416 | 320 | 080 | 030 | 223 |
| | 28 | 437 | 330 | 093 | 038 | 254 |
| 68 | 30 | 0,59458 | 0,16341 | 0,51107 | 0,14046 | 1,07285 |
| | 32 | 480 | 352 | 120 | 054 | 317 |
| | 34 | 501 | 363 | 134 | 062 | 348 |
| | 36 | 522 | 374 | 147 | 070 | 380 |
| | 38 | 543 | 385 | 161 | 078 | 411 |
| | 40 | 565 | 396 | 174 | 086 | 442 |

Tafel I.

| $g$ | $c$ | Tangente $AB$<br>$\operatorname{tg}\dfrac{\alpha}{2}$ | Scheitel-abstand $BD$<br>$\sec\dfrac{\alpha}{2}-1$ | Abszisse $AE$. Halbe Sehne $AF$<br>$\sin\dfrac{\alpha}{2}$ | Ordinate $ED$. Pfeil-höhe $DF$<br>$1-\cos\dfrac{\alpha}{2}$ | Bogen-länge $ADC$<br>$\dfrac{\pi\cdot\alpha}{200}$ |
|---|---|---|---|---|---|---|
| 68 | 40 | 0,59 565 | 0,16 396 | 0,51 174 | 0,14 086 | 1,07 442 |
|  | 42 | 586 | 407 | 188 | 094 | 474 |
|  | 44 | 607 | 417 | 201 | 102 | 505 |
|  | 46 | 629 | 428 | 215 | 110 | 537 |
|  | 48 | 650 | 439 | 228 | 118 | 568 |
| 68 | 50 | 0,59 671 | 0,16 450 | 0,51 242 | 0,14 126 | 1,07 600 |
|  | 52 | 692 | 461 | 255 | 134 | 631 |
|  | 54 | 714 | 472 | 269 | 142 | 662 |
|  | 56 | 735 | 483 | 282 | 151 | 694 |
|  | 58 | 756 | 494 | 296 | 159 | 725 |
| 68 | 60 | 0,59 778 | 0,16 505 | 0,51 309 | 0,14 167 | 1,07 757 |
|  | 62 | 799 | 516 | 323 | 175 | 788 |
|  | 64 | 820 | 527 | 336 | 183 | 819 |
|  | 66 | 842 | 538 | 350 | 191 | 851 |
|  | 68 | 863 | 549 | 363 | 199 | 882 |
| 68 | 70 | 0,59 884 | 0,16 560 | 0,51 377 | 0,14 207 | 1,07 914 |
|  | 72 | 906 | 571 | 390 | 215 | 945 |
|  | 74 | 927 | 582 | 404 | 223 | 977 |
|  | 76 | 948 | 592 | 417 | 231 | 1,08 008 |
|  | 78 | 970 | 603 | 430 | 239 | 039 |
| 68 | 80 | 0,59 991 | 0,16 614 | 0,51 444 | 0,14 247 | 1,08 071 |
|  | 82 | 0,60 012 | 625 | 457 | 255 | 102 |
|  | 84 | 034 | 636 | 471 | 263 | 134 |
|  | 86 | 055 | 647 | 484 | 272 | 165 |
|  | 88 | 077 | 658 | 498 | 280 | 196 |
| 68 | 90 | 0,60 098 | 0,16 669 | 0,51 511 | 0,14 288 | 1,08 228 |
|  | 92 | 119 | 680 | 525 | 296 | 259 |
|  | 94 | 141 | 692 | 538 | 304 | 291 |
|  | 96 | 162 | 703 | 552 | 312 | 322 |
|  | 98 | 183 | 714 | 565 | 320 | 354 |
| 69 | 0 | 205 | 725 | 579 | 328 | 385 |

| α | | Tangente $AB$ | Scheitel-abstand $BD$ | Abszisse $AE$. Halbe Sehne $AF$ | Ordinate $ED$. Pfeilhöhe $DF$ | Bogen-länge $ADC$ |
|---|---|---|---|---|---|---|
| $g$ | $c$ | $\mathrm{tg}\,\dfrac{\alpha}{2}$ | $\sec\dfrac{\alpha}{2}-1$ | $\sin\dfrac{\alpha}{2}$ | $1-\cos\dfrac{\alpha}{2}$ | $\dfrac{\pi\cdot\alpha}{200}$ |
| 69 | 0 | 0,60 205 | 0,16 725 | 0,51 579 | 0,14 328 | 1,08 385 |
| | 2 | 226 | 736 | 592 | 336 | 416 |
| | 4 | 248 | 747 | 606 | 344 | 448 |
| | 6 | 269 | 758 | 619 | 353 | 479 |
| | 8 | 291 | 769 | 632 | 361 | 511 |
| 69 | 10 | 0,60 312 | 0,16 780 | 0,51 646 | 0,14 369 | 1,08 542 |
| | 12 | 333 | 791 | 659 | 377 | 573 |
| | 14 | 355 | 802 | 673 | 385 | 605 |
| | 16 | 376 | 813 | 686 | 393 | 636 |
| | 18 | 398 | 824 | 700 | 401 | 668 |
| 69 | 20 | 0,60 419 | 0,16 835 | 0,51 713 | 0,14 409 | 1,08 699 |
| | 22 | 441 | 846 | 727 | 417 | 731 |
| | 24 | 462 | 857 | 740 | 426 | 762 |
| | 26 | 483 | 869 | 753 | 434 | 793 |
| | 28 | 505 | 880 | 767 | 442 | 825 |
| 69 | 30 | 0,60 526 | 0,16 891 | 0,51 780 | 0,14 450 | 1,08 856 |
| | 32 | 548 | 902 | 794 | 458 | 888 |
| | 34 | 569 | 913 | 807 | 466 | 919 |
| | 36 | 591 | 924 | 821 | 474 | 950 |
| | 38 | 612 | 935 | 834 | 483 | 982 |
| 69 | 40 | 0,60 634 | 0,16 946 | 0,51 847 | 0,14 491 | 1,09 013 |
| | 42 | 655 | 958 | 861 | 499 | 045 |
| | 44 | 677 | 969 | 874 | 507 | 076 |
| | 46 | 698 | 980 | 888 | 515 | 108 |
| | 48 | 720 | 991 | 901 | 523 | 139 |
| 69 | 50 | 0,60 741 | 0,17 002 | 0,51 915 | 0,14 531 | 1,09 170 |
| | 52 | 763 | 013 | 928 | 540 | 202 |
| | 54 | 784 | 024 | 941 | 548 | 233 |
| | 56 | 806 | 036 | 955 | 556 | 265 |
| | 58 | 827 | 047 | 968 | 564 | 296 |
| | 60 | 849 | 058 | 982 | 572 | 327 |

## Tafel I.

| α | | Tangente $AB$ | Scheitel-abstand $BD$ | Abszisse $AE$. Halbe Sehne $AF$ | Ordinate $ED$. Pfeil-höhe $DF$ | Bogen-länge $ADC$ |
|---|---|---|---|---|---|---|
| g | c | $\operatorname{tg} \dfrac{\alpha}{2}$ | $\sec \dfrac{\alpha}{2} - 1$ | $\sin \dfrac{\alpha}{2}$ | $1 - \cos \dfrac{\alpha}{2}$ | $\dfrac{\pi \cdot \alpha}{200}$ |
| 69 | 60 | 0,60849 | 0,17058 | 0,51982 | 0,14572 | 1,09327 |
|    | 62 | 870 | 069 | 995 | 580 | 359 |
|    | 64 | 892 | 080 | 0,52009 | 589 | 390 |
|    | 66 | 913 | 092 | 022 | 597 | 422 |
|    | 68 | 935 | 103 | 035 | 605 | 453 |
| 69 | 70 | 0,60956 | 0,17114 | 0,52049 | 0,14613 | 1,09485 |
|    | 72 | 978 | 125 | 062 | 621 | 516 |
|    | 74 | 0,61000 | 136 | 076 | 629 | 547 |
|    | 76 | 0,61021 | 148 | 089 | 638 | 579 |
|    | 78 | 043 | 159 | 102 | 646 | 610 |
| 69 | 80 | 0,61064 | 0,17170 | 0,52116 | 0,14654 | 1,09642 |
|    | 82 | 086 | 181 | 129 | 662 | 673 |
|    | 84 | 107 | 193 | 143 | 670 | 704 |
|    | 86 | 129 | 204 | 156 | 679 | 736 |
|    | 88 | 151 | 215 | 169 | 687 | 767 |
| 69 | 90 | 0,61172 | 0,17226 | 0,52183 | 0,14695 | 1,09799 |
|    | 92 | 194 | 238 | 196 | 703 | 830 |
|    | 94 | 215 | 249 | 210 | 711 | 861 |
|    | 96 | 237 | 260 | 223 | 720 | 893 |
|    | 98 | 258 | 271 | 236 | 728 | 924 |
| 70 | 0 | 0,61280 | 0,17283 | 0,52250 | 0,14736 | 1,09956 |
|    | 2 | 302 | 294 | 263 | 744 | 987 |
|    | 4 | 323 | 305 | 277 | 752 | 1,10019 |
|    | 6 | 345 | 317 | 290 | 761 | 050 |
|    | 8 | 367 | 328 | 303 | 769 | 081 |
| 70 | 10 | 0,61388 | 0,17339 | 0,52317 | 0,14777 | 1,10113 |
|    | 12 | 410 | 351 | 330 | 785 | 144 |
|    | 14 | 431 | 362 | 344 | 793 | 176 |
|    | 16 | 453 | 373 | 357 | 802 | 207 |
|    | 18 | 475 | 385 | 370 | 810 | 238 |
|    | 20 | 496 | 396 | 384 | 818 | 270 |

| α | | Tangente $AB$ | Scheitel-abstand $BD$ | Abszisse $AE$. Halbe Sehne $AF$ | Ordinate $ED$. Pfeilhöhe $DF$ | Bogen-länge $ADC$ |
|---|---|---|---|---|---|---|
| g | c | $\operatorname{tg}\dfrac{\alpha}{2}$ | $\sec\dfrac{\alpha}{2}-1$ | $\sin\dfrac{\alpha}{2}$ | $1-\cos\dfrac{\alpha}{2}$ | $\dfrac{\pi\cdot\alpha}{200}$ |
| 70 | 20 | 0,61 496 | 0,17 396 | 0,52 384 | 0,14 818 | 1,10 270 |
|    | 22 | 518 | 407 | 397 | 826 | 301 |
|    | 24 | 540 | 419 | 410 | 835 | 333 |
|    | 26 | 561 | 430 | 424 | 843 | 364 |
|    | 28 | 583 | 441 | 437 | 851 | 396 |
| 70 | 30 | 0,61 605 | 0,17 453 | 0,52 451 | 0,14 859 | 1,10 427 |
|    | 32 | 626 | 464 | 464 | 868 | 458 |
|    | 34 | 648 | 475 | 477 | 876 | 490 |
|    | 36 | 670 | 487 | 491 | 884 | 521 |
|    | 38 | 691 | 498 | 504 | 892 | 553 |
| 70 | 40 | 0,61 713 | 0,17 510 | 0,52 517 | 0,14 901 | 1,10 584 |
|    | 42 | 735 | 521 | 531 | 909 | 615 |
|    | 44 | 756 | 532 | 544 | 917 | 647 |
|    | 46 | 778 | 544 | 558 | 925 | 678 |
|    | 48 | 800 | 555 | 571 | 934 | 710 |
| 70 | 50 | 0,61 822 | 0,17 567 | 0,52 584 | 0,14 942 | 1,10 741 |
|    | 52 | 843 | 578 | 598 | 950 | 773 |
|    | 54 | 865 | 589 | 611 | 958 | 804 |
|    | 56 | 887 | 601 | 624 | 967 | 835 |
|    | 58 | 908 | 612 | 638 | 975 | 867 |
| 70 | 60 | 0,61 930 | 0,17 624 | 0,52 651 | 0,14 983 | 1,10 898 |
|    | 62 | 952 | 635 | 664 | 991 | 930 |
|    | 64 | 974 | 647 | 678 | 0,15 000 | 961 |
|    | 66 | 995 | 658 | 691 | 008 | 992 |
|    | 68 | 0,62 017 | 670 | 704 | 016 | 1,11 024 |
| 70 | 70 | 0,62 039 | 0,17 681 | 0,52 718 | 0,15 025 | 1,11 055 |
|    | 72 | 061 | 692 | 731 | 033 | 087 |
|    | 74 | 082 | 704 | 745 | 041 | 118 |
|    | 76 | 104 | 715 | 758 | 049 | 150 |
|    | 78 | 126 | 727 | 771 | 058 | 181 |
|    | 80 | 148 | 738 | 785 | 066 | 212 |

Tafel I.

| α | | Tangente $AB$ | Scheitel-abstand $BD$ | Abszisse $AE$. Halbe Sehne $AF$ | Ordinate $ED$. Pfeil-höhe $DF$ | Bogen-länge $ADC$ |
|---|---|---|---|---|---|---|
| g | c | $\operatorname{tg}\dfrac{\alpha}{2}$ | $\sec\dfrac{\alpha}{2}-1$ | $\sin\dfrac{\alpha}{2}$ | $1-\cos\dfrac{\alpha}{2}$ | $\dfrac{\pi\cdot\alpha}{200}$ |
| 70 | 80 | 0,62 148 | 0,17 738 | 0,52 785 | 0,15 066 | 1,11 212 |
| | 82 | 169 | 750 | 798 | 074 | 244 |
| | 84 | 191 | 761 | 811 | 083 | 275 |
| | 86 | 213 | 773 | 825 | 091 | 307 |
| | 88 | 235 | 784 | 838 | 099 | 338 |
| 70 | 90 | 0,62 257 | 0,17 796 | 0,52 851 | 0,15 107 | 1,11 369 |
| | 92 | 278 | 807 | 865 | 116 | 401 |
| | 94 | 300 | 819 | 878 | 124 | 432 |
| | 96 | 322 | 831 | 891 | 132 | 464 |
| | 98 | 344 | 842 | 905 | 141 | 495 |
| 71 | 0 | 0,62 366 | 0,17 854 | 0,52 918 | 0,15 149 | 1,11 527 |
| | 2 | 387 | 865 | 931 | 157 | 558 |
| | 4 | 409 | 877 | 945 | 166 | 589 |
| | 6 | 431 | 888 | 958 | 174 | 621 |
| | 8 | 453 | 900 | 971 | 182 | 652 |
| 71 | 10 | 0,62 475 | 0,17 911 | 0,52 985 | 0,15 191 | 1,11 684 |
| | 12 | 497 | 923 | 998 | 199 | 715 |
| | 14 | 518 | 935 | 0,53 011 | 207 | 746 |
| | 16 | 540 | 946 | 024 | 216 | 778 |
| | 18 | 562 | 958 | 038 | 224 | 809 |
| 71 | 20 | 0,62 584 | 0,17 969 | 0,53 051 | 0,15 232 | 1,11 841 |
| | 22 | 606 | 981 | 064 | 241 | 872 |
| | 24 | 628 | 993 | 078 | 249 | 904 |
| | 26 | 650 | 0,18 004 | 091 | 257 | 935 |
| | 28 | 672 | 016 | 104 | 266 | 966 |
| 71 | 30 | 0,62 693 | 0,18 027 | 0,53 118 | 0,15 274 | 1,11 998 |
| | 32 | 715 | 039 | 131 | 282 | 1,12 029 |
| | 34 | 737 | 051 | 144 | 291 | 061 |
| | 36 | 759 | 062 | 158 | 299 | 092 |
| | 38 | 781 | 074 | 171 | 307 | 123 |
| | 40 | 803 | 086 | 184 | 316 | 155 |

| α | | Tangente $AB$ | Scheitel-abstand $BD$ | Abszisse $AE$. Halbe Sehne $AF$ | Ordinate $ED$. Pfeil-höhe $DF$ | Bogen-länge $ADC$ |
|---|---|---|---|---|---|---|
| g | c | $\operatorname{tg}\dfrac{\alpha}{2}$ | $\sec\dfrac{\alpha}{2}-1$ | $\sin\dfrac{\alpha}{2}$ | $1-\cos\dfrac{\alpha}{2}$ | $\dfrac{\pi\cdot\alpha}{200}$ |
| 71 | 40 | 0,62 803 | 0,18 086 | 0,53 184 | 0,15 316 | 1,12 155 |
|  | 42 | 825 | 097 | 198 | 324 | 186 |
|  | 44 | 847 | 109 | 211 | 332 | 218 |
|  | 46 | 869 | 121 | 224 | 341 | 249 |
|  | 48 | 891 | 132 | 237 | 349 | 28 |
| 71 | 50 | 0,62 912 | 0,18 144 | 0,53 251 | 0,15 357 | 1,12 312 |
|  | 52 | 934 | 156 | 264 | 366 | 343 |
|  | 54 | 956 | 167 | 277 | 374 | 375 |
|  | 56 | 978 | 179 | 291 | 383 | 406 |
|  | 58 | 0,63 000 | 191 | 304 | 391 | 438 |
| 71 | 60 | 0,63 022 | 0,18 202 | 0,53 317 | 0,15 399 | 1,12 469 |
|  | 62 | 044 | 214 | 330 | 408 | 500 |
|  | 64 | 066 | 226 | 344 | 416 | 532 |
|  | 66 | 088 | 237 | 357 | 424 | 563 |
|  | 68 | 110 | 249 | 370 | 433 | 595 |
| 71 | 70 | 0,63 132 | 0,18 261 | 0,53 384 | 0,15 441 | 1,12 626 |
|  | 72 | 154 | 273 | 397 | 449 | 658 |
|  | 74 | 176 | 284 | 410 | 458 | 689 |
|  | 76 | 198 | 296 | 423 | 466 | 720 |
|  | 78 | 220 | 308 | 437 | 475 | 752 |
| 71 | 80 | 0,63 242 | 0,18 320 | 0,53 450 | 0,15 483 | 1,12 783 |
|  | 82 | 264 | 331 | 463 | 492 | 815 |
|  | 84 | 286 | 343 | 477 | 500 | 846 |
|  | 86 | 308 | 355 | 490 | 508 | 877 |
|  | 88 | 330 | 367 | 503 | 517 | 909 |
| 71 | 90 | 0,63 352 | 0,18 378 | 0,53 516 | 0,15 525 | 1,12 940 |
|  | 92 | 374 | 390 | 530 | 534 | 972 |
|  | 94 | 396 | 402 | 543 | 542 | 1,13 003 |
|  | 96 | 418 | 414 | 556 | 550 | 035 |
|  | 98 | 440 | 426 | 569 | 559 | 066 |
| 72 | 0 | 462 | 437 | 583 | 567 | 097 |

| α | | Tangente $AB$ | Scheitel-abstand $BD$ | Abszisse $AE$. Halbe Sehne $AF$ | Ordinate $ED$. Pfeil-höhe $DF$ | Bogen-länge $ADC$ |
|---|---|---|---|---|---|---|
| $g$ | $c$ | $\mathrm{tg}\,\dfrac{\alpha}{2}$ | $\sec\dfrac{\alpha}{2}-1$ | $\sin\dfrac{\alpha}{2}$ | $1-\cos\dfrac{\alpha}{2}$ | $\dfrac{\pi\cdot\alpha}{200}$ |
| 72 | 0 | 0,63 462 | 0,18 437 | 0,53 583 | 0,15 567 | 1,13 097 |
| | 2 | 484 | 449 | 596 | 576 | 129 |
| | 4 | 506 | 461 | 609 | 584 | 160 |
| | 6 | 528 | 473 | 622 | 592 | 192 |
| | 8 | 550 | 485 | 636 | 601 | 223 |
| 72 | 10 | 0,63 572 | 0,18 496 | 0,53 649 | 0,15 609 | 1,13 254 |
| | 12 | 594 | 508 | 662 | 618 | 286 |
| | 14 | 616 | 520 | 675 | 626 | 317 |
| | 16 | 638 | 532 | 689 | 635 | 349 |
| | 18 | 660 | 544 | 702 | 643 | 380 |
| 72 | 20 | 0,63 682 | 0,18 556 | 0,53 715 | 0,15 651 | 1,13 411 |
| | 22 | 705 | 568 | 728 | 660 | 443 |
| | 24 | 727 | 579 | 742 | 668 | 474 |
| | 26 | 749 | 591 | 755 | 677 | 506 |
| | 28 | 771 | 603 | 768 | 685 | 537 |
| 72 | 30 | 0,63 793 | 0,18 615 | 0,53 781 | 0,15 694 | 1,13 569 |
| | 32 | 815 | 627 | 795 | 702 | 600 |
| | 34 | 837 | 639 | 808 | 711 | 631 |
| | 36 | 859 | 651 | 821 | 719 | 663 |
| | 38 | 881 | 663 | 834 | 728 | 694 |
| 72 | 40 | 0,63 903 | 0,18 675 | 0,53 848 | 0,15 736 | 1,13 726 |
| | 42 | 925 | 687 | 861 | 744 | 757 |
| | 44 | 948 | 698 | 874 | 753 | 788 |
| | 46 | 970 | 710 | 887 | 761 | 820 |
| | 48 | 992 | 722 | 901 | 770 | 851 |
| 72 | 50 | 0,64 014 | 0,18 734 | 0,53 914 | 0,15 778 | 1,13 883 |
| | 52 | 036 | 746 | 927 | 787 | 914 |
| | 54 | 058 | 758 | 940 | 795 | 946 |
| | 56 | 081 | 770 | 954 | 804 | 977 |
| | 58 | 103 | 782 | 967 | 812 | 1,14 008 |
| | 60 | 125 | 794 | 980 | 821 | 040 |

| α | | Tangente $AB$ | Scheitel-abstand $BD$ | Abszisse $AE$. Halbe Sehne $AF$ | Ordinate $ED$. Pfeil-höhe $DF$ | Bogen-länge $ADC$ |
|---|---|---|---|---|---|---|
| g | c | $\operatorname{tg}\dfrac{\alpha}{2}$ | $\sec\dfrac{\alpha}{2}-1$ | $\sin\dfrac{\alpha}{2}$ | $1-\cos\dfrac{\alpha}{2}$ | $\dfrac{\pi\cdot\alpha}{200}$ |
| 72 | 60 | 0,64125 | 0,18794 | 0,53980 | 0,15821 | 1,14040 |
|    | 62 | 147 | 806 | 993 | 829 | 071 |
|    | 64 | 169 | 818 | 0,54006 | 838 | 103 |
|    | 66 | 191 | 830 | 020 | 846 | 134 |
|    | 68 | 214 | 842 | 033 | 855 | 165 |
| 72 | 70 | 0,64236 | 0,18854 | 0,54046 | 0,15863 | 1,14197 |
|    | 72 | 258 | 866 | 059 | 872 | 228 |
|    | 74 | 280 | 878 | 072 | 880 | 260 |
|    | 76 | 302 | 890 | 086 | 889 | 291 |
|    | 78 | 325 | 902 | 099 | 897 | 323 |
| 72 | 80 | 0,64347 | 0,18914 | 0,54112 | 0,15906 | 1,14354 |
|    | 82 | 369 | 926 | 125 | 914 | 385 |
|    | 84 | 391 | 938 | 139 | 923 | 417 |
|    | 86 | 413 | 950 | 152 | 931 | 448 |
|    | 88 | 436 | 962 | 165 | 940 | 480 |
| 72 | 90 | 0,64458 | 0,18974 | 0,54178 | 0,15948 | 1,14511 |
|    | 92 | 480 | 986 | 191 | 957 | 542 |
|    | 94 | 502 | 998 | 205 | 965 | 574 |
|    | 96 | 525 | 0,19010 | 218 | 974 | 605 |
|    | 98 | 547 | 022 | 231 | 982 | 637 |
| 73 | 0 | 0,64569 | 0,19034 | 0,54244 | 0,15991 | 1,14668 |
|    | 2 | 591 | 046 | 257 | 999 | 700 |
|    | 4 | 614 | 058 | 271 | 0,16008 | 731 |
|    | 6 | 636 | 071 | 284 | 016 | 752 |
|    | 8 | 658 | 083 | 297 | 025 | 794 |
| 73 | 10 | 0,64681 | 0,19095 | 0,54310 | 0,16033 | 1,14825 |
|    | 12 | 703 | 107 | 323 | 042 | 857 |
|    | 14 | 725 | 119 | 336 | 050 | 888 |
|    | 16 | 747 | 131 | 350 | 059 | 919 |
|    | 18 | 770 | 143 | 363 | 067 | 951 |
|    | 20 | 792 | 155 | 376 | 076 | 982 |

## Tafel I.

| α | | Tangente $AB$ | Scheitel-abstand $BD$ | Abszisse $AE$. Halbe Sehne $AF$ | Ordinate $ED$. Pfeilhöhe $DF$ | Bogenlänge $ADC$ |
|---|---|---|---|---|---|---|
| g | c | $\mathrm{tg}\,\dfrac{\alpha}{2}$ | $\sec\dfrac{\alpha}{2}-1$ | $\sin\dfrac{\alpha}{2}$ | $1-\cos\dfrac{\alpha}{2}$ | $\dfrac{\pi\cdot\alpha}{200}$ |
| 73 | 20 | 0,64 792 | 0,19 155 | 0,54 376 | 0,16 076 | 1,14 982 |
|  | 22 | 814 | 168 | 389 | 084 | 1,15 014 |
|  | 24 | 837 | 180 | 402 | 093 | 045 |
|  | 26 | 859 | 192 | 416 | 102 | 077 |
|  | 28 | 881 | 204 | 429 | 110 | 108 |
| 73 | 30 | 0,64 904 | 0,19 216 | 0,54 442 | 0,16 119 | 1,15 139 |
|  | 32 | 926 | 228 | 455 | 127 | 171 |
|  | 34 | 948 | 240 | 468 | 136 | 202 |
|  | 36 | 971 | 253 | 481 | 144 | 234 |
|  | 38 | 993 | 265 | 495 | 153 | 265 |
| 73 | 40 | 0,65 015 | 0,19 277 | 0,54 508 | 0,16 161 | 1,15 296 |
|  | 42 | 038 | 289 | 521 | 170 | 328 |
|  | 44 | 060 | 301 | 534 | 179 | 359 |
|  | 46 | 082 | 313 | 547 | 187 | 391 |
|  | 48 | 105 | 326 | 560 | 196 | 422 |
| 73 | 50 | 0,65 127 | 0,19 338 | 0,54 574 | 0,16 204 | 1,15 454 |
|  | 52 | 149 | 350 | 587 | 213 | 485 |
|  | 54 | 172 | 362 | 600 | 221 | 516 |
|  | 56 | 194 | 375 | 613 | 230 | 548 |
|  | 58 | 217 | 387 | 626 | 239 | 579 |
| 73 | 60 | 0,65 239 | 0,19 399 | 0,54 639 | 0,16 247 | 1,15 611 |
|  | 62 | 261 | 411 | 653 | 256 | 642 |
|  | 64 | 284 | 423 | 666 | 264 | 673 |
|  | 66 | 306 | 436 | 679 | 273 | 705 |
|  | 68 | 329 | 448 | 692 | 282 | 736 |
| 73 | 70 | 0,65 351 | 0,19 460 | 0,54 705 | 0,16 290 | 1,15 768 |
|  | 72 | 373 | 472 | 718 | 299 | 799 |
|  | 74 | 396 | 485 | 731 | 307 | 831 |
|  | 76 | 418 | 497 | 745 | 316 | 862 |
|  | 78 | 441 | 509 | 758 | 325 | 893 |
|  | 80 | 463 | 522 | 771 | 333 | 925 |

| $\alpha$ | | Tangente $AB$ | Scheitelabstand $BD$ | Abszisse $AE$. Halbe Sehne $AF$ | Ordinate $ED$. Pfeilhöhe $DF$ | Bogenlänge $ADC$ |
|---|---|---|---|---|---|---|
| $g$ | $c$ | $\operatorname{tg}\dfrac{\alpha}{2}$ | $\sec\dfrac{\alpha}{2}-1$ | $\sin\dfrac{\alpha}{2}$ | $1-\cos\dfrac{\alpha}{2}$ | $\dfrac{\pi\cdot\alpha}{200}$ |
| 73 | 80 | 0,65 463 | 0,19 522 | 0,54 771 | 0,16 333 | 1,15 925 |
|  | 82 | 486 | 534 | 784 | 342 | 956 |
|  | 84 | 508 | 546 | 797 | 350 | 988 |
|  | 86 | 530 | 559 | 810 | 359 | 1,16 019 |
|  | 88 | 553 | 571 | 823 | 368 | 050 |
| 73 | 90 | 0,65 575 | 0,19 583 | 0,54 837 | 0,16 376 | 1,16 082 |
|  | 92 | 598 | 595 | 850 | 385 | 113 |
|  | 94 | 620 | 608 | 863 | 393 | 145 |
|  | 96 | 643 | 620 | 876 | 402 | 176 |
|  | 98 | 665 | 632 | 889 | 411 | 208 |
| 74 | 0 | 0,65 688 | 0,19 645 | 0,54 902 | 0,16 419 | 1,16 239 |
|  | 2 | 710 | 657 | 915 | 428 | 270 |
|  | 4 | 733 | 670 | 929 | 437 | 302 |
|  | 6 | 755 | 682 | 942 | 445 | 333 |
|  | 8 | 778 | 694 | 955 | 454 | 365 |
| 74 | 10 | 0,65 800 | 0,19 707 | 0,54 968 | 0,16 462 | 1,16 396 |
|  | 12 | 823 | 719 | 981 | 471 | 427 |
|  | 14 | 845 | 731 | 994 | 480 | 459 |
|  | 16 | 868 | 744 | 0,55 007 | 488 | 490 |
|  | 18 | 890 | 756 | 020 | 497 | 522 |
| 74 | 20 | 0,65 913 | 0,19 769 | 0,55 034 | 0,16 506 | 1,16 553 |
|  | 22 | 935 | 781 | 047 | 514 | 585 |
|  | 24 | 958 | 793 | 060 | 523 | 616 |
|  | 26 | 980 | 806 | 073 | 532 | 647 |
|  | 28 | 0,66 003 | 818 | 086 | 540 | 679 |
| 74 | 30 | 0,66 026 | 0,19 831 | 0,55 099 | 0,16 549 | 1,16 710 |
|  | 32 | 048 | 843 | 112 | 558 | 742 |
|  | 34 | 071 | 855 | 125 | 566 | 773 |
|  | 36 | 093 | 868 | 138 | 575 | 804 |
|  | 38 | 116 | 880 | 151 | 583 | 836 |
|  | 40 | 138 | 893 | 165 | 592 | 867 |

## Tafel I.

| α | | Tangente $AB$ | Scheitel-abstand $BD$ | Abszisse $AE$. Halbe Sehne $AF$ | Ordinate $ED$. Pfeil-höhe $DF$ | Bogen-länge $ADC$ |
|---|---|---|---|---|---|---|
| g | c | $\operatorname{tg} \dfrac{\alpha}{2}$ | $\sec \dfrac{\alpha}{2} - 1$ | $\sin \dfrac{\alpha}{2}$ | $1 - \cos \dfrac{\alpha}{2}$ | $\dfrac{\pi \cdot \alpha}{200}$ |
| 74 | 40 | 0,66 138 | 0,19 893 | 0,55 165 | 0,16 592 | 1,16 867 |
|    | 42 | 161 | 905 | 178 | 601 | 899 |
|    | 44 | 184 | 918 | 191 | 609 | 930 |
|    | 46 | 206 | 930 | 204 | 618 | 961 |
|    | 48 | 229 | 943 | 217 | 627 | 993 |
| 74 | 50 | 0,66 251 | 0,19 955 | 0,55 230 | 0,16 636 | 1,17 024 |
|    | 52 | 274 | 968 | 243 | 644 | 056 |
|    | 54 | 297 | 980 | 256 | 653 | 087 |
|    | 56 | 319 | 993 | 269 | 662 | 119 |
|    | 58 | 342 | 0,20 005 | 282 | 670 | 150 |
| 74 | 60 | 0,66 364 | 0,20 018 | 0,55 296 | 0,16 679 | 1,17 181 |
|    | 62 | 387 | 030 | 309 | 688 | 213 |
|    | 64 | 410 | 043 | 322 | 696 | 244 |
|    | 66 | 432 | 055 | 335 | 705 | 276 |
|    | 68 | 455 | 068 | 348 | 714 | 307 |
| 74 | 70 | 0,66 478 | 0,20 080 | 0,55 361 | 0,16 722 | 1,17 338 |
|    | 72 | 500 | 093 | 374 | 731 | 370 |
|    | 74 | 523 | 105 | 387 | 740 | 401 |
|    | 76 | 546 | 118 | 400 | 748 | 433 |
|    | 78 | 568 | 130 | 413 | 757 | 464 |
| 74 | 80 | 0,66 591 | 0,20 143 | 0,55 426 | 0,16 766 | 1,17 496 |
|    | 82 | 614 | 156 | 439 | 775 | 527 |
|    | 84 | 636 | 168 | 452 | 783 | 558 |
|    | 86 | 659 | 181 | 466 | 792 | 590 |
|    | 88 | 682 | 193 | 479 | 801 | 621 |
| 74 | 90 | 0,66 704 | 0,20 206 | 0,55 492 | 0,16 809 | 1,17 653 |
|    | 92 | 727 | 219 | 505 | 818 | 684 |
|    | 94 | 750 | 231 | 518 | 827 | 715 |
|    | 96 | 772 | 244 | 531 | 836 | 747 |
|    | 98 | 795 | 256 | 544 | 844 | 778 |
| 75 | 0 | 818 | 269 | 557 | 853 | 810 |

168

| α | | Tangente $AB$ | Scheitel-abstand $BD$ | Abszisse $AE$. Halbe Sehne $AF$ | Ordinate $ED$. Pfeil-höhe $DF$ | Bogen-länge $ADC$ |
|---|---|---|---|---|---|---|
| $g$ | $c$ | $\operatorname{tg}\dfrac{\alpha}{2}$ | $\sec\dfrac{\alpha}{2}-1$ | $\sin\dfrac{\alpha}{2}$ | $1-\cos\dfrac{\alpha}{2}$ | $\dfrac{\pi\cdot\alpha}{200}$ |
| 75 | 0 | 0,66 818 | 0,20 269 | 0,55 557 | 0,16 853 | 1,17 810 |
| | 2 | 841 | 282 | 570 | 862 | 841 |
| | 4 | 863 | 294 | 583 | 870 | 873 |
| | 6 | 886 | 307 | 596 | 879 | 904 |
| | 8 | 909 | 320 | 609 | 888 | 935 |
| 75 | 10 | 0,66 932 | 0,20 332 | 0,55 622 | 0,16 897 | 1,17 967 |
| | 12 | 954 | 345 | 635 | 905 | 998 |
| | 14 | 977 | 357 | 648 | 914 | 1,18 030 |
| | 16 | 0,67 000 | 370 | 661 | 923 | 061 |
| | 18 | 023 | 383 | • 675 | 932 | 092 |
| 75 | 20 | 0,67 045 | 0,20 395 | 0,55 688 | 0,16 940 | 1,18 124 |
| | 22 | 068 | 408 | 701 | 949 | 155 |
| | 24 | 091 | 421 | 714 | 958 | 187 |
| | 26 | 114 | 434 | 727 | 967 | 218 |
| | 28 | 136 | 446 | 740 | 975 | 250 |
| 75 | 30 | 0,67 159 | 0,20 459 | 0,55 753 | 0,16 984 | 1,18 281 |
| | 32 | 182 | 472 | 766 | 993 | 312 |
| | 34 | 205 | 484 | 779 | 0,17 002 | 344 |
| | 36 | 228 | 497 | 792 | 010 | 375 |
| | 38 | 250 | 510 | 805 | 019 | 407 |
| 75 | 40 | 0,67 273 | 0,20 523 | 0,55 818 | 0,17 028 | 1,18 438 |
| | 42 | 296 | 535 | 831 | 037 | 469 |
| | 44 | 319 | 548 | 844 | 046 | 501 |
| | 46 | 342 | 561 | 857 | 054 | 532 |
| | 48 | 365 | 574 | 870 | 063 | 564 |
| 75 | 50 | 0,67 387 | 0,20 586 | 0,55 883 | 0,17 072 | 1,18 595 |
| | 52 | 410 | 599 | 896 | 081 | 627 |
| | 54 | 433 | 612 | 909 | 089 | 658 |
| | 56 | 456 | 625 | 922 | 098 | 689 |
| | 58 | 479 | 637 | 935 | 107 | 721 |
| | 60 | 502 | 650 | 948 | 116 | 752 |

## Tafel I.

| α | | Tangente $AB$ | Scheitel-abstand $BD$ | Abszisse $AE$. Halbe Sehne $AF$ | Ordinate $ED$. Pfeil-höhe $DF$ | Bogen-länge $ADC$ |
|---|---|---|---|---|---|---|
| g | c | $\operatorname{tg} \dfrac{\alpha}{2}$ | $\sec \dfrac{\alpha}{2} - 1$ | $\sin \dfrac{\alpha}{2}$ | $1 - \cos \dfrac{\alpha}{2}$ | $\dfrac{\pi \cdot \alpha}{200}$ |
| 75 | 60 | 0,67 502 | 0,20 650 | 0,55 948 | 0,17 116 | 1,18 752 |
|  | 62 | 525 | 663 | 961 | 125 | 784 |
|  | 64 | 547 | 676 | 974 | 133 | 815 |
|  | 66 | 570 | 689 | 987 | 142 | 846 |
|  | 68 | 593 | 701 | 0,56 000 | 151 | 878 |
| 75 | 70 | 0,67 616 | 0,20 714 | 0,56 013 | 0,17 160 | 1,18 909 |
|  | 72 | 639 | 727 | 026 | 169 | 941 |
|  | 74 | 662 | 740 | 039 | 177 | 972 |
|  | 76 | 685 | 753 | 052 | 186 | 1,19 004 |
|  | 78 | 708 | 766 | 065 | 195 | 035 |
| 75 | 80 | 0,67 731 | 0,20 778 | 0,56 078 | 0,17 204 | 1,19 066 |
|  | 82 | 753 | 791 | 091 | 213 | 098 |
|  | 84 | 776 | 804 | 104 | 221 | 129 |
|  | 86 | 799 | 817 | 117 | 230 | 161 |
|  | 88 | 822 | 830 | 130 | 239 | 192 |
| 75 | 90 | 0,67 845 | 0,20 843 | 0,56 143 | 0,17 248 | 1,19 223 |
|  | 92 | 868 | 856 | 156 | 257 | 255 |
|  | 94 | 891 | 869 | 169 | 265 | 286 |
|  | 96 | 914 | 881 | 182 | 274 | 318 |
|  | 98 | 937 | 894 | 195 | 283 | 349 |
| 76 | 0 | 0,67 960 | 0,20 907 | 0,56 208 | 0,17 292 | 1,19 381 |
|  | 2 | 983 | 920 | 221 | 301 | 412 |
|  | 4 | 0,68 006 | 933 | 234 | 310 | 443 |
|  | 6 | 029 | 946 | 247 | 318 | 475 |
|  | 8 | 052 | 959 | 260 | 327 | 506 |
| 76 | 10 | 0,68 075 | 0,20 972 | 0,56 273 | 0,17 336 | 1,19 538 |
|  | 12 | 098 | 985 | 286 | 345 | 569 |
|  | 14 | 121 | 998 | 299 | 354 | 600 |
|  | 16 | 144 | 0,21 011 | 312 | 363 | 632 |
|  | 18 | 167 | 024 | 325 | 371 | 663 |
|  | 20 | 190 | 037 | 338 | 380 | 695 |

| $\alpha$ | | Tangente $A\,B$ | Scheitel-abstand $B\,D$ | Abszisse $A\,E$. Halbe Sehne $A\,F$ | Ordinate $E\,D$. Pfeil-höhe $D\,F$ | Bogen-länge $A\,D\,C$ |
|---|---|---|---|---|---|---|
| $g$ | $c$ | $\operatorname{tg}\dfrac{\alpha}{2}$ | $\sec\dfrac{\alpha}{2}-1$ | $\sin\dfrac{\alpha}{2}$ | $1-\cos\dfrac{\alpha}{2}$ | $\dfrac{\pi\cdot\alpha}{200}$ |
| 76 | 20 | 0,68 190 | 0,21 037 | 0,56 338 | 0,17 380 | 1,19 695 |
|  | 22 | 213 | 050 | 351 | 389 | 726 |
|  | 24 | 236 | 063 | 364 | 398 | 758 |
|  | 26 | 259 | 076 | 377 | 407 | 789 |
|  | 28 | 282 | 088 | 390 | 416 | 820 |
| 76 | 30 | 0,68 305 | 0,21 101 | 0,56 403 | 0,17 425 | 1,19 852 |
|  | 32 | 328 | 114 | 416 | 433 | 883 |
|  | 34 | 351 | 127 | 429 | 442 | 915 |
|  | 36 | 374 | 140 | 442 | 451 | 946 |
|  | 38 | 397 | 153 | 455 | 460 | 977 |
| 76 | 40 | 0,68 420 | 0,21 167 | 0,56 468 | 0,17 469 | 1,20 009 |
|  | 42 | 443 | 180 | 481 | 478 | 040 |
|  | 44 | 466 | 193 | 494 | 487 | 072 |
|  | 46 | 489 | 206 | 507 | 496 | 103 |
|  | 48 | 512 | 219 | 520 | 504 | 135 |
| 76 | 50 | 0,68 536 | 0,21 232 | 0,56 533 | 0,17 513 | 1,20 166 |
|  | 52 | 559 | 245 | 546 | 522 | 197 |
|  | 54 | 582 | 258 | 559 | 531 | 229 |
|  | 56 | 605 | 271 | 572 | 540 | 260 |
|  | 58 | 628 | 284 | 585 | 549 | 292 |
| 76 | 60 | 0,68 651 | 0,21 297 | 0,56 597 | 0,17 558 | 1,20 323 |
|  | 62 | 674 | 310 | 610 | 567 | 354 |
|  | 64 | 697 | 323 | 623 | 576 | 386 |
|  | 66 | 720 | 336 | 636 | 584 | 417 |
|  | 68 | 744 | 349 | 649 | 593 | 449 |
| 76 | 70 | 0,68 767 | 0,21 362 | 0,56 662 | 0,17 602 | 1,20 480 |
|  | 72 | 790 | 376 | 675 | 611 | 511 |
|  | 74 | 813 | 389 | 688 | 620 | 543 |
|  | 76 | 836 | 402 | 701 | 629 | 574 |
|  | 78 | 859 | 415 | 714 | 638 | 606 |
|  | 80 | 882 | 428 | 727 | 647 | 637 |

## Tafel I.

| g | c | Tangente $AB$ $\operatorname{tg}\frac{\alpha}{2}$ | Scheitel-abstand $BD$ $\sec\frac{\alpha}{2}-1$ | Abszisse $AE$. Halbe Sehne $AF$ $\sin\frac{\alpha}{2}$ | Ordinate $ED$ Pfeil-höhe $DF$ $1-\cos\frac{\alpha}{2}$ | Bogen-länge $ADC$ $\frac{\pi\cdot\alpha}{200}$ |
|---|---|---|---|---|---|---|
| 76 | 80 | 0,68 882 | 0,21 428 | 0,56 727 | 0,17 647 | 1,20 637 |
|    | 82 | 906 | 441 | 740 | 656 | 669 |
|    | 84 | 929 | 454 | 753 | 665 | 700 |
|    | 86 | 952 | 468 | 766 | 673 | 731 |
|    | 88 | 975 | 481 | 779 | 682 | 763 |
| 76 | 90 | 0,68 998 | 0,21 494 | 0,56 792 | 0,17 691 | 1,20 794 |
|    | 92 | 0,69 021 | 507 | 804 | 700 | 826 |
|    | 94 | 045 | 520 | 817 | 709 | 857 |
|    | 96 | 068 | 533 | 830 | 718 | 888 |
|    | 98 | 091 | 547 | 843 | 727 | 920 |
| 77 | 0 | 0,69 114 | 0,21 560 | 0,56 856 | 0,17 736 | 1,20 951 |
|    | 2 | 137 | 573 | 869 | 745 | 983 |
|    | 4 | 161 | 586 | 882 | 754 | 1,21 014 |
|    | 6 | 183 | 599 | 895 | 763 | 046 |
|    | 8 | 207 | 613 | 908 | 772 | 077 |
| 77 | 10 | 0,69 230 | 0,21 626 | 0,56 921 | 0,17 781 | 1,21 108 |
|    | 12 | 254 | 639 | 934 | 790 | 140 |
|    | 14 | 277 | 652 | 947 | 799 | 171 |
|    | 16 | 300 | 666 | 960 | 807 | 203 |
|    | 18 | 323 | 679 | 972 | 816 | 234 |
| 77 | 20 | 0,69 347 | 0,21 692 | 0,56 985 | 0,17 825 | 1,21 265 |
|    | 22 | 370 | 705 | 998 | 834 | 297 |
|    | 24 | 393 | 719 | 0,57 011 | 843 | 328 |
|    | 26 | 416 | 732 | 024 | 852 | 360 |
|    | 28 | 440 | 745 | 037 | 861 | 391 |
| 77 | 30 | 0,69 463 | 0,21 758 | 0,57 050 | 0,17 870 | 1,21 423 |
|    | 32 | 486 | 772 | 063 | 879 | 454 |
|    | 34 | 510 | 785 | 076 | 888 | 485 |
|    | 36 | 533 | 798 | 089 | 897 | 517 |
|    | 38 | 556 | 812 | 101 | 906 | 548 |
|    | 40 | 579 | 825 | 114 | 915 | 580 |

172

| α | | Tangente $AB$ | Scheitel-abstand $BD$ | Abszisse $AE$. Halbe Sehne $AF$ | Ordinate $ED$. Pfeil-höhe $DF$ | Bogen-länge $ADC$ |
|---|---|---|---|---|---|---|
| g | c | $\operatorname{tg} \frac{\alpha}{2}$ | $\sec \frac{\alpha}{2} - 1$ | $\sin \frac{\alpha}{2}$ | $1 - \cos \frac{\alpha}{2}$ | $\frac{\pi \cdot \alpha}{200}$ |
| 77 | 40 | 0,69 579 | 0,21 825 | 0,57 114 | 0,17 915 | 1,21 580 |
|  | 42 | 603 | 838 | 127 | 924 | 611 |
|  | 44 | 626 | 852 | 140 | 933 | 642 |
|  | 46 | 649 | 865 | 153 | 942 | 674 |
|  | 48 | 673 | 878 | 166 | 951 | 705 |
| 77 | 50 | 0,69 696 | 0,21 892 | 0,57 179 | 0,17 960 | 1,21 737 |
|  | 52 | 719 | 905 | 192 | 969 | 768 |
|  | 54 | 743 | 918 | 205 | 978 | 800 |
|  | 56 | 766 | 932 | 217 | 987 | 831 |
|  | 58 | 790 | 945 | 230 | 996 | 862 |
| 77 | 60 | 0,69 813 | 0,21 958 | 0,57 243 | 0,18 005 | 1,21 894 |
|  | 62 | 836 | 972 | 256 | 014 | 925 |
|  | 64 | 860 | 985 | 269 | 023 | 957 |
|  | 66 | 883 | 998 | 282 | 032 | 988 |
|  | 68 | 906 | 0,22 012 | 295 | 041 | 1,22 019 |
| 77 | 70 | 0,69 930 | 0,22 025 | 0,57 308 | 0,18 050 | 1,22 051 |
|  | 72 | 953 | 039 | 320 | 059 | 082 |
|  | 74 | 977 | 052 | 333 | 068 | 114 |
|  | 76 | 0,70 000 | 066 | 346 | 077 | 145 |
|  | 78 | 023 | 079 | 359 | 086 | 177 |
| 77 | 80 | 0,70 047 | 0,22 092 | 0,57 372 | 0,18 095 | 1,22 208 |
|  | 82 | 070 | 106 | 385 | 104 | 239 |
|  | 84 | 094 | 119 | 398 | 113 | 271 |
|  | 86 | 117 | 133 | 411 | 122 | 302 |
|  | 88 | 140 | 146 | 423 | 131 | 334 |
| 77 | 90 | 0,70 164 | 0,22 160 | 0,57 436 | 0,18 140 | 1,22 365 |
|  | 92 | 187 | 173 | 449 | 149 | 396 |
|  | 94 | 211 | 187 | 462 | 158 | 428 |
|  | 96 | 234 | 200 | 475 | 167 | 459 |
|  | 98 | 258 | 214 | 488 | 176 | 491 |
| 78 | 0 | 281 | 227 | 501 | 185 | 522 |

Tafel I.

| $g$ | $c$ | Tangente $AB$ $\mathrm{tg}\,\dfrac{\alpha}{2}$ | Scheitelabstand $BD$ $\sec\dfrac{\alpha}{2}-1$ | Abszisse $AE.$ Halbe Sehne $AF$ $\sin\dfrac{\alpha}{2}$ | Ordinate $ED.$ Pfeilhöhe $DF$ $1-\cos\dfrac{\alpha}{2}$ | Bogenlänge $ADC$ $\dfrac{\pi\cdot\alpha}{200}$ |
|---|---|---|---|---|---|---|
| 78 | 0 | 0,70 281 | 0,22 227 | 0,57 501 | 0,18 185 | 1,22 522 |
|  | 2 | 305 | 241 | 513 | 194 | 554 |
|  | 4 | 328 | 254 | 526 | 203 | 585 |
|  | 6 | 352 | 268 | 539 | 212 | 616 |
|  | 8 | 375 | 281 | 552 | 221 | 648 |
| 78 | 10 | 0,70 399 | 0,22 295 | 0,57 565 | 0,18 230 | 1,22 679 |
|  | 12 | 422 | 308 | 578 | 239 | 711 |
|  | 14 | 446 | 322 | 590 | 248 | 742 |
|  | 16 | 469 | 335 | 603 | 257 | 773 |
|  | 18 | 493 | 349 | 616 | 266 | 805 |
| 78 | 20 | 0,70 516 | 0,22 362 | 0,57 629 | 0,18 275 | 1,22 836 |
|  | 22 | 540 | 376 | 642 | 285 | 868 |
|  | 24 | 563 | 389 | 655 | 294 | 899 |
|  | 26 | 587 | 403 | 667 | 303 | 931 |
|  | 28 | 610 | 417 | 680 | 312 | 962 |
| 78 | 30 | 0,70 634 | 0,22 430 | 0,57 693 | 0,18 321 | 1,22 993 |
|  | 32 | 657 | 444 | 706 | 330 | 1,23 025 |
|  | 34 | 681 | 457 | 719 | 339 | 056 |
|  | 36 | 704 | 471 | 732 | 348 | 088 |
|  | 38 | 728 | 484 | 744 | 357 | 119 |
| 78 | 40 | 0,70 752 | 0,22 498 | 0,57 757 | 0,18 366 | 1,23 150 |
|  | 42 | 775 | 512 | 770 | 375 | 182 |
|  | 44 | 799 | 525 | 783 | 384 | 213 |
|  | 46 | 822 | 539 | 796 | 393 | 245 |
|  | 48 | 846 | 553 | 809 | 402 | 276 |
| 78 | 50 | 0,70 869 | 0,22 566 | 0,57 821 | 0,18 411 | 1,23 308 |
|  | 52 | 893 | 580 | 834 | 421 | 339 |
|  | 54 | 917 | 594 | 847 | 430 | 370 |
|  | 56 | 940 | 607 | 860 | 439 | 402 |
|  | 58 | 964 | 621 | 873 | 448 | 433 |
|  | 60 | 988 | 635 | 885 | 457 | 465 |

| α | | Tangente $AB$ | Scheitel-abstand $BD$ | Abszisse $AE$. Halbe Sehne $AF$ | Ordinate $ED$. Pfeil-höhe $DF$ | Bogen-länge $ADC$ |
|---|---|---|---|---|---|---|
| g | c | $\operatorname{tg}\dfrac{\alpha}{2}$ | $\sec\dfrac{\alpha}{2}-1$ | $\sin\dfrac{\alpha}{2}$ | $1-\cos\dfrac{\alpha}{2}$ | $\dfrac{\pi\cdot\alpha}{200}$ |
| 78 | 60 | 0,70 988 | 0,22 635 | 0,57 885 | 0,18 457 | 1,23 465 |
|   | 62 | 0,71 011 | 648 | 898 | 466 | 496 |
|   | 64 | 035 | 662 | 911 | 475 | 527 |
|   | 66 | 058 | 676 | 924 | 484 | 559 |
|   | 68 | 082 | 689 | 937 | 493 | 590 |
| 78 | 70 | 0,71 106 | 0,22 703 | 0,57 949 | 0,18 502 | 1,23 622 |
|   | 72 | 129 | 717 | 962 | 511 | 653 |
|   | 74 | 153 | 730 | 975 | 521 | 685 |
|   | 76 | 177 | 744 | 988 | 530 | 716 |
|   | 78 | 200 | 758 | 0,58 001 | 539 | 747 |
| 78 | 80 | 0,71 224 | 0,22 772 | 0,58 013 | 0,18 548 | 1,23 779 |
|   | 82 | 248 | 785 | 026 | 557 | 810 |
|   | 84 | 271 | 799 | 039 | 566 | 842 |
|   | 86 | 295 | 813 | 052 | 575 | 873 |
|   | 88 | 319 | 827 | 065 | 584 | 904 |
| 78 | 90 | 0,71 342 | 0,22 840 | 0,58 077 | 0,18 594 | 1,23 936 |
|   | 92 | 366 | 854 | 090 | 603 | 967 |
|   | 94 | 390 | 868 | 103 | 612 | 999 |
|   | 96 | 414 | 882 | 116 | 621 | 1,24 030 |
|   | 98 | 437 | 895 | 129 | 630 | 061 |
| 79 | 0 | 0,71 461 | 0,22 909 | 0,58 141 | 0,18 639 | 1,24 093 |
|   | 2 | 485 | 923 | 154 | 648 | 124 |
|   | 4 | 509 | 937 | 167 | 657 | 156 |
|   | 6 | 532 | 951 | 180 | 667 | 187 |
|   | 8 | 556 | 964 | 192 | 676 | 219 |
| 79 | 10 | 0,71 580 | 0,22 978 | 0,58 205 | 0,18 685 | 1,24 250 |
|   | 12 | 604 | 992 | 218 | 694 | 281 |
|   | 14 | 627 | 0,23 006 | 231 | 703 | 313 |
|   | 16 | 651 | 020 | 244 | 712 | 344 |
|   | 18 | 675 | 034 | 256 | 721 | 376 |
|   | 20 | 699 | 048 | 269 | 731 | 407 |

| α | | Tangente $AB$ | Scheitel-abstand $BD$ | Abszisse $AE$. Halbe Sehne $AF$ | Ordinate $ED$. Pfeilhöhe $DF$ | Bogen-länge $ADC$ |
|---|---|---|---|---|---|---|
| g | c | $\operatorname{tg}\dfrac{\alpha}{2}$ | $\sec\dfrac{\alpha}{2}-1$ | $\sin\dfrac{\alpha}{2}$ | $1-\cos\dfrac{\alpha}{2}$ | $\dfrac{\pi\cdot\alpha}{200}$ |
| 79 | 20 | 0,71 699 | 0,23 048 | 0,58 269 | 0,18 731 | 1,24 407 |
| | 22 | 722 | 061 | 282 | 740 | 438 |
| | 24 | 746 | 075 | 295 | 749 | 470 |
| | 26 | 770 | 089 | 307 | 758 | 501 |
| | 28 | 794 | 103 | 320 | 767 | 533 |
| 79 | 30 | 0,71 818 | 0,23 117 | 0,58 333 | 0,18 774 | 1,24 564 |
| | 32 | 841 | 131 | 346 | 786 | 596 |
| | 34 | 865 | 145 | 358 | 795 | 627 |
| | 36 | 889 | 159 | 371 | 804 | 658 |
| | 38 | 913 | 172 | 384 | 813 | 690 |
| 79 | 40 | 0,71 937 | 0,23 186 | 0,58 397 | 0,18 822 | 1,24 721 |
| | 42 | 961 | 200 | 409 | 831 | 753 |
| | 44 | 984 | 214 | 422 | 841 | 784 |
| | 46 | 0,72 008 | 228 | 435 | 849 | 815 |
| | 48 | 032 | 242 | 448 | 859 | 847 |
| 79 | 50 | 0,72 056 | 0,23 256 | 0,58 460 | 0,18 868 | 1,24 878 |
| | 52 | 080 | 270 | 473 | 877 | 910 |
| | 54 | 104 | 284 | 486 | 886 | 941 |
| | 56 | 128 | 298 | 499 | 896 | 973 |
| | 58 | 151 | 312 | 511 | 905 | 1,25 004 |
| 79 | 60 | 0,72 175 | 0,23 326 | 0,58 524 | 0,18 914 | 1,25 035 |
| | 62 | 199 | 340 | 537 | 923 | 067 |
| | 64 | 223 | 354 | 550 | 932 | 098 |
| | 66 | 247 | 368 | 562 | 942 | 130 |
| | 68 | 271 | 382 | 575 | 951 | 161 |
| 79 | 70 | 0,72 295 | 0,23 396 | 0,58 588 | 0,18 960 | 1,25 192 |
| | 72 | 319 | 410 | 600 | 969 | 224 |
| | 74 | 343 | 424 | 613 | 978 | 255 |
| | 76 | 367 | 438 | 626 | 988 | 287 |
| | 78 | 391 | 452 | 639 | 997 | 318 |
| | 80 | 415 | 466 | 651 | 0,19 006 | 350 |

| g | c | Tangente $AB$<br>$\operatorname{tg} \dfrac{\alpha}{2}$ | Scheitelabstand $BD$<br>$\sec \dfrac{\alpha}{2} - 1$ | Abszisse $AE$. Halbe Sehne $AF$<br>$\sin \dfrac{\alpha}{2}$ | Ordinate $ED$. Pfeilhöhe $DF$<br>$1 - \cos \dfrac{\alpha}{2}$ | Bogenlänge $ADC$<br>$\dfrac{\pi \cdot \alpha}{200}$ |
|---|---|---|---|---|---|---|
| 79 | 80 | 0,72 415 | 0,23 466 | 0,58 651 | 0,19 006 | 1,25 350 |
|    | 82 | 438 | 480 | 664 | 015 | 381 |
|    | 84 | 462 | 494 | 677 | 024 | 412 |
|    | 86 | 486 | 508 | 690 | 034 | 444 |
|    | 88 | 510 | 522 | 702 | 043 | 475 |
| 79 | 90 | 0,72 534 | 0,23 536 | 0,58 715 | 0,19 052 | 1,25 507 |
|    | 92 | 558 | 550 | 728 | 061 | 538 |
|    | 94 | 582 | 565 | 740 | 071 | 569 |
|    | 96 | 606 | 579 | 753 | 080 | 601 |
|    | 98 | 630 | 593 | 766 | 089 | 632 |
| 80 | 0  | 0,72 654 | 0,23 607 | 0,58 779 | 0,19 098 | 1,25 664 |
|    | 2  | 678 | 621 | 791 | 108 | 695 |
|    | 4  | 702 | 635 | 804 | 117 | 727 |
|    | 6  | 726 | 649 | 817 | 126 | 758 |
|    | 8  | 750 | 663 | 829 | 135 | 789 |
| 80 | 10 | 0,72 774 | 0,23 677 | 0,58 842 | 0,19 144 | 1,25 821 |
|    | 12 | 798 | 692 | 855 | 154 | 852 |
|    | 14 | 822 | 706 | 867 | 163 | 884 |
|    | 16 | 846 | 720 | 880 | 172 | 915 |
|    | 18 | 870 | 734 | 893 | 181 | 946 |
| 80 | 20 | 0,72 895 | 0,23 748 | 0,58 906 | 0,19 191 | 1,25 978 |
|    | 22 | 919 | 762 | 918 | 200 | 1,26 009 |
|    | 24 | 943 | 777 | 931 | 209 | 041 |
|    | 26 | 967 | 791 | 944 | 218 | 072 |
|    | 28 | 991 | 805 | 956 | 228 | 104 |
| 80 | 30 | 0,73 015 | 0,23 819 | 0,58 969 | 0,19 237 | 1,26 135 |
|    | 32 | 039 | 833 | 982 | 246 | 166 |
|    | 34 | 063 | 848 | 994 | 256 | 198 |
|    | 36 | 087 | 862 | 0,59 007 | 265 | 229 |
|    | 38 | 111 | 876 | 020 | 274 | 261 |
|    | 40 | 135 | 890 | 032 | 283 | 292 |

**Tafel I.**

| α | | Tangente $AB$ | Scheitel-abstand $BD$ | Abszisse $AE$. Halbe Sehne $AF$ | Ordinate $ED$. Pfeil-höhe $DF$ | Bogen-länge $ADC$ |
|---|---|---|---|---|---|---|
| g | c | $\operatorname{tg}\dfrac{\alpha}{2}$ | $\sec\dfrac{\alpha}{2}-1$ | $\sin\dfrac{\alpha}{2}$ | $1-\cos\dfrac{\alpha}{2}$ | $\dfrac{\pi\cdot\alpha}{200}$ |
| 80 | 40 | 0,73 135 | 0,23 890 | 0,59 032 | 0,19 283 | 1,26 292 |
|    | 42 | 159 | 904 | 045 | 293 | 323 |
|    | 44 | 184 | 919 | 058 | 302 | 355 |
|    | 46 | 208 | 933 | 070 | 311 | 386 |
|    | 48 | 232 | 947 | 083 | 320 | 418 |
| 80 | 50 | 0,73 256 | 0,23 961 | 0,59 096 | 0,19 330 | 1,26 449 |
|    | 52 | 280 | 976 | 108 | 339 | 481 |
|    | 54 | 304 | 990 | 121 | 348 | 512 |
|    | 56 | 328 | 0,24 004 | 134 | 358 | 543 |
|    | 58 | 353 | 019 | 146 | 367 | 575 |
| 80 | 60 | 0,73 377 | 0,24 033 | 0,59 159 | 0,19 376 | 1,26 606 |
|    | 62 | 401 | 047 | 172 | 385 | 638 |
|    | 64 | 425 | 061 | 184 | 395 | 669 |
|    | 66 | 449 | 076 | 197 | 404 | 700 |
|    | 68 | 473 | 090 | 210 | 413 | 732 |
| 80 | 70 | 0,73 498 | 0,24 104 | 0,59 222 | 0,19 423 | 1,26 763 |
|    | 72 | 522 | 119 | 235 | 432 | 795 |
|    | 74 | 546 | 133 | 248 | 441 | 826 |
|    | 76 | 570 | 147 | 260 | 451 | 858 |
|    | 78 | 594 | 162 | 273 | 460 | 889 |
| 80 | 80 | 0,73 619 | 0,24 176 | 0,59 286 | 0,19 469 | 1,26 920 |
|    | 82 | 643 | 190 | 298 | 479 | 952 |
|    | 84 | 667 | 205 | 311 | 488 | 983 |
|    | 86 | 691 | 219 | 324 | 497 | 1,27 015 |
|    | 88 | 716 | 234 | 336 | 506 | 046 |
| 80 | 90 | 0,73 740 | 0,24 248 | 0,59 349 | 0,19 516 | 1,27 077 |
|    | 92 | 764 | 262 | 362 | 525 | 109 |
|    | 94 | 788 | 277 | 374 | 534 | 140 |
|    | 96 | 813 | 291 | 387 | 544 | 172 |
|    | 98 | 837 | 306 | 399 | 553 | 203 |
| 81 | 0 | 861 | 320 | 412 | 562 | 235 |

| α | | Tangente $AB$ | Scheitel-abstand $BD$ | Abszisse $AE$. Halbe Sehne $AF$ | Ordinate $ED$. Pfeilhöhe $DF$ | Bogen-länge $ADC$ |
|---|---|---|---|---|---|---|
| g | c | $\mathrm{tg}\,\dfrac{\alpha}{2}$ | $\sec\dfrac{\alpha}{2}-1$ | $\sin\dfrac{\alpha}{2}$ | $1-\cos\dfrac{\alpha}{2}$ | $\dfrac{\pi\cdot\alpha}{200}$ |
| 81 | 0 | 0,73 861 | 0,24 320 | 0,59 412 | 0,19 562 | 1,27 235 |
|  | 2 | 885 | 334 | 425 | 572 | 266 |
|  | 4 | 910 | 349 | 437 | 581 | 297 |
|  | 6 | 934 | 363 | 450 | 590 | 329 |
|  | 8 | 958 | 378 | 463 | 600 | 360 |
| 81 | 10 | 0,73 983 | 0,24 392 | 0,59 475 | 0,19 609 | 1,27 392 |
|  | 12 | 0,74 007 | 407 | 488 | 618 | 423 |
|  | 14 | 031 | 421 | 501 | 628 | 454 |
|  | 16 | 056 | 436 | 513 | 637 | 486 |
|  | 18 | 080 | 450 | 526 | 647 | 517 |
| 81 | 20 | 0,74 104 | 0,24 465 | 0,59 538 | 0,19 656 | 1,27 549 |
|  | 22 | 129 | 479 | 551 | 665 | 580 |
|  | 24 | 153 | 494 | 564 | 675 | 611 |
|  | 26 | 177 | 508 | 576 | 684 | 643 |
|  | 28 | 202 | 523 | 589 | 693 | 674 |
| 81 | 30 | 0,74 226 | 0,24 537 | 0,59 601 | 0,19 703 | 1,27 706 |
|  | 32 | 250 | 552 | 614 | 712 | 737 |
|  | 34 | 275 | 566 | 627 | 721 | 769 |
|  | 36 | 299 | 581 | 639 | 731 | 800 |
|  | 38 | 323 | 595 | 652 | 740 | 831 |
| 81 | 40 | 0,74 348 | 0,24 610 | 0,59 665 | 0,19 749 | 1,27 863 |
|  | 42 | 372 | 624 | 677 | 759 | 894 |
|  | 44 | 397 | 639 | 690 | 768 | 926 |
|  | 46 | 421 | 653 | 702 | 778 | 957 |
|  | 48 | 445 | 668 | 715 | 787 | 988 |
| 81 | 50 | 0,74 470 | 0,24 683 | 0,59 728 | 0,19 797 | 1,28 020 |
|  | 52 | 494 | 697 | 740 | 806 | 051 |
|  | 54 | 519 | 712 | 753 | 815 | 083 |
|  | 56 | 543 | 726 | 765 | 825 | 114 |
|  | 58 | 568 | 741 | 778 | 834 | 146 |
|  | 60 | 592 | 756 | 790 | 843 | 177 |

Tafel I.

| α | | Tangente $AB$ | Scheitel-abstand $BD$ | Abszisse $AE$. Halbe Sehne $AF$ | Ordinate $ED$. Pfeil-höhe $DF$ | Bogen-länge $ADC$ |
|---|---|---|---|---|---|---|
| g | c | $\operatorname{tg} \dfrac{\alpha}{2}$ | $\sec \dfrac{\alpha}{2} - 1$ | $\sin \dfrac{\alpha}{2}$ | $1 - \cos \dfrac{\alpha}{2}$ | $\dfrac{\pi \cdot \alpha}{200}$ |
| 81 | 60 | 0,74 592 | 0,24 756 | 0,59 790 | 0,19 843 | 1,28 177 |
|  | 62 | 616 | 770 | 803 | 853 | 208 |
|  | 64 | 641 | 785 | 816 | 862 | 240 |
|  | 66 | 665 | 800 | 828 | 871 | 271 |
|  | 68 | 690 | 814 | 841 | 881 | 303 |
| 81 | 70 | 0,74 714 | 0,24 829 | 0,59 853 | 0,19 890 | 1,28 334 |
|  | 72 | 739 | 843 | 866 | 900 | 365 |
|  | 74 | 763 | 858 | 879 | 909 | 397 |
|  | 76 | 788 | 873 | 891 | 918 | 428 |
|  | 78 | 812 | 887 | 904 | 928 | 460 |
| 81 | 80 | 0,74 837 | 0,24 902 | 0,59 916 | 0,19 937 | 1,28 491 |
|  | 82 | 861 | 917 | 930 | 947 | 523 |
|  | 84 | 886 | 932 | 941 | 956 | 554 |
|  | 86 | 910 | 946 | 954 | 966 | 585 |
|  | 88 | 935 | 961 | 967 | 975 | 617 |
| 81 | 90 | 0,74 959 | 0,24 976 | 0,59 979 | 0,19 984 | 1,28 648 |
|  | 92 | 984 | 990 | 992 | 994 | 680 |
|  | 94 | 0,75 008 | 0,25 005 | 0,60 004 | 0,20 003 | 711 |
|  | 96 | 033 | 020 | 017 | 013 | 742 |
|  | 98 | 058 | 035 | 029 | 022 | 774 |
| 82 | 0 | 0,75 082 | 0,25 049 | 0,60 042 | 0,20 032 | 1,28 805 |
|  | 2 | 107 | 064 | 055 | 041 | 837 |
|  | 4 | 131 | 079 | 067 | 050 | 868 |
|  | 6 | 156 | 094 | 080 | 060 | 900 |
|  | 8 | 180 | 108 | 092 | 069 | 931 |
| 82 | 10 | 0,75 205 | 0,25 123 | 0,60 105 | 0,20 079 | 1,28 962 |
|  | 12 | 230 | 138 | 117 | 088 | 994 |
|  | 14 | 254 | 153 | 130 | 098 | 1,29 025 |
|  | 16 | 279 | 168 | 142 | 107 | 057 |
|  | 18 | 303 | 182 | 155 | 116 | 088 |
|  | 20 | 328 | 197 | 168 | 126 | 119 |

| α | | Tangente $AB$ | Scheitel-abstand $BD$ | Abszisse $AE$. Halbe Sehne $AF$ | Ordinate $ED$. Pfeilhöhe $DF$ | Bogenlänge $ADC$ |
|---|---|---|---|---|---|---|
| g | c | $\operatorname{tg}\dfrac{\alpha}{2}$ | $\sec\dfrac{\alpha}{2}-1$ | $\sin\dfrac{\alpha}{2}$ | $1-\cos\dfrac{\alpha}{2}$ | $\dfrac{\pi\cdot\alpha}{200}$ |
| 82 | 20 | 0,75 328 | 0,25 197 | 0,60 168 | 0,20 126 | 1,29 119 |
|  | 22 | 353 | 212 | 180 | 135 | 151 |
|  | 24 | 377 | 227 | 193 | 145 | 182 |
|  | 26 | 402 | 242 | 205 | 154 | 214 |
|  | 28 | 427 | 256 | 218 | 164 | 245 |
| 82 | 30 | 0,75 451 | 0,25 271 | 0,60 230 | 0,20 173 | 1,29 277 |
|  | 32 | 476 | 286 | 243 | 183 | 308 |
|  | 34 | 501 | 301 | 255 | 192 | 339 |
|  | 36 | 525 | 316 | 268 | 202 | 371 |
|  | 38 | 550 | 331 | 280 | 211 | 402 |
| 82 | 40 | 0,75 575 | 0,25 346 | 0,60 293 | 0,20 221 | 1,29 434 |
|  | 42 | 599 | 360 | 305 | 230 | 465 |
|  | 44 | 624 | 375 | 318 | 240 | 496 |
|  | 46 | 649 | 390 | 331 | 249 | 528 |
|  | 48 | 673 | 405 | 343 | 258 | 559 |
| 82 | 50 | 0,75 698 | 0,25 420 | 0,60 356 | 0,20 268 | 1,29 591 |
|  | 52 | 723 | 435 | 368 | 277 | 622 |
|  | 54 | 747 | 450 | 381 | 287 | 654 |
|  | 56 | 772 | 465 | 393 | 296 | 685 |
|  | 58 | 797 | 480 | 406 | 306 | 716 |
| 82 | 60 | 0,75 822 | 0,25 495 | 0,60 418 | 0,20 315 | 1,29 748 |
|  | 62 | 846 | 510 | 431 | 325 | 779 |
|  | 64 | 871 | 525 | 443 | 334 | 811 |
|  | 66 | 896 | 540 | 456 | 344 | 842 |
|  | 68 | 921 | 555 | 468 | 353 | 873 |
| 82 | 70 | 0,75 945 | 0,25 570 | 0,60 481 | 0,20 363 | 1,29 905 |
|  | 72 | 970 | 584 | 493 | 372 | 936 |
|  | 74 | 995 | 600 | 506 | 382 | 968 |
|  | 76 | 0,76 020 | 614 | 518 | 391 | 999 |
|  | 78 | 045 | 629 | 531 | 401 | 1,30 031 |
|  | 80 | 069 | 645 | 543 | 410 | 062 |

# Tafel I.

| α | | Tangente $AB$ | Scheitel-abstand $BD$ | Abszisse $AE$, Halbe Sehne $AF$ | Ordinate $ED$. Pfeil-höhe $DF$ | Bogen-länge $ADC$ |
|---|---|---|---|---|---|---|
| $g$ | $c$ | $\operatorname{tg}\dfrac{\alpha}{2}$ | $\sec\dfrac{\alpha}{2}-1$ | $\sin\dfrac{\alpha}{2}$ | $1-\cos\dfrac{\alpha}{2}$ | $\dfrac{\pi\cdot\alpha}{200}$ |
| 82 | 80 | 0,76 069 | 0,25 645 | 0,60 543 | 0,20 410 | 1,30 062 |
|    | 82 | 094 | 660 | 556 | 420 | 093 |
|    | 84 | 119 | 675 | 568 | 429 | 125 |
|    | 86 | 144 | 690 | 581 | 439 | 156 |
|    | 88 | 169 | 705 | 593 | 448 | 188 |
| 82 | 90 | 0,76 193 | 0,25 720 | 0,60 606 | 0,20 458 | 1,30 219 |
|    | 92 | 218 | 735 | 618 | 467 | 250 |
|    | 94 | 243 | 750 | 631 | 477 | 282 |
|    | 96 | 268 | 765 | 643 | 487 | 313 |
|    | 98 | 293 | 780 | 656 | 496 | 345 |
| 83 | 0 | 0,76 318 | 0,25 795 | 0,60 668 | 0,20 506 | 1,30 376 |
|    | 2 | 342 | 810 | 681 | 515 | 408 |
|    | 4 | 367 | 825 | 693 | 525 | 439 |
|    | 6 | 392 | 840 | 706 | 534 | 470 |
|    | 8 | 417 | 855 | 718 | 544 | 502 |
| 83 | 10 | 0,76 442 | 0,25 870 | 0,60 731 | 0,20 553 | 1,30 533 |
|    | 12 | 467 | 886 | 743 | 563 | 565 |
|    | 14 | 492 | 901 | 756 | 572 | 596 |
|    | 16 | 517 | 916 | 768 | 582 | 627 |
|    | 18 | 542 | 931 | 781 | 591 | 659 |
| 83 | 20 | 0,76 566 | 0,25 946 | 0,60 793 | 0,20 601 | 1,30 690 |
|    | 22 | 591 | 961 | 806 | 611 | 722 |
|    | 24 | 616 | 976 | 818 | 620 | 753 |
|    | 26 | 641 | 992 | 830 | 629 | 785 |
|    | 28 | 666 | 0,26 007 | 843 | 639 | 816 |
| 83 | 30 | 0,76 691 | 0,26 022 | 0,60 855 | 0,20 649 | 1,30 847 |
|    | 32 | 716 | 037 | 868 | 658 | 879 |
|    | 34 | 741 | 052 | 880 | 668 | 910 |
|    | 36 | 766 | 068 | 893 | 677 | 942 |
|    | 38 | 791 | 083 | 905 | 687 | 973 |
|    | 40 | 816 | 098 | 918 | 697 | 1,31 004 |

| α | | Tangente $AB$ | Scheitel-abstand $BD$ | Abszisse $AE$ Halbe Sehne $AF$ | Ordinate $ED.$ Pfeil-höhe $DF$ | Bogen-länge $ADC$ |
|---|---|---|---|---|---|---|
| g | c | $\mathrm{tg}\,\dfrac{\alpha}{2}$ | $\sec\dfrac{\alpha}{2}-1$ | $\sin\dfrac{\alpha}{2}$ | $1-\cos\dfrac{\alpha}{2}$ | $\dfrac{\pi\cdot\alpha}{200}$ |
| 83 | 40 | 0,76816 | 0,26098 | 0,60918 | 0,20697 | 1,31004 |
|    | 42 | 841 | 113 | 930 | 706 | 036 |
|    | 44 | 866 | 128 | 943 | 716 | 067 |
|    | 46 | 891 | 144 | 955 | 725 | 099 |
|    | 48 | 916 | 159 | 967 | 735 | 130 |
| 83 | 50 | 0,76941 | 0,26174 | 0,60980 | 0,20744 | 1,31161 |
|    | 52 | 966 | 189 | 992 | 754 | 193 |
|    | 54 | 991 | 205 | 0,61005 | 764 | 224 |
|    | 56 | 0,77016 | 220 | 017 | 773 | 256 |
|    | 58 | 041 | 235 | 030 | 783 | 287 |
| 83 | 60 | 0,77066 | 0,26250 | 0,61042 | 0,20792 | 1,31319 |
|    | 62 | 091 | 266 | 055 | 802 | 350 |
|    | 64 | 116 | 281 | 067 | 812 | 381 |
|    | 66 | 141 | 296 | 079 | 821 | 413 |
|    | 68 | 166 | 312 | 092 | 831 | 444 |
| 83 | 70 | 0,77191 | 0,26327 | 0,61104 | 0,20840 | 1,31476 |
|    | 72 | 216 | 342 | 117 | 850 | 507 |
|    | 74 | 241 | 358 | 129 | 860 | 538 |
|    | 76 | 266 | 373 | 142 | 869 | 570 |
|    | 78 | 292 | 388 | 154 | 879 | 601 |
| 83 | 80 | 0,77317 | 0,26404 | 0,61167 | 0,20888 | 1,31633 |
|    | 82 | 342 | 419 | 179 | 898 | 664 |
|    | 84 | 367 | 434 | 191 | 908 | 696 |
|    | 86 | 392 | 450 | 204 | 917 | 727 |
|    | 88 | 417 | 465 | 216 | 927 | 758 |
| 83 | 90 | 0,77442 | 0,26480 | 0,61229 | 0,20936 | 1,31790 |
|    | 92 | 467 | 496 | 241 | 946 | 821 |
|    | 94 | 493 | 511 | 253 | 956 | 853 |
|    | 96 | 518 | 527 | 266 | 965 | 884 |
|    | 98 | 543 | 542 | 278 | 975 | 915 |
| 84 | 0 | 568 | 557 | 291 | 984 | 947 |

| g | c | Tangente $AB$ $\mathrm{tg}\,\dfrac{\alpha}{2}$ | Scheitelabstand $BD$ $\sec\dfrac{\alpha}{2}-1$ | Abszisse $AE$. Halbe Sehne $AF$ $\sin\dfrac{\alpha}{2}$ | Ordinate $ED$. Pfeilhöhe $DF$ $1-\cos\dfrac{\alpha}{2}$ | Bogenlänge $ADC$ $\dfrac{\pi\cdot\alpha}{200}$ |
|---|---|---|---|---|---|---|
| 84 | 0 | 0,77 568 | 0,26 557 | 0,61 291 | 0,20 984 | 1,31 947 |
|  | 2 | 593 | 573 | 303 | 994 | 978 |
|  | 4 | 618 | 588 | 316 | 0,21 004 | 1,32 010 |
|  | 6 | 643 | 604 | 328 | 013 | 041 |
|  | 8 | 669 | 619 | 340 | 023 | 073 |
| 84 | 10 | 0,77 694 | 0,26 635 | 0,61 353 | 0,21 033 | 1,32 104 |
|  | 12 | 719 | 650 | 365 | 042 | 135 |
|  | 14 | 744 | 666 | 378 | 052 | 167 |
|  | 16 | 769 | 681 | 390 | 062 | 198 |
|  | 18 | 795 | 697 | 402 | 071 | 230 |
| 84 | 20 | 0,77 820 | 0,26 712 | 0,61 415 | 0,21 081 | 1,32 261 |
|  | 22 | 845 | 728 | 427 | 091 | 292 |
|  | 24 | 870 | 743 | 440 | 100 | 324 |
|  | 26 | 896 | 759 | 452 | 110 | 355 |
|  | 28 | 921 | 774 | 464 | 119 | 387 |
| 84 | 30 | 0,77 946 | 0,26 790 | 0,61 477 | 0,21 129 | 1,32 418 |
|  | 32 | 971 | 805 | 489 | 139 | 450 |
|  | 34 | 997 | 821 | 501 | 148 | 481 |
|  | 36 | 0,78 022 | 836 | 514 | 158 | 512 |
|  | 38 | 047 | 852 | 526 | 168 | 544 |
| 84 | 40 | 0,78 072 | 0,26 867 | 0,61 539 | 0,21 177 | 1,32 575 |
|  | 42 | 098 | 883 | 551 | 187 | 607 |
|  | 44 | 123 | 898 | 563 | 197 | 638 |
|  | 46 | 148 | 914 | 576 | 206 | 669 |
|  | 48 | 174 | 930 | 588 | 216 | 701 |
| 84 | 50 | 0,78 199 | 0,26 945 | 0,61 601 | 0,21 226 | 1,32 732 |
|  | 52 | 224 | 961 | 613 | 235 | 764 |
|  | 54 | 249 | 976 | 625 | 245 | 795 |
|  | 56 | 275 | 992 | 638 | 255 | 827 |
|  | 58 | 300 | 0,27 008 | 650 | 265 | 858 |
|  | 60 | 325 | 023 | 662 | 274 | 889 |

| α | | Tangente $AB$ | Scheitel-abstand $BD$ | Abszisse $AE$. Halbe Sehne $AF$ | Ordinate $ED$. Pfeil-höhe $DF$ | Bogen-länge $ADC$ |
|---|---|---|---|---|---|---|
| g | c | $tg\,\dfrac{\alpha}{2}$ | $sec\,\dfrac{\alpha}{2}-1$ | $sin\,\dfrac{\alpha}{2}$ | $1-cos\,\dfrac{\alpha}{2}$ | $\dfrac{\pi\cdot\alpha}{200}$ |
| 84 | 60 | 0,78 325 | 0,27 023 | 0,61 662 | 0,21 274 | 1,32 889 |
|    | 62 | 351 | 039 | 675 | 284 | 921 |
|    | 64 | 376 | 054 | 687 | 294 | 952 |
|    | 66 | 402 | 070 | 699 | 303 | 984 |
|    | 68 | 427 | 086 | 712 | 313 | 1,33 015 |
| 84 | 70 | 0,78 452 | 0,27 101 | 0,61 724 | 0,21 323 | 1,33 046 |
|    | 72 | 478 | 117 | 737 | 332 | 078 |
|    | 74 | 503 | 133 | 749 | 342 | 109 |
|    | 76 | 528 | 148 | 761 | 352 | 141 |
|    | 78 | 554 | 164 | 774 | 361 | 172 |
| 84 | 80 | 0,78 579 | 0,27 180 | 0,61 786 | 0,21 371 | 1,33 204 |
|    | 82 | 605 | 195 | 798 | 381 | 235 |
|    | 84 | 630 | 211 | 811 | 391 | 266 |
|    | 86 | 656 | 227 | 823 | 400 | 298 |
|    | 88 | 681 | 243 | 835 | 410 | 329 |
| 84 | 90 | 0,78 706 | 0,27 258 | 0,61 848 | 0,21 420 | 1,33 361 |
|    | 92 | 732 | 274 | 860 | 429 | 392 |
|    | 94 | 757 | 290 | 872 | 439 | 423 |
|    | 96 | 783 | 306 | 885 | 449 | 455 |
|    | 98 | 808 | 321 | 897 | 459 | 486 |
| 85 | 0 | 0,78 834 | 0,27 337 | 0,61 909 | 0,21 468 | 1,33 518 |
|    | 2 | 859 | 353 | 922 | 478 | 549 |
|    | 4 | 885 | 369 | 934 | 488 | 581 |
|    | 6 | 910 | 384 | 946 | 497 | 612 |
|    | 8 | 936 | 400 | 959 | 507 | 643 |
| 85 | 10 | 0,78 961 | 0,27 416 | 0,61 971 | 0,21 517 | 1,33 675 |
|    | 12 | 987 | 432 | 983 | 527 | 706 |
|    | 14 | 0,79 012 | 448 | 996 | 536 | 738 |
|    | 16 | 038 | 464 | 0,62 008 | 546 | 769 |
|    | 18 | 063 | 479 | 020 | 556 | 800 |
|    | 20 | 089 | 495 | 033 | 566 | 832 |

## Tafel I.

| α | | Tangente $AB$ | Scheitel-abstand $BD$ | Abszisse $AE$. Halbe Sehne $AF$ | Ordinate $ED$. Pfeil-höhe $DF$ | Bogen-länge $ADC$ |
|---|---|---|---|---|---|---|
| g | c | $\operatorname{tg} \dfrac{\alpha}{2}$ | $\sec \dfrac{\alpha}{2} - 1$ | $\sin \dfrac{\alpha}{2}$ | $1 - \cos \dfrac{\alpha}{2}$ | $\dfrac{\pi \cdot \alpha}{200}$ |
| 85 | 20 | 0,79089 | 0,27495 | 0,62033 | 0,21566 | 1,33832 |
| | 22 | 114 | 511 | 045 | 575 | 863 |
| | 24 | 140 | 527 | 057 | 585 | 895 |
| | 26 | 165 | 543 | 070 | 595 | 926 |
| | 28 | 191 | 559 | 082 | 605 | 958 |
| 85 | 30 | 0,79216 | 0,27574 | 0,62094 | 0,21614 | 1,33989 |
| | 32 | 242 | 590 | 107 | 624 | 1,34020 |
| | 34 | 267 | 606 | 119 | 634 | 052 |
| | 36 | 293 | 622 | 131 | 644 | 083 |
| | 38 | 319 | 638 | 143 | 653 | 115 |
| 85 | 40 | 0,79344 | 0,27654 | 0,62156 | 0,21663 | 1,34146 |
| | 42 | 370 | 670 | 168 | 673 | 177 |
| | 44 | 396 | 686 | 180 | 683 | 209 |
| | 46 | 421 | 702 | 193 | 692 | 240 |
| | 48 | 447 | 718 | 205 | 702 | 272 |
| 85 | 50 | 0,79472 | 0,27734 | 0,62217 | 0,21712 | 1,34303 |
| | 52 | 498 | 750 | 230 | 722 | 335 |
| | 54 | 524 | 765 | 242 | 732 | 366 |
| | 56 | 549 | 781 | 254 | 741 | 397 |
| | 58 | 575 | 797 | 266 | 751 | 429 |
| 85 | 60 | 0,79601 | 0,27813 | 0,62279 | 0,21761 | 1,34460 |
| | 62 | 626 | 829 | 291 | 771 | 492 |
| | 64 | 652 | 845 | 303 | 780 | 523 |
| | 66 | 678 | 861 | 316 | 790 | 554 |
| | 68 | 703 | 877 | 328 | 800 | 586 |
| 85 | 70 | 0,79729 | 0,27893 | 0,62340 | 0,21810 | 1,34617 |
| | 72 | 755 | 909 | 352 | 820 | 649 |
| | 74 | 780 | 925 | 365 | 829 | 680 |
| | 76 | 806 | 941 | 377 | 839 | 711 |
| | 78 | 832 | 957 | 389 | 849 | 743 |
| | 80 | 858 | 974 | 402 | 859 | 774 |

| α | | Tangente $AB$ | Scheitel-abstand $BD$ | Abszisse $AE$. Halbe Sehne $AF$ | Ordinate $ED$. Pfeil-höhe $DF$ | Bogen-länge $ADC$ |
|---|---|---|---|---|---|---|
| $g$ | $c$ | $\operatorname{tg}\dfrac{\alpha}{2}$ | $\sec\dfrac{\alpha}{2}-1$ | $\sin\dfrac{\alpha}{2}$ | $1-\cos\dfrac{\alpha}{2}$ | $\dfrac{\pi\cdot\alpha}{200}$ |
| 85 | 80 | 0,79858 | 0,27974 | 0,62402 | 0,21859 | 1,34774 |
| | 82 | 883 | 990 | 414 | 869 | 806 |
| | 84 | 909 | 0,28006 | 426 | 878 | 837 |
| | 86 | 935 | 022 | 438 | 888 | 869 |
| | 88 | 960 | 038 | 451 | 898 | 900 |
| 85 | 90 | 0,79986 | 0,28054 | 0,62463 | 0,21908 | 1,34931 |
| | 92 | 0,80012 | 070 | 475 | 918 | 963 |
| | 94 | 038 | 086 | 487 | 928 | 994 |
| | 96 | 064 | 102 | 500 | 937 | 1,35026 |
| | 98 | 089 | 118 | 512 | 947 | 057 |
| 86 | 0 | 0,80115 | 0,28134 | 0,62524 | 0,21957 | 1,35088 |
| | 2 | 141 | 151 | 537 | 967 | 120 |
| | 4 | 167 | 167 | 549 | 977 | 151 |
| | 6 | 193 | 183 | 561 | 986 | 183 |
| | 8 | 218 | 199 | 573 | 996 | 214 |
| 86 | 10 | 0,80244 | 0,28215 | 0,62586 | 0,22006 | 1,35246 |
| | 12 | 270 | 231 | 598 | 016 | 277 |
| | 14 | 296 | 247 | 610 | 026 | 308 |
| | 16 | 322 | 264 | 622 | 036 | 340 |
| | 18 | 347 | 280 | 635 | 045 | 371 |
| 86 | 20 | 0,80373 | 0,28296 | 0,62647 | 0,22055 | 1,35403 |
| | 22 | 399 | 312 | 659 | 065 | 434 |
| | 24 | 425 | 328 | 671 | 075 | 465 |
| | 26 | 451 | 345 | 684 | 085 | 497 |
| | 28 | 477 | 361 | 696 | 095 | 528 |
| 86 | 30 | 0,80503 | 0,28377 | 0,62708 | 0,22104 | 1,35560 |
| | 32 | 529 | 393 | 720 | 114 | 591 |
| | 34 | 554 | 410 | 732 | 124 | 623 |
| | 36 | 580 | 426 | 745 | 134 | 654 |
| | 38 | 606 | 442 | 757 | 144 | 685 |
| | 40 | 632 | 458 | 769 | 154 | 717 |

# Tafel I.

| α | | Tangente $AB$ | Scheitel-abstand $BD$ | Abszisse $AE$. Halbe Sehne $AF$ | Ordinate $ED$. Pfeil-höhe $DF$ | Bogen-länge $ADC$ |
|---|---|---|---|---|---|---|
| g | c | $\mathrm{tg}\,\dfrac{\alpha}{2}$ | $\sec\dfrac{\alpha}{2}-1$ | $\sin\dfrac{\alpha}{2}$ | $1-\cos\dfrac{\alpha}{2}$ | $\dfrac{\pi\cdot\alpha}{200}$ |
| 86 | 40 | 0,80 632 | 0,28 458 | 0,62 769 | 0,22 154 | 1,35 717 |
| | 42 | 658 | 475 | 781 | 164 | 748 |
| | 44 | 684 | 491 | 794 | 173 | 780 |
| | 46 | 710 | 507 | 806 | 183 | 811 |
| | 48 | 736 | 524 | 818 | 193 | 842 |
| 86 | 50 | 0,80 762 | 0,28 540 | 0,62 830 | 0,22 203 | 1,35 874 |
| | 52 | 788 | 556 | 842 | 213 | 905 |
| | 54 | 814 | 572 | 855 | 223 | 937 |
| | 56 | 840 | 589 | 867 | 233 | 968 |
| | 58 | 866 | 605 | 879 | 243 | 1,36 000 |
| 86 | 60 | 0,80 892 | 0,28 621 | 0,62 891 | 0,22 252. | 1,36 031 |
| | 62 | 918 | 638 | 904 | 262 | 062 |
| | 64 | 944 | 654 | 916 | 272 | 094 |
| | 66 | 970 | 671 | 928 | 282 | 125 |
| | 68 | 996 | 687 | 940 | 292 | 157 |
| 86 | 70 | 0,81 022 | 0,28 703 | 0,62 952 | 0,22 302 | 1,36 188 |
| | 72 | 048 | 720 | 965 | 312 | 219 |
| | 74 | 074 | 736 | 977 | 322 | 251 |
| | 76 | 100 | 752 | 989 | 332 | 282 |
| | 78 | 126 | 769 | 0,63 001 | 341 | 314 |
| 86 | 80 | 0,81 152 | 0,28 785 | 0,63 013 | 0,22 351 | 1,36 345 |
| | 82 | 178 | 802 | 026 | 361 | 377 |
| | 84 | 204 | 818 | 038 | 371 | 408 |
| | 86 | 230 | 835 | 050 | 381 | 439 |
| | 88 | 256 | 851 | 062 | 391 | 471 |
| 86 | 90 | 0,81 282 | 0,28 867 | 0,63 074 | 0,22 401 | 1,36 502 |
| | 92 | 308 | 884 | 087 | 411 | 534 |
| | 94 | 334 | 900 | 099 | 421 | 565 |
| | 96 | 361 | 917 | 111 | 431 | 596 |
| | 98 | 387 | 933 | 123 | 441 | 628 |
| 87 | 0 | 413 | 950 | 135 | 450 | 659 |

| $\alpha$ | | Tangente $AB$ | Scheitel-abstand $BD$ | Abszisse $AE$. Halbe Sehne $AF$ | Ordinate $ED$. Pfeil-höhe $DF$ | Bogen-länge $ADC$ |
|---|---|---|---|---|---|---|
| $g$ | $c$ | $\operatorname{tg}\dfrac{\alpha}{2}$ | $\sec\dfrac{\alpha}{2}-1$ | $\sin\dfrac{\alpha}{2}$ | $1-\cos\dfrac{\alpha}{2}$ | $\dfrac{\pi\cdot\alpha}{200}$ |
| 87 | 0 | 0,81 413 | 0,28 950 | 0,63 135 | 0,22 450 | 1,36 659 |
| | 2 | 439 | 966 | 147 | 460 | 691 |
| | 4 | 465 | 983 | 160 | 470 | 722 |
| | 6 | 491 | 999 | 172 | 480 | 754 |
| | 8 | 517 | 0,29 016 | 184 | 490 | 785 |
| 87 | 10 | 0,81 543 | 0,29 032 | 0,63 196 | 0,22 500 | 1,36 816 |
| | 12 | 570 | 049 | 208 | 510 | 848 |
| | 14 | 596 | 065 | 221 | 520 | 879 |
| | 16 | 622 | 082 | 233 | 530 | 911 |
| | 18 | 648 | 099 | 245 | 540 | 942 |
| 87 | 20 | 0,81 674 | 0,29 115 | 0,63 257 | 0,22 550 | 1,36 973 |
| | 22 | 701 | 132 | 269 | 560 | 1,37 005 |
| | 24 | 727 | 148 | 281 | 570 | 036 |
| | 26 | 753 | 165 | 294 | 580 | 068 |
| | 28 | 779 | 181 | 306 | 589 | 099 |
| 87 | 30 | 0,81 805 | 0,29 198 | 0,63 318 | 0,22 599 | 1,37 131 |
| | 32 | 832 | 215 | 330 | 609 | 162 |
| | 34 | 858 | 231 | 342 | 619 | 193 |
| | 36 | 884 | 248 | 354 | 629 | 225 |
| | 38 | 910 | 264 | 366 | 639 | 256 |
| 87 | 40 | 0,81 937 | 0,29 281 | 0,63 379 | 0,22 649 | 1,37 288 |
| | 42 | 963 | 298 | 391 | 659 | 319 |
| | 44 | 989 | 314 | 403 | 669 | 350 |
| | 46 | 0,82 015 | 331 | 415 | 679 | 382 |
| | 48 | 042 | 348 | 427 | 689 | 413 |
| 87 | 50 | 0,82 068 | 0,29 364 | 0,63 439 | 0,22 699 | 1,37 445 |
| | 52 | 094 | 381 | 451 | 709 | 476 |
| | 54 | 120 | 398 | 464 | 719 | 508 |
| | 56 | 147 | 414 | 476 | 729 | 539 |
| | 58 | 173 | 431 | 488 | 739 | 570 |
| | 60 | 199 | 448 | 500 | 749 | 602 |

## Tafel I.

| α | | Tangente $AB$ | Scheitelabstand $BD$ | Abszisse $AE$. Halbe Sehne $AF$ | Ordinate $ED$. Pfeilhöhe $DF$ | Bogenlänge $ADC$ |
|---|---|---|---|---|---|---|
| g | c | $\operatorname{tg}\dfrac{\alpha}{2}$ | $\sec\dfrac{\alpha}{2}-1$ | $\sin\dfrac{\alpha}{2}$ | $1-\cos\dfrac{\alpha}{2}$ | $\dfrac{\pi\cdot\alpha}{200}$ |
| 87 | 60 | 0,82 199 | 0,29 448 | 0,63 500 | 0,22 749 | 1,37 602 |
|    | 62 | 226 | 465 | 512 | 759 | 633 |
|    | 64 | 252 | 481 | 524 | 769 | 665 |
|    | 66 | 278 | 498 | 536 | 779 | 696 |
|    | 68 | 305 | 515 | 549 | 789 | 727 |
| 87 | 70 | 0,82 331 | 0,29 531 | 0,63 561 | 0,22 799 | 1,37 759 |
|    | 72 | 357 | 548 | 573 | 809 | 790 |
|    | 74 | 384 | 565 | 585 | 819 | 822 |
|    | 76 | 410 | 582 | 597 | 829 | 853 |
|    | 78 | 437 | 599 | 609 | 839 | 885 |
| 87 | 80 | 0,82 463 | 0,29 615 | 0,63 621 | 0,22 849 | 1,37 916 |
|    | 82 | 489 | 632 | 633 | 859 | 947 |
|    | 84 | 516 | 649 | 646 | 869 | 979 |
|    | 86 | 542 | 666 | 658 | 879 | 1,38 010 |
|    | 88 | 569 | 683 | 670 | 889 | 042 |
| 87 | 90 | 0,82 595 | 0,29 699 | 0,63 682 | 0,22 899 | 1,38 073 |
|    | 92 | 621 | 716 | 694 | 909 | 104 |
|    | 94 | 648 | 733 | 706 | 919 | 136 |
|    | 96 | 674 | 750 | 718 | 929 | 167 |
|    | 98 | 701 | 767 | 730 | 939 | 199 |
| 88 | 0 | 0,82 727 | 0,29 784 | 0,63 742 | 0,22 949 | 1,38 230 |
|    | 2 | 754 | 801 | 754 | 959 | 261 |
|    | 4 | 780 | 817 | 767 | 969 | 293 |
|    | 6 | 807 | 834 | 779 | 979 | 324 |
|    | 8 | 833 | 851 | 791 | 989 | 356 |
| 88 | 10 | 0,82 860 | 0,29 868 | 0,63 803 | 0,22 999 | 1,38 387 |
|    | 12 | 886 | 885 | 815 | 0,23 009 | 419 |
|    | 14 | 913 | 902 | 827 | 019 | 450 |
|    | 16 | 939 | 919 | 839 | 029 | 481 |
|    | 18 | 966 | 936 | 851 | 039 | 513 |
|    | 20 | 992 | 953 | 863 | 049 | 544 |

| α | | Tangente $AB$ | Scheitel-abstand $BD$ | Abszisse $AE$. Halbe Sehne $AF$ | Ordinate $ED$. Pfeil-höhe $DF$ | Bogen-länge $ADC$ |
|---|---|---|---|---|---|---|
| g | c | $\mathrm{tg}\,\dfrac{\alpha}{2}$ | $\sec\dfrac{\alpha}{2}-1$ | $\sin\dfrac{\alpha}{2}$ | $1-\cos\dfrac{\alpha}{2}$ | $\dfrac{\pi\cdot\alpha}{200}$ |
| 88 | 20 | 0,82 992 | 0,29 953 | 0,63 863 | 0,23 049 | 1,38 544 |
|  | 22 | 0,83 019 | 970 | 875 | 059 | 576 |
|  | 24 | 045 | 987 | 888 | 069 | 607 |
|  | 26 | 072 | 0,30 004 | 900 | 079 | 638 |
|  | 28 | 098 | 020 | 912 | 089 | 670 |
| 88 | 30 | 0,83 125 | 0,30 037 | 0,63 924 | 0,23 099 | 1,38 701 |
|  | 32 | 151 | 054 | 936 | 109 | 733 |
|  | 34 | 178 | 071 | 948 | 119 | 764 |
|  | 36 | 205 | 088 | 960 | 129 | 796 |
|  | 38 | 231 | 105 | 972 | 139 | 827 |
| 88 | 40 | 0,83 258 | 0,30 122 | 0,63 984 | 0,23 149 | 1,38 858 |
|  | 42 | 284 | 139 | 996 | 159 | 890 |
|  | 44 | 311 | 156 | 0,64 008 | 169 | 921 |
|  | 46 | 338 | 174 | 020 | 179 | 953 |
|  | 48 | 364 | 191 | 032 | 190 | 984 |
| 88 | 50 | 0,83 391 | 0,30 208 | 0,64 044 | 0,23 200 | 1,39 015 |
|  | 52 | 417 | 225 | 057 | 210 | 047 |
|  | 54 | 444 | 242 | 069 | 220 | 078 |
|  | 56 | 471 | 259 | 081 | 230 | 110 |
|  | 58 | 497 | 276 | 093 | 240 | 141 |
| 88 | 60 | 0,83 524 | 0,30 293 | 0,64 105 | 0,23 250 | 1,39 173 |
|  | 62 | 551 | 310 | 117 | 260 | 204 |
|  | 64 | 577 | 327 | 129 | 270 | 235 |
|  | 66 | 604 | 344 | 141 | 280 | 267 |
|  | 68 | 631 | 361 | 153 | 290 | 298 |
| 88 | 70 | 0,83 657 | 0,30 379 | 0,64 165 | 0,23 300 | 1,39 330 |
|  | 72 | 684 | 396 | 177 | 310 | 361 |
|  | 74 | 711 | 413 | 189 | 320 | 392 |
|  | 76 | 738 | 430 | 201 | 331 | 424 |
|  | 78 | 764 | 447 | 213 | 341 | 455 |
|  | 80 | 791 | 464 | 225 | 351 | 487 |

**Tafel I.**

| $\alpha$ | | Tangente $AB$ | Scheitel-abstand $BD$ | Abszisse $AE$. Halbe Sehne $AF$ | Ordinate $ED$. Pfeil-höhe $DF$ | Bogen-länge $ADC$ |
|---|---|---|---|---|---|---|
| g | c | $\operatorname{tg}\dfrac{\alpha}{2}$ | $\sec\dfrac{\alpha}{2}-1$ | $\sin\dfrac{\alpha}{2}$ | $1-\cos\dfrac{\alpha}{2}$ | $\dfrac{\pi\cdot\alpha}{200}$ |
| 88 | 80 | 0,83 791 | 0,30 464 | 0,64 225 | 0,23 351 | 1,39 487 |
|  | 82 | 818 | 482 | 237 | 361 | 518 |
|  | 84 | 845 | 499 | 249 | 371 | 550 |
|  | 86 | 871 | 516 | 261 | 381 | 581 |
|  | 88 | 898 | 533 | 273 | 391 | 612 |
| 88 | 90 | 0,83 925 | 0,30 550 | 0,64 285 | 0,23 401 | 1,39 644 |
|  | 92 | 952 | 568 | 297 | 411 | 675 |
|  | 94 | 978 | 585 | 310 | 421 | 707 |
|  | 96 | 0,84 005 | 602 | 322 | 431 | 738 |
|  | 98 | 032 | 619 | 334 | 442 | 769 |
| 89 | 0 | 0,84 059 | 0,30 636 | 0,64 346 | 0,23 452 | 1,39 801 |
|  | 2 | 086 | 654 | 358 | 462 | 832 |
|  | 4 | 112 | 671 | 370 | 472 | 864 |
|  | 6 | 139 | 688 | 382 | 482 | 895 |
|  | 8 | 166 | 706 | 394 | 492 | 927 |
| 89 | 10 | 0,84 193 | 0,30 723 | 0,64 406 | 0,23 502 | 1,39 958 |
|  | 12 | 220 | 740 | 418 | 512 | 989 |
|  | 14 | 247 | 757 | 430 | 522 | 1,40 021 |
|  | 16 | 273 | 775 | 442 | 533 | 052 |
|  | 18 | 300 | 792 | 454 | 543 | 084 |
| 89 | 20 | 0,84 327 | 0,30 809 | 0,64 466 | 0,23 553 | 1,40 115 |
|  | 22 | 354 | 827 | 478 | 563 | 146 |
|  | 24 | 381 | 844 | 490 | 573 | 178 |
|  | 26 | 408 | 861 | 502 | 583 | 209 |
|  | 28 | 435 | 879 | 514 | 593 | 241 |
| 89 | 30 | 0,84 462 | 0,30 896 | 0,64 526 | 0,23 603 | 1,40 272 |
|  | 32 | 489 | 913 | 538 | 614 | 304 |
|  | 34 | 516 | 931 | 550 | 624 | 335 |
|  | 36 | 542 | 948 | 562 | 634 | 366 |
|  | 38 | 569 | 966 | 574 | 644 | 398 |
|  | 40 | 596 | 983 | 586 | 654 | 429 |

| α | | Tangente $AB$ | Scheitelabstand $BD$ | Abszisse $AE$. Halbe Sehne $AF$ | Ordinate $ED$. Pfeilhöhe $DF$ | Bogenlänge $ADC$ |
|---|---|---|---|---|---|---|
| g | c | $\operatorname{tg}\dfrac{\alpha}{2}$ | $\sec\dfrac{\alpha}{2}-1$ | $\sin\dfrac{\alpha}{2}$ | $1-\cos\dfrac{\alpha}{2}$ | $\dfrac{\pi\cdot\alpha}{200}$ |
| 89 | 40 | 0,84 596 | 0,30 983 | 0,64 586 | 0,23 654 | 1,40 429 |
| | 42 | 623 | 0,31 000 | 598 | 664 | 461 |
| | 44 | 650 | 018 | 610 | 674 | 492 |
| | 46 | 677 | 035 | 622 | 685 | 523 |
| | 48 | 704 | 053 | 634 | 695 | 555 |
| 89 | 50 | 0,84 731 | 0,31 070 | 0,64 646 | 0,23 705 | 1,40 586 |
| | 52 | 758 | 088 | 658 | 715 | 618 |
| | 54 | 785 | 105 | 670 | 725 | 649 |
| | 56 | 812 | 122 | 682 | 735 | 681 |
| | 58 | 839 | 140 | 694 | 746 | 712 |
| 89 | 60 | 0,84 866 | 0,31 157 | 0,64 706 | 0,23 756 | 1,40 743 |
| | 62 | 893 | 175 | 718 | 766 | 775 |
| | 64 | 920 | 192 | 730 | 776 | 806 |
| | 66 | 947 | 210 | 742 | 786 | 838 |
| | 68 | 974 | 227 | 753 | 796 | 869 |
| 89 | 70 | 0,85 001 | 0,31 245 | 0,64 765 | 0,23 807 | 1,40 900 |
| | 72 | 028 | 262 | 777 | 817 | 932 |
| | 74 | 056 | 280 | 789 | 827 | 963 |
| | 76 | 083 | 298 | 801 | 837 | 995 |
| | 78 | 110 | 315 | 813 | 847 | 1,41 026 |
| 89 | 80 | 0,85 137 | 0,31 333 | 0,64 825 | 0,23 857 | 1,41 058 |
| | 82 | 164 | 350 | 837 | 868 | 089 |
| | 84 | 191 | 368 | 849 | 878 | 120 |
| | 86 | 218 | 385 | 861 | 888 | 152 |
| | 88 | 245 | 403 | 873 | 898 | 183 |
| 89 | 90 | 0,85 272 | 0,31 421 | 0,64 885 | 0,23 908 | 1,41 215 |
| | 92 | 299 | 438 | 897 | 919 | 246 |
| | 94 | 327 | 456 | 909 | 929 | 277 |
| | 96 | 354 | 473 | 921 | 939 | 309 |
| | 98 | 381 | 491 | 933 | 949 | 340 |
| 90 | 0 | 408 | 509 | 945 | 959 | 372 |

**Tafel I.**

| α | | Tangente $AB$ | Scheitel-abstand $BD$ | Abszisse $A \cdot E$. Halbe Sehne $AF$ | Ordinate $ED$. Pfeil-höhe $DF$ | Bogen-länge $ADC$ |
|---|---|---|---|---|---|---|
| $g$ | $c$ | $\operatorname{tg} \dfrac{\alpha}{2}$ | $\sec \dfrac{\alpha}{2} - 1$ | $\sin \dfrac{\alpha}{2}$ | $1 - \cos \dfrac{\alpha}{2}$ | $\dfrac{\pi \cdot \alpha}{200}$ |
| 90 | 0 | 0,85 408 | 0,31 509 | 0,64 945 | 0,23 959 | 1,41 372 |
| | 2 | 435 | 526 | 957 | 970 | 403 |
| | 4 | 462 | 544 | 969 | 980 | 435 |
| | 6 | 490 | 562 | 981 | 990 | 466 |
| | 8 | 517 | 579 | 993 | 0,24 000 | 497 |
| 90 | 10 | 0,85 544 | 0,31 597 | 0,65 005 | 0,24 010 | 1,41 529 |
| | 12 | 571 | 615 | 016 | 021 | 560 |
| | 14 | 598 | 632 | 028 | 031 | 592 |
| | 16 | 626 | 650 | 040 | 041 | 623 |
| | 18 | 653 | 668 | 052 | 051 | 654 |
| 90 | 20 | 0,85 680 | 0,31 686 | 0,65 064 | 0,24 062 | 1,41 686 |
| | 22 | 707 | 703 | 076 | 072 | 717 |
| | 24 | 735 | 721 | 088 | 082 | 749 |
| | 26 | 762 | 739 | 100 | 092 | 780 |
| | 28 | 789 | 756 | 112 | 102 | 811 |
| 90 | 30 | 0,85 816 | 0,31 774 | 0,65 124 | 0,24 113 | 1,41 843 |
| | 32 | 844 | 792 | 136 | 123 | 874 |
| | 34 | 871 | 810 | 148 | 133 | 906 |
| | 36 | 898 | 828 | 160 | 143 | 937 |
| | 38 | 926 | 845 | 171 | 154 | 969 |
| 90 | 40 | 0,85 953 | 0,31 863 | 0,65 183 | 0,24 164 | 1,42 000 |
| | 42 | 980 | 881 | 195 | 174 | 031 |
| | 44 | 0,86 007 | 899 | 207 | 184 | 063 |
| | 46 | 035 | 917 | 219 | 195 | 094 |
| | 48 | 062 | 934 | 231 | 205 | 126 |
| 90 | 50 | 0,86 090 | 0,31 952 | 0,65 243 | 0,24 215 | 1,42 157 |
| | 52 | 117 | 970 | 255 | 225 | 188 |
| | 54 | 144 | 988 | 267 | 236 | 220 |
| | 56 | 172 | 0,32 006 | 279 | 246 | 251 |
| | 58 | 199 | 024 | 291 | 256 | 283 |
| | 60 | 226 | 042 | 302 | 266 | 314 |

194

| α | | Tangente<br>$AB$ | Scheitel-<br>abstand<br>$BD$ | Abszisse<br>$AE$. Halbe<br>Sehne $AF$ | Ordinate<br>$ED$. Pfeil-<br>höhe $DF$ | Bogen-<br>länge<br>$ADC$ |
|---|---|---|---|---|---|---|
| g | c | $\operatorname{tg}\dfrac{\alpha}{2}$ | $\sec\dfrac{\alpha}{2}-1$ | $\sin\dfrac{\alpha}{2}$ | $1-\cos\dfrac{\alpha}{2}$ | $\dfrac{\pi\cdot\alpha}{200}$ |
| 90 | 60 | 0,86 226 | 0,32 042 | 0,65 302 | 0,24 266 | 1,42 314 |
|    | 62 | 254 | 059 | 314 | 277 | 346 |
|    | 64 | 281 | 077 | 326 | 287 | 377 |
|    | 66 | 309 | 095 | 338 | 297 | 4⌢8 |
|    | 68 | 336 | 113 | 350 | 307 | 440 |
| 90 | 70 | 0,86 363 | 0,32 131 | 0,65 362 | 0,24 318 | 1,42 471 |
|    | 72 | 391 | 149 | 374 | 328 | 503 |
|    | 74 | 418 | 167 | 386 | 338 | 534 |
|    | 76 | 446 | 185 | 398 | 348 | 565 |
|    | 78 | 473 | 203 | 409 | 359 | 597 |
| 90 | 80 | 0,86 501 | 0,32 221 | 0,65 421 | 0,24 369 | 1,42 628 |
|    | 82 | 528 | 239 | 433 | 379 | 660 |
|    | 84 | 556 | 257 | 445 | 390 | 691 |
|    | 86 | 583 | 275 | 457 | 400 | 723 |
|    | 88 | 610 | 293 | 469 | 410 | 754 |
| 90 | 90 | 0,86 638 | 0,32 311 | 0,65 481 | 0,24 420 | 1,42 785 |
|    | 92 | 665 | 329 | 493 | 431 | 817 |
|    | 94 | 693 | 347 | 504 | 441 | 848 |
|    | 96 | 721 | 365 | 516 | 451 | 880 |
|    | 98 | 748 | 383 | 528 | 462 | 911 |
| 91 | 0 | 0,86 776 | 0,32 401 | 0,65 540 | 0,24 472 | 1,42 942 |
|    | 2 | 803 | 419 | 552 | 482 | 974 |
|    | 4 | 831 | 437 | 564 | 492 | 1,43 005 |
|    | 6 | 858 | 455 | 576 | 503 | 037 |
|    | 8 | 886 | 473 | 587 | 513 | 068 |
| 91 | 10 | 0,86 913 | 0,32 491 | 0,65 599 | 0,24 523 | 1,43 100 |
|    | 12 | 941 | 509 | 611 | 534 | 131 |
|    | 14 | 969 | 527 | 623 | 544 | 162 |
|    | 16 | 996 | 546 | 635 | 554 | 194 |
|    | 18 | 0,87 024 | 564 | 647 | 564 | 225 |
|    | 20 | 051 | 582 | 659 | 575 | 257 |

**Tafel I.**

| g | c | Tangente $AB$<br><br>$\operatorname{tg}\dfrac{\alpha}{2}$ | Scheitel-abstand $BD$<br><br>$\sec\dfrac{\alpha}{2}-1$ | Abszisse $AE$. Halbe Sehne $AF$<br><br>$\sin\dfrac{\alpha}{2}$ | Ordinate $ED$. Pfeil-höhe $DF$<br><br>$1-\cos\dfrac{\alpha}{2}$ | Bogen-länge $ADC$<br><br>$\dfrac{\pi\cdot\alpha}{200}$ |
|---|---|---|---|---|---|---|
| 91 | 20 | 0,87 051 | 0,32 582 | 0,65 659 | 0,24 575 | 1,43 257 |
|    | 22 | 079 | 600 | 670 | 585 | 288 |
|    | 24 | 107 | 618 | 682 | 595 | 319 |
|    | 26 | 134 | 636 | 694 | 606 | 351 |
|    | 28 | 162 | 654 | 706 | 616 | 382 |
| 91 | 30 | 0,87 189 | 0,32 673 | 0,65 718 | 0,24 626 | 1,43 414 |
|    | 32 | 217 | 691 | 730 | 637 | 445 |
|    | 34 | 245 | 709 | 741 | 647 | 477 |
|    | 36 | 272 | 727 | 753 | 657 | 508 |
|    | 38 | 300 | 745 | 765 | 668 | 539 |
| 91 | 40 | 0,87 328 | 0,32 764 | 0,65 777 | 0,24 678 | 1,43 571 |
|    | 42 | 356 | 782 | 789 | 688 | 602 |
|    | 44 | 383 | 800 | 801 | 699 | 634 |
|    | 46 | 411 | 818 | 812 | 709 | 665 |
|    | 48 | 439 | 836 | 824 | 719 | 696 |
| 91 | 50 | 0,87 466 | 0,32 855 | 0,65 836 | 0,24 730 | 1,43 728 |
|    | 52 | 494 | 873 | 848 | 740 | 759 |
|    | 54 | 522 | 891 | 860 | 750 | 791 |
|    | 56 | 550 | 909 | 872 | 761 | 822 |
|    | 58 | 577 | 928 | 883 | 771 | 854 |
| 91 | 60 | 0,87 605 | 0,32 946 | 0,65 895 | 0,24 782 | 1,43 885 |
|    | 62 | 633 | 964 | 907 | 792 | 916 |
|    | 64 | 661 | 983 | 919 | 802 | 948 |
|    | 66 | 688 | 0,33 001 | 931 | 813 | 979 |
|    | 68 | 716 | 019 | 942 | 823 | 1,44 011 |
| 91 | 70 | 0,87 744 | 0,33 038 | 0,65 954 | 0,24 833 | 1,44 042 |
|    | 72 | 772 | 056 | 966 | 844 | 073 |
|    | 74 | 800 | 074 | 978 | 854 | 105 |
|    | 76 | 827 | 093 | 990 | 864 | 136 |
|    | 78 | 855 | 111 | 0,66 001 | 875 | 168 |
|    | 80 | 883 | 129 | 013 | 885 | 199 |

Tafel I.

| $\alpha$ | | Tangente $AB$ | Scheitel-abstand $BD$ | Abszisse $AE$. Halbe Sehne $AF$ | Ordinate $ED$. Pfeil-höhe $DF$ | Bogen-länge $ADC$ |
|---|---|---|---|---|---|---|
| $g$ | $c$ | $\operatorname{tg}\dfrac{\alpha}{2}$ | $\sec\dfrac{\alpha}{2}-1$ | $\sin\dfrac{\alpha}{2}$ | $1-\cos\dfrac{\alpha}{2}$ | $\dfrac{\pi\cdot\alpha}{200}$ |
| 91 | 80 | 0,87 883 | 0,33 129 | 0,66 013 | 0,24 885 | 1,44 199 |
| | 82 | 911 | 148 | 025 | 895 | 231 |
| | 84 | 939 | 166 | 037 | 906 | 262 |
| | 86 | 967 | 185 | 049 | 916 | 293 |
| | 88 | 994 | 203 | 060 | 927 | 325 |
| 91 | 90 | 0,88 022 | 0,33 221 | 0,66 072 | 0,24 937 | 1,44 356 |
| | 92 | 050 | 240 | 084 | 947 | 388 |
| | 94 | 078 | 258 | 096 | 958 | 419 |
| | 96 | 106 | 277 | 108 | 968 | 450 |
| | 98 | 134 | 295 | 119 | 979 | 482 |
| 92 | 0 | 0,88 162 | 0,33 314 | 0,66 131 | 0,24 989 | 1,44 513 |
| | 2 | 190 | 332 | 143 | 999 | 545 |
| | 4 | 218 | 351 | 155 | 0,25 009 | 576 |
| | 6 | 246 | 369 | 167 | 020 | 608 |
| | 8 | 274 | 388 | 178 | 030 | 639 |
| 92 | 10 | 0,88 302 | 0,33 406 | 0,66 190 | 0,25 040 | 1,44 670 |
| | 12 | 329 | 425 | 202 | 051 | 702 |
| | 14 | 357 | 443 | 214 | 062 | 733 |
| | 16 | 385 | 462 | 225 | 072 | 765 |
| | 18 | 413 | 480 | 237 | 082 | 796 |
| 92 | 20 | 0,88 441 | 0,33 499 | 0,66 249 | 0,25 093 | 1,44 827 |
| | 22 | 469 | 517 | 261 | 103 | 859 |
| | 24 | 497 | 536 | 272 | 114 | 890 |
| | 26 | 525 | 554 | 284 | 124 | 922 |
| | 28 | 553 | 573 | 296 | 135 | 953 |
| 92 | 30 | 0,88 581 | 0,33 591 | 0,66 308 | 0,25 145 | 1,44 985 |
| | 32 | 610 | 610 | 319 | 155 | 1,45 016 |
| | 34 | 638 | 629 | 331 | 166 | 047 |
| | 36 | 666 | 647 | 343 | 176 | 079 |
| | 38 | 694 | 666 | 355 | 187 | 110 |
| | 40 | 722 | 685 | 367 | 197 | 142 |

## Tafel I.

| α | | Tangente $AB$ | Scheitel-abstand $BD$ | Abszisse $AE$. Halbe Sehne $AF$ | Ordinate $ED$. Pfeil-höhe $DF$ | Bogen-länge $ADC$ |
|---|---|---|---|---|---|---|
| $g$ | $c$ | $\mathrm{tg}\,\dfrac{\alpha}{2}$ | $\sec\dfrac{\alpha}{2}-1$ | $\sin\dfrac{\alpha}{2}$ | $1-\cos\dfrac{\alpha}{2}$ | $\dfrac{\pi\cdot\alpha}{200}$ |
| 92 | 40 | 0,88 722 | 0,33 685 | 0,66 367 | 0,25 197 | 1,45 142 |
|  | 42 | 750 | 703 | 378 | 207 | 173 |
|  | 44 | 778 | 722 | 390 | 218 | 204 |
|  | 46 | 806 | 740 | 402 | 228 | 236 |
|  | 48 | 834 | 759 | 414 | 239 | 267 |
| 92 | 50 | 0,88 862 | 0,33 778 | 0,66 425 | 0,25 249 | 1,45 299 |
|  | 52 | 890 | 796 | 437 | 260 | 330 |
|  | 54 | 918 | 815 | 449 | 270 | 361 |
|  | 56 | 947 | 834 | 460 | 280 | 393 |
|  | 58 | 975 | 853 | 472 | 291 | 424 |
| 92 | 60 | 0,89 003 | 0,33 871 | 0,66 484 | 0,25 301 | 1,45 456 |
|  | 62 | 031 | 890 | 496 | 312 | 487 |
|  | 64 | 059 | 909 | 507 | 322 | 519 |
|  | 66 | 087 | 927 | 519 | 333 | 550 |
|  | 68 | 116 | 946 | 531 | 343 | 581 |
| 92 | 70 | 0,89 144 | 0,33 965 | 0,66 543 | 0,25 354 | 1,45 613 |
|  | 72 | 172 | 984 | 554 | 364 | 644 |
|  | 74 | 200 | 0,34 003 | 566 | 375 | 676 |
|  | 76 | 228 | 021 | 578 | 385 | 707 |
|  | 78 | 257 | 040 | 589 | 395 | 738 |
| 92 | 80 | 0,89 285 | 0,34 059 | 0,66 601 | 0,25 406 | 1,45 770 |
|  | 82 | 313 | 078 | 613 | 416 | 801 |
|  | 84 | 341 | 096 | 625 | 427 | 833 |
|  | 86 | 370 | 115 | 636 | 437 | 864 |
|  | 88 | 398 | 134 | 648 | 448 | 896 |
| 92 | 90 | 0,89 426 | 0,34 153 | 0,66 660 | 0,25 458 | 1,45 927 |
|  | 92 | 454 | 172 | 671 | 469 | 958 |
|  | 94 | 483 | 191 | 683 | 479 | 990 |
|  | 96 | 511 | 210 | 695 | 490 | 1,46 021 |
|  | 98 | 539 | 228 | 707 | 500 | 053 |
| 93 | 0 | 567 | 247 | 718 | 511 | 084 |

| $\alpha$ | | Tangente $AB$ | Scheitel-abstand $BD$ | Abszisse $AE$. Halbe Sehne $AF$ | Ordinate $ED$. Pfeil-höhe $DF$ | Bogen-länge $ADC$ |
|---|---|---|---|---|---|---|
| g | c | $\operatorname{tg}\dfrac{\alpha}{2}$ | $\sec\dfrac{\alpha}{2}-1$ | $\sin\dfrac{\alpha}{2}$ | $1-\cos\dfrac{\alpha}{2}$ | $\dfrac{\pi\cdot\alpha}{200}$ |
| 93 | 0 | 0,89 567 | 0,34 247 | 0,66 718 | 0,25 511 | 1,46 084 |
| | 2 | 596 | 266 | 730 | 521 | 115 |
| | 4 | 624 | 285 | 742 | 532 | 147 |
| | 6 | 652 | 304 | 753 | 542 | 178 |
| | 8 | 681 | 323 | 765 | 553 | 210 |
| 93 | 10 | 0,89 709 | 0,34 342 | 0,66 777 | 0,25 563 | 1,46 241 |
| | 12 | 737 | 361 | 788 | 574 | 273 |
| | 14 | 766 | 380 | 800 | 584 | 304 |
| | 16 | 794 | 399 | 812 | 594 | 335 |
| | 18 | 823 | 418 | 824 | 605 | 367 |
| 93 | 20 | 0,89 851 | 0,34 437 | 0,66 835 | 0,25 615 | 1,46 398 |
| | 22 | 879 | 456 | 847 | 626 | 430 |
| | 24 | 908 | 475 | 859 | 636 | 461 |
| | 26 | 936 | 494 | 870 | 647 | 492 |
| | 28 | 965 | 513 | 882 | 657 | 524 |
| 93 | 30 | 0,89 993 | 0,34 532 | 0,66 894 | 0,25 668 | 1,46 555 |
| | 32 | 0,90 021 | 551 | 905 | 679 | 587 |
| | 34 | 050 | 570 | 917 | 689 | 618 |
| | 36 | 078 | 589 | 929 | 700 | 650 |
| | 38 | 107 | 608 | 940 | 710 | 681 |
| 93 | 40 | 0,90 135 | 0,34 627 | 0,66 952 | 0,25 721 | 1,46 712 |
| | 42 | 164 | 646 | 964 | 731 | 744 |
| | 44 | 192 | 665 | 975 | 742 | 775 |
| | 46 | 221 | 684 | 987 | 752 | 807 |
| | 48 | 249 | 703 | 999 | 763 | 838 |
| 93 | 50 | 0,90 278 | 0,34 722 | 0,67 010 | 0,25 773 | 1,46 869 |
| | 52 | 306 | 741 | 022 | 784 | 901 |
| | 54 | 335 | 760 | 034 | 794 | 932 |
| | 56 | 363 | 780 | 045 | 805 | 964 |
| | 58 | 392 | 799 | 057 | 815 | 995 |
| | 60 | 420 | 818 | 069 | 826 | 1,47 027 |

# Tafel I.

| α | | Tangente $AB$ | Scheitel-abstand $BD$ | Abszisse $AE$. Halbe Sehne $AF$ | Ordinate $ED$. Pfeil-höhe $DF$ | Bogen-länge $ADC$ |
|---|---|---|---|---|---|---|
| g | c | $\operatorname{tg}\dfrac{\alpha}{2}$ | $\sec\dfrac{\alpha}{2}-1$ | $\sin\dfrac{\alpha}{2}$ | $1-\cos\dfrac{\alpha}{2}$ | $\dfrac{\pi\cdot\alpha}{200}$ |
| 93 | 60 | 0,90 420 | 0,34 818 | 0,67 069 | 0,25 826 | 1,47 027 |
|  | 62 | 449 | 837 | 080 | 836 | 058 |
|  | 64 | 477 | 856 | 092 | 847 | 089 |
|  | 66 | 506 | 875 | 104 | 857 | 121 |
|  | 68 | 535 | 894 | 115 | 868 | 152 |
| 93 | 70 | 0,90 563 | 0,34 914 | 0,67 127 | 0,25 879 | 1,47 184 |
|  | 72 | 592 | 933 | 138 | 889 | 215 |
|  | 74 | 620 | 952 | 150 | 900 | 246 |
|  | 76 | 649 | 971 | 162 | 910 | 278 |
|  | 78 | 678 | 990 | 173 | 921 | 309 |
| 93 | 80 | 0,90 706 | 0,35 010 | 0,67 185 | 0,25 931 | 1,47 341 |
|  | 82 | 735 | 029 | 197 | 942 | 372 |
|  | 84 | 764 | 048 | 208 | 952 | 404 |
|  | 86 | 792 | 067 | 220 | 963 | 435 |
|  | 88 | 821 | 087 | 232 | 973 | 466 |
| 93 | 90 | 0,90 850 | 0,35 106 | 0,67 243 | 0,25 984 | 1,47 498 |
|  | 92 | 878 | 125 | 255 | 995 | 529 |
|  | 94 | 907 | 145 | 266 | 0,26 005 | 561 |
|  | 96 | 936 | 164 | 278 | 016 | 592 |
|  | 98 | 964 | 183 | 290 | 026 | 623 |
| 94 | 0 | 0,90 993 | 0,35 203 | 0,67 301 | 0,26 037 | 1,47 655 |
|  | 2 | 0,91 022 | 222 | 313 | 047 | 686 |
|  | 4 | 050 | 241 | 324 | 058 | 718 |
|  | 6 | 079 | 261 | 336 | 069 | 749 |
|  | 8 | 107 | 280 | 348 | 079 | 781 |
| 94 | 10 | 0,91 137 | 0,35 299 | 0,67 359 | 0,26 090 | 1,47 812 |
|  | 12 | 165 | 319 | 371 | 100 | 843 |
|  | 14 | 194 | 338 | 383 | 111 | 875 |
|  | 16 | 223 | 357 | 394 | 122 | 906 |
|  | 18 | 252 | 377 | 406 | 132 | 938 |
|  | 20 | 281 | 396 | 417 | 143 | 969 |

| α | | Tangente $AD$ | Scheitel-abstand $BD$ | Abszisse $AE$. Halbe Sehne $AF$ | Ordinate $ED$. Pfeil-höhe $DF$ | Bogen-länge $ADC$ |
|---|---|---|---|---|---|---|
| g | c | $\operatorname{tg}\dfrac{\alpha}{2}$ | $\sec\dfrac{\alpha}{2}-1$ | $\sin\dfrac{\alpha}{2}$ | $1-\cos\dfrac{\alpha}{2}$ | $\dfrac{\pi\cdot\alpha}{200}$ |
| 94 | 20 | 0,91 281 | 0,35 396 | 0,67 417 | 0,26 143 | 1,47 969 |
|  | 22 | 309 | 416 | 429 | 153 | 1,48 000 |
|  | 24 | 338 | 435 | 441 | 164 | 032 |
|  | 26 | 367 | 455 | 452 | 174 | 063 |
|  | 28 | 396 | 474 | 464 | 185 | 095 |
| 94 | 30 | 0,91 425 | 0,35 493 | 0,67 475 | 0,26 196 | 1,48 126 |
|  | 32 | 453 | 513 | 487 | 206 | 158 |
|  | 34 | 482 | 532 | 499 | 217 | 189 |
|  | 36 | 511 | 552 | 510 | 227 | 220 |
|  | 38 | 540 | 571 | 522 | 238 | 252 |
| 94 | 40 | 0,91 569 | 0,35 591 | 0,67 533 | 0,26 249 | 1,48 283 |
|  | 42 | 598 | 610 | 545 | 259 | 315 |
|  | 44 | 627 | 630 | 556 | 270 | 346 |
|  | 46 | 656 | 649 | 568 | 281 | 377 |
|  | 48 | 685 | 669 | 580 | 291 | 409 |
| 94 | 50 | 0,91 713 | 0,35 688 | 0,67 591 | 0,26 302 | 1,48 440 |
|  | 52 | 742 | 708 | 603 | 312 | 472 |
|  | 54 | 771 | 728 | 614 | 323 | 503 |
|  | 56 | 800 | 747 | 626 | 334 | 535 |
|  | 58 | 829 | 767 | 637 | 344 | 566 |
| 94 | 60 | 0,91 858 | 0,35 786 | 0,67 649 | 0,26 355 | 1,48 597 |
|  | 62 | 887 | 806 | 661 | 365 | 629 |
|  | 64 | 916 | 826 | 672 | 376 | 660 |
|  | 66 | 945 | 845 | 684 | 387 | 692 |
|  | 68 | 974 | 865 | 695 | 397 | 723 |
| 94 | 70 | 0,92 003 | 0,35 884 | 0,67 707 | 0,26 408 | 1,48 754 |
|  | 72 | 032 | 904 | 718 | 419 | 786 |
|  | 74 | 061 | 924 | 730 | 429 | 817 |
|  | 76 | 090 | 943 | 742 | 440 | 849 |
|  | 78 | 119 | 963 | 753 | 451 | 881 |
|  | 80 | 148 | 983 | 765 | 461 | 911 |

Tafel I.

| g | c | Tangente $AB$ | Scheitel-abstand $BD$ | Abszisse $AE$. Halbe Sehne $AF$ | Ordinate $ED$. Pfeil-höhe $DF$ | Bogen-länge $ADC$ |
|---|---|---|---|---|---|---|
| | | $\operatorname{tg} \dfrac{\alpha}{2}$ | $\sec \dfrac{\alpha}{2} - 1$ | $\sin \dfrac{\alpha}{2}$ | $1 - \cos \dfrac{\alpha}{2}$ | $\dfrac{\pi \cdot \alpha}{200}$ |
| **94** | 80 | 0,92 148 | 0,35 983 | 0,67 765 | 0,26 461 | 1,48 911 |
| | 82 | 177 | 0,36 602 | 776 | 472 | 943 |
| | 84 | 206 | 022 | 788 | 483 | 974 |
| | 86 | 235 | 042 | 799 | 493 | 1,49 006 |
| | 88 | 264 | 061 | 811 | 504 | 037 |
| 94 | 90 | 0,92 294 | 0,36 081 | 0,67 822 | 0,26 514 | 1,49 069 |
| | 92 | 323 | 101 | 834 | 525 | 100 |
| | 94 | 352 | 121 | 845 | 536 | 131 |
| | 96 | 381 | 140 | 857 | 546 | 163 |
| | 98 | 410 | 160 | 868 | 557 | 194 |
| **95** | 0 | 0,92 439 | 0,36 180 | 0,67 880 | 0,26 568 | 1,49 226 |
| | 2 | 468 | 200 | 892 | 578 | 257 |
| | 4 | 497 | 219 | 903 | 589 | 288 |
| | 6 | 526 | 239 | 915 | 600 | 320 |
| | 8 | 556 | 259 | 926 | 610 | 351 |
| 95 | 10 | 0,92 585 | 0,36 279 | 0,67 938 | 0,26 621 | 1,49 383 |
| | 12 | 614 | 299 | 949 | 632 | 414 |
| | 14 | 643 | 319 | 961 | 642 | 446 |
| | 16 | 672 | 338 | 972 | 653 | 477 |
| | 18 | 702 | 358 | 984 | 664 | 508 |
| 95 | 20 | 0,92 731 | 0,36 378 | 0,67 995 | 0,26 674 | 1,49 540 |
| | 22 | 760 | 398 | 0,68 007 | 685 | 571 |
| | 24 | 789 | 418 | 018 | 696 | 603 |
| | 26 | 818 | 438 | 030 | 707 | 634 |
| | 28 | 848 | 458 | 041 | 717 | 665 |
| 95 | 30 | 0,92 877 | 0,36 478 | 0,68 053 | 0,26 728 | 1,49 697 |
| | 32 | 906 | 497 | 064 | 739 | 728 |
| | 34 | 935 | 517 | 076 | 749 | 760 |
| | 36 | 965 | 537 | 087 | 760 | 791 |
| | 38 | 994 | 557 | 099 | 771 | 823 |
| | 40 | 0,93 023 | 577 | 110 | 781 | 854 |

| g | c | Tangente $AB$ $\mathrm{tg}\,\dfrac{\alpha}{2}$ | Scheitelabstand $BD$ $\sec\dfrac{\alpha}{2}-1$ | Abszisse $AE$. Halbe Sehne $AF$ $\sin\dfrac{\alpha}{2}$ | Ordinate $ED$. Pfeilhöhe $DF$ $1-\cos\dfrac{\alpha}{2}$ | Bogenlänge $ADC$ $\dfrac{\pi\cdot\alpha}{200}$ |
|---|---|---|---|---|---|---|
| 95 | 40 | 0,93023 | 0,36577 | 0,68110 | 0,26781 | 1,49854 |
|    | 42 | 053 | 597 | 122 | 792 | 885 |
|    | 44 | 082 | 617 | 133 | 803 | 917 |
|    | 46 | 111 | 637 | 145 | 813 | 948 |
|    | 48 | 141 | 657 | 156 | 824 | 980 |
| 95 | 50 | 0,93170 | 0,36677 | 0,68168 | 0,26835 | 1,50011 |
|    | 52 | 199 | 697 | 179 | 846 | 042 |
|    | 54 | 229 | 717 | 191 | 856 | 074 |
|    | 56 | 258 | 737 | 202 | 867 | 105 |
|    | 58 | 287 | 757 | 214 | 878 | 137 |
| 95 | 60 | 0,93317 | 0,36777 | 0,68225 | 0,26888 | 1,50168 |
|    | 62 | 346 | 797 | 237 | 899 | 200 |
|    | 64 | 376 | 817 | 248 | 910 | 231 |
|    | 66 | 405 | 838 | 260 | 921 | 262 |
|    | 68 | 434 | 858 | 271 | 931 | 294 |
| 95 | 70 | 0,93464 | 0,36878 | 0,68283 | 0,26942 | 1,50325 |
|    | 72 | 493 | 898 | 294 | 953 | 357 |
|    | 74 | 523 | 918 | 306 | 964 | 388 |
|    | 76 | 552 | 938 | 317 | 974 | 419 |
|    | 78 | 582 | 958 | 329 | 985 | 451 |
| 95 | 80 | 0,93611 | 0,36978 | 0,68340 | 0,26996 | 1,50482 |
|    | 82 | 641 | 998 | 352 | 0,27006 | 514 |
|    | 84 | 670 | 0,37019 | 363 | 017 | 545 |
|    | 86 | 700 | 039 | 375 | 028 | 577 |
|    | 88 | 729 | 059 | 386 | 039 | 608 |
| 95 | 90 | 0,93759 | 0,37079 | 0,68397 | 0,27049 | 1,50639 |
|    | 92 | 788 | 099 | 409 | 060 | 671 |
|    | 94 | 818 | 119 | 420 | 071 | 702 |
|    | 96 | 847 | 140 | 432 | 082 | 734 |
|    | 98 | 877 | 160 | 443 | 092 | 765 |
| 96 | 0 | 906 | 180 | 455 | 103 | 796 |

Tafel I.

| α | | Tangente $AB$ | Scheitelabstand $BD$ | Abszisse $AE$. Halbe Sehne $AF$ | Ordinate $ED$. Pfeilhöhe $DF$ | Bogenlänge $ADC$ |
|---|---|---|---|---|---|---|
| g | c | $\operatorname{tg}\dfrac{\alpha}{2}$ | $\sec\dfrac{\alpha}{2}-1$ | $\sin\dfrac{\alpha}{2}$ | $1-\cos\dfrac{\alpha}{2}$ | $\dfrac{\pi\cdot\alpha}{200}$ |
| 96 | 0 | 0,93906 | 0,37180 | 0,68455 | 0,27103 | 1,50796 |
|  | 2 | 936 | 200 | 466 | 114 | 828 |
|  | 4 | 965 | 221 | 478 | 125 | 859 |
|  | 6 | 995 | 241 | 489 | 135 | 891 |
|  | 8 | 0,94025 | 261 | 500 | 146 | 922 |
| 96 | 10 | 0,94054 | 0,37281 | 0,68512 | 0,27157 | 1,50954 |
|  | 12 | 084 | 302 | 523 | 168 | 985 |
|  | 14 | 113 | 322 | 535 | 178 | 1,51016 |
|  | 16 | 143 | 342 | 546 | 189 | 048 |
|  | 18 | 173 | 363 | 558 | 200 | 079 |
| 96 | 20 | 0,94202 | 0,37383 | 0,68569 | 0,27211 | 1,51111 |
|  | 22 | 232 | 403 | 581 | 222 | 142 |
|  | 24 | 262 | 424 | 592 | 232 | 173 |
|  | 26 | 291 | 444 | 603 | 243 | 205 |
|  | 28 | 321 | 464 | 615 | 254 | 236 |
| 96 | 30 | 0,94351 | 0,37485 | 0,68626 | 0,27265 | 1,51268 |
|  | 32 | 380 | 505 | 638 | 275 | 299 |
|  | 34 | 410 | 525 | 649 | 286 | 331 |
|  | 36 | 440 | 546 | 661 | 297 | 362 |
|  | 38 | 469 | 566 | 672 | 308 | 393 |
| 96 | 40 | 0,94499 | 0,37587 | 0,68683 | 0,27319 | 1,51425 |
|  | 42 | 529 | 607 | 695 | 329 | 456 |
|  | 44 | 559 | 628 | 706 | 340 | 488 |
|  | 46 | 588 | 648 | 718 | 351 | 519 |
|  | 48 | 618 | 668 | 729 | 362 | 550 |
| 96 | 50 | 0,94648 | 0,37689 | 0,68740 | 0,27373 | 1,51582 |
|  | 52 | 678 | 709 | 752 | 383 | 613 |
|  | 54 | 708 | 730 | 763 | 394 | 645 |
|  | 56 | 737 | 750 | 775 | 405 | 676 |
|  | 58 | 767 | 771 | 786 | 416 | 708 |
|  | 60 | 797 | 791 | 797 | 427 | 739 |

| α | | Tangente $AB$ | Scheitel-abstand $BD$ | Abszisse $AE$. Halbe Sehne $AF$ | Ordinate $ED$. Pfeil-höhe $DF$ | Bogen-länge $ADC$ |
|---|---|---|---|---|---|---|
| g | c | $\operatorname{tg}\dfrac{\alpha}{2}$ | $\sec\dfrac{\alpha}{2}-1$ | $\sin\dfrac{\alpha}{2}$ | $1-\cos\dfrac{\alpha}{2}$ | $\dfrac{\pi\cdot\alpha}{200}$ |
| 96 | 60 | 0,94 797 | 0,37 791 | 0,68 797 | 0,27 427 | 1,51 739 |
|  | 62 | 827 | 812 | 809 | 437 | 770 |
|  | 64 | 857 | 832 | 820 | 448 | 802 |
|  | 66 | 887 | 853 | 832 | 459 | 833 |
|  | 68 | 916 | 874 | 843 | 470 | 865 |
| 96 | 70 | 0,94 946 | 0,37 894 | 0,68 854 | 0,27 481 | 1,51 896 |
|  | 72 | 976 | 915 | 866 | 491 | 927 |
|  | 74 | 0,95 006 | 935 | 877 | 502 | 959 |
|  | 76 | 036 | 956 | 889 | 513 | 990 |
|  | 78 | 066 | 976 | 900 | 524 | 1,52 022 |
| 96 | 80 | 0,95 096 | 0,37 997 | 0,68 911 | 0,27 535 | 1,52 053 |
|  | 82 | 126 | 0,38 018 | 923 | 546 | 085 |
|  | 84 | 156 | 038 | 934 | 556 | 116 |
|  | 86 | 185 | 059 | 946 | 567 | 147 |
|  | 88 | 215 | 080 | 957 | 578 | 179 |
| 96 | 90 | 0,95 245 | 0,38 100 | 0,68 968 | 0,27 589 | 1,52 210 |
|  | 92 | 275 | 121 | 980 | 600 | 242 |
|  | 94 | 305 | 142 | 991 | 611 | 273 |
|  | 96 | 335 | 162 | 0,69 002 | 621 | 304 |
|  | 98 | 365 | 183 | 014 | 632 | 336 |
| 97 | 0 | 0,95 395 | 0,38 204 | 0,69 025 | 0,27 643 | 1,52 367 |
|  | 2 | 425 | 224 | 036 | 654 | 399 |
|  | 4 | 455 | 245 | 048 | 665 | 430 |
|  | 6 | 485 | 266 | 059 | 676 | 461 |
|  | 8 | 515 | 287 | 071 | 686 | 493 |
| 97 | 10 | 0,95 545 | 0,38 307 | 0,69 082 | 0,27 697 | 1,52 524 |
|  | 12 | 575 | 328 | 093 | 708 | 556 |
|  | 14 | 605 | 349 | 105 | 719 | 587 |
|  | 16 | 636 | 370 | 116 | 730 | 619 |
|  | 18 | 666 | 390 | 127 | 741 | 650 |
|  | 20 | 696 | 411 | 139 | 752 | 681 |

## Tafel I.

| α | | Tangente $AB$ | Scheitelabstand $BD$ | Abszisse $AE$. Halbe Sehne $AF$ | Ordinate $ED$. Pfeilhöhe $DF$ | Bogenlänge $ADC$ |
|---|---|---|---|---|---|---|
| g | c | $\operatorname{tg}\dfrac{\alpha}{2}$ | $\sec\dfrac{\alpha}{2}-1$ | $\sin\dfrac{\alpha}{2}$ | $1-\cos\dfrac{\alpha}{2}$ | $\dfrac{\pi\cdot\alpha}{200}$ |
| 97 | 20 | 0,95 696 | 0,38 411 | 0,69 139 | 0,27 752 | 1,52 681 |
|  | 22 | 726 | 432 | 150 | 762 | 713 |
|  | 24 | 756 | 453 | 161 | 773 | 744 |
|  | 26 | 786 | 474 | 173 | 784 | 776 |
|  | 28 | 816 | 495 | 184 | 795 | 807 |
| 97 | 30 | 0,95 846 | 0,38 515 | 0,69 195 | 0,27 806 | 1,52 838 |
|  | 32 | 876 | 536 | 207 | 817 | 870 |
|  | 34 | 907 | 557 | 218 | 828 | 901 |
|  | 36 | 937 | 578 | 229 | 838 | 933 |
|  | 38 | 967 | 599 | 241 | 849 | 964 |
| 97 | 40 | 0,95 997 | 0,38 620 | 0,69 252 | 0,27 860 | 1,52 996 |
|  | 42 | 0,96 027 | 641 | 263 | 871 | 1,53 027 |
|  | 44 | 057 | 662 | 275 | 882 | 058 |
|  | 46 | 088 | 683 | 286 | 893 | 090 |
|  | 48 | 118 | 703 | 297 | 904 | 121 |
| 97 | 50 | 0,96 148 | 0,38 724 | 0,69 309 | 0,27 915 | 1,53 153 |
|  | 52 | 178 | 745 | 320 | 926 | 184 |
|  | 54 | 209 | 766 | 331 | 936 | 215 |
|  | 56 | 239 | 787 | 343 | 947 | 247 |
|  | 58 | 269 | 808 | 354 | 958 | 278 |
| 97 | 60 | 0,96 299 | 0,38 829 | 0,69 365 | 0,27 969 | 1,53 310 |
|  | 62 | 330 | 850 | 377 | 980 | 341 |
|  | 64 | 360 | 871 | 388 | 991 | 373 |
|  | 66 | 390 | 892 | 399 | 0,28 002 | 404 |
|  | 68 | 421 | 913 | 411 | 013 | 435 |
| 97 | 70 | 0,96 451 | 0,38 934 | 0,69 422 | 0,28 024 | 1,53 467 |
|  | 72 | 481 | 955 | 433 | 035 | 498 |
|  | 74 | 512 | 977 | 444 | 045 | 530 |
|  | 76 | 542 | 998 | 456 | 056 | 561 |
|  | 78 | 572 | 0,39 019 | 467 | 067 | 592 |
|  | 80 | 603 | 040 | 478 | 078 | 624 |

| $\alpha$ | | Tangente $AD$ | Scheitel-abstand $BD$ | Abszisse $AE$. Halbe Sehne $AF$ | Ordinate $ED$. Pfeil-höhe $DF$ | Bogen-länge $ADC$ |
|---|---|---|---|---|---|---|
| $g$ | $c$ | $\operatorname{tg}\dfrac{\alpha}{2}$ | $\sec\dfrac{\alpha}{2}-1$ | $\sin\dfrac{\alpha}{2}$ | $1-\cos\dfrac{\alpha}{2}$ | $\dfrac{\pi\cdot\alpha}{200}$ |
| 97 | 80 | 0,96603 | 0,39040 | 0,69478 | 0,28078 | 1,53624 |
| | 82 | 633 | 061 | 490 | 089 | 655 |
| | 84 | 663 | 082 | 501 | 100 | 687 |
| | 86 | 694 | 103 | 512 | 111 | 718 |
| | 88 | 724 | 124 | 524 | 122 | 750 |
| 97 | 90 | 0,96755 | 0,39145 | 0,69535 | 0,28133 | 1,53781 |
| | 92 | 785 | 167 | 546 | 144 | 812 |
| | 94 | 815 | 188 | 557 | 155 | 844 |
| | 96 | 846 | 209 | 569 | 166 | 875 |
| | 98 | 876 | 230 | 580 | 176 | 907 |
| 98 | 0 | 0,96907 | 0,39251 | 0,69591 | 0,28187 | 1,53938 |
| | 2 | 937 | 272 | 603 | 198 | 969 |
| | 4 | 968 | 294 | 614 | 209 | 1,54001 |
| | 6 | 998 | 315 | 625 | 220 | 032 |
| | 8 | 0,97029 | 336 | 636 | 231 | 064 |
| 98 | 10 | 0,97059 | 0,39357 | 0,69648 | 0,28242 | 1,54095 |
| | 12 | 090 | 379 | 659 | 253 | 127 |
| | 14 | 120 | 400 | 670 | 264 | 158 |
| | 16 | 151 | 421 | 681 | 275 | 189 |
| | 18 | 181 | 442 | 693 | 286 | 221 |
| 98 | 20 | 0,97212 | 0,39464 | 0,69704 | 0,28297 | 1,54252 |
| | 22 | 242 | 485 | 715 | 308 | 284 |
| | 24 | 273 | 506 | 727 | 319 | 315 |
| | 26 | 303 | 528 | 738 | 330 | 346 |
| | 28 | 334 | 549 | 749 | 341 | 378 |
| 98 | 30 | 0,97365 | 0,39570 | 0,69760 | 0,28352 | 1,54409 |
| | 32 | 395 | 592 | 772 | 362 | 441 |
| | 34 | 426 | 613 | 783 | 373 | 472 |
| | 36 | 457 | 634 | 794 | 384 | 504 |
| | 38 | 487 | 656 | 805 | 395 | 535 |
| | 40 | 518 | 677 | 817 | 406 | 566 |

Tafel I.

| α | | Tangente $AB$ | Scheitel-abstand $BD$ | Abszisse $AE$. Halbe Sehne $AF$ | Ordinate $ED$. Pfeil-höhe $DF$ | Bogen-länge $ADC$ |
|---|---|---|---|---|---|---|
| $g$ | $c$ | $\operatorname{tg}\dfrac{\alpha}{2}$ | $\sec\dfrac{\alpha}{2}-1$ | $\sin\dfrac{\alpha}{2}$ | $1-\cos\dfrac{\alpha}{2}$ | $\dfrac{\pi\cdot\alpha}{200}$ |
| 98 | 40 | 0,97 518 | 0,39 677 | 0,69 817 | 0,28 406 | 1,54 566 |
|  | 42 | 548 | 699 | 828 | 417 | 598 |
|  | 44 | 579 | 720 | 839 | 428 | 629 |
|  | 46 | 610 | 741 | 850 | 439 | 661 |
|  | 48 | 640 | 763 | 862 | 450 | 692 |
| 98 | 50 | 0,97 671 | 0,39 784 | 0,69 873 | 0,28 461 | 1,54 723 |
|  | 52 | 702 | 806 | 884 | 472 | 755 |
|  | 54 | 732 | 827 | 895 | 483 | 786 |
|  | 56 | 763 | 849 | 906 | 494 | 818 |
|  | 58 | 794 | 870 | 918 | 505 | 849 |
| 98 | 60 | 0,97 825 | 0,39 892 | 0,69 929 | 0,28 516 | 1,54 881 |
|  | 62 | 855 | 913 | 940 | 527 | 912 |
|  | 64 | 886 | 935 | 951 | 538 | 943 |
|  | 66 | 917 | 956 | 963 | 549 | 975 |
|  | 68 | 948 | 978 | 974 | 560 | 1,55 006 |
| 98 | 70 | 0,97 979 | 0,39 999 | 0,69 985 | 0,28 571 | 1,55 038 |
|  | 72 | 0,98 009 | 0,40 021 | 996 | 582 | 069 |
|  | 74 | 040 | 042 | 0,70 007 | 593 | 100 |
|  | 76 | 071 | 064 | 019 | 604 | 132 |
|  | 78 | 102 | 086 | 030 | 615 | 163 |
| 98 | 80 | 0,98 133 | 0,40 107 | 0,70 041 | 0,28 626 | 1,55 195 |
|  | 82 | 163 | 129 | 052 | 637 | 226 |
|  | 84 | 194 | 150 | 064 | 648 | 258 |
|  | 86 | 225 | 172 | 075 | 659 | 289 |
|  | 88 | 256 | 194 | 086 | 670 | 320 |
| 98 | 90 | 0,98 287 | 0,40 215 | 0,70 097 | 0,28 681 | 1,55 352 |
|  | 92 | 318 | 237 | 108 | 692 | 383 |
|  | 94 | 349 | 259 | 120 | 703 | 415 |
|  | 96 | 380 | 280 | 131 | 714 | 446 |
|  | 98 | 410 | 302 | 142 | 725 | 477 |
| 99 | 0 | 441 | 324 | 153 | 736 | 509 |

| α | | Tangente $AB$ | Scheitelabstand $BD$ | Abszisse $AE$. Halbe Sehne $AF$ | Ordinate $ED$. Pfeilhöhe $DF$ | Bogenlänge $ADC$ |
|---|---|---|---|---|---|---|
| g | c | $\operatorname{tg}\dfrac{\alpha}{2}$ | $\sec\dfrac{\alpha}{2}-1$ | $\sin\dfrac{\alpha}{2}$ | $1-\cos\dfrac{\alpha}{2}$ | $\dfrac{\pi\cdot\alpha}{200}$ |
| 99 | 0 | 0,98 441 | 0,40 324 | 0,70 153 | 0,28 736 | 1,55 509 |
| | 2 | 472 | 345 | 164 | 747 | 540 |
| | 4 | 503 | 367 | 176 | 758 | 572 |
| | 6 | 534 | 389 | 187 | 769 | 603 |
| | 8 | 565 | 410 | 198 | 780 | 635 |
| 99 | 10 | 0,98 596 | 0,40 432 | 0,70 209 | 0,28 791 | 1,55 666 |
| | 12 | 627 | 454 | 220 | 802 | 697 |
| | 14 | 658 | 476 | 231 | 813 | 729 |
| | 16 | 689 | ·498 | 243 | 824 | 760 |
| | 18 | 720 | 519 | 254 | 835 | 792 |
| 99 | 20 | 0,98 751 | 0,40 541 | 0,70 265 | 0,28 846 | 1,55 823 |
| | 22 | 782 | 563 | 276 | 857 | 854 |
| | 24 | 813 | 585 | 287 | 869 | 886 |
| | 26 | 844 | 607 | 299 | 880 | 917 |
| | 28 | 875 | 628 | 310 | 891 | 949 |
| 99 | 30 | 0,98 906 | 0,40 650 | 0,70 321 | 0,28 902 | 1,55 980 |
| | 32 | 938 | 672 | 332 | 913 | 1,56 011 |
| | 34 | 969 | 694 | 343 | 924 | 043 |
| | 36 | 0,99 000 | 716 | 354 | 935 | 074 |
| | 38 | 031 | 738 | 366 | 946 | 106 |
| 99 | 40 | 0,99 062 | 0,40 760 | 0,70 377 | 0,28 957 | 1,56 137 |
| | 42 | 093 | 781 | 388 | 968 | 169 |
| | 44 | 124 | 803 | 399 | 979 | 200 |
| | 46 | 155 | 825 | 410 | 990 | 231 |
| | 48 | 187 | 847 | 421 | 0,29 001 | 263 |
| 99 | 50 | 0,99 218 | 0,40 869 | 0,70 432 | 0,29 012 | 1,56 294 |
| | 52 | 249 | 891 | 444 | 023 | 326 |
| | 54 | 280 | 913 | 455 | 034 | 357 |
| | 56 | 311 | 935 | 466 | 045 | 388 |
| | 58 | 342 | 957 | 477 | 056 | 420 |
| | 60 | 374 | 979 | 488 | 068 | 451 |

## Tafel I.

| α | | Tangente $AB$ | Scheitel-abstand $BD$ | Abszisse $AE$. Halbe Sehne $AF$ | Ordinate $ED$. Pfeilhöhe $DF$. | Bogen-länge $ADC$ |
|---|---|---|---|---|---|---|
| g | c | $\operatorname{tg}\dfrac{\alpha}{2}$ | $\sec\dfrac{\alpha}{2}-1$ | $\sin\dfrac{\alpha}{2}$ | $1-\cos\dfrac{\alpha}{2}$ | $\dfrac{\pi\cdot\alpha}{200}$ |
| 99 | 60 | 0,99 374 | 0,40 979 | 0,70 488 | 0,29 068 | 1,56 451 |
|  | 62 | 405 | 0,41 001 | 499 | 079 | 483 |
|  | 64 | 436 | 023 | 510 | 090 | 514 |
|  | 66 | 467 | 045 | 522 | 101 | 546 |
|  | 68 | 499 | 067 | 533 | 112 | 577 |
| 99 | 70 | 0,99 530 | 0,41 089 | 0,70 544 | 0,29 123 | 1,56 608 |
|  | 72 | 561 | 111 | 555 | 134 | 640 |
|  | 74 | 592 | 133 | 566 | 145 | 671 |
|  | 76 | 624 | 156 | 577 | 156 | 703 |
|  | 78 | 655 | 178 | 588 | 167 | 734 |
| 99 | 80 | 0,99 686 | 0,41 200 | 0,70 600 | 0,29 178 | 1,56 765 |
|  | 82 | 718 | 222 | 611 | 189 | 797 |
|  | 84 | 749 | 244 | 622 | 201 | 828 |
|  | 86 | 780 | 266 | 633 | 212 | 860 |
|  | 88 | 812 | 288 | 644 | 223 | 891 |
| 99 | 90 | 0,99 843 | 0,41 310 | 0,70 655 | 0,29 234 | 1,56 923 |
|  | 92 | 874 | 333 | 666 | 245 | 954 |
|  | 94 | 906 | 355 | 677 | 256 | 985 |
|  | 96 | 937 | 377 | 688 | 267 | 1,57 017 |
|  | 98 | 969 | 399 | 700 | 278 | 048 |
| 100 | 0 | 1,00 000 | 0,41 421 | 0,70 711 | 0,29 289 | 1,57 080 |

# Tafel IIa

## Kreisbogen

### mit gleichmäßiger Abszissenteilung

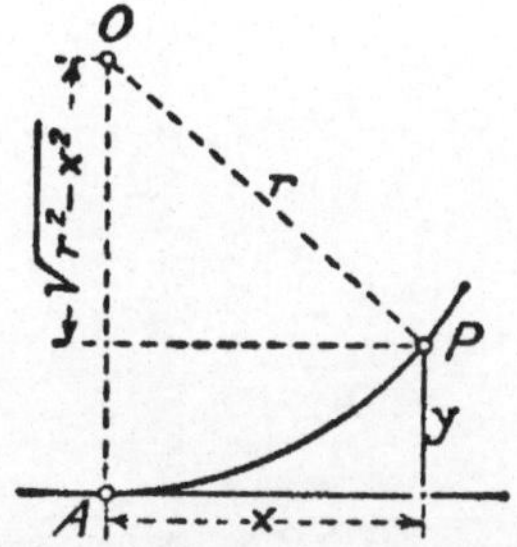



**Hierzu Abschnitt 4 der Einführung**

# Kreisbogen mit gleichmäßiger Abszissenteilung.

| Abszissen | Ordinaten bei dem Halbmesser | | | | | Abszissen |
|---|---|---|---|---|---|---|
| | 20 | 25 | 30 | 35 | 40 | |
| 2 | 0,100 | 0,080 | 0,067 | 0,057 | 0,050 | 2 |
| 4 | 0,404 | 0,322 | 0,268 | 0,229 | 0,201 | 4 |
| 6 | 0,921 | 0,731 | 0,606 | 0,518 | 0,453 | 6 |
| 8 | 1,67 | 1,32 | 1,09 | 0,927 | 0,808 | 8 |
| 10 | 2,68 | 2,09 | 1,72 | 1,46 | 1,27 | 10 |
| 12 | 4,00 | 3,07 | 2,51 | 2,12 | 1,84 | 12 |
| 14 | 5,72 | 4,29 | 3,47 | 2,92 | 2,53 | 14 |
| 16 | 8,00 | 5,79 | 4,62 | 3,87 | 3,34 | 16 |
| 18 | 11,28 | 7,65 | 6,00 | 4,98 | 4,28 | 18 |
| 20 | 20,00 | 10,00 | 7,64 | 6,28 | 5,36 | 20 |
| 22 | | 13,13 | 9,60 | 7,78 | 6,59 | 22 |
| 24 | | 18,00 | 12,00 | 9,52 | 8,00 | 24 |
| 26 | | | 15,03 | 11,57 | 9,60 | 26 |
| 28 | | | 19,23 | 14,00 | 11,43 | 28 |
| 30 | | | 30,00 | 16,97 | 13,54 | 30 |

# Tafel IIa.
## Kreisbogen mit gleichmäßiger Abszissenteilung.

| Abszissen | Ordinaten bei dem Halbmesser | | | | | Abszissen |
|---|---|---|---|---|---|---|
| | 50 | 60 | 70 | 80 | 90 | |
| 5 | 0,251 | 0,209 | 0,179 | 0,156 | 0,139 | 5 |
| 10 | 1,01 | 0,839 | 0,718 | 0,627 | 0,557 | 10 |
| 15 | 2,30 | 1,91 | 1,63 | 1,42 | 1,26 | 15 |
| 20 | 4,17 | 3,43 | 2,92 | 2,54 | 2,25 | 20 |
| 25 | 6,70 | 5,46 | 4,62 | 4,01 | 3,54 | 25 |
| 30 | 10,00 | 8,04 | 6,75 | 5,84 | 5,15 | 30 |
| 35 | 14,29 | 11,27 | 9,38 | 8,06 | 7,08 | 35 |
| 40 | 20,00 | 15,28 | 12,55 | 10,72 | 9,38 | 40 |
| 45 | 28,21 | 20,31 | 16,38 | 13,86 | 12,06 | 45 |
| 50 | 50,00 | 26,83 | 21,01 | 17,55 | 15,17 | 50 |
| 55 | | 36,02 | 26,70 | 21,91 | 18,76 | 55 |
| 60 | | 60,00 | 33,94 | 27,09 | 22,92 | 60 |

# Kreisbogen mit gleichmäßiger Abszissenteilung.

| Abszissen | Ordinaten bei dem Halbmesser | | | | | Abszissen |
|---|---|---|---|---|---|---|
| | 100 | 110 | 120 | 130 | 140 | |
| 5 | 0,125 | 0,114 | 0,104 | 0,096 | 0,089 | 5 |
| 10 | 0,501 | 0,455 | 0,417 | 0,385 | 0,358 | 10 |
| 15 | 1,13 | 1,03 | 0,941 | 0,868 | 0,806 | 15 |
| 20 | 2,02 | 1,83 | 1,68 | 1,55 | 1,44 | 20 |
| 25 | 3,18 | 2,88 | 2,63 | 2,43 | 2,25 | 25 |
| 30 | 4,61 | 4,17 | 3,81 | 3,51 | 3,25 | 30 |
| 35 | 6,33 | 5,72 | 5,22 | 4,80 | 4,45 | 35 |
| 40 | 8,35 | 7,53 | 6,86 | 6,31 | 5,84 | 40 |
| 45 | 10,70 | 9,63 | 8,76 | 8,04 | 7,43 | 45 |
| 50 | 13,40 | 12,02 | 10,91 | 10,00 | 9,23 | 50 |
| 55 | 16,48 | 14,74 | 13,35 | 12,21 | 11,26 | 55 |
| 60 | 20,00 | 17,81 | 16,08 | 14,67 | 13,51 | 60 |
| 65 | 24,01 | 21,26 | 19,13 | 17,42 | 16,00 | 65 |
| 70 | 28,59 | 25,15 | 22,53 | 20,46 | 18,76 | 70 |
| 75 | 33,86 | 29,53 | 26,33 | 23,82 | 21,78 | 75 |

**Tafel II a.**
**Kreisbogen mit gleichmäßiger Abszissenteilung.**

| Abszissen | Ordinaten bei dem Halbmesser | | | | | Abszissen |
|---|---|---|---|---|---|---|
| | 150 | 160 | 170 | 180 | 190 | |
| 5 | 0,083 | 0,078 | 0,074 | 0,069 | 0,066 | 5 |
| 10 | 0,334 | 0,313 | 0,294 | 0,278 | 0,263 | 10 |
| 15 | 0,752 | 0,705 | 0,663 | 0,626 | 0,593 | 15 |
| 20 | 1,339 | 1,255 | 1,181 | 1,115 | 1,056 | 20 |
| 25 | 2,098 | 1,965 | 1,848 | 1,745 | 1,652 | 25 |
| 30 | 3,031 | 2,838 | 2,668 | 2,518 | 2,383 | 30 |
| 35 | 4,141 | 3,875 | 3,642 | 3,436 | 3,252 | 35 |
| 40 | 5,432 | 5,081 | 4,773 | 4,501 | 4,258 | 40 |
| 45 | 6,909 | 6,458 | 6,064 | 5,716 | 5,406 | 45 |
| 50 | 8,579 | 8,013 | 7,519 | 7,084 | 6,697 | 50 |
| 55 | 10,448 | 9,750 | 9,143 | 8,609 | 8,135 | 55 |
| 60 | 12,523 | 11,676 | 10,940 | 10,294 | 9,722 | 60 |
| 65 | 14,815 | 13,798 | 12,917 | 12,146 | 11,464 | 65 |
| 70 | 17,335 | 16,126 | 15,081 | 14,169 | 13,365 | 70 |
| 75 | 20,096 | 18,669 | 17,439 | 16,369 | 15,429 | 75 |
| 80 | 23,114 | 21,436 | 20,000 | 18,755 | 17,663 | 80 |
| 85 | 26,408 | 24,446 | 22,775 | 21,334 | 20,074 | 85 |
| 90 | 30,000 | 27,712 | 25,778 | 24,115 | 22,668 | 90 |

# Kreisbogen mit gleichmäßiger Abszissenteilung.

| Abszissen | Ordinaten bei dem Halbmesser | | | | | Abszissen |
|---|---|---|---|---|---|---|
| | 200 | 210 | 220 | 230 | 240 | |
| 10 | 0,250 | 0,238 | 0,227 | 0,217 | 0,208 | 10 |
| 20 | 1,003 | 0,955 | 0,911 | 0,871 | 0,835 | 20 |
| 30 | 2,263 | 2,154 | 2,055 | 1,965 | 1,882 | 30 |
| 40 | 4,041 | 3,845 | 3,667 | 3,505 | 3,357 | 40 |
| 50 | 6,351 | 6,039 | 5,757 | 5,501 | 5,266 | 50 |
| 60 | 9,212 | 8,754 | 8,340 | 7,964 | 7,621 | 60 |
| 70 | 12,650 | 12,010 | 11,433 | 10,911 | 10,435 | 70 |
| 80 | 16,697 | 15,835 | 15,061 | 14,361 | 13,726 | 80 |
| 90 | 21,394 | 20,264 | 19,251 | 18,340 | 17,514 | 90 |
| 100 | 26,796 | 25,338 | 24,041 | 22,877 | 21,826 | 100 |
| 110 | 32,967 | 31,115 | 29,474 | 28,010 | 26,693 | 110 |

## Tafel II a.
## Kreisbogen mit gleichmäßiger Abszissenteilung.

| Abszissen | Ordinaten bei dem Halbmesser | | | | | Abszissen |
|---|---|---|---|---|---|---|
| | 250 | 260 | 270 | 280 | 290 | |
| 10 | 0,201 | 0,192 | 0,185 | 0,179 | 0,172 | 10 |
| 20 | 0,801 | 0,770 | 0,742 | 0,715 | 0,690 | 20 |
| 30 | 1,807 | 1,737 | 1,672 | 1,612 | 1,556 | 30 |
| 40 | 3,221 | 3,095 | 2,979 | 2,872 | 2,772 | 40 |
| 50 | 5,051 | 4,853 | 4,670 | 4,500 | 4,343 | 50 |
| 60 | 7,307 | 7,018 | 6,751 | 6,504 | 6,275 | 60 |
| 70 | 10,000 | 9,600 | 9,232 | 8,891 | 8,575 | 70 |
| 80 | 13,146 | 12,614 | 12,124 | 11,672 | 11,253 | 80 |
| 90 | 16,762 | 16,074 | 15,442 | 14,859 | 14,319 | 90 |
| 100 | 20,871 | 20,000 | 19,201 | 18,466 | 17,787 | 100 |
| 110 | 25,501 | 24,415 | 23,423 | 22,512 | 21,672 | 110 |
| 120 | 30,683 | 29,349 | 28,132 | 27,018 | 25,992 | 120 |

# Kreisbogen mit gleichmäßiger Abszissenteilung.

| Abszissen | Ordinaten bei dem Halbmesser | | | | | Abszissen |
|---|---|---|---|---|---|---|
| | 300 | 325 | 350 | 375 | 400 | |
| 10 | 0,167 | 0,154 | 0,143 | 0,133 | 0,125 | 10 |
| 20 | 0,667 | 0,616 | 0,572 | 0,534 | 0,500 | 20 |
| 30 | 1,504 | 1,388 | 1,288 | 1,202 | 1,127 | 30 |
| 40 | 2,679 | 2,471 | 2,293 | 2,139 | 2,005 | 40 |
| 50 | 4,196 | 3,869 | 3,590 | 3,348 | 3,137 | 50 |
| 60 | 6,061 | 5,586 | 5,181 | 4,831 | 4,525 | 60 |
| 70 | 8,281 | 7,628 | 7,071 | 6,591 | 6,173 | 70 |
| 80 | 10,863 | 10,000 | 9,265 | 8,633 | 8,082 | 80 |
| 90 | 13,818 | 12,710 | 11,769 | 10,960 | 10,256 | 90 |
| 100 | 17,157 | 15,767 | 14,590 | 13,579 | 12,702 | 100 |
| 110 | 20,894 | 19,181 | 17,735 | 16,496 | 15,422 | 110 |
| 120 | 25,045 | 22,965 | 21,214 | 19,718 | 18,424 | 120 |
| 130 | 29,630 | 27,133 | 25,039 | 23,254 | 21,714 | 130 |
| 140 | 34,670 | 31,700 | 29,220 | 27,114 | 25,300 | 140 |

**Kreisbogen mit gleichmäßiger Abszissenteilung.**

| Abszissen | Ordinaten bei dem Halbmesser | | | | | Abszissen |
|---|---|---|---|---|---|---|
| | 425 | 450 | 475 | 500 | 525 | |
| 10 | 0,118 | 0,111 | 0,105 | 0,100 | 0,095 | 10 |
| 20 | 0,471 | 0,445 | 0,421 | 0,400 | 0,381 | 20 |
| 30 | 1,060 | 1,001 | 0,948 | 0,901 | 0,858 | 30 |
| 40 | 1,887 | 1,781 | 1,687 | 1,603 | 1,526 | 40 |
| 50 | 2,951 | 2,786 | 2,639 | 2,506 | 2,386 | 50 |
| 60 | 4,257 | 4,018 | 3,805 | 3,613 | 3,439 | 60 |
| 70 | 5,805 | 5,478 | 5,186 | 4,924 | 4,687 | 70 |
| 80 | 7,597 | 7,168 | 6,785 | 6,442 | 6,131 | 80 |
| 90 | 9,639 | 9,092 | 8,603 | 8,167 | 7,772 | 90 |
| 100 | 11,932 | 11,252 | 10,645 | 10,102 | 9,612 | 100 |
| 110 | 14,482 | 13,652 | 12,912 | 12,250 | 11,653 | 110 |
| 120 | 17,293 | 16,295 | 15,408 | 14,614 | 13,898 | 120 |
| 130 | 20,371 | 19,186 | 18,136 | 17,196 | 16,350 | 130 |
| 140 | 23,721 | 22,332 | 21,100 | 20,000 | 19,011 | 140 |
| 150 | 27,351 | 25,736 | 24,306 | 23,030 | 21,885 | 150 |
| 160 | 31,268 | 29,405 | 27,758 | 26,291 | 24,975 | 160 |
| 170 | 35,481 | 33,347 | 31,463 | 29,787 | 28,285 | 170 |
| 180 | 40,000 | 37,568 | 35,426 | 33,524 | 31,822 | 180 |

# Kreisbogen mit gleichmäßiger Abszissenteilung.

| Abszissen | Ordinaten bei dem Halbmesser | | | | | Abszissen |
|---|---|---|---|---|---|---|
| | 550 | 575 | 600 | 625 | 650 | |
| 10 | 0,091 | 0,087 | 0,083 | 0,080 | 0,077 | 10 |
| 20 | 0,364 | 0,348 | 0,333 | 0,320 | 0,308 | 20 |
| 30 | 0,819 | 0,783 | 0,750 | 0,720 | 0,693 | 30 |
| 40 | 1,456 | 1,393 | 1,335 | 1,281 | 1,232 | 40 |
| 50 | 2,277 | 2,178 | 2,087 | 2,003 | 1,926 | 50 |
| 60 | 3,282 | 3,139 | 3,008 | 2,887 | 2,775 | 60 |
| 70 | 4,473 | 4,277 | 4,097 | 3,933 | 3,780 | 70 |
| 80 | 5,849 | 5,592 | 5,357 | 5,141 | 4,942 | 80 |
| 90 | 7,414 | 7,087 | 6,788 | 6,514 | 6,261 | 90 |
| 100 | 9,167 | 8,762 | 8,392 | 8,052 | 7,738 | 100 |
| 110 | 11,112 | 10,620 | 10,170 | 9,756 | 9,375 | 110 |
| 120 | 13,251 | 12,661 | 12,122 | 11,628 | 11,173 | 120 |
| 130 | 15,584 | 14,888 | 14,253 | 13,669 | 13,133 | 130 |
| 140 | 18,117 | 17,304 | 16,562 | 15,882 | 15,256 | 140 |
| 150 | 20,850 | 19,910 | 19,053 | 18,267 | 17,544 | 150 |
| 160 | 23,787 | 22,709 | 21,727 | 20,827 | 20,000 | 160 |
| 170 | 26,932 | 25,705 | 24,587 | 23,564 | 22,625 | 170 |
| 180 | 30,289 | 28,900 | 27,636 | 26,481 | 25,420 | 180 |

**Tafel IIa.**
Kreisbogen mit gleichmäßiger Abszissenteilung.

| Abszissen | Ordinaten bei dem Halbmesser | | | | | Abszissen |
|---|---|---|---|---|---|---|
| | 675 | 700 | 725 | 750 | 775 | |
| 10 | 0,074 | 0,071 | 0,069 | 0,067 | 0,065 | 10 |
| 20 | 0,296 | 0,286 | 0,276 | 0,267 | 0,258 | 20 |
| 30 | 0,667 | 0,643 | 0,621 | 0,600 | 0,581 | 30 |
| 40 | 1,186 | 1,144 | 1,104 | 1,067 | 1,033 | 40 |
| 50 | 1,854 | 1,788 | 1,726 | 1,668 | 1,614 | 50 |
| 60 | 2,672 | 2,576 | 2,487 | 2,404 | 2,326 | 60 |
| 70 | 3,639 | 3,509 | 3,387 | 3,274 | 3,168 | 70 |
| 80 | 4,757 | 4,586 | 4,427 | 4,279 | 4,140 | 80 |
| 90 | 6,027 | 5,810 | 5,607 | 5,419 | 5,244 | 90 |
| 100 | 7,448 | 7,180 | 6,930 | 6,697 | 6,479 | 100 |
| 110 | 9,023 | 8,697 | 8,393 | 8,111 | 7,846 | 110 |
| 120 | 10,752 | 10,362 | 10,000 | 9,662 | 9,347 | 120 |
| 130 | 12,637 | 12,177 | 11,750 | 11,353 | 10,981 | 130 |
| 140 | 14,678 | 14,143 | 13,645 | 13,183 | 12,750 | 140 |
| 150 | 16,878 | 16,260 | 15,687 | 15,153 | 14,655 | 150 |
| 160 | 19,237 | 18,531 | 17,875 | 17,265 | 16,696 | 160 |
| 170 | 21,758 | 20,957 | 20,212 | 19,521 | 18,875 | 170 |
| 180 | 24,443 | 23,539 | 22,700 | 21,920 | 21,193 | 180 |
| 190 | 27,292 | 26,279 | 25,339 | 24,466 | 23,651 | 190 |
| 200 | 30,310 | 29,180 | 28,132 | 27,158 | 26,251 | 200 |
| 210 | 33,499 | 32,243 | 31,080 | 30,000 | 28,994 | 210 |
| 220 | 36,858 | 35,470 | 34,185 | 32,992 | 31,882 | 220 |

# Kreisbogen mit gleichmäßiger Abszissenteilung.

| Abszissen | Ordinaten bei dem Halbmesser | | | | | Abszissen |
|---|---|---|---|---|---|---|
| | 800 | 850 | 900 | 950 | 1000 | |
| 10 | 0,063 | 0,059 | 0,056 | 0,053 | 0,050 | 10 |
| 20 | 0,250 | 0,235 | 0,222 | 0,211 | 0,200 | 20 |
| 30 | 0,563 | 0,530 | 0,500 | 0,474 | 0,450 | 30 |
| 40 | 1,001 | 0,942 | 0,889 | 0,843 | 0,800 | 40 |
| 50 | 1,564 | 1,472 | 1,390 | 1,317 | 1,251 | 50 |
| 60 | 2,253 | 2,120 | 2,002 | 1,897 | 1,801 | 60 |
| 70 | 3,068 | 2,887 | 2,726 | 2,582 | 2,453 | 70 |
| 80 | 4,010 | 3,773 | 3,562 | 3,374 | 3,205 | 80 |
| 90 | 5,079 | 4,778 | 4,511 | 4,273 | 4,058 | 90 |
| 100 | 6,275 | 5,903 | 5,572 | 5,278 | 5,012 | 100 |
| 110 | 7,599 | 7,148 | 6,747 | 6,390 | 6,068 | 110 |
| 120 | 9,051 | 8,513 | 8,036 | 7,609 | 7,226 | 120 |
| 130 | 10,633 | 10,000 | 9,438 | 8,936 | 8,486 | 130 |
| 140 | 12,345 | 11,609 | 10,956 | 10,372 | 9,848 | 140 |
| 150 | 14,188 | 13,340 | 12,588 | 11,917 | 11,314 | 150 |
| 160 | 16,163 | 15,195 | 14,336 | 13,571 | 12,883 | 160 |
| 170 | 18,271 | 17,173 | 16,201 | 15,334 | 14,556 | 170 |
| 180 | 20,513 | 19,277 | 18,184 | 17,208 | 16,333 | 180 |
| 190 | 22,890 | 21,507 | 20,284 | 19,194 | 18,216 | 190 |
| 200 | 25,402 | 23,864 | 22,504 | 21,291 | 20,204 | 200 |
| 210 | 28,054 | 26,350 | 24,843 | 23,502 | 22,299 | 210 |
| 220 | 30,845 | 28,964 | 27,303 | 25,825 | 24,500 | 220 |

Kreisbogen mit gleichmäßiger Abszissenteilung.

| Abszissen | Ordinaten bei dem Halbmesser | | | | | Abszissen |
|---|---|---|---|---|---|---|
| | 1100 | 1200 | 1300 | 1400 | 1500 | |
| 10 | 0,045 | 0,041 | 0,039 | 0,036 | 0,033 | 10 |
| 20 | 0,181 | 0,166 | 0,154 | 0,143 | 0,133 | 20 |
| 30 | 0,408 | 0,375 | 0,346 | 0,322 | 0,300 | 30 |
| 40 | 0,727 | 0,667 | 0,616 | 0,572 | 0,533 | 40 |
| 50 | 1,137 | 1,043 | 0,962 | 0,893 | 0,834 | 50 |
| 60 | 1,638 | 1,502 | 1,385 | 1,286 | 1,201 | 60 |
| 70 | 2,230 | 2,044 | 1,886 | 1,751 | 1,634 | 70 |
| 80 | 2,913 | 2,670 | 2,464 | 2,288 | 2,135 | 80 |
| 90 | 3,688 | 3,380 | 3,119 | 2,896 | 2,702 | 90 |
| 100 | 4,555 | 4,174 | 3,852 | 3,576 | 3,337 | 100 |
| 110 | 5,514 | 5,052 | 4,662 | 4,328 | 4,039 | 110 |
| 120 | 6,565 | 6,015 | 5,550 | 5,152 | 4,808 | 120 |
| 130 | 7,709 | 7,063 | 6,516 | 6,049 | 5,644 | 130 |
| 140 | 8,945 | 8,195 | 7,560 | 7,018 | 6,548 | 140 |
| 150 | 10,275 | 9,412 | 8,683 | 8,059 | 7,519 | 150 |
| 160 | 11,699 | 10,715 | 9,884 | 9,173 | 8,558 | 160 |
| 170 | 13,216 | 12,103 | 11,163 | 10,360 | 9,665 | 170 |
| 180 | 14,827 | 13,577 | 12,521 | 11,620 | 10,839 | 180 |
| 190 | 16,533 | 15,137 | 13,959 | 12,953 | 12,082 | 190 |
| 200 | 18,335 | 16,784 | 15,477 | 14,359 | 13,393 | 200 |
| 210 | 20,232 | 18,518 | 17,074 | 15,839 | 14,773 | 210 |
| 220 | 22,225 | 20,339 | 18,751 | 17,393 | 16,221 | 220 |
| 230 | 24,314 | 22,248 | 20,508 | 19,022 | 17,738 | 230 |
| 240 | 26,501 | 24,245 | 22,346 | 20,725 | 19,325 | 240 |
| 250 | 28,786 | 26,331 | 24,265 | 22,502 | 20,980 | 250 |

# Kreisbogen mit gleichmäßiger Abszissenteilung.

| Abszissen | Ordinaten bei dem Halbmesser | | | | Abszissen |
|---|---|---|---|---|---|
| | 1600 | 1700 | 1800 | 1900 | |
| 10 | 0,031 | 0,029 | 0,028 | 0,026 | 10 |
| 20 | 0,125 | 0,118 | 0,111 | 0,105 | 20 |
| 30 | 0,281 | 0,265 | 0,250 | 0,237 | 30 |
| 40 | 0,500 | 0,471 | 0,445 | 0,421 | 40 |
| 50 | 0,782 | 0,736 | 0,695 | 0,658 | 50 |
| 60 | 1,126 | 1,059 | 1,001 | 0,948 | 60 |
| 70 | 1,532 | 1,442 | 1,362 | 1,290 | 70 |
| 80 | 2,001 | 1,884 | 1,779 | 1,685 | 80 |
| 90 | 2,533 | 2,384 | 2,252 | 2,133 | 90 |
| 100 | 3,128 | 2,944 | 2,780 | 2,633 | 100 |
| 110 | 3,786 | 3,563 | 3,364 | 3,187 | 110 |
| 120 | 4,506 | 4,241 | 4,004 | 3,793 | 120 |
| 130 | 5,290 | 4,978 | 4,700 | 4,452 | 130 |
| 140 | 6,137 | 5,775 | 5,453 | 5,164 | 140 |
| 150 | 7,047 | 6,631 | 6,261 | 5,930 | 150 |
| 160 | 8,020 | 7,546 | 7,125 | 6,749 | 160 |
| 170 | 9,057 | 8,521 | 8,046 | 7,621 | 170 |
| 180 | 10,157 | 9,556 | 9,023 | 8,546 | 180 |
| 190 | 11,321 | 10,651 | 10,056 | 9,524 | 190 |
| 200 | 12,549 | 11,806 | 11,146 | 10,556 | 200 |
| 210 | 13,841 | 13,021 | 12,292 | 11,641 | 210 |
| 220 | 15,197 | 14,296 | 13,495 | 12,780 | 220 |
| 230 | 16,617 | 15,631 | 14,755 | 13,972 | 230 |
| 240 | 18,102 | 17,027 | 16,072 | 15,219 | 240 |
| 250 | 19,652 | 18,483 | 17,446 | 16,519 | 250 |
| 260 | 21,267 | 20,000 | 18,877 | 17,874 | 260 |

## Tafel II a.
## Kreisbogen mit gleichmäßiger Abszissenteilung.

| Abszissen | Ordinaten bei dem Halbmesser | | | | | Abszissen |
|---|---|---|---|---|---|---|
| | 2000 | 2250 | 2500 | 3000 | 4000 | |
| 5 | 0,006 | 0,005 | 0,005 | 0,004 | 0,003 | 5 |
| 10 | 0,025 | 0,022 | 0,020 | 0,017 | 0,012 | 10 |
| 15 | 0,056 | 0,050 | 0,045 | 0,038 | 0,028 | 15 |
| 20 | 0,100 | 0,089 | 0,080 | 0,067 | 0,050 | 20 |
| 25 | 0,157 | 0,138 | 0,125 | 0,104 | 0,078 | 25 |
| 30 | 0,225 | 0,200 | 0,180 | 0,150 | 0,112 | 30 |
| 35 | 0,306 | 0,272 | 0,245 | 0,204 | 0,153 | 35 |
| 40 | 0,400 | 0,355 | 0,320 | 0,267 | 0,200 | 40 |
| 45 | 0,506 | 0,450 | 0,405 | 0,338 | 0,253 | 45 |
| 50 | 0,625 | 0,556 | 0,500 | 0,417 | 0,312 | 50 |
| 55 | 0,752 | 0,673 | 0,605 | 0,504 | 0,378 | 55 |
| 60 | 0,900 | 0,800 | 0,720 | 0,600 | 0,450 | 60 |
| 65 | 1,051 | 0,939 | 0,845 | 0,704 | 0,528 | 65 |
| 70 | 1,225 | 1,089 | 0,980 | 0,817 | 0,612 | 70 |
| 75 | 1,407 | 1,250 | 1,125 | 0,938 | 0,703 | 75 |
| 80 | 1,601 | 1,423 | 1,280 | 1,067 | 0,800 | 80 |
| 85 | 1,807 | 1,606 | 1,446 | 1,204 | 0,903 | 85 |
| 90 | 2,026 | 1,800 | 1,620 | 1,350 | 1,012 | 90 |
| 95 | 2,258 | 2,006 | 1,806 | 1,504 | 1,128 | 95 |
| 100 | 2,502 | 2,223 | 2,001 | 1,667 | 1,250 | 100 |
| 105 | 2,758 | 2,451 | 2,206 | 1,838 | 1,378 | 105 |
| 110 | 3,027 | 2,690 | 2,421 | 2,017 | 1,512 | 110 |
| 115 | 3,309 | 2,941 | 2,646 | 2,205 | 1,653 | 115 |
| 120 | 3,603 | 3,202 | 2,881 | 2,401 | 1,800 | 120 |

Fortsetzung auf Seite 227.

# Kreisbogen mit gleichmäßiger Abszissenteilung.

| Abszissen | Ordinaten bei dem Halbmesser | | | | | Abszissen |
|---|---|---|---|---|---|---|
| | 2000 | 2250 | 2500 | 3000 | 4000 | |
| 125 | 3,910 | 3,475 | 3,127 | 2,605 | 1,953 | 125 |
| 130 | 4,229 | 3,759 | 3,383 | 2,818 | 2,113 | 130 |
| 135 | 4,561 | 4,054 | 3,648 | 3,039 | 2,279 | 135 |
| 140 | 4,906 | 4,360 | 3,923 | 3,269 | 2,451 | 140 |
| 150 | 5,633 | 5,005 | 4,504 | 3,753 | 2,814 | 150 |
| 160 | 6,410 | 5,696 | 5,125 | 4,270 | 3,201 | 160 |
| 170 | 7,238 | 6,431 | 5,786 | 4,820 | 3,614 | 170 |
| 180 | 8,116 | 7,211 | 6,488 | 5,405 | 4,052 | 180 |
| 190 | 9,045 | 8,036 | 7,230 | 6,023 | 4,515 | 190 |
| 200 | 10,025 | 8,906 | 8,013 | 6,674 | 5,003 | 200 |
| 210 | 11,056 | 9,821 | 8,836 | 7,359 | 5,516 | 210 |
| 220 | 12,137 | 10,781 | 9,699 | 8,078 | 6,054 | 220 |
| 230 | 13,269 | 11,786 | 10,603 | 8,830 | 6,617 | 230 |
| 240 | 14,452 | 12,837 | 11,547 | 9,616 | 7,206 | 240 |
| 250 | 15,686 | 13,932 | 12,532 | 10,435 | 7,820 | 250 |
| 260 | 16,972 | 15,073 | 13,557 | 11,288 | 8,459 | 260 |
| 270 | 18,309 | 16,259 | 14,623 | 12,175 | 9,123 | 270 |
| 280 | 19,697 | 17,491 | 15,730 | 13,096 | 9,812 | 280 |
| 290 | 21,137 | 18,768 | 16,877 | 14,050 | 10,526 | 290 |
| 300 | 22,628 | 20,090 | 18,065 | 15,038 | 11,266 | 300 |
| 310 | 24,171 | 21,458 | 19,294 | 16,060 | 12,031 | 310 |
| 320 | 25,766 | 22,872 | 20,565 | 17,115 | 12,821 | 320 |
| 330 | 27,413 | 24,332 | 21,876 | 18,205 | 13,636 | 330 |
| 340 | 29,112 | 25,837 | 23,228 | 19,329 | 14,476 | 340 |
| 350 | 30,863 | 27,389 | 24,621 | 20,487 | 15,342 | 350 |
| 360 | 32,667 | 28,987 | 26,056 | 21,678 | 16,233 | 360 |
| 370 | 34,523 | 30,631 | 27,532 | 22,904 | 17,150 | 370 |

Tafel IIa
# Kreisbogen mit gleichmäßiger Abszissenteilung.

| Abszissen | Ordinaten bei dem Halbmesser | | | | | Abszissen |
|---|---|---|---|---|---|---|
| | 5000 | 6000 | 8000 | 10000 | 15000 | |
| 5 | 0,002 | 0,002 | 0,001 | 0,001 | 0,001 | 5 |
| 10 | 0,010 | 0,008 | 0,006 | 0,005 | 0,003 | 10 |
| 15 | 0,023 | 0,019 | 0,014 | 0,011 | 0,008 | 15 |
| 20 | 0,040 | 0,033 | 0,025 | 0,020 | 0,013 | 20 |
| 25 | 0,063 | 0,052 | 0,039 | 0,031 | 0,021 | 25 |
| 30 | 0,090 | 0,075 | 0,056 | 0,045 | 0,030 | 30 |
| 35 | 0,123 | 0,102 | 0,076 | 0,061 | 0,041 | 35 |
| 40 | 0,160 | 0,133 | 0,100 | 0,080 | 0,053 | 40 |
| 45 | 0,203 | 0,169 | 0,126 | 0,101 | 0,068 | 45 |
| 50 | 0,250 | 0,208 | 0,156 | 0,125 | 0,083 | 50 |
| 55 | 0,303 | 0,252 | 0,189 | 0,151 | 0,101 | 55 |
| 60 | 0,360 | 0,300 | 0,225 | 0,180 | 0,120 | 60 |
| 65 | 0,423 | 0,352 | 0,264 | 0,211 | 0,141 | 65 |
| 70 | 0,490 | 0,408 | 0,306 | 0,245 | 0,163 | 70 |
| 75 | 0,563 | 0,469 | 0,351 | 0,281 | 0,188 | 75 |
| 80 | 0,640 | 0,533 | 0,400 | 0,320 | 0,213 | 80 |
| 85 | 0,723 | 0,602 | 0,451 | 0,361 | 0,241 | 85 |
| 90 | 0,810 | 0,675 | 0,506 | 0,405 | 0,270 | 90 |
| 95 | 0,903 | 0,752 | 0,564 | 0,451 | 0,301 | 95 |
| 100 | 1,000 | 0,833 | 0,625 | 0,500 | 0,333 | 100 |
| 105 | 1,103 | 0,919 | 0,689 | 0,551 | 0,368 | 105 |
| 110 | 1,210 | 1,008 | 0,756 | 0,605 | 0,403 | 110 |
| 115 | 1,323 | 1,102 | 0,827 | 0,661 | 0,441 | 115 |
| 120 | 1,440 | 1,200 | 0,900 | 0,720 | 0,480 | 120 |

Fortsetzung auf Seite 229.

# Kreisbogen mit gleichmäßiger Abszissenteilung.

| Abszissen | Ordinaten bei dem Halbmesser | | | | | Abszissen |
|---|---|---|---|---|---|---|
| | 5000 | 6000 | 8000 | 10000 | 15000 | |
| 130 | 1,690 | 1,408 | 1,056 | 0,845 | 0,563 | 130 |
| 140 | 1,960 | 1,633 | 1,225 | 0,980 | 0,653 | 140 |
| 150 | 2,251 | 1,875 | 1,406 | 1,125 | 0,750 | 150 |
| 160 | 2,561 | 2,133 | 1,600 | 1,280 | 0,853 | 160 |
| 170 | 2,891 | 2,408 | 1,806 | 1,445 | 0,963 | 170 |
| 180 | 3,242 | 2,700 | 2,025 | 1,620 | 1,080 | 180 |
| 190 | 3,612 | 3,009 | 2,256 | 1,805 | 1,203 | 190 |
| 200 | 4,002 | 3,334 | 2,500 | 2,000 | 1,333 | 200 |
| 210 | 4,412 | 3,676 | 2,756 | 2,205 | 1,470 | 210 |
| 220 | 4,842 | 4,034 | 3,025 | 2,420 | 1,613 | 220 |
| 230 | 5,292 | 4,409 | 3,307 | 2,645 | 1,763 | 230 |
| 240 | 5,763 | 4,801 | 3,601 | 2,880 | 1,920 | 240 |
| 250 | 6,254 | 5,210 | 3,907 | 3,125 | 2,083 | 250 |
| 260 | 6,764 | 5,635 | 4,226 | 3,380 | 2,253 | 260 |
| 270 | 7,295 | 6,077 | 4,557 | 3,646 | 2,430 | 270 |
| 280 | 7,846 | 6,536 | 4,901 | 3,921 | 2,613 | 280 |
| 290 | 8,417 | 7,011 | 5,258 | 4,206 | 2,803 | 290 |
| 300 | 9,008 | 7,504 | 5,627 | 4,501 | 3,000 | 300 |
| 310 | 9,619 | 8,014 | 6,008 | 4,806 | 3,203 | 310 |
| 320 | 10,250 | 8,540 | 6,403 | 5,121 | 3,413 | 320 |
| 330 | 10,902 | 9,082 | 6,809 | 5,447 | 3,630 | 330 |
| 340 | 11,574 | 9,641 | 7,227 | 5,782 | 3,853 | 340 |
| 350 | 12,264 | 10,217 | 7,660 | 6,127 | 4,083 | 350 |

Die Ordinaten der Kreisbogen von mehr als 10000 m Halbmesser sind nach der Evolventenformel:

$$y = \frac{x^2}{2\,r}$$

zu berechnen. (Vgl. Abschnitt 28 der Einführung.)

# Tafel IIb

## Kreisbogen

mit gleichmäßiger Bogenteilung

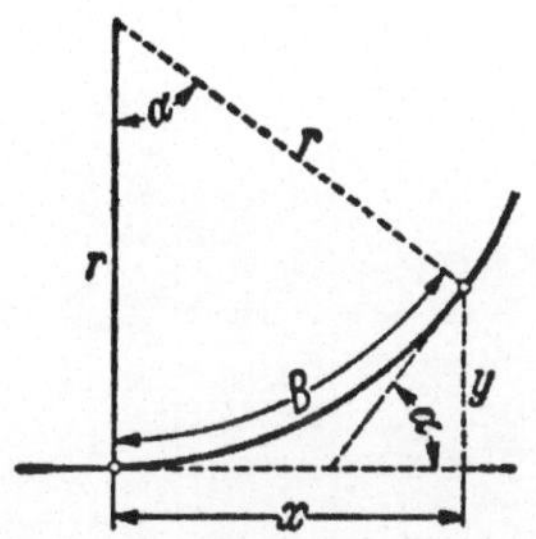

**Hierzu Abschnitt 4 der Einführung**

## Kreisbogen mit gleichmäßiger Bogenteilung.

| $r = 15$ | | | $B$ | $r = 20$ | | |
|---|---|---|---|---|---|---|
| $\alpha^g$ | $x$ | $y$ | | $x$ | $y$ | $\alpha^g$ |
| 10,6103 | 2,488 | 0,208 | 2,5 | 2,493 | 0,156 | 7,9577 |
| 21,2207 | 4,908 | 0,826 | 5 | 4,948 | 0,622 | 15,9155 |
| 31,8310 | 7,191 | 1,836 | 7,5 | 7,325 | 1,390 | 23,8732 |
| 42,4413 | 9,275 | 3,212 | 10 | 9,589 | 2,448 | 31,8310 |
| 53,0516 | 11,102 | 4,914 | 12,5 | 11,702 | 3,781 | 39,7887 |
| 63,6620 | 12,622 | 6,895 | 15 | 13,633 | 5,366 | 47,7465 |
| 74,2723 | 13,792 | 9,102 | 17,5 | 15,351 | 7,180 | 55,7042 |
| 84,8826 | 14,579 | 11,471 | 20 | 16,829 | 9,194 | 63,6620 |
| 95,4930 | 14,962 | 13,939 | 22,5 | 18,045 | 11,376 | 71,6197 |
| | | | 25 | 18,980 | 13,694 | 79,5775 |
| | | | 27,5 | 19,618 | 16,109 | 87,5352 |
| | | | 30 | 19,950 | 18,585 | 95,4930 |

# Tafel IIb.
## Kreisbogen mit gleichmäßiger Bogenteilung.

| $\alpha^g$ | $x$ | $y$ | $B$ | $x$ | $y$ | $\alpha^g$ |
|---|---|---|---|---|---|---|
| | $r = 25$ | | | | $r = 30$ | |
| 6,3662 | 2,496 | 0,125 | 2,5 | 2,497 | 0,104 | 5,3052 |
| 12,7324 | 4,967 | 0,498 | 5 | 4,977 | 0,416 | 10,6103 |
| 19,0986 | 7,388 | 1,117 | 7,5 | 7,422 | 0,933 | 15,9155 |
| 25,4648 | 9,735 | 1,974 | 10 | 9,816 | 1,651 | 21,2207 |
| 31,8310 | 11,986 | 3,060 | 12,5 | 12,141 | 2,567 | 26,5258 |
| 38,1972 | 14,116 | 4,367 | 15 | 14,383 | 3,673 | 31,8310 |
| 44,5634 | 16,105 | 5,879 | 17,5 | 16,524 | 4,961 | 37,1362 |
| 50,9296 | 17,934 | 7,582 | 20 | 18,551 | 6,423 | 42,4413 |
| 57,2958 | 19,583 | 9,460 | 22,5 | 20,449 | 8,049 | 47,7465 |
| 63,6620 | 21,037 | 11,493 | 25 | 22,205 | 9,828 | 53,0516 |
| 70,0282 | 22,280 | 13,660 | 27,5 | 23,807 | 11,746 | 58,3568 |
| 76,3944 | 23,301 | 15,941 | 30 | 25,244 | 13,791 | 63,6620 |
| 82,7606 | 24,089 | 18,313 | 32,5 | 26,506 | 15,948 | 68,9671 |
| 89,1268 | 24,636 | 20,751 | 35 | 27,583 | 18,203 | 74,2723 |
| 95,4930 | 24,937 | 23,232 | 37,5 | 28,470 | 20,540 | 79,5775 |
| | | | 40 | 29,158 | 22,943 | 84,8826 |
| | | | 42,5 | 29,644 | 25,394 | 90,1878 |
| | | | 45 | 29,894 | 27,878 | 95,4930 |

## Kreisbogen mit gleichmäßiger Bogenteilung.

| r = 35 | | | B | r = 40 | | |
|---|---|---|---|---|---|---|
| $\alpha^g$ | x | y | | x | y | $\alpha^g$ |
| 4,5473 | 2,498 | 0,089 | 2,5 | 2,498 | 0,078 | 3,9789 |
| 9,0946 | 4,983 | 0,357 | 5 | 4,987 | 0,312 | 7,9577 |
| 13,6419 | 7,443 | 0,800 | 7,5 | 7,456 | 0,701 | 11,9366 |
| 18,1891 | 9,864 | 1,419 | 10 | 9,896 | 1,243 | 15,9155 |
| 22,7364 | 12,236 | 2,209 | 12,5 | 12,298 | 1,937 | 19,8944 |
| 27,2837 | 14,545 | 3,165 | 15 | 14,651 | 2,780 | 23,8732 |
| 31,8310 | 16,780 | 4,285 | 17,5 | 16,947 | 3,767 | 27,8521 |
| 36,3783 | 18,929 | 5,560 | 20 | 19,177 | 4,897 | 31,8310 |
| 40,9256 | 20,982 | 6,986 | 22,5 | 21,332 | 6,163 | 35,8099 |
| 45,4728 | 22,928 | 8,555 | 25 | 23,404 | 7,561 | 39,7887 |
| 50,0201 | 24,757 | 10,259 | 27,5 | 25,384 | 9,087 | 43,7676 |
| 54,5674 | 26,459 | 12,089 | 30 | 27,266 | 10,732 | 47,7465 |
| 59,1147 | 28,027 | 14,036 | 32,5 | 29,040 | 12,493 | 51,7254 |
| 63,6620 | 29,451 | 16,089 | 35 | 30,702 | 14,360 | 55,7042 |
| 68,2093 | 30,726 | 18,239 | 37,5 | 32,243 | 16,328 | 59,6831 |
| 72,7565 | 31,844 | 20,475 | 40 | 33,659 | 18,388 | 63,6620 |
| 77,3038 | 32,799 | 22,785 | 42,5 | 34,943 | 20,532 | 67,6409 |
| 81,8511 | 33,587 | 25,157 | 45 | 36,091 | 22,753 | 71,6197 |
| 86,3984 | 34,204 | 27,579 | 47,5 | 37,097 | 25,041 | 75,5986 |
| 90,9457 | 34,647 | 30,039 | 50 | 37,959 | 27,387 | 79,5775 |
| 95,4930 | 34,912 | 32,524 | 52,5 | 38,673 | 29,783 | 83,5563 |
| | | | 55 | 39,236 | 32,218 | 87,5352 |
| | | | 57,5 | 39,645 | 34,684 | 91,5141 |
| | | | 60 | 39,900 | 37,171 | 95,4930 |

## Kreisbogen mit gleichmäßiger Bogenteilung.

| $r = 45$ | | | B | $r = 50$ | | |
|---|---|---|---|---|---|---|
| $\alpha^g$ | $x$ | $y$ | | $x$ | $y$ | $\alpha^g$ |
| 3,5368 | 2,499 | 0,069 | 2,5 | 2,499 | 0,062 | 3,1831 |
| 7,0736 | 4,990 | 0,277 | 5 | 4,992 | 0,250 | 6,3662 |
| 10,6103 | 7,465 | 0,624 | 7,5 | 7,472 | 0,561 | 9,5493 |
| 14,1471 | 9,918 | 1,107 | 10 | 9,933 | 0,996 | 12,7324 |
| 17,6839 | 12,340 | 1,725 | 12,5 | 12,370 | 1,554 | 15,9155 |
| 21,2207 | 14,724 | 2,477 | 15 | 14,776 | 2,233 | 19,0986 |
| 24,7574 | 17,062 | 3,360 | 17,5 | 17,145 | 3,031 | 22,2817 |
| 28,2942 | 19,348 | 4,372 | 20 | 19,471 | 3,947 | 25,4648 |
| 31,8310 | 21,574 | 5,509 | 22,5 | 21,748 | 4,978 | 28,6479 |
| 35,3678 | 23,734 | 6,768 | 25 | 23,971 | 6,121 | 31,8310 |
| 38,9045 | 25,820 | 8,144 | 27,5 | 26,134 | 7,374 | 35,0141 |
| 42,4413 | 27,827 | 9,635 | 30 | 28,232 | 8,733 | 38,1972 |
| 45,9781 | 29,747 | 11,235 | 32,5 | 30,259 | 10,196 | 41,3803 |
| 49,5149 | 31,576 | 12,939 | 35 | 32,211 | 11,758 | 44,5634 |
| 53,0516 | 33,308 | 14,741 | 37,5 | 34,082 | 13,416 | 47,7465 |
| 56,5884 | 34,937 | 16,638 | 40 | 35,868 | 15,165 | 50,9296 |
| 60,1252 | 36,458 | 18,621 | 42,5 | 37,564 | 17,001 | 54,1127 |
| 63,6620 | 37,866 | 20,686 | 45 | 39,166 | 18,920 | 57,2958 |
| 67,1988 | 39,158 | 22,826 | 47,5 | 40,671 | 20,916 | 60,4789 |
| 70,7355 | 40,329 | 25,035 | 50 | 42,074 | 22,985 | 63,6620 |
| 74,2723 | 41,375 | 27,305 | 52,5 | 43,371 | 25,121 | 66,8451 |
| 77,8091 | 42,294 | 29,630 | 55 | 44,560 | 27,320 | 70,0282 |
| 81,3459 | 43,082 | 32,002 | 57,5 | 45,638 | 29,576 | 73,2113 |
| 84,8826 | 43,737 | 34,414 | 60 | 46,602 | 31,882 | 76,3944 |
| 88,4194 | 44,258 | 36,859 | 62,5 | 47,449 | 34,234 | 79,5775 |
| 91,9562 | 44,646 | 39,329 | 65 | 48,178 | 36,625 | 82,7606 |
| 95,4930 | 44,887 | 41,817 | 67,5 | 48,786 | 39,050 | 85,9437 |
| 99,0297 | 44,995 | 44,313 | 70 | 49,272 | 41,502 | 89,1268 |
| | | | 72,5 | 49,636 | 43,975 | 92,3099 |
| | | | 75 | 49,875 | 46,463 | 95,4930 |

# Kreisbogen mit gleichmäßiger Bogenteilung.

| $r = 55$ | | | $B$ | $r = 60$ | | |
|---|---|---|---|---|---|---|
| $\alpha^g$ | $x$ | $y$ | | $x$ | $y$ | $\alpha^g$ |
| 5,7875 | 4,993 | 0,227 | 5 | 4,994 | 0,208 | 5,3052 |
| 11,5749 | 9,945 | 0,907 | 10 | 9,954 | 0,831 | 10,6103 |
| 17,3624 | 14,815 | 2,033 | 15 | 14,844 | 1,865 | 15,9155 |
| 23,1498 | 19,562 | 3,596 | 20 | 19,632 | 3,303 | 21,2207 |
| 28,9373 | 24,148 | 5,584 | 25 | 24,283 | 5,133 | 26,5258 |
| 34,7247 | 28,534 | 7,981 | 30 | 28,766 | 7,345 | 31,8310 |
| 40,5122 | 32,685 | 10,766 | 35 | 33,049 | 9,922 | 37,1362 |
| 46,2996 | 36,566 | 13,916 | 40 | 37,102 | 12,847 | 42,4413 |
| 52,0871 | 40,145 | 17,405 | 45 | 40,898 | 16,099 | 47,7465 |
| 57,8745 | 43,392 | 21,204 | 50 | 44,411 | 19,655 | 53,0516 |
| 63,6620 | 46,281 | 25,283 | 55 | 47,615 | 23,492 | 58,3568 |
| 69,4494 | 48,788 | 29,608 | 60 | 50,488 | 27,582 | 63,6620 |
| 75,2369 | 50,891 | 34,142 | 65 | 53,011 | 31,897 | 68,9671 |
| 81,0243 | 52,575 | 38,848 | 70 | 55,167 | 36,407 | 74,2723 |
| 86,8118 | 53,824 | 43,688 | 75 | 56,939 | 41,081 | 79,5775 |

Tafel II b.
## Kreisbogen mit gleichmäßiger Bogenteilung.

| $r = 65$ | | | $B$ | $r = 70$ | | |
|---|---|---|---|---|---|---|
| $\alpha^g$ | $x$ | $y$ | | $x$ | $y$ | $\alpha^g$ |
| 4,8971 | 4,995 | 0,192 | 5 | 4,996 | 0,178 | 4,5473 |
| 9,7942 | 9,961 | 0,768 | 10 | 9,966 | 0,713 | 9,0946 |
| 14,6912 | 14,867 | 1,723 | 15 | 14,885 | 1,601 | 13,6419 |
| 19,5883 | 19,686 | 3,053 | 20 | 19,729 | 2,838 | 18,1891 |
| 24,4854 | 24,388 | 4,749 | 25 | 24,472 | 4,417 | 22,7364 |
| 29,3824 | 28,946 | 6,801 | 30 | 29,090 | 6,331 | 27,2837 |
| 34,2795 | 33,333 | 9,198 | 35 | 33,560 | 8,569 | 31,8310 |
| 39,1766 | 37,523 | 11,924 | 40 | 37,858 | 11,121 | 36,3783 |
| 44,0737 | 41,491 | 14,965 | 45 | 41,964 | 13,973 | 40,9256 |
| 48,9708 | 45,213 | 18,301 | 50 | 45,855 | 17,111 | 45,4728 |
| 53,8678 | 48,668 | 21,914 | 55 | 49,513 | 20,518 | 50,0201 |
| 58,7649 | 51,835 | 25,781 | 60 | 52,918 | 24,178 | 54,5674 |
| 63,6620 | 54,696 | 29,880 | 65 | 56,054 | 28,071 | 59,1147 |
| 68,5590 | 57,233 | 34,187 | 70 | 58,903 | 32,179 | 63,6620 |
| 73,4561 | 59,431 | 38,677 | 75 | 61,452 | 36,479 | 68,2093 |
| 78,3532 | 61,278 | 43,322 | 80 | 63,688 | 40,950 | 72,7565 |

# Kreisbogen mit gleichmäßiger Bogenteilung.

| $r = 75$ | | | $B$ | $r = 80$ | | |
|---|---|---|---|---|---|---|
| $\alpha^g$ | $x$ | $y$ | | $x$ | $y$ | $\alpha^g$ |
| 4,2441 | 4,996 | 0,167 | 5 | 4,997 | 0,156 | 3,9789 |
| 8,4883 | 9,970 | 0,666 | 10 | 9,974 | 0,624 | 7,9577 |
| 12,7324 | 14,900 | 1,495 | 15 | 14,912 | 1,402 | 11,9366 |
| 16,9765 | 19,764 | 2,651 | 20 | 19,792 | 2,487 | 15,9155 |
| 21,2207 | 24,540 | 4,128 | 25 | 24,595 | 3,875 | 19,8944 |
| 25,4648 | 29,206 | 5,920 | 30 | 29,302 | 5,559 | 23,8732 |
| 29,7089 | 33,743 | 8,020 | 35 | 33,894 | 7,535 | 27,8521 |
| 33,9531 | 38,131 | 10,416 | 40 | 38,354 | 9,793 | 31,8310 |
| 38,1972 | 42,348 | 13,100 | 45 | 42,664 | 12,326 | 35,8099 |
| 42,4413 | 46,378 | 16,058 | 50 | 46,808 | 15,123 | 39,7887 |
| 46,6855 | 50,201 | 19,279 | 55 | 50,769 | 18,173 | 43,7676 |
| 50,9296 | 53,802 | 22,747 | 60 | 54,531 | 21,465 | 47,7465 |
| 55,1737 | 57,163 | 26,447 | 65 | 58,081 | 24,985 | 51,7254 |
| 59,4178 | 60,271 | 30,363 | 70 | 61,403 | 28,720 | 55,7042 |
| 63,6620 | 63,110 | 34,477 | 75 | 64,487 | 32,655 | 59,6831 |
| 67,9061 | 65,670 | 38,773 | 80 | 67,318 | 36,776 | 63,6620 |

Tafel IIb.
## Kreisbogen mit gleichmäßiger Bogenteilung.

| $\alpha^g$ | $x$ | $y$ | $B$ | $x$ | $y$ | $\alpha^g$ |
|---|---|---|---|---|---|---|
| | $r=85$ | | | $r=90$ | | |
| 3,7448 | 4,997 | 0,147 | 5 | 4,997 | 0,139 | 3,5368 |
| 7,4896 | 9,977 | 0,588 | 10 | 9,979 | 0,555 | 7,0736 |
| 11,2345 | 14,922 | 1,320 | 15 | 14,931 | 1,247 | 10,6103 |
| 14,9793 | 19,816 | 2,342 | 20 | 19,836 | 2,213 | 14,1471 |
| 18,7241 | 24,641 | 3,650 | 25 | 24,680 | 3,450 | 17,6839 |
| 22,4689 | 29,381 | 5,239 | 30 | 29,448 | 4,954 | 21,2207 |
| 26,2138 | 34,019 | 7,104 | 35 | 34,124 | 6,720 | 24,7574 |
| 29,9586 | 38,540 | 9,239 | 40 | 38,696 | 8,744 | 28,2942 |
| 33,7034 | 42,927 | 11,636 | 45 | 43,148 | 11,018 | 31,8310 |
| 37,4482 | 47,166 | 14,287 | 50 | 47,467 | 13,535 | 35,3678 |
| 41,1930 | 51,242 | 17,182 | 55 | 51,640 | 16,289 | 38,9045 |
| 44,9379 | 55,140 | 20,312 | 60 | 55,653 | 19,270 | 42,4413 |
| 48,6827 | 58,848 | 23,665 | 65 | 59,495 | 22,469 | 45,9781 |
| 52,4275 | 62,352 | 27,231 | 70 | 63,153 | 25,877 | 49,5149 |
| 56,1723 | 65,640 | 30,997 | 75 | 66,616 | 29,483 | 53,0516 |
| 59,9171 | 68,701 | 34,949 | 80 | 69,874 | 33,275 | 56,5884 |
| 63,6620 | 71,525 | 39,074 | 85 | 72,915 | 37,243 | 60,1252 |
| 67,4068 | 74,101 | 43,359 | 90 | 75,732 | 41,373 | 63,6620 |

# Kreisbogen mit gleichmäßiger Bogenteilung.

| $r = 95$ | | | $B$ | $r = 100$ | | |
|---|---|---|---|---|---|---|
| $\alpha^g$ | $x$ | $y$ | | $x$ | $y$ | $\alpha^g$ |
| 3,3506 | 4,998 | 0,132 | 5 | 4,998 | 0,125 | 3,1831 |
| 6,7013 | 9,982 | 0,526 | 10 | 9,983 | 0,500 | 6,3662 |
| 10,0519 | 14,938 | 1,182 | 15 | 14,944 | 1,123 | 9,5493 |
| 13,4025 | 19,853 | 2,098 | 20 | 19,867 | 1,993 | 12,7324 |
| 16,7532 | 24,712 | 3,271 | 25 | 24,740 | 3,109 | 15,9155 |
| 20,1038 | 29,504 | 4,698 | 30 | 29,552 | 4,466 | 19,0986 |
| 23,4544 | 34,214 | 6,375 | 35 | 34,290 | 6,063 | 22,2817 |
| 26,8050 | 38,828 | 8,297 | 40 | 38,942 | 7,894 | 25,4648 |
| 30,1557 | 43,336 | 10,460 | 45 | 43,497 | 9,955 | 28,6479 |
| 33,5063 | 47,723 | 12,857 | 50 | 47,943 | 12,242 | 31,8310 |
| 36,8569 | 51,979 | 15,481 | 55 | 52,269 | 14,748 | 35,0141 |
| 40,2076 | 56,090 | 18,326 | 60 | 56,464 | 17,466 | 38,1972 |
| 43,5582 | 60,046 | 21,383 | 65 | 60,519 | 20,392 | 41,3803 |
| 46,9088 | 63,835 | 24,643 | 70 | 64,422 | 23,516 | 44,5634 |
| 50,2595 | 67,448 | 28,099 | 75 | 68,164 | 26,831 | 47,7465 |
| 53,6101 | 70,874 | 31,740 | 80 | 71,736 | 30,329 | 50,9296 |
| 56,9607 | 74,104 | 35,556 | 85 | 75,128 | 34,002 | 54,1127 |
| 60,3113 | 77,129 | 39,537 | 90 | 78,333 | 37,839 | 57,2958 |
| | | | 95 | 81,342 | 41,832 | 60,4789 |

# Tafel IIb.
## Kreisbogen mit gleichmäßiger Bogenteilung.

| $r = 110$ | | | $B$ | $r = 120$ | | |
|---|---|---|---|---|---|---|
| $\alpha^g$ | $x$ | $y$ | | $x$ | $y$ | $\alpha^g$ |
| 5,7875 | 9,986 | 0,454 | 10 | 9,988 | 0,416 | 5,3052 |
| 11,5749 | 19,890 | 1,813 | 20 | 19,908 | 1,663 | 10,6103 |
| 14,4686 | 24,785 | 2,829 | 25 | 24,820 | 2,595 | 13,2629 |
| 17,3624 | 29,629 | 4,066 | 30 | 29,688 | 3,730 | 15,9155 |
| 23,1498 | 39,124 | 7,183 | 40 | 39,263 | 6,605 | 21,2207 |
| 28,9373 | 48,296 | 11,169 | 50 | 48,566 | 10,267 | 26,5258 |
| 34,7247 | 57,069 | 15,962 | 60 | 57,531 | 14,690 | 31,8310 |
| 40,5122 | 65,370 | 21,531 | 70 | 66,097 | 19,844 | 37,1362 |
| 43,4059 | 69,323 | 24,593 | 75 | 70,212 | 22,684 | 39,7887 |
| 46,2996 | 73,132 | 27,831 | 80 | 74,204 | 25,694 | 42,4413 |
| 52,0871 | 80,290 | 34,810 | 90 | 81,797 | 32,197 | 47,7465 |
| 57,8745 | 86,784 | 42,409 | 100 | 88,821 | 39,311 | 53,0516 |

## Kreisbogen mit gleichmäßiger Bogenteilung.

| \multicolumn{3}{c}{$r = 130$} | | | $B$ | \multicolumn{3}{c}{$r = 140$} | | |
| $\alpha^g$ | $x$ | $y$ | | $x$ | $y$ | $\alpha^g$ |
|---|---|---|---|---|---|---|
| 4,8971 | 9,990 | 0,384 | 10 | 9,991 | 0,357 | 4,5473 |
| 9,7942 | 19,921 | 1,535 | 20 | 19,932 | 1,426 | 9,0946 |
| 12,2427 | 24,846 | 2,396 | 25 | 24,867 | 2,226 | 11,3682 |
| 14,6912 | 29,734 | 3,446 | 30 | 29,771 | 3,202 | 13,6419 |
| 19,5883 | 39,372 | 6,105 | 40 | 39,458 | 5,675 | 18,1891 |
| 24,4854 | 48,776 | 9,497 | 50 | 48,944 | 8,834 | 22,7364 |
| 29,3824 | 57,892 | 13,602 | 60 | 58,180 | 12,661 | 27,2837 |
| 34,2795 | 66,666 | 18,395 | 70 | 67,120 | 17,138 | 31,8310 |
| 36,7281 | 70,908 | 21,041 | 75 | 71,464 | 19,613 | 34,1046 |
| 39,1766 | 75,045 | 23,848 | 80 | 75,717 | 22,242 | 36,3783 |
| 44,0737 | 82,981 | 29,929 | 90 | 83,928 | 27,946 | 40,9256 |
| 48,9708 | 90,426 | 36,602 | 100 | 91,711 | 34,221 | 45,4728 |
| 53,8678 | 97,336 | 43,827 | 110 | 99,026 | 41,036 | 50,0201 |

Tafel II b.
## Kreisbogen mit gleichmäßiger Bogenteilung.

| $r = 150$ | | | $B$ | $r = 160$ | | |
|---|---|---|---|---|---|---|
| $\alpha^g$ | $x$ | $y$ | | $x$ | $y$ | $\alpha^g$ |
| 4,2441 | 9,993 | 0,333 | 10 | 9,993 | 0,312 | 3,9789 |
| 8,4883 | 19,941 | 1,331 | 20 | 19,948 | 1,248 | 7,9577 |
| 10,6103 | 24,884 | 2,079 | 25 | 24,898 | 1,949 | 9,9472 |
| 12,7324 | 29,800 | 2,990 | 30 | 29,824 | 2,804 | 11,9366 |
| 16,9765 | 39,528 | 5,302 | 40 | 39,585 | 4,974 | 15,9155 |
| 21,2207 | 49,079 | 8,256 | 50 | 49,190 | 7,749 | 19,8944 |
| 25,4648 | 58,413 | 11,841 | 60 | 58,604 | 11,119 | 23,8732 |
| 29,7089 | 67,487 | 16,039 | 70 | 67,788 | 15,070 | 27,8521 |
| 31,8310 | 71,914 | 18,363 | 75 | 72,284 | 17,259 | 29,8416 |
| 33,9531 | 76,261 | 20,832 | 80 | 76,708 | 19,587 | 31,8310 |
| 38,1972 | 84,696 | 26,200 | 90 | 85,329 | 24,652 | 35,8099 |
| 42,4413 | 92,756 | 32,117 | 100 | 93,615 | 30,246 | 39,7887 |
| 46,6855 | 100,403 | 38,558 | 110 | 101,537 | 36,346 | 43,7676 |
| 50,9296 | 107,604 | 45,495 | 120 | 109,062 | 42,930 | 47,7465 |

# Kreisbogen mit gleichmäßiger Bogenteilung.

| $r = 170$ | | | $B$ | $r = 180$ | | |
|---|---|---|---|---|---|---|
| $\alpha^g$ | $x$ | $y$ | | $x$ | $y$ | $\alpha^g$ |
| 3,7448 | 9,994 | 0,294 | 10 | 9,995 | 0,278 | 3,5368 |
| 7,4896 | 19,954 | 1,175 | 20 | 19,959 | 1,110 | 7,0736 |
| 9,3621 | 24,910 | 1,835 | 25 | 24,920 | 1,733 | 8,8419 |
| 11,2345 | 29,845 | 2,640 | 30 | 29,861 | 2,495 | 10,6103 |
| 14,9793 | 39,632 | 4,684 | 40 | 39,672 | 4,426 | 14,1471 |
| 18,7241 | 49,282 | 7,300 | 50 | 49,360 | 6,900 | 17,6839 |
| 22,4689 | 58,762 | 10,479 | 60 | 58,895 | 9,908 | 21,2207 |
| 26,2138 | 68,039 | 14,209 | 70 | 68,249 | 13,440 | 24,7574 |
| 28,0862 | 72,591 | 16,278 | 75 | 72,849 | 15,400 | 26,5258 |
| 29,9586 | 77,080 | 18,479 | 80 | 77,392 | 17,487 | 28,2942 |
| 33,7034 | 85,854 | 23,272 | 90 | 86,297 | 22,035 | 31,8310 |
| 37,4482 | 94,332 | 28,573 | 100 | 94,935 | 27,071 | 35,3678 |
| 41,1930 | 102,483 | 34,364 | 110 | 103,280 | 32,578 | 38,9045 |
| 44,9379 | 110,280 | 40,623 | 120 | 111,307 | 38,540 | 42,4413 |

# Tafel II b.
## Kreisbogen mit gleichmäßiger Bogenteilung.

| $\alpha^g$ | $x$ | $y$ | $B$ | $x$ | $y$ | $\alpha^g$ |
|---|---|---|---|---|---|---|
| | $r = 190$ | | | | $r = 200$ | |
| 3,3506 | 9,995 | 0,263 | 10 | 9,996 | 0,250 | 3,1831 |
| 6,7013 | 19,963 | 1,052 | 20 | 19,967 | 0,999 | 6,3662 |
| 8,3766 | 24,928 | 1,642 | 25 | 24,935 | 1,560 | 7,9577 |
| 10,0519 | 29,875 | 2,364 | 30 | 29,888 | 2,246 | 9,5493 |
| 13,4025 | 39,705 | 4,195 | 40 | 39,734 | 3,987 | 12,7324 |
| 16,7532 | 49,425 | 6,541 | 50 | 49,481 | 6,217 | 15,9155 |
| 20,1038 | 59,008 | 9,395 | 60 | 59,104 | 8,933 | 19,0986 |
| 23,4544 | 68,427 | 12,750 | 70 | 68,580 | 12,125 | 22,2817 |
| 25,1297 | 73,067 | 14,611 | 75 | 73,255 | 13,898 | 23,8732 |
| 26,8050 | 77,657 | 16,595 | 80 | 77,884 | 15,788 | 25,4648 |
| 30,1557 | 86,672 | 20,920 | 90 | 86,993 | 19,911 | 28,6479 |
| 33,5063 | 95,447 | 25,714 | 100 | 95,885 | 24,483 | 31,8310 |
| 36,8569 | 103,957 | 30,962 | 110 | 104,537 | 29,495 | 35,0141 |
| 40,2076 | 112,180 | 36,652 | 120 | 112,928 | 34,933 | 38,1972 |
| 41,8829 | 116,176 | 39,657 | 125 | 117,019 | 37,807 | 39,7887 |
| 43,5582 | 120,092 | 42,766 | 130 | 121,037 | 40,783 | 41,3803 |

# Kreisbogen mit gleichmäßiger Bogenteilung.

| $\alpha^g$ | $x$ | $y$ | $B$ | $x$ | $y$ | $\alpha^g$ |
|---|---|---|---|---|---|---|
| | $r = 210$ | | | | $r = 220$ | |
| 3,0315 | 9,996 | 0,238 | 10 | 9,996 | 0,227 | 2,8937 |
| 6,0630 | 19,970 | 0,952 | 20 | 19,972 | 0,908 | 5,7875 |
| 7,5788 | 24,941 | 1,486 | 25 | 24,946 | 1,419 | 7,2343 |
| 9,0946 | 29,898 | 2,139 | 30 | 29,907 | 2,042 | 8,6812 |
| 12,1261 | 39,759 | 3,798 | 40 | 39,780 | 3,626 | 11,5749 |
| 15,1576 | 49,529 | 5,924 | 50 | 49,571 | 5,657 | 14,4686 |
| 18,1891 | 59,187 | 8,513 | 60 | 59,259 | 8,131 | 17,3624 |
| 21,2207 | 68,711 | 11,559 | 70 | 68,825 | 11,043 | 20,2561 |
| 22,7364 | 73,416 | 13,251 | 75 | 73,555 | 12,661 | 21,7029 |
| 24,2522 | 78,079 | 15,055 | 80 | 78,249 | 14,386 | 23,1498 |
| 27,2837 | 87,270 | 18,992 | 90 | 87,511 | 18,154 | 26,0436 |
| 30,3152 | 96,263 | 23,363 | 100 | 96,592 | 22,339 | 28,9373 |
| 33,3467 | 105,038 | 28,157 | 110 | 105,474 | 26,932 | 31,8310 |
| 36,3783 | 113,575 | 33,363 | 120 | 114,137 | 31,924 | 34,7247 |
| 37,8940 | 117,748 | 36,117 | 125 | 118,382 | 34,566 | 36,1716 |
| 39,4098 | 121,854 | 38,969 | 130 | 122,566 | 37,304 | 37,6185 |
| 42,4413 | 129,858 | 44,964 | 140 | 130,740 | 43,062 | 40,5122 |

Tafel II b.
## Kreisbogen mit gleichmäßiger Bogenteilung.

| $r = 230$ | | | $B$ | $r = 240$ | | |
|---|---|---|---|---|---|---|
| $\alpha^g$ | $x$ | $y$ | | $x$ | $y$ | $\alpha^g$ |
| 2,7679 | 9,997 | 0,217 | 10 | 9,997 | 0,208 | 2,6526 |
| 5,5358 | 19,975 | 0,869 | 20 | 19,977 | 0,833 | 5,3052 |
| 6,9198 | 24,951 | 1,357 | 25 | 24,955 | 1,301 | 6,6315 |
| 8,3037 | 29,915 | 1,954 | 30 | 29,922 | 1,872 | 7,9577 |
| 11,0716 | 39,799 | 3,469 | 40 | 39,815 | 3,326 | 10,6103 |
| 13,8396 | 49,607 | 5,413 | 50 | 49,639 | 5,190 | 13,2629 |
| 16,6075 | 59,322 | 7,782 | 60 | 59,377 | 7,461 | 15,9155 |
| 19,3754 | 68,924 | 10,570 | 70 | 69,012 | 10,136 | 18,5681 |
| 20,7593 | 73,678 | 12,120 | 75 | 73,785 | 11,624 | 19,8944 |
| 22,1433 | 78,397 | 13,773 | 80 | 78,527 | 13,210 | 21,2207 |
| 24,9112 | 87,721 | 17,385 | 90 | 87,905 | 16,678 | 23,8732 |
| 27,6791 | 96,879 | 21,399 | 100 | 97,131 | 20,534 | 26,5258 |
| 30,4470 | 105,854 | 25,807 | 110 | 106,189 | 24,770 | 29,1784 |
| 33,2149 | 114,629 | 30,601 | 120 | 115,062 | 29,380 | 31,8310 |
| 34,5989 | 118,937 | 33,140 | 125 | 119,425 | 31,823 | 33,1573 |
| 35,9828 | 123,188 | 35,771 | 130 | 123,736 | 34,356 | 34,4836 |
| 38,7507 | 131,513 | 41,309 | 140 | 132,194 | 39,689 | 37,1362 |

## Kreisbogen mit gleichmäßiger Bogenteilung.

| $r = 250$ | | | $B$ | $r = 260$ | | |
|---|---|---|---|---|---|---|
| $\alpha^g$ | $x$ | $y$ | | $x$ | $y$ | $\alpha^g$ |
| 2,5465 | 9,997 | 0,200 | 10 | 9,998 | 0,192 | 2,4485 |
| 5,0930 | 19,978 | 0,800 | 20 | 19,980 | 0,769 | 4,8971 |
| 6,3662 | 24,958 | 1,249 | 25 | 24,961 | 1,201 | 6,1213 |
| 7,6394 | 29,928 | 1,798 | 30 | 29,933 | 1,729 | 7,3456 |
| 10,1859 | 39,830 | 3,193 | 40 | 39,842 | 3,071 | 9,7942 |
| 12,7324 | 49,667 | 4,983 | 50 | 49,692 | 4,793 | 12,2427 |
| 15,2789 | 59,426 | 7,165 | 60 | 59,469 | 6,892 | 14,6912 |
| 17,8254 | 69,089 | 9,736 | 70 | 69,158 | 9,366 | 17,1398 |
| 19,0986 | 73,880 | 11,166 | 75 | 73,964 | 10,742 | 18,3640 |
| 20,3718 | 78,642 | 12,691 | 80 | 78,744 | 12,211 | 19,5883 |
| 22,9183 | 88,069 | 16,026 | 90 | 88,213 | 15,422 | 22,0368 |
| 25,4648 | 97,355 | 19,735 | 100 | 97,553 | 18,995 | 24,4854 |
| 28,0113 | 106,485 | 23,812 | 110 | 106,748 | 22,924 | 26,9339 |
| 30,5577 | 115,445 | 28.251 | 120 | 115,785 | 27,204 | 29,3824 |
| 31,8310 | 119,856 | 30,604 | 125 | 120,240 | 29,474 | 30,6067 |
| 33,1042 | 124,220 | 33,045 | 130 | 124,651 | 31,828 | 31,8310 |
| 35,6507 | 132,797 | 38,186 | 140 | 133,332 | 36,790 | 34,2795 |

# Tafel II b.
## Kreisbogen mit gleichmäßiger Bogenteilung.

| $\alpha^g$ | $x$ | $y$ | $B$ | $x$ | $y$ | $\alpha^g$ |
|---|---|---|---|---|---|---|
| | $r = 270$ | | | | $r = 280$ | |
| 2,3579 | 9,998 | 0,185 | 10 | 9,998 | 0,179 | 2,2736 |
| 4,7157 | 19,982 | 0,740 | 20 | 19,983 | 0,714 | 4,5473 |
| 5,8946 | 24,964 | 1,156 | 25 | 24,967 | 1,116 | 5,6841 |
| 7,0736 | 29,938 | 1,665 | 30 | 29,943 | 1,606 | 6,8209 |
| 9,4314 | 39,854 | 2,958 | 40 | 39,864 | 2,852 | 9,0946 |
| 11,7892 | 49,715 | 4,616 | 50 | 49,735 | 4,453 | 11,3682 |
| 14,1471 | 59,507 | 6,639 | 60 | 59,542 | 6,404 | 13,6419 |
| 16,5050 | 69,218 | 9,023 | 70 | 69,273 | 8,704 | 15,9155 |
| 17,6839 | 74,039 | 10,350 | 75 | 74,106 | 9,985 | 17,0523 |
| 18,8628 | 78,835 | 11,766 | 80 | 78,916 | 11,351 | 18,1891 |
| 21,2207 | 88,343 | 14,862 | 90 | 88,458 | 14,340 | 20,4628 |
| 23,5785 | 97,729 | 18,307 | 100 | 97,887 | 17,668 | 22,7364 |
| 25,9364 | 106,982 | 22,099 | 110 | 107,192 | 21,331 | 25,0101 |
| 28,2942 | 116,088 | 26,230 | 120 | 116,360 | 25,323 | 27,2837 |
| 29,4731 | 120,582 | 28,422 | 125 | 120,889 | 27,441 | 28,4205 |
| 30,6521 | 125,035 | 30,696 | 130 | 125,380 | 29,640 | 29,5574 |
| 33,0099 | 133,810 | 35,491 | 140 | 134,239 | 34,277 | 31,8310 |

# Kreisbogen mit gleichmäßiger Bogenteilung.

| $\alpha^g$ | $x$ | $y$ | $B$ | $x$ | $y$ | $\alpha^g$ |
|---|---|---|---|---|---|---|
| | $r = 290$ | | | | $r = 300$ | |
| 2,1952 | 9,998 | 0,173 | 10 | 9,998 | 0,167 | 2,1221 |
| 4,3905 | 19,984 | 0,689 | 20 | 19,985 | 0,667 | 4,2441 |
| 5,4881 | 24,969 | 1,077 | 25 | 24,971 | 1,041 | 5,3052 |
| 6,5857 | 29,946 | 1,550 | 30 | 29,950 | 1,499 | 6,3662 |
| 8,7810 | 39,873 | 2,754 | 40 | 39,882 | 2,662 | 8,4883 |
| 10,9762 | 49,753 | 4,300 | 50 | 49,769 | 4,156 | 10,6103 |
| 13,1714 | 59,573 | 6,185 | 60 | 59,601 | 5,980 | 12,7324 |
| 15,3667 | 69,322 | 8,407 | 70 | 69,367 | 8,130 | 14,8545 |
| 16,4643 | 74,167 | 9,644 | 75 | 74,221 | 9,326 | 15,9155 |
| 17,5619 | 78,989 | 10,965 | 80 | 79,055 | 10,604 | 16,9765 |
| 19,7572 | 88,562 | 13,854 | 90 | 88,656 | 13,399 | 19,0986 |
| 21,9524 | 98,030 | 17,071 | 100 | 98,158 | 16,513 | 21,2207 |
| 24,1476 | 107,381 | 20,613 | 110 | 107,552 | 19,942 | 23,3427 |
| 26,3429 | 116,605 | 24,476 | 120 | 116,826 | 23,682 | 25,4648 |
| 27,4405 | 121,165 | 26,525 | 125 | 121,415 | 25,667 | 26,5258 |
| 28,5381 | 125,689 | 28,653 | 130 | 125,969 | 27,729 | 27,5868 |
| 30,7334 | 134,625 | 33,142 | 140 | 134,973 | 32,078 | 29,7089 |
| 32,9286 | 143,400 | 37,936 | 150 | 143,828 | 36,725 | 31,8310 |

# Tafel II b.
## Kreisbogen mit gleichmäßiger Bogenteilung.

| \multicolumn{3}{c}{$r = 325$} | | | B | \multicolumn{3}{c}{$r = 350$} | | |
|---|---|---|---|---|---|---|
| $\alpha^g$ | $x$ | $y$ | | $x$ | $y$ | $\alpha^g$ |
| 1,9588 | 9,998 | 0,154 | 10 | 9,999 | 0,143 | 1,8189 |
| 3,9177 | 19,987 | 0,615 | 20 | 19,989 | 0,571 | 3,6378 |
| 4,8971 | 24,975 | 0,961 | 25 | 24,979 | 0,892 | 4,5473 |
| 5,8765 | 29,957 | 1,383 | 30 | 29,963 | 1,285 | 5,4567 |
| 7,8353 | 39,899 | 2,458 | 40 | 39,913 | 2,283 | 7,2756 |
| 9,7942 | 49,803 | 3,839 | 50 | 49,830 | 3,565 | 9,0946 |
| 11,7530 | 59,660 | 5,523 | 60 | 59,706 | 5,130 | 10,9135 |
| 13,7118 | 69,460 | 7,509 | 70 | 69,534 | 6,977 | 12,7324 |
| 14,6912 | 74,336 | 8,615 | 75 | 74,427 | 8,005 | 13,6419 |
| 15,6706 | 79,194 | 9,796 | 80 | 79,305 | 9,103 | 14,5513 |
| 17,6295 | 88,854 | 12,382 | 90 | 89,011 | 11,508 | 16,3702 |
| 19,5883 | 98,430 | 15,264 | 100 | 98,645 | 14,189 | 18,1891 |
| 21,5471 | 107,912 | 18,438 | 110 | 108,197 | 17,144 | 20,0080 |
| 23,5060 | 117,292 | 21,903 | 120 | 117,663 | 20,371 | 21,8270 |
| 24,4854 | 121,941 | 23,744 | 125 | 122,359 | 22,085 | 22,7364 |
| 25,4648 | 126,561 | 25,655 | 130 | 127,031 | 23,867 | 23,6459 |
| 27,4236 | 135,710 | 29,690 | 140 | 136,296 | 27,629 | 25,4648 |
| 29,3824 | 144,731 | 34,005 | 150 | 145,450 | 31,654 | 27,2837 |

## Kreisbogen mit gleichmäßiger Bogenteilung.

| | $r = 375$ | | $B$ | | $r = 400$ | |
|---|---|---|---|---|---|---|
| $\alpha^g$ | $x$ | $y$ | | $x$ | $y$ | $\alpha^g$ |
| 1,6976 | 9,999 | 0,133 | 10 | 9,999 | 0,125 | 1,5915 |
| 3,3953 | 19,991 | 0,533 | 20 | 19,992 | 0,500 | 3,1831 |
| 4,2441 | 24,981 | 0,833 | 25 | 24,984 | 0,781 | 3,9789 |
| 5,0930 | 29,968 | 1,200 | 30 | 29,972 | 1,124 | 4,7746 |
| 6,7906 | 39,924 | 2,131 | 40 | 39,934 | 1,998 | 6,3662 |
| 8,4883 | 49,852 | 3,328 | 50 | 49,870 | 3,121 | 7,9577 |
| 10,1859 | 59,744 | 4,790 | 60 | 59,775 | 4,492 | 9,5493 |
| 11,8836 | 69,594 | 6,514 | 70 | 69,643 | 6,109 | 11,1408 |
| 12,7324 | 74,501 | 7,475 | 75 | 74,561 | 7,011 | 11,9366 |
| 13,5812 | 79,395 | 8,500 | 80 | 79,468 | 7,973 | 12,7324 |
| 15,2789 | 89,139 | 10,748 | 90 | 89,243 | 10,082 | 14,3239 |
| 16,9765 | 98,819 | 13,254 | 100 | 98,962 | 12,435 | 15,9155 |
| 18,6742 | 108,429 | 16,018 | 110 | 108,619 | 15,030 | 17,5070 |
| 20,3718 | 117,962 | 19,037 | 120 | 118,208 | 17,866 | 19,0986 |
| 21,2207 | 122,698 | 20,641 | 125 | 122,976 | 19,373 | 19,8944 |
| 22,0695 | 127,412 | 22,308 | 130 | 127,724 | 20,940 | 20,6901 |
| 23,7671 | 136,770 | 25,831 | 140 | 137,159 | 24,251 | 22,2817 |
| 25,4648 | 146,032 | 29,602 | 150 | 146,509 | 27,797 | 23,8732 |
| 27,1624 | 155,189 | 33,619 | 160 | 155,767 | 31,576 | 25,4648 |

Tafel II b.
## Kreisbogen mit gleichmäßiger Bogenteilung.

| $r = 425$ | | | $B$ | $r = 450$ | | |
|---|---|---|---|---|---|---|
| $\alpha^g$ | $x$ | $y$ | | $x$ | $y$ | $\alpha^g$ |
| 1,4979 | 9,999 | 0,118 | 10 | 9,999 | 0,111 | 1,4147 |
| 2,9959 | 19,992 | 0,471 | 20 | 19,993 | 0,445 | 2,8294 |
| 3,7448 | 24,985 | 0,735 | 25 | 24,987 | 0,694 | 3,5368 |
| 4,4938 | 29,975 | 1,058 | 30 | 29,977 | 1,000 | 4,2441 |
| 5,9917 | 39,941 | 1,881 | 40 | 39,947 | 1,777 | 5,6588 |
| 7,4896 | 49,884 | 2,938 | 50 | 49,897 | 2,775 | 7,0736 |
| 8,9876 | 59,801 | 4,228 | 60 | 59,822 | 3,994 | 8,4883 |
| 10,4855 | 69,684 | 5,751 | 70 | 69,718 | 5,433 | 9,9030 |
| 11,2345 | 74,611 | 6,601 | 75 | 74,653 | 6,236 | 10,6103 |
| 11,9834 | 79,528 | 7,507 | 80 | 79,579 | 7,092 | 11,3177 |
| 13,4814 | 89,329 | 9,494 | 90 | 89,401 | 8,970 | 12,7324 |
| 14,9793 | 99,080 | 11,710 | 100 | 99,179 | 11,066 | 14,1471 |
| 16,4772 | 108,776 | 14,156 | 110 | 108,908 | 13,378 | 15,5618 |
| 17,9752 | 118,412 | 16,829 | 120 | 118,583 | 15,905 | 16,9765 |
| 18,7241 | 123,206 | 18,250 | 125 | 123,399 | 17,250 | 17,6839 |
| 19,4731 | 127,982 | 19,728 | 130 | 128,199 | 18,647 | 18,3912 |
| 20,9710 | 137,482 | 22,851 | 140 | 137,752 | 21,603 | 19,8060 |
| 22,4689 | 146,905 | 26,197 | 150 | 147,238 | 24,769 | 21,2207 |
| 23,9669 | 156,247 | 29,764 | 160 | 156,650 | 28,146 | 22,6354 |
| 25,4648 | 165,503 | 33,550 | 170 | 165,985 | 31,731 | 24,0501 |
| 26,2138 | 170,096 | 35,523 | 175 | 170,622 | 33,601 | 24,7574 |

# Kreisbogen mit gleichmäßiger Bogenteilung.

| $\alpha^g$ | $x$ | $y$ | $B$ | $x$ | $y$ | $\alpha^g$ |
|---|---|---|---|---|---|---|
| | $r = 475$ | | | $r = 500$ | | |
| 1,3402 | 9,999 | 0,105 | 10 | 9,999 | 0,100 | 1,2732 |
| 2,6805 | 19,994 | 0,421 | 20 | 19,995 | 0,400 | 2,5465 |
| 3,3506 | 24,988 | 0,658 | 25 | 24,990 | 0,625 | 3,1831 |
| 4,0208 | 29,980 | 0,947 | 30 | 29,982 | 0,900 | 3,8197 |
| 5,3610 | 39,953 | 1,683 | 40 | 39,957 | 1,600 | 5,0930 |
| 6,7013 | 49,908 | 2,629 | 50 | 49,917 | 2,498 | 6,3662 |
| 8,0415 | 59,841 | 3,784 | 60 | 59,856 | 3,596 | 7,6394 |
| 9,3818 | 69,747 | 5,149 | 70 | 69,771 | 4,892 | 8,9127 |
| 10,0519 | 74,689 | 5,909 | 75 | 74,719 | 5,614 | 9,5493 |
| 10,7220 | 79,622 | 6,721 | 80 | 79,659 | 6,387 | 10,1859 |
| 12,0623 | 89,462 | 8,501 | 90 | 89,515 | 8,079 | 11,4592 |
| 13,4025 | 99,263 | 10,488 | 100 | 99,335 | 9,967 | 12,7324 |
| 14,7428 | 109,019 | 12,680 | 110 | 109,115 | 12,051 | 14,0056 |
| 16,0830 | 118,728 | 15,077 | 120 | 118,851 | 14,331 | 15,2789 |
| 16,7532 | 123,562 | 16,353 | 125 | 123,702 | 15,544 | 15,9155 |
| 17,4233 | 128,383 | 17,678 | 130 | 128,540 | 16,805 | 16,5521 |
| 18,7635 | 137,982 | 20,482 | 140 | 138,178 | 19,472 | 17,8254 |
| 20,1038 | 147,519 | 23,488 | 150 | 147,760 | 22,332 | 19,0986 |
| 21,4440 | 156,991 | 26,694 | 160 | 157,283 | 25,383 | 20,3718 |
| 22,7843 | 166,394 | 30,098 | 170 | 166,744 | 28,623 | 21,6451 |
| 23,4544 | 171,068 | 31,874 | 175 | 171,449 | 30,314 | 22,2817 |
| 24,1245 | 175,722 | 33,699 | 180 | 176,137 | 32,052 | 22,9183 |
| 25,4648 | 184,974 | 37,496 | 190 | 185,460 | 35,668 | 24,1916 |

## Tafel IIb.
### Kreisbogen mit gleichmäßiger Bogenteilung.

| $\alpha^g$ | $x$ | $y$ | $B$ | $x$ | $y$ | $\alpha^g$ |
|---|---|---|---|---|---|---|
| | $r = 525$ | | | $r = 550$ | | |
| 1,2126 | 9,999 | 0,096 | 10 | 9,999 | 0,091 | 1,1575 |
| 2,4252 | 19,995 | 0,381 | 20 | 19,996 | 0,364 | 2,3150 |
| 3,0315 | 24,990 | 0,595 | 25 | 24,991 | 0,568 | 2,8937 |
| 3,6378 | 29,984 | 0,857 | 30 | 29,985 | 0,818 | 3,4725 |
| 4,8504 | 39,961 | 1,523 | 40 | 39,965 | 1,454 | 4,6300 |
| 6,0630 | 49,925 | 2,379 | 50 | 49,931 | 2,271 | 5,7875 |
| 7,2756 | 59,869 | 3,425 | 60 | 59,881 | 3,269 | 6,9449 |
| 8,4883 | 69,793 | 4,659 | 70 | 69,811 | 4,448 | 8,1024 |
| 9,0946 | 74,745 | 5,348 | 75 | 74,768 | 5,106 | 8,6812 |
| 9,7009 | 79,691 | 6,083 | 80 | 79,718 | 5,808 | 9,2599 |
| 10,9135 | 89,560 | 7,695 | 90 | 89,599 | 7,347 | 10,4174 |
| 12,1261 | 99,397 | 9,495 | 100 | 99,450 | 9,066 | 11,5749 |
| 13,3387 | 109,197 | 11,482 | 110 | 109,268 | 10,963 | 12,7324 |
| 14,5513 | 118,958 | 13,655 | 120 | 119,050 | 13,039 | 13,8899 |
| 15,1576 | 123,822 | 14,811 | 125 | 123,927 | 14,143 | 14,4686 |
| 15,7639 | 128,676 | 16,014 | 130 | 128,793 | 15,292 | 15,0474 |
| 16,9765 | 138,346 | 18,556 | 140 | 138,493 | 17,722 | 16,2049 |
| 18,1891 | 147,968 | 21,283 | 150 | 148,147 | 20,328 | 17,3624 |
| 19,4018 | 157,535 | 24,193 | 160 | 157,753 | 23,109 | 18,5198 |
| 20,6144 | 167,045 | 27,284 | 170 | 167,306 | 26,064 | 19,6773 |
| 21,2207 | 171,777 | 28,898 | 175 | 172,062 | 27,607 | 20,2561 |
| 21,8270 | 176,494 | 30,556 | 180 | 176,803 | 29,192 | 20,8348 |
| 23,0396 | 185,880 | 34,007 | 190 | 186,243 | 32,493 | 21,9923 |
| 24,2522 | 195,198 | 37,637 | 200 | 195,621 | 35,965 | 23,1498 |

# Kreisbogen mit gleichmäßiger Bogenteilung.

| $r = 575$ | | | $B$ | $r = 600$ | | |
|---|---|---|---|---|---|---|
| $\alpha^g$ | $x$ | $y$ | | $x$ | $y$ | $\alpha^g$ |
| 1,1072 | 10,000 | 0,087 | 10 | 10,000 | 0,083 | 1,0610 |
| 2,2143 | 19,996 | 0,348 | 20 | 19,996 | 0,333 | 2,1221 |
| 2,7679 | 24,992 | 0,543 | 25 | 24,993 | 0,521 | 2,6526 |
| 3,3215 | 29,987 | 0,783 | 30 | 29,987 | 0,749 | 3,1831 |
| 4,4287 | 39,968 | 1,391 | 40 | 39,970 | 1,333 | 4,2441 |
| 5,5358 | 49,937 | 2,172 | 50 | 49,942 | 2,082 | 5,3052 |
| 6,6430 | 59,891 | 3,127 | 60 | 59,900 | 2,998 | 6,3662 |
| 7,7502 | 69,827 | 4,256 | 70 | 69,841 | 4,079 | 7,4272 |
| 8,3037 | 74,788 | 4,884 | 75 | 74,805 | 4,681 | 7,9577 |
| 8,8573 | 79,742 | 5,557 | 80 | 79,763 | 5,325 | 8,4883 |
| 9,9645 | 89,633 | 7,029 | 90 | 89,663 | 6,737 | 9,5493 |
| 11,0716 | 99,497 | 8,674 | 100 | 99,538 | 8,314 | 10,6103 |
| 12,1788 | 109,330 | 10,490 | 110 | 109,385 | 10,055 | 11,6714 |
| 13,2860 | 119,131 | 12,476 | 120 | 119,201 | 11,960 | 12,7324 |
| 13,8396 | 124,018 | 13,533 | 125 | 124,098 | 12,974 | 13,2629 |
| 14,3932 | 128,896 | 14,633 | 130 | 128,985 | 14,029 | 13,7934 |
| 15,5003 | 138,621 | 16,960 | 140 | 138,733 | 16,259 | 14,8545 |
| 16,6075 | 148,305 | 19,455 | 150 | 148,442 | 18,652 | 15,9155 |
| 17,7146 | 157,943 | 22,117 | 160 | 158,110 | 21,207 | 16,9765 |
| 18,8218 | 167,534 | 24,948 | 170 | 167,734 | 23,923 | 18,0376 |
| 19,3754 | 172,311 | 26,425 | 175 | 172,529 | 25,340 | 18,5681 |
| 19,9290 | 177,075 | 27,944 | 180 | 177,312 | 26,798 | 19,0986 |
| 21,0361 | 186,561 | 31,106 | 190 | 186,840 | 29,833 | 20,1596 |
| 22,1433 | 195,992 | 34,433 | 200 | 196,317 | 33,026 | 21,2207 |

# Tafel II b.
## Kreisbogen mit gleichmäßiger Bogenteilung.

| $\alpha^g$ | $x$ | $y$ | $B$ | $x$ | $y$ | $\alpha^g$ |
|---|---|---|---|---|---|---|
| | $r = 625$ | | | | $r = 650$ | |
| 1,0186 | 9,999 | 0,079 | 10 | 9,999 | 0,077 | 0,9794 |
| 2,0372 | 19,997 | 0,320 | 20 | 19,997 | 0,307 | 1,9588 |
| 2,5465 | 24,994 | 0,500 | 25 | 24,994 | 0,480 | 2,4485 |
| 3,0558 | 29,989 | 0,720 | 30 | 29,989 | 0,692 | 2,9382 |
| 4,0744 | 39,973 | 1,279 | 40 | 39,975 | 1,230 | 3,9177 |
| 5,0930 | 49,946 | 1,999 | 50 | 49,951 | 1,922 | 4,8971 |
| 6,1116 | 59,908 | 2,877 | 60 | 59,915 | 2,767 | 5,8765 |
| 7,1301 | 69,854 | 3,914 | 70 | 69,865 | 3,765 | 6,8559 |
| 7,6394 | 74,820 | 4,494 | 75 | 74,834 | 4,322 | 7,3456 |
| 8,1487 | 79,781 | 5,112 | 80 | 79,798 | 4,917 | 7,8353 |
| 9,1673 | 89,689 | 6,469 | 90 | 89,712 | 6,221 | 8,8147 |
| 10,1859 | 99,574 | 7,983 | 100 | 99,606 | 7,677 | 9,7942 |
| 11,2045 | 109,433 | 9,655 | 110 | 109,476 | 9,285 | 10,7736 |
| 12,2231 | 119,264 | 11,484 | 120 | 119,320 | 11,045 | 11,7530 |
| 12,7324 | 124,168 | 12,458 | 125 | 124,231 | 11,982 | 12,2427 |
| 13,2417 | 129,064 | 13,471 | 130 | 129,135 | 12,956 | 12,7324 |
| 14,2603 | 138,832 | 15,614 | 140 | 138,920 | 15,019 | 13,7118 |
| 15,2789 | 148,564 | 17,914 | 150 | 148,672 | 17,231 | 14,6912 |
| 16,2975 | 158,258 | 20,369 | 160 | 158,389 | 19,593 | 15,6706 |
| 17,3161 | 167,912 | 22,978 | 170 | 168,068 | 22,104 | 16,6501 |
| 17,8254 | 172,722 | 24,341 | 175 | 172,894 | 23,415 | 17,1398 |
| 18,3346 | 177,522 | 25,741 | 180 | 177,708 | 24,764 | 17,6295 |
| 19,3532 | 187,087 | 28,658 | 190 | 187,306 | 27,572 | 18,6089 |
| 20,3718 | 196,604 | 31,728 | 200 | 196,859 | 30,527 | 19,5883 |
| 21,3904 | 206,071 | 34,949 | 210 | 206,366 | 33,629 | 20,5677 |
| 22,4090 | 215,485 | 38,322 | 220 | 215,823 | 36,876 | 21,5471 |

# Kreisbogen mit gleichmäßiger Bogenteilung.

| $r = 675$ | | | $B$ | $r = 700$ | | |
|---|---|---|---|---|---|---|
| $\alpha^g$ | $x$ | $y$ | | $x$ | $y$ | $\alpha^g$ |
| 0,9431 | 10,000 | 0,074 | 10 | 10,000 | 0,071 | 0,9095 |
| 1,8863 | 19,997 | 0,296 | 20 | 19,997 | 0,286 | 1,8189 |
| 2,3579 | 24,994 | 0,463 | 25 | 24,995 | 0,447 | 2,2736 |
| 2,8294 | 29,990 | 0,667 | 30 | 29,991 | 0,643 | 2,7284 |
| 3,7726 | 39,976 | 1,185 | 40 | 39,978 | 1,142 | 3,6378 |
| 4,7157 | 49,954 | 1,851 | 50 | 49,957 | 1,785 | 4,5473 |
| 5,6588 | 59,921 | 2,665 | 60 | 59,926 | 2,570 | 5,4567 |
| 6,6020 | 69,875 | 3,626 | 70 | 69,884 | 3,497 | 6,3662 |
| 7,0736 | 74,846 | 4,162 | 75 | 74,857 | 4,014 | 6,8209 |
| 7,5451 | 79,813 | 4,735 | 80 | 79,826 | 4,566 | 7,2756 |
| 8,4883 | 89,734 | 5,991 | 90 | 89,752 | 5,778 | 8,1851 |
| 9,4314 | 99,635 | 7,394 | 100 | 99,660 | 7,131 | 9,0946 |
| 10,3745 | 109,514 | 8,943 | 110 | 109,548 | 8,625 | 10,0040 |
| 11,3177 | 119,369 | 10,639 | 120 | 119,413 | 10,261 | 10,9135 |
| 11,7893 | 124,287 | 11,541 | 125 | 124,337 | 11,131 | 11,3682 |
| 12,2608 | 129,197 | 12,480 | 130 | 129,254 | 12,037 | 11,8229 |
| 13,2040 | 138,998 | 14,467 | 140 | 139,068 | 13,953 | 12,7324 |
| 14,1471 | 148,768 | 16,598 | 150 | 148,855 | 16,010 | 13,6419 |
| 15,0902 | 158,506 | 18,874 | 160 | 158,610 | 18,206 | 14,5513 |
| 16,0334 | 168,208 | 21.294 | 170 | 168,334 | 20,541 | 15,4608 |
| 16,5050 | 173,046 | 22,558 | 175 | 173,183 | 21,761 | 15,9155 |
| 16,9765 | 177,874 | 23,858 | 180 | 178,023 | 23,016 | 16,3702 |
| 17,9197 | 187,501 | 26,565 | 190 | 187,676 | 25,628 | 17,2797 |
| 18,8628 | 197,086 | 29,414 | 200 | 197,290 | 28,377 | 18,1891 |
| 19,8060 | 206,629 | 32,405 | 210 | 206,864 | 31,265 | 19,0986 |
| 20,7491 | 216,126 | 35,535 | 220 | 216,396 | 34,288 | 20,0080 |

17*

# Tafel II b.
## Kreisbogen mit gleichmäßiger Bogenteilung.

| | $r = 725$ | | $B$ | $r = 750$ | | |
|---|---|---|---|---|---|---|
| $\alpha^g$ | $x$ | $y$ | | $x$ | $y$ | $\alpha^g$ |
| 0,8781 | 10,000 | 0,070 | 10 | 10,000 | 0,067 | 0,8488 |
| 1,7562 | 19,997 | 0,276 | 20 | 19,997 | 0,267 | 1,6976 |
| 2,1952 | 24,995 | 0,431 | 25 | 24,996 | 0,416 | 2,1221 |
| 2,6343 | 29,991 | 0,620 | 30 | 29,992 | 0,600 | 2,5465 |
| 3,5124 | 39,980 | 1,103 | 40 | 39,981 | 1,066 | 3,3953 |
| 4,3905 | 49,960 | 1,723 | 50 | 49,963 | 1,666 | 4,2441 |
| 5,2686 | 59,931 | 2,481 | 60 | 59,935 | 2,399 | 5,0930 |
| 6,1467 | 69,891 | 3,376 | 70 | 69,898 | 3,265 | 5,9418 |
| 6,5857 | 74,866 | 3,876 | 75 | 74,875 | 3,747 | 6,3662 |
| 7,0248 | 79,838 | 4,409 | 80 | 79,848 | 4,262 | 6,7906 |
| 7,9029 | 89,769 | 5,580 | 90 | 89,784 | 5,393 | 7,6394 |
| 8,7810 | 99,683 | 6,886 | 100 | 99,704 | 6,656 | 8,4883 |
| 9,6591 | 109,581 | 8,329 | 110 | 109,606 | 8,052 | 9,3371 |
| 10,5372 | 119,453 | 9,909 | 120 | 119,489 | 9,580 | 10,1859 |
| 10,9762 | 124,382 | 10,750 | 125 | 124,422 | 10,393 | 10,6103 |
| 11,4152 | 129,304 | 11,624 | 130 | 129,350 | 11,239 | 11,0347 |
| 12,2933 | 139,132 | 13,476 | 140 | 139,188 | 13,028 | 11,8836 |
| 13,1714 | 148,932 | 15,462 | 150 | 149,002 | 14,950 | 12,7324 |
| 14,0495 | 158,705 | 17,583 | 160 | 158,789 | 17,002 | 13,5812 |
| 14,9276 | 168,446 | 19,840 | 170 | 168,548 | 19,184 | 14,4300 |
| 15,3667 | 173,306 | 21,018 | 175 | 173,416 | 20,324 | 14,8545 |
| 15,8057 | 178,156 | 22,230 | 180 | 178,277 | 21,496 | 15,2789 |
| 16,6838 | 187,832 | 24,754 | 190 | 187,974 | 23,938 | 16,1277 |
| 17,5619 | 197,473 | 27,411 | 200 | 197,638 | 26,509 | 16,9765 |
| 18,4400 | 207,075 | 30,201 | 210 | 207,267 | 29,209 | 17,8254 |
| 19,3181 | 216,639 | 33,124 | 220 | 216,858 | 32,036 | 18,6742 |

# Kreisbogen mit gleichmäßiger Bogenteilung.

| $\alpha^g$ | $x$ | $y$ | $B$ | $x$ | $y$ | $\alpha^g$ |
|---|---|---|---|---|---|---|
| | $r = 775$ | | | | $r = 800$ | |
| 0,8214 | 10,000 | 0,064 | 10 | 10,000 | 0,062 | 0,7958 |
| 1,6429 | 19,998 | 0,258 | 20 | 19,998 | 0,250 | 1,5915 |
| 2,0536 | 24,996 | 0,403 | 25 | 24,996 | 0,391 | 1,9894 |
| 2,4643 | 29,993 | 0,580 | 30 | 29,993 | 0,562 | 2,3873 |
| 3,2858 | 39,982 | 1,032 | 40 | 39,983 | 0,999 | 3,1831 |
| 4,1072 | 49,965 | 1,612 | 50 | 49,967 | 1,562 | 3,9789 |
| 4,9287 | 59,940 | 2,321 | 60 | 59,944 | 2,249 | 4,7746 |
| 5,7501 | 69,905 | 3,159 | 70 | 69,911 | 3,061 | 5,5704 |
| 6,1608 | 74,883 | 3,626 | 75 | 74,890 | 3,513 | 5,9683 |
| 6,5716 | 79,858 | 4,126 | 80 | 79,867 | 3,997 | 6,3662 |
| 7,3930 | 89,798 | 5,220 | 90 | 89,810 | 5,058 | 7,1620 |
| 8,2144 | 99,723 | 6,443 | 100 | 99,740 | 6,242 | 7,9577 |
| 9,0359 | 109,631 | 7,793 | 110 | 109,654 | 7,550 | 8,7535 |
| 9,8573 | 119,521 | 9,272 | 120 | 119,550 | 8,982 | 9,5493 |
| 10,2681 | 124,459 | 10,059 | 125 | 124,492 | 9,746 | 9,9472 |
| 10,6788 | 129,391 | 10,878 | 130 | 129,428 | 10,540 | 10,3451 |
| 11,5002 | 139,241 | 12,611 | 140 | 139,287 | 12,219 | 11,1408 |
| 12,3217 | 149,066 | 14,471 | 150 | 149,122 | 14,022 | 11,9366 |
| 13,1431 | 158,866 | 16,458 | 160 | 158,935 | 15,946 | 12,7324 |
| 13,9646 | 168,640 | 18,571 | 170 | 168,723 | 17,994 | 13,5282 |
| 14,3753 | 173,517 | 19,675 | 175 | 173,608 | 19,066 | 13,9261 |
| 14,7860 | 178,386 | 20,810 | 180 | 178,485 | 20,165 | 14,3239 |
| 15,6075 | 188,103 | 23,174 | 190 | 188,219 | 22,457 | 15,1197 |
| 16,4289 | 197,787 | 25,664 | 200 | 197,923 | 24,870 | 15,9155 |
| 17,2503 | 207,440 | 28,278 | 210 | 207,596 | 27,405 | 16,7113 |
| 18,0718 | 217,057 | 31,017 | 220 | 217,238 | 30,059 | 17,5070 |

# Tafel IIb.
## Kreisbogen mit gleichmäßiger Bogenteilung.

| | $r = 850$ | | $B$ | $r = 900$ | | |
|---|---|---|---|---|---|---|
| $\alpha^g$ | $x$ | $y$ | | $x$ | $y$ | $\alpha^g$ |
| 0,7490 | 10,000 | 0,059 | 10 | 9,999 | 0,056 | 0,7074 |
| 1,4979 | 19,998 | 0,235 | 20 | 19,998 | 0,222 | 1,4147 |
| 1,8724 | 24,997 | 0,367 | 25 | 24,997 | 0,346 | 1,7683 |
| 2,2469 | 29,994 | 0,529 | 30 | 29,994 | 0,500 | 2,1221 |
| 2,9959 | 39,985 | 0,941 | 40 | 39,987 | 0,889 | 2,8294 |
| 3,7448 | 49,971 | 1,470 | 50 | 49,974 | 1,389 | 3,5368 |
| 4,4938 | 59,950 | 2,117 | 60 | 59,955 | 2,000 | 4,2441 |
| 5,2427 | 69,921 | 2,881 | 70 | 69,929 | 2,721 | 4,9515 |
| 5,6172 | 74,903 | 3,306 | 75 | 74,913 | 3,123 | 5,3052 |
| 5,9917 | 79,882 | 3,762 | 80 | 79,895 | 3,553 | 5,6588 |
| 6,7407 | 89,832 | 4,760 | 90 | 89,851 | 4,496 | 6,3662 |
| 7,4896 | 99,769 | 5,876 | 100 | 99,794 | 5,549 | 7,0736 |
| 8,2386 | 109,693 | 7,108 | 110 | 109,726 | 6,714 | 7,7809 |
| 8,9876 | 119,602 | 8,457 | 120 | 119,645 | 7,988 | 8,4883 |
| 9,3621 | 124,550 | 9,177 | 125 | 124,599 | 8,666 | 8,8419 |
| 9,7365 | 129,493 | 9,922 | 130 | 129,549 | 9,373 | 9,1956 |
| 10,4855 | 139,368 | 11,503 | 140 | 139,436 | 10,867 | 9,9030 |
| 11,2345 | 149,223 | 13,201 | 150 | 149,307 | 12,471 | 10,6103 |
| 11,9834 | 159,057 | 15,014 | 160 | 159,159 | 14,185 | 11,3177 |
| 12,7324 | 168,869 | 16,943 | 170 | 168,991 | 16,008 | 12,0250 |
| 13,1069 | 173,766 | 17,951 | 175 | 173,899 | 16,960 | 12,3787 |
| 13,4814 | 178,658 | 18,987 | 180 | 178,802 | 17,940 | 12,7324 |
| 14,2303 | 188,422 | 21,147 | 190 | 188,592 | 19,982 | 13,4397 |
| 14,9793 | 198,160 | 23,421 | 200 | 198,358 | 22,131 | 14,1471 |
| 15,7282 | 207,870 | 25,809 | 210 | 208,100 | 24,389 | 14,8545 |
| 16,4772 | 217,552 | 28,312 | 220 | 217,816 | 26,755 | 15,5618 |
| 16,8517 | 222,382 | 29,606 | 225 | 222,664 | 27,978 | 15,9155 |
| 17,2262 | 227,203 | 30,928 | 230 | 227,505 | 29,229 | 16,2692 |
| 17,9751 | 236,824 | 33,658 | 240 | 237,165 | 31,810 | 16,9765 |

# Kreisbogen mit gleichmäßiger Bogenteilung.

| $\alpha^g$ | $x$ | $y$ | $B$ | $x$ | $y$ | $\alpha^g$ |
|---|---|---|---|---|---|---|
| | $r = 950$ | | | | $r = 1000$ | |
| 0,6701 | 10,000 | 0,052 | 10 | 10,000 | 0,050 | 0,6366 |
| 1,3403 | 19,998 | 0,211 | 20 | 19,999 | 0,200 | 1,2732 |
| 1,6753 | 24,997 | 0,329 | 25 | 24,997 | 0,313 | 1,5915 |
| 2,0104 | 29,995 | 0,473 | 30 | 29,996 | 0,450 | 1,9099 |
| 2,6805 | 39,988 | 0,842 | 40 | 39,990 | 0,800 | 2,5465 |
| 3,3506 | 49,977 | 1,316 | 50 | 49,979 | 1,249 | 3,1831 |
| 4,0208 | 59,961 | 1,894 | 60 | 59,964 | 1,800 | 3,8197 |
| 4,6909 | 69,937 | 2,577 | 70 | 69,943 | 2,449 | 4,4563 |
| 5,0259 | 74,922 | 2,959 | 75 | 74,930 | 2,811 | 4,7746 |
| 5,3610 | 79,905 | 3,366 | 80 | 79,914 | 3,199 | 5,0930 |
| 6,0311 | 89,865 | 4,260 | 90 | 89,878 | 4,047 | 5,7296 |
| 6,7013 | 99,815 | 5,258 | 100 | 99,834 | 4,996 | 6,3662 |
| 7,3714 | 109,754 | 6,362 | 110 | 109,778 | 6,044 | 7,0028 |
| 8,0415 | 119,681 | 7,569 | 120 | 119,712 | 7,191 | 7,6394 |
| 8,3766 | 124,640 | 8,212 | 125 | 124,675 | 7,802 | 7,9577 |
| 8,7116 | 129,595 | 8,881 | 130 | 129,635 | 8,438 | 8,2761 |
| 9,3818 | 139,494 | 10,297 | 140 | 139,543 | 9,784 | 8,9127 |
| 10,0519 | 149,377 | 11,818 | 150 | 149,438 | 11,229 | 9,5493 |
| 10,7220 | 159,245 | 13,442 | 160 | 159,318 | 12,773 | 10,1859 |
| 11,3921 | 169,094 | 15,170 | 170 | 169,182 | 14,415 | 10,8225 |
| 11,7272 | 174,012 | 16,073 | 175 | 174,108 | 15,273 | 11,1408 |
| 12,0623 | 178,925 | 17,002 | 180 | 179,030 | 16,157 | 11,4592 |
| 12,7324 | 188,736 | 18,936 | 190 | 188,859 | 17,996 | 12,0958 |
| 13,4025 | 198,526 | 20,975 | 200 | 198,669 | 19,933 | 12,7324 |
| 14,0726 | 208,294 | 23,116 | 210 | 208,460 | 21,969 | 13,3690 |
| 14,7428 | 218,039 | 25,360 | 220 | 218,230 | 24,103 | 14,0056 |
| 15,0778 | 222,902 | 26,520 | 225 | 223,106 | 25,206 | 14,3239 |
| 15,4129 | 227,760 | 27,707 | 230 | 227,978 | 26,334 | 14,6423 |
| 16,0830 | 237,455 | 30,155 | 240 | 237,703 | 28,662 | 15,2789 |

# Tafel II b.
## Kreisbogen mit gleichmäßiger Bogenteilung.

| $\alpha^g$ | $x$ | $y$ | $B$ | $x$ | $y$ | $\alpha^g$ |
|---|---|---|---|---|---|---|
| | $r = 1100$ | | | | $r = 1200$ | |
| 0,7234 | 12,500 | 0,070 | 12,5 | 12,500 | 0,065 | 0,6631 |
| 1,4469 | 24,998 | 0,284 | 25 | 24,998 | 0,260 | 1,3263 |
| 2,1703 | 37,493 | 0,639 | 37,5 | 37,494 | 0,587 | 1,9894 |
| 2,8937 | 49,983 | 1,136 | 50 | 49,985 | 1,042 | 2,6526 |
| 3,6172 | 62,466 | 1,774 | 62,5 | 62,472 | 1,627 | 3,3157 |
| 4,3406 | 74,942 | 2,555 | 75 | 74,951 | 2,343 | 3,9789 |
| 5,0640 | 87,408 | 3,478 | 87,5 | 87,422 | 3,188 | 4,6420 |
| 5,7875 | 99,862 | 4,542 | 100 | 99,884 | 4,164 | 5,3052 |
| 6,5109 | 112,304 | 5,748 | 112,5 | 112,335 | 5,269 | 5,9683 |
| 7,2343 | 124,732 | 7,095 | 125 | 124,774 | 6,504 | 6,6315 |
| 7,9577 | 137,143 | 8,582 | 137,5 | 137,199 | 7,868 | 7,2946 |
| 8,6812 | 149,536 | 10,211 | 150 | 149,610 | 9,362 | 7,9577 |
| 9,4046 | 161,910 | 11,981 | 162,5 | 162,003 | 10,986 | 8,6209 |
| 10,1280 | 174,263 | 13,891 | 175 | 174,380 | 12,738 | 9,2840 |
| 10,8515 | 186,594 | 15,941 | 187,5 | 186,738 | 14,618 | 9,9472 |
| 11,5749 | 198,900 | 18,132 | 200 | 199,076 | 16,628 | 10,6103 |
| 12,2983 | 211,181 | 20,462 | 212,5 | 211,392 | 18,766 | 11,2735 |
| 13,0218 | 223,434 | 22,932 | 225 | 223,684 | 21,032 | 11,9366 |
| 13,7452 | 235,659 | 25,540 | 237,5 | 235,953 | 23,426 | 12,5998 |
| 14,4686 | 247,853 | 28,287 | 250 | 248,195 | 25,948 | 13,2629 |
| 15,1921 | 261,015 | 31,173 | 262,5 | 260,412 | 28,597 | 13,9261 |
| 15,9155 | 272,144 | 34,196 | 275 | 272,599 | 31,373 | 14,5892 |
| 16,6389 | 284,238 | 37,357 | 287,5 | 284,758 | 34,276 | 15,2523 |
| 17,3624 | 296,285 | 40,656 | 300 | 296,885 | 37,304 | 15,9155 |

# Kreisbogen mit gleichmäßiger Bogenteilung.

| $\alpha^8$ | $x$ | $y$ | $B$ | $x$ | $y$ | $\alpha^8$ |
|---|---|---|---|---|---|---|
| | $r = 1300$ | | | | $r = 1400$ | |
| 0,6121 | 12,500 | 0,060 | 12,5 | 12,499 | 0,056 | 0,5684 |
| 1,2243 | 24,999 | 0,240 | 25 | 24,998 | 0,224 | 1,1368 |
| 1,8364 | 37,495 | 0,541 | 37,5 | 37,495 | 0,503 | 1,7052 |
| 2,4485 | 49,988 | 0,961 | 50 | 49,990 | 0,893 | 2,2736 |
| 3,0607 | 62,476 | 1,502 | 62,5 | 62,480 | 1,394 | 2,8421 |
| 5,6728 | 74,958 | 2,163 | 75 | 74,965 | 2,008 | 3,4105 |
| 4,2849 | 87,434 | 2,943 | 87,5 | 87,443 | 2,734 | 3,9789 |
| 4,8971 | 99,901 | 3,844 | 100 | 99,915 | 3,570 | 4,5473 |
| 5,5092 | 112,360 | 4,865 | 112,5 | 112,379 | 4,518 | 5,1157 |
| 6,1213 | 124,808 | 6,005 | 125 | 124,834 | 5,578 | 5,6841 |
| 6,7335 | 137,244 | 7,264 | 137,5 | 137,279 | 6,748 | 6,2525 |
| 7,3456 | 149,667 | 8,644 | 150 | 149,714 | 8,029 | 6,8209 |
| 7,9577 | 162,077 | 10,143 | 162,5 | 162,135 | 9,421 | 7,3893 |
| 8,5699 | 174,472 | 11,761 | 175 | 174,545 | 10,923 | 7,9577 |
| 9,1820 | 186,851 | 13,498 | 187,5 | 186,940 | 12,537 | 8,5262 |
| 9,7942 | 199,212 | 15,354 | 200 | 199,320 | 14,262 | 9,0946 |
| 10,4063 | 211,555 | 17,329 | 212,5 | 211,685 | 16,096 | 9,6630 |
| 11,0184 | 223,879 | 19,423 | 225 | 224,033 | 18,040 | 10,2314 |
| 11,6306 | 236,181 | 21,635 | 237,5 | 236,361 | 20,096 | 10,7998 |
| 12,2427 | 248,462 | 23,964 | 250 | 248,673 | 22,263 | 11,3682 |
| 12,8548 | 260,719 | 26,412 | 262,5 | 260,964 | 24,538 | 11,9366 |
| 13,4670 | 272,953 | 28,978 | 275 | 273,234 | 26,922 | 12,5050 |
| 14,0791 | 285,162 | 31,662 | 287,5 | 285,484 | 29,416 | 13,0734 |
| 14,6912 | 297,344 | 34,462 | 300 | 297,709 | 32,019 | 13,6419 |
| 15,3034 | 309,499 | 37,380 | 312,5 | 309,911 | 34,733 | 14,2103 |
| 15,9155 | 321,625 | 40,413 | 325 | 322,089 | 37,554 | 14,7787 |

# Tafel IIb.
## Kreisbogen mit gleichmäßiger Bogenteilung.

| | $r = 1500$ | | $B$ | $r = 1600$ | | |
|---|---|---|---|---|---|---|
| $\alpha^g$ | $x$ | $y$ | | $x$ | $y$ | $\alpha^g$ |
| 0,5305 | 12,500 | 0,052 | 12,5 | 12,500 | 0,050 | 0,4974 |
| 1,0610 | 24,999 | 0,208 | 25 | 24,999 | 0,195 | 0,9947 |
| 1,5915 | 37,496 | 0,469 | 37,5 | 37,497 | 0,440 | 1,4921 |
| 2,1221 | 49,991 | 0,833 | 50 | 49,992 | 0,782 | 1,9894 |
| 2,6526 | 62,482 | 1,302 | 62,5 | 62,484 | 1,221 | 2,4868 |
| 3,1831 | 74,969 | 1,874 | 75 | 74,973 | 1,757 | 2,9842 |
| 3,7136 | 87,451 | 2,551 | 87,5 | 87,456 | 2,392 | 3,4815 |
| 4,2441 | 99,926 | 3,333 | 100 | 99,935 | 3,125 | 3,9789 |
| 4,7747 | 112,395 | 4,217 | 112,5 | 112,408 | 3,954 | 4,4762 |
| 5,3052 | 124,856 | 5,205 | 125 | 124,873 | 4,880 | 4,9736 |
| 5,8357 | 137,308 | 6,298 | 137,5 | 137,331 | 5,904 | 5,4709 |
| 6,3662 | 149,751 | 7,494 | 150 | 149,780 | 7,026 | 5,9683 |
| 6,8967 | 162,183 | 8,793 | 162,5 | 162,220 | 8,245 | 6,4657 |
| 7,4272 | 174,603 | 10,197 | 175 | 174,652 | 9,560 | 6,9630 |
| 7,9577 | 187,012 | 11,703 | 187,5 | 187,070 | 10,974 | 7,4604 |
| 8,4883 | 199,408 | 13,313 | 200 | 199,480 | 12,483 | 7,9577 |
| 9,0188 | 211,790 | 15,027 | 212,5 | 211,876 | 14,091 | 8,4551 |
| 9,5493 | 224,157 | 16,844 | 225 | 224,259 | 15,796 | 8,9525 |
| 10,0798 | 236,510 | 18,763 | 237,5 | 236,629 | 17,595 | 9,4498 |
| 10,6103 | 248,845 | 20,785 | 250 | 248,984 | 19,491 | 9,9472 |
| 11,1408 | 261,162 | 22,910 | 262,5 | 261,323 | 21,484 | 10,4445 |
| 11,6714 | 273,462 | 25,138 | 275 | 273,648 | 23,574 | 10,9419 |
| 12,2019 | 285,743 | 27,467 | 287,5 | 285,956 | 25,760 | 11,4393 |
| 12,7324 | 298,004 | 29,901 | 300 | 298,245 | 28,043 | 11,9366 |
| 13,2629 | 310,244 | 32,435 | 312,5 | 310,517 | 30,421 | 12,4340 |
| 13,7934 | 322,463 | 35,071 | 325 | 322,769 | 32,896 | 12,9313 |
| 14,3239 | 334,659 | 37,809 | 337,5 | 335,003 | 35,464 | 13,4287 |
| 14,8545 | 346,833 | 40,648 | 350 | 347,216 | 38,131 | 13,9261 |

# Kreisbogen mit gleichmäßiger Bogenteilung.

| $\alpha^g$ | $x$ | $y$ | $B$ | $x$ | $y$ | $\alpha^g$ |
|---|---|---|---|---|---|---|
| | $r = 1700$ | | | | $r = 1800$ | |
| 0,4681 | 12,500 | 0,046 | 12,5 | 12,500 | 0,043 | 0,4421 |
| 0,9362 | 24,999 | 0,184 | 25 | 24,999 | 0,174 | 0,8842 |
| 1,4043 | 37,497 | 0,413 | 37,5 | 37,497 | 0,391 | 1,3263 |
| 1,8724 | 49,993 | 0,734 | 50 | 49,994 | 0,693 | 1,7683 |
| 2,3405 | 62,486 | 1,148 | 62,5 | 62,488 | 1,083 | 2,2105 |
| 2,8086 | 74,976 | 1,654 | 75 | 74,978 | 1,562 | 2,6526 |
| 3,2767 | 87,461 | 2,252 | 87,5 | 87,466 | 2,126 | 3,0947 |
| 3,7448 | 99,942 | 2,940 | 100 | 99,949 | 2,777 | 3,5368 |
| 4,2129 | 112,418 | 3,721 | 112,5 | 112,427 | 3,515 | 3,9789 |
| 4,6810 | 124,887 | 4,593 | 125 | 124,899 | 4,339 | 4,4210 |
| 5,1491 | 137,350 | 5,557 | 137,5 | 137,366 | 5,251 | 4,8631 |
| 5,6172 | 149,806 | 6,613 | 150 | 149,827 | 6,247 | 5,3052 |
| 6,0853 | 162,253 | 7,760 | 162,5 | 162,280 | 7,330 | 5,7473 |
| 6,5534 | 174,691 | 9,000 | 175 | 174,724 | 8,500 | 6,1894 |
| 7,0215 | 187,121 | 10,331 | 187,5 | 187,161 | 9,756 | 6,6315 |
| 7,4896 | 199,538 | 11,752 | 200 | 199,588 | 11,099 | 7,0736 |
| 7,9577 | 211,946 | 13,265 | 212,5 | 212,006 | 12,529 | 7,5157 |
| 8,4259 | 224,343 | 14,868 | 225 | 224,415 | 14,044 | 7,9577 |
| 8,8940 | 236,728 | 16,563 | 237,5 | 236,811 | 15,645 | 8,3998 |
| 9,3621 | 249,099 | 18,349 | 250 | 249,196 | 17,332 | 8,8419 |
| 9,8302 | 261,457 | 20,226 | 262,5 | 261,570 | 19,107 | 9,2840 |
| 10,2983 | 273,802 | 22,195 | 275 | 273,932 | 20,967 | 9,7261 |
| 10,7664 | 286,131 | 24,254 | 287,5 | 286,278 | 22,912 | 10,1682 |
| 11,2345 | 298,445 | 26,403 | 300 | 298,614 | 24,943 | 10,6103 |
| 11,7026 | 310,743 | 28,642 | 312,5 | 310,933 | 27,059 | 11,0524 |
| 12,1707 | 323,024 | 30,972 | 325 | 323,237 | 29,261 | 11,4945 |
| 12,6388 | 335,288 | 33,393 | 337,5 | 335,525 | 31,549 | 11,9366 |
| 13,1069 | 347,533 | 35,902 | 350 | 347,798 | 33,921 | 12,3787 |

# Tafel IIb.
## Kreisbogen mit gleichmäßiger Bogenteilung.

| | $r = 1900$ | | $B$ | | $r = 2000$ | |
|---|---|---|---|---|---|---|
| $\alpha^g$ | $x$ | $y$ | | $x$ | $y$ | $\alpha^g$ |
| 0,4188 | 12,499 | 0,042 | 12,5 | 12,500 | 0,040 | 0,3979 |
| 0,8377 | 24,999 | 0,165 | 25 | 24,999 | 0,156 | 0,7958 |
| 1,2565 | 37,497 | 0,370 | 37,5 | 37,497 | 0,352 | 1,1937 |
| 1,6753 | 49,994 | 0,657 | 50 | 49,994 | 0,626 | 1,5915 |
| 2,0941 | 62,489 | 1,028 | 62,5 | 62,489 | 0,978 | 1,9894 |
| 2,5130 | 74,981 | 1,480 | 75 | 74,982 | 1,407 | 2,3873 |
| 2,9318 | 87,469 | 2,014 | 87,5 | 87,472 | 1,914 | 2,7852 |
| 3,3506 | 99,953 | 2,631 | 100 | 99,958 | 2,499 | 3,1831 |
| 3,7695 | 112,434 | 3,331 | 112,5 | 112,440 | 3,164 | 3,5810 |
| 4,1883 | 124,910 | 4,110 | 125 | 124,919 | 3,906 | 3,9789 |
| 4,6071 | 137,380 | 4,974 | 137,5 | 137,392 | 4,724 | 4,3768 |
| 5,0259 | 149,844 | 5,918 | 150 | 149,860 | 5,622 | 4,7747 |
| 5,4448 | 162,302 | 6,944 | 162,5 | 162,321 | 6,598 | 5,1725 |
| 5,8636 | 174,753 | 8,052 | 175 | 174,777 | 7,652 | 5,5704 |
| 6,2824 | 187,196 | 9,245 | 187,5 | 187,225 | 8,782 | 5,9683 |
| 6,7013 | 199,631 | 10,517 | 200 | 199,667 | 9,992 | 6,3662 |
| 7,1201 | 212,058 | 11,871 | 212,5 | 212,100 | 11,278 | 6,7641 |
| 7,5389 | 224,474 | 13,308 | 225 | 224,525 | 12,644 | 7,1620 |
| 7,9577 | 236,882 | 14,824 | 237,5 | 236,941 | 14,086 | 7,5599 |
| 8,3766 | 249,279 | 16,424 | 250 | 249,349 | 15,604 | 7,9577 |
| 8,7954 | 261,666 | 18,105 | 262,5 | 261,747 | 17,200 | 8,3556 |
| 9,2142 | 274,041 | 19,867 | 275 | 274,134 | 18,876 | 8,7535 |
| 9,6331 | 286,404 | 21,709 | 287,5 | 286,511 | 20,628 | 9,1514 |
| 10,0519 | 298,755 | 23,636 | 300 | 298,876 | 22,458 | 9,5493 |
| 10,4707 | 311,093 | 25,641 | 312,5 | 311,231 | 24,364 | 9,9472 |
| 10,8895 | 323,418 | 27,728 | 325 | 323,571 | 26,348 | 10,3451 |
| 11,3084 | 335,728 | 29,898 | 337,5 | 335,900 | 28,409 | 10,7430 |
| 11,7272 | 348,024 | 32,146 | 350 | 348,217 | 30,546 | 11,1408 |

# Kreisbogen mit gleichmäßiger Bogenteilung.

| r = 2250 | | | B | r = 2500 | | |
|---|---|---|---|---|---|---|
| $\alpha^g$ | $x$ | $y$ | | $x$ | $y$ | $\alpha^g$ |
| 0,3537 | 12,500 | 0,034 | 12,5 | 12,500 | 0,035 | 0,3183 |
| 0,7074 | 24,999 | 0,139 | 25 | 25,000 | 0,125 | 0,6366 |
| 1,0610 | 37,498 | 0,313 | 37,5 | 37,499 | 0,280 | 0,9549 |
| 1,4147 | 49,995 | 0,556 | 50 | 49,997 | 0,500 | 1,2732 |
| 1,7684 | 62,492 | 0,866 | 62,5 | 62,494 | 0,783 | 1,5915 |
| 2,1221 | 74,986 | 1,249 | 75 | 74,989 | 1,125 | 1,9099 |
| 2,4757 | 87,478 | 1,701 | 87,5 | 87,483 | 1,530 | 2,2282 |
| 2,8294 | 99,967 | 2,223 | 100 | 99,974 | 1,999 | 2,5465 |
| 3,1831 | 112,453 | 2,813 | 112,5 | 112,463 | 2,530 | 2,8648 |
| 3,5368 | 124,936 | 3,472 | 125 | 124,948 | 3,124 | 3,1831 |
| 3,8905 | 137,414 | 4,201 | 137,5 | 137,430 | 3,780 | 3,5014 |
| 4,2441 | 149,888 | 4,999 | 150 | 149,910 | 4,499 | 3,8197 |
| 4,5978 | 162,358 | 5,866 | 162,5 | 162,385 | 5,280 | 4,1380 |
| 4,9515 | 174,823 | 6,803 | 175 | 174,858 | 6,123 | 4,4563 |
| 5,3052 | 187,283 | 7,808 | 187,5 | 187,325 | 7,028 | 4,7747 |
| 5,6588 | 199,737 | 8,883 | 200 | 199,785 | 7,997 | 5,0930 |
| 6,0125 | 212,184 | 10,028 | 212,5 | 212,245 | 9,028 | 5,4113 |
| 6,3662 | 224,626 | 11,241 | 225 | 224,696 | 10,118 | 5,7296 |
| 6,7199 | 237,061 | 12,523 | 237,5 | 237,142 | 11,273 | 6,0479 |
| 7,0736 | 249,485 | 13,874 | 250 | 249,585 | 12,490 | 6,3662 |
| 7,4272 | 261,904 | 15,295 | 262,5 | 262,018 | 13,768 | 6,6845 |
| 7,7809 | 274,316 | 16,785 | 275 | 274,445 | 15,109 | 7,0028 |
| 8,1346 | 286,720 | 18,342 | 287,5 | 286,865 | 16,512 | 7,3211 |
| 8,4883 | 299,113 | 19,969 | 300 | 299,280 | 17,978 | 7,6394 |
| 8,8419 | 311,497 | 21,665 | 312,5 | 311,688 | 19,505 | 7,9577 |
| 9,1956 | 323,872 | 23,431 | 325 | 324,088 | 21,095 | 8,2761 |
| 9,5493 | 336,236 | 25,265 | 337,5 | 336,475 | 22,748 | 8,5944 |
| 9,9030 | 348,590 | 27,167 | 350 | 348,857 | 24,461 | 8,9127 |

# Tafel III.

## Ordinaten

## der Kreisbogen mit Übergangs-
## bogen

### zur Tangente im Parabelanfang

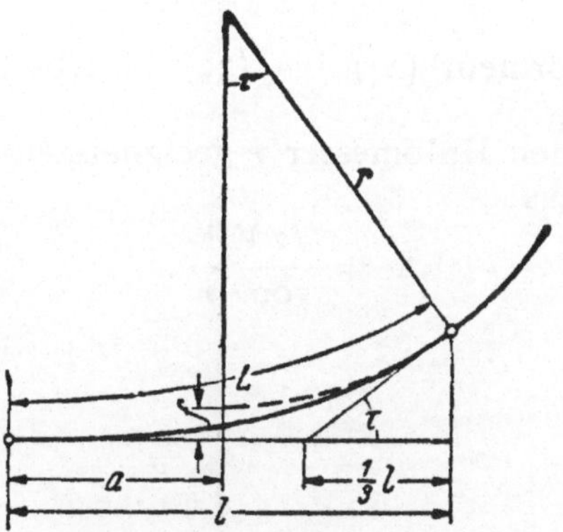



**Hierzu Abschnitte 7 und 8
der Einführung**

## Zur Beachtung.

Der Übergang von der Parabel zum Kreisbogen ist durch Fettdruck des Ordinatenwertes gekennzeichnet.

Die zugehörige Abszisse ist die dem Kopf der Tafel zu entnehmende Länge $l$, nicht der in der ersten Spalte angegebene für die übrigen Ordinaten derselben Zeile gültige Wert.

Die Bogenlänge der Parabel hat das runde Maß $L$.

Ordinaten zur Abszisse $x = 10$ m sind nicht angegeben, wenn sie nur wenige Millimeter groß sind; sie betragen den achten Teil der Ordinate zur Abszisse $x = 20$ m.

[Rechenformeln (24) bis (32) in Abschnitt 8 der Einführung.]

Den für den Halbmesser $r$ geeignetsten Wert für $L$ erhält man aus:

$$L = \frac{(2\,V)^3}{100 \cdot r}\,.$$

# Inhaltsübersicht der Tafel III.

| Halb-messer | Parabellängen | Seite | Halb-messer | Parabellängen | Seite |
|---|---|---|---|---|---|
| 60 | 10 bis 40 m | 274 | 600 | 20 bis 180 m | 312 |
| 70 | 10 „ 50 m | 274 | 700 | 20 „ 190 m | 315 |
| 80 | 10 „ 50 m | 275 | 800 | 20 „ 200 m | 319 |
| 90 | 10 „ 60 m | 276 | 900 | 20 „ 220 m | 323 |
| 100 | 10 „ 70 m | 278 | 1000 | 20 „ 230 m | 327 |
| 110 | 10 „ 70 m | 279 | 1100 | 20 „ 240 m | 331 |
| 120 | 10 „ 80 m | 280 | 1200 | 20 „ 250 m | 336 |
| 130 | 10 „ 80 m | 282 | 1300 | 20 „ 260 m | 341 |
| 140 | 10 „ 80 m | 284 | 1400 | 20 „ 270 m | 346 |
| 150 | 10 „ 90 m | 285 | 1500 | 20 „ 280 m | 351 |
| 160 | 10 „ 90 m | 287 | 1600 | 20 „ 290 m | 356 |
| 170 | 10 „ 90 m | 289 | 1700 | 20 „ 290 m | 362 |
| 180 | 10 „ 100 m | 291 | 1800 | 20 „ 300 m | 368 |
| 190 | 10 „ 100 m | 293 | 2000 | 20 „ 320 m | 373 |
| 200 | 20 „ 100 m | 295 | 2500 | 20 „ 260 m | 380 |
| 250 | 20 „ 110 m | 296 | 3000 | 30 „ 220 m | 385 |
| 300 | 20 „ 130 m | 298 | 4000 | 30 „ 160 m | 389 |
| 350 | 20 „ 140 m | 301 | 5000 | 40 „ 130 m | 391 |
| 400 | 20 „ 140 m | 303 | 6000 | 40 „ 110 m | 393 |
| 450 | 20 „ 150 m | 306 | 8000 | 40 „ 80 m | 395 |
| 500 | 20 „ 170 m | 309 | 10000 | 40 „ 60 m | 396 |

# Tafel III.

## Kreisbogen mit Übergangsbogen.

| $r$ | 60 | 60 | 60 | 60 | 70 |
|---|---|---|---|---|---|
| $L$ | 10 | 20 | 30 | 40 | 10 |
| $l$ | 9,993 | 19,944 | 29,812 | 39,556 | 9,995 |
| $a$ | 4,962 | 9,708 | 14,076 | 18,008 | 4,972 |
| $f$ | 0,069 | 0,271 | 0,600 | 1,071 | 0,059 |
| $1:m$ | 3560,4 | 6892,4 | 9810,4 | 12198,8 | 4166,0 |
| $\tau^g$ | 5,34 41 | 10,91 41 | 16,89 46 | 23,38 45 | 4,57 19 |
| $x = 5$ | 0,035 | 0,018 | 0,013 | 0,010 | 0,030 |
| 10 | 0,280 | 0,145 | 0,102 | 0,082 | 0,240 |
| 15 | 0,915 | 0,490 | 0,344 | 0,277 | 0,781 |
| 20 | 1,984 | 1,151 | 0,815 | 0,656 | 1,691 |
| 25 | 3,514 | 2,252 | 1,593 | 1,281 | 2,985 |
| 30 | 5,543 | 3,807 | 2,701 | 2,213 | 4,686 |
| 35 | 8,129 | 5,862 | 4,367 | 3,515 | 6,827 |
| 40 | 11,362 | 8,479 | 6,489 | 5,074 | 9,453 |
| 45 | 15,382 | 11,748 | 9,183 | 7,485 | 12,633 |
| 50 | 20,426 | 15,812 | 12,543 | 10,312 | 16,463 |
| 55 | 26,960 | 20,918 | 16,723 | 13,831 | 21,098 |
| 60 | | 27,549 | 21,987 | 18,215 | 26,793 |
| 65 | | | 28,871 | 23,765 | |
| 70 | | | | 31,124 | |

## Kreisbogen mit Übergangsbogen.

| $r$ | 70 | 70 | 70 | 70 | 80 |
|---|---|---|---|---|---|
| $L$ | 20 | 30 | 40 | 50 | 10 |
| $l$ | 19,959 | 29,862 | 39,673 | 49,362 | 9,996 |
| $a$ | 9,783 | 14,300 | 18,448 | 22,237 | 4,979 |
| $f$ | 0,234 | 0,518 | 0,913 | 1,447 | 0,052 |
| $1 : m$ | 8133,6 | 11732,4 | 14839,9 | 17390,4 | 4770,2 |
| $\tau^g$ | 9,28 77 | 14,27 24 | 19,61 20 | 25,33 22 | 3,99 54 |
| $x = 5$ | 0,015 | 0,011 | 0,008 | 0,007 | 0,026 |
| 10 | 0,123 | 0,085 | 0,067 | 0,058 | 0,209 |
| 15 | 0,415 | 0,288 | 0,227 | 0,194 | 0,682 |
| 20 | 0,978 | 0,682 | 0,539 | 0,460 | 1,475 |
| 25 | 1,908 | 1,332 | 1,053 | 0,898 | 2,598 |
| 30 | 3,217 | 2,270 | 1,819 | 1,553 | 4,066 |
| 35 | 4,934 | 3,649 | 2,889 | 2,465 | 5,899 |
| 40 | 7,092 | 5,406 | 4,208 | 3,680 | 8,125 |
| 45 | 9,738 | 7,609 | 6,144 | 5,240 | 10,782 |
| 50 | 12,940 | 10,306 | 8,427 | 6,916 | 13,923 |
| 55 | 16,798 | 13,566 | 11,214 | 9,588 | 17,619 |
| 60 | 21,467 | 17,494 | 14,580 | 12,507 | 21,978 |
| 65 | 27,210 | 22,253 | 18,636 | 16,027 | 27,161 |
| 70 | | 28,121 | 23,559 | 20,274 | |
| 75 | | | 29,659 | 25,446 | |

# Tafel III.

## Kreisbogen mit Übergangsbogen.

| $r$ | 80 | 80 | 80 | 80 | 90 |
|---|---|---|---|---|---|
| $L$ | 20 | 30 | 40 | 50 | 10 |
| $l$ | 19,969 | 29,894 | 39,750 | 49,512 | 9,997 |
| $a$ | 9,833 | 14,454 | 18,768 | 22,752 | 4,983 |
| $f$ | 0,205 | 0,456 | 0,801 | 1,250 | 0,046 |
| $1 : m$ | 9365,3 | 13629,5 | 17440,7 | 20719,4 | 5373,5 |
| $\tau^s$ | 8,08 79 | 12,36 50 | 16,89 46 | 21,71 34 | 3,54 84 |
| $x =$ 5 | 0,013 | 0,009 | 0,007 | 0,006 | 0,023 |
| 10 | 0,107 | 0,073 | 0,057 | 0,048 | 0,186 |
| 15 | 0,360 | 0,248 | 0,194 | 0,163 | 0,605 |
| 20 | 0,850 | 0,587 | 0,459 | 0,386 | 1,308 |
| 25 | 1,656 | 1,146 | 0,896 | 0,754 | 2,300 |
| 30 | 2,789 | 1,960 | 1,548 | 1,303 | 3,593 |
| 35 | 4,267 | 3,139 | 2,458 | 2,069 | 5,199 |
| 40 | 6,111 | 4,644 | 3,601 | 3,089 | 7,138 |
| 45 | 8,349 | 6,517 | 5,224 | 4,398 | 9,432 |
| 50 | 11,020 | 8,787 | 7,149 | 5,858 | 12,114 |
| 55 | 14,175 | 11,492 | 9,476 | 8,038 | 15,224 |
| 60 | 17,889 | 14,687 | 12,245 | 10,450 | 18,820 |
| 65 | 22,269 | 18,447 | 15,512 | 13,315 | 22,980 |
| 70 | 27,480 | 22,883 | 19,358 | 16,693 | 27,814 |
| 75 | | 28,167 | 23,898 | 20,668 | |
| 80 | | | 29,317 | 25,369 | |
| 85 | | | | 30,999 | |

# Kreisbogen mit Übergangsbogen.

| $r$ | 90 | 90 | 90 | 90 | 90 |
|---|---|---|---|---|---|
| $L$ | 20 | 30 | 40 | 50 | 60 |
| $l$ | 19,975 | 29,917 | 39,802 | 49,614 | 59,333 |
| $a$ | 9,867 | 14,563 | 19,003 | 24,151 | 27,013 |
| $f$ | 0,183 | 0,407 | 0,715 | 1,109 | 1,607 |
| $1:m$ | 10590,4 | 15508,0 | 20008,1 | 24004,7 | 27447,2 |
| $\tau^g$ | 7,16 53 | 10,91 41 | 14,84 71 | 18,99 97 | 23,38 45 |
| $x = 5$ | 0,012 | 0,008 | 0,006 | 0,005 | 0,005 |
| 10 | 0,094 | 0,064 | 0,050 | 0,042 | 0,036 |
| 15 | 0,319 | 0,218 | 0,170 | 0,141 | 0,123 |
| 20 | 0,753 | 0,516 | 0,401 | 0,333 | 0,291 |
| 25 | 1,464 | 1,008 | 0,781 | 0,651 | 0,569 |
| 30 | 2,464 | 1,727 | 1,349 | 1,125 | 0,984 |
| 35 | 3,763 | 2,758 | 2,143 | 1,786 | 1,562 |
| 40 | 5,377 | 4,076 | 3,152 | 2,666 | 2,332 |
| 45 | 7,324 | 5,710 | 4,551 | 3,796 | 3,320 |
| 50 | 9,627 | 7,677 | 6,221 | 5,088 | 4,554 |
| 55 | 12,318 | 10,003 | 8,227 | 6,561 | 6,062 |
| 60 | 15,439 | 12,719 | 10,595 | 8,557 | 7,610 |
| 65 | 19,047 | 15,868 | 13,357 | 10,913 | 10,017 |
| 70 | 23,220 | 19,507 | 16,558 | 13,663 | 12,537 |
| 75 | | 23,718 | 20,257 | 16,850 | 15,467 |
| 80 | | | 24,538 | 20,534 | 18,858 |
| 85 | | | | 24,796 | 22,777 |
| 90 | | | | | 27,321 |

Tafel III.

## Kreisbogen mit Übergangsbogen.

| $r$ | 100 | 100 | 100 | 100 | 100 |
|---|---|---|---|---|---|
| $L$ | 10 | 20 | 30 | 40 | 50 |
| $l$ | 9,998 | 19,980 | 29,932 | 39,840 | 49,688 |
| $a$ | 4,986 | 9,892 | 14,643 | 19,178 | 23,460 |
| $f$ | 0,042 | 0,165 | 0,368 | 0,646 | 1,001 |
| $1 : m$ | 5976,1 | 11810,8 | 17372,6 | 22548,7 | 27251,0 |
| $\tau^8$ | 3,19 16 | 6,43 33 | 9,77 22 | 13,24 91 | 16,89 46 |
| $x = 5$ | 0,021 | 0,011 | 0,007 | 0,006 | 0,005 |
| 10 | 0,167 | 0,085 | 0,058 | 0,044 | 0,037 |
| 15 | 0,545 | 0,286 | 0,194 | 0,150 | 0,124 |
| 20 | 1,176 | 0,675 | 0,461 | 0,355 | 0,294 |
| 25 | 2,065 | 1,313 | 0,899 | 0,693 | 0,573 |
| 30 | 3,221 | 2,208 | 1,544 | 1,197 | 0,991 |
| 35 | 4,652 | 3,368 | 2,462 | 1,901 | 1,573 |
| 40 | 6,372 | 4,805 | 3,636 | 2,804 | 2,349 |
| 45 | 8,397 | 6,530 | 5,087 | 4,037 | 3,344 |
| 50 | 10,746 | 8,561 | 6,827 | 5,514 | 4,502 |
| 55 | 13,448 | 10,917 | 8,873 | 7,282 | 6,105 |
| 60 | 16,535 | 13,625 | 11,246 | 9,358 | 7,916 |
| 65 | 20,052 | 16,720 | 13,973 | 11,762 | 10,037 |
| 70 | 24,061 | 20,246 | 17,088 | 14,523 | 12,491 |
| 75 | | 24,264 | 20,637 | 17,677 | 15,306 |
| 80 | | | 24,681 | 21,269 | 18,519 |
| 85 | | | | 25,363 | 22,179 |

# Kreisbogen mit Übergangsbogen.

| $r$ | 100 | 100 | 110 | 110 | 110 |
|---|---|---|---|---|---|
| $L$ | 60 | 70 | 10 | 20 | 30 |
| $l$ | 59,460 | 69,142 | 9,998 | 19,984 | 29,944 |
| $a$ | 27,476 | 31,246 | 4,989 | 9,910 | 14,703 |
| $f$ | 1,438 | 1,979 | 0,038 | 0,150 | 0,336 |
| $1:m$ | 31419,6 | 35022,8 | 6578,3 | 13027,5 | 19226,4 |
| $\tau^g$ | 20,72 60 | 24,74 38 | 2,90 01 | 5,83 80 | 8,84 95 |
| $x = 5$ | 0,004 | 0,004 | 0,019 | 0,010 | 0,007 |
| 10 | 0,032 | 0,029 | 0,152 | 0,077 | 0,052 |
| 15 | 0,107 | 0,096 | 0,494 | 0,259 | 0,176 |
| 20 | 0,255 | 0,228 | 1,067 | 0,613 | 0,416 |
| 25 | 0,497 | 0,446 | 1,873 | 1,190 | 0,813 |
| 30 | 0,859 | 0,771 | 2,919 | 2,000 | 1,397 |
| 35 | 1,365 | 1,224 | 4,211 | 3,050 | 2,217 |
| 40 | 2,037 | 1,827 | 5,758 | 4,345 | 3,284 |
| 45 | 2,906 | 2,602 | 7,573 | 5,897 | 4,591 |
| 50 | 3,978 | 3,569 | 9,669 | 7,716 | 6,153 |
| 55 | 5,295 | 4,750 | 12,064 | 9,816 | 7,983 |
| 60 | 6,691 | 6,168 | 14,782 | 12,216 | 10,095 |
| 65 | 8,745 | 7,841 | 17,850 | 14,939 | 12,509 |
| 70 | 10,930 | 9,438 | 21,305 | 18,013 | 15,245 |
| 75 | 13,452 | 12,059 | | 22,475 | 18,335 |
| 80 | 16,343 | 14,669 | | | 21,813 |
| 85 | 19,640 | 17,655 | | | |
| 90 | 23,395 | 21,059 | | | |
| 95 | | 24,937 | | | |

# Tafel III.

## Kreisbogen mit Übergangsbogen.

| $r$ | 110 | 110 | 110 | 110 | 120 |
|---|---|---|---|---|---|
| $L$ | 40 | 50 | 60 | 70 | 10 |
| $l$ | 39,868 | 49,742 | 59,554 | 69,291 | 9,998 |
| $a$ | 19,312 | 23,701 | 27,850 | 31,760 | 4,990 |
| $f$ | 0,590 | 0,913 | 1,307 | 1,783 | 0,035 |
| $1:m$ | 25067,8 | 30463,9 | 35349,6 | 39683,3 | 7180,1 |
| $\tau^s$ | 11,96 66 | 15,21 51 | 18,61 26 | 22,16 60 | 2,65 75 |
| $x = 5$ | 0,005 | 0,004 | 0,004 | 0,003 | 0,017 |
| 10 | 0,040 | 0,033 | 0,028 | 0,025 | 0,139 |
| 15 | 0,135 | 0,111 | 0,095 | 0,085 | 0,453 |
| 20 | 0,319 | 0,263 | 0,226 | 0,202 | 0,977 |
| 25 | 0,623 | 0,513 | 0,442 | 0,394 | 1,715 |
| 30 | 1,077 | 0,886 | 0,764 | 0,680 | 2,671 |
| 35 | 1,710 | 1,407 | 1,213 | 1,080 | 3,848 |
| 40 | 2,528 | 2,101 | 1,810 | 1,613 | 5,252 |
| 45 | 3,631 | 2,991 | 2,577 | 2,297 | 6,901 |
| 50 | 4,957 | 4,040 | 3,536 | 3,150 | 8,796 |
| 55 | 6,540 | 5,460 | 4,707 | 4,193 | 10,952 |
| 60 | 8,392 | 7,075 | 5,975 | 5,443 | 13,387 |
| 65 | 10,527 | 8,960 | 7,770 | 6,920 | 16,118 |
| 70 | 12,965 | 11,131 | 9,703 | 8,384 | 19,170 |
| 75 | 15,729 | 13,607 | 11,925 | 10,638 | 22,574 |
| 80 | 18,846 | 16,412 | 14,455 | 12,925 | |
| 85 | 22,357 | 19,576 | 17,318 | 15,526 | |
| 90 | 26,309 | 23,138 | 20,547 | 18,466 | |
| 95 | | 27,149 | 24,181 | 21,779 | |
| 100 | | | | 25,508 | |

## Kreisbogen mit Übergangsbogen.

| $r$ | 120 | 120 | 120 | 120 | 120 |
|---|---|---|---|---|---|
| $L$ | 20 | 30 | 40 | 50 | 60 |
| $l$ | 19,986 | 29,953 | 39,889 | 49,783 | 59,625 |
| $a$ | 9,924 | 14,749 | 19,417 | 23,892 | 28,152 |
| $f$ | 0,138 | 0,308 | 0,543 | 0,840 | 1,201 |
| $1:m$ | 14241,6 | 21072,0 | 27569,8 | 33648,9 | 39241,5 |
| $\tau^g$ | 5,34 41 | 8,08 79 | 10,91 41 | 13,84 43 | 16,89 46 |
| $x = 10$ | 0,070 | 0,047 | 0,036 | 0,030 | 0,025 |
| 15 | 0,237 | 0,160 | 0,122 | 0,100 | 0,086 |
| 20 | 0,561 | 0,380 | 0,290 | 0,238 | 0,204 |
| 25 | 1,089 | 0,742 | 0,567 | 0,464 | 0,398 |
| 30 | 1,829 | 1,275 | 0,979 | 0,802 | 0,688 |
| 35 | 2,787 | 2,029 | 1,555 | 1,274 | 1,093 |
| 40 | 3,966 | 2,995 | 2,302 | 1,902 | 1,631 |
| 45 | 5,378 | 4,184 | 3,302 | 2,708 | 2,322 |
| 50 | 7,028 | 5,603 | 4,506 | 3,667 | 3,185 |
| 55 | 8,926 | 7,260 | 5,940 | 4,942 | 4,240 |
| 60 | 11,086 | 9,167 | 7,614 | 6,401 | 5,402 |
| 65 | 13,524 | 11,336 | 9,538 | 8,101 | 6,998 |
| 70 | 16,259 | 13,784 | 11,725 | 10,052 | 8,734 |
| 75 | 19,316 | 16,530 | 14,192 | 12,268 | 10,724 |
| 80 | 22,725 | 19,599 | 16,959 | 14,765 | 12,980 |
| 85 | | 23,021 | 20,050 | 17,565 | 15,521 |
| 90 | | | 23,496 | 20,691 | 18,367 |
| 95 | | | | 24,177 | 21,545 |
| 100 | | | | | 25,087 |

Tafel III.

## Kreisbogen mit Übergangsbogen.

| $r$ | 120 | 120 | 130 | 130 | 130 |
|---|---|---|---|---|---|
| $L$ | 70 | 80 | 10 | 20 | 30 |
| $l$ | 69,405 | 79,111 | 9,999 | 19,988 | 29,960 |
| $a$ | 32,189 | 36,017 | 4,992 | 9,936 | 14,785 |
| $f$ | 1,630 | 2,142 | 0,032 | 0,128 | 0,285 |
| $1:m$ | 44299,6 | 48795,1 | 7781,6 | 15453,6 | 22911,0 |
| $\tau^g$ | $20,07^{41}$ | $23,38^{45}$ | $2,45^{24}$ | $4,92^{78}$ | $7,44^{83}$ |
| $x = 5$ | 0,003 | 0,003 | 0,016 | 0,008 | 0,005 |
| 10 | 0,023 | 0,020 | 0,128 | 0,065 | 0,044 |
| 15 | 0,076 | 0,069 | 0,418 | 0,218 | 0,147 |
| 20 | 0,181 | 0,164 | 0,901 | 0,517 | 0,349 |
| 25 | 0,353 | 0,320 | 1,581 | 1,004 | 0,682 |
| 30 | 0,609 | 0,553 | 2,460 | 1,686 | 1,174 |
| 35 | 0,968 | 0,879 | 3,543 | 2,567 | 1,866 |
| 40 | 1,445 | 1,312 | 4,834 | 3,652 | 2,754 |
| 45 | 2,057 | 1,868 | 6,341 | 4,946 | 3,845 |
| 50 | 2,822 | 2,562 | 8,072 | 6,455 | 5,145 |
| 55 | 3,756 | 3,410 | 10,035 | 8,189 | 6,662 |
| 60 | 4,876 | 4,427 | 12,244 | 10,155 | 8,402 |
| 65 | 6,199 | 5,628 | 14,711 | 12,366 | 10,375 |
| 70 | 7,547 | 7,029 | 17,453 | 14,836 | 12,593 |
| 75 | 9,526 | 8,646 | 20,494 | 17,582 | 15,071 |
| 80 | 11,566 | 10,147 | 23,854 | 20,624 | 17,826 |
| 85 | 13,876 | 12,594 | | 23,989 | 20,878 |
| 90 | 16,474 | 14,970 | | | 24,253 |
| 95 | 19,381 | 17,638 | | | |
| 100 | 22,627 | 20,623 | | | |

# Kreisbogen mit Übergangsbogen.

| $r$ | 130 | 130 | 130 | 130 | 130 |
|---|---|---|---|---|---|
| $L$ | 40 | 50 | 60 | 70 | 80 |
| $l$ | 39,905 | 49,815 | 59,680 | 69,493 | 79,243 |
| $a$ | 19,500 | 24,045 | 28,398 | 32,546 | 36,492 |
| $f$ | 0,503 | 0,778 | 1,112 | 1,506 | 1,968 |
| $1:m$ | 30057,8 | 36810,4 | 43100,0 | 48874,5 | 54098,9 |
| $\tau^s$ | 10,03 43 | 12,70 38 | 15,47 10 | 18,34 58 | 21,33 22 |
| $x = 10$ | 0,033 | 0,027 | 0,023 | 0,020 | 0,018 |
| 15 | 0,112 | 0,092 | 0,078 | 0,069 | 0,062 |
| 20 | 0,266 | 0,217 | 0,186 | 0,164 | 0,148 |
| 25 | 0,520 | 0,424 | 0,363 | 0,320 | 0,289 |
| 30 | 0,898 | 0,733 | 0,627 | 0,552 | 0,499 |
| 35 | 1,426 | 1,165 | 0,995 | 0,877 | 0,793 |
| 40 | 2,114 | 1,739 | 1,485 | 1,309 | 1,183 |
| 45 | 3,028 | 2,476 | 2,114 | 1,864 | 1,684 |
| 50 | 4,131 | 3,358 | 2,900 | 2,558 | 2,311 |
| 55 | 5,444 | 4,518 | 3,860 | 3,404 | 3,076 |
| 60 | 6,973 | 5,849 | 4,932 | 4,420 | 3,993 |
| 65 | 8,726 | 7,398 | 6,371 | 5,619 | 5,076 |
| 70 | 10,713 | 9,172 | 7,948 | 6,866 | 6,340 |
| 75 | 12,946 | 11,180 | 9,752 | 8,633 | 7,798 |
| 80 | 15,439 | 13,436 | 11,792 | 10,477 | 9,198 |
| 85 | 18,210 | 15,954 | 14,081 | 12,558 | 11,357 |
| 90 | 21,279 | 18,751 | 16,634 | 14,891 | 13,491 |
| 95 | 24,674 | 21,850 | 19,469 | 17,491 | 15,878 |
| 100 | | 25,275 | 22,608 | 20,376 | 18,536 |
| 105 | | | | 23,569 | 21,484 |
| 110 | | | | | 24,746 |

## Kreisbogen mit Übergangsbogen.

| $r$ | 140 | 140 | 140 | 140 | 140 |
|---|---|---|---|---|---|
| $L$ | 10 | 20 | 30 | 40 | 50 |
| $l$ | 9,999 | 19,990 | 29,966 | 39,918 | 49,841 |
| $a$ | 4,993 | 9,944 | 14,814 | 19,566 | 24,169 |
| $f$ | 0,030 | 0,118 | 0,265 | 0,468 | 0,725 |
| $1:m$ | 8382,9 | 16663,9 | 24744,7 | 32534,5 | 39952,3 |
| $\tau^s$ | 2,27 67 | 4,57 19 | 6,90 33 | 9,28 77 | 11,73 99 |
| $x = 5$ | 0,015 | 0,008 | 0,005 | 0,004 | 0,003 |
| 10 | 0,119 | 0,060 | 0,040 | 0,031 | 0,025 |
| 15 | 0,388 | 0,203 | 0,136 | 0,104 | 0,084 |
| 20 | 0,837 | 0,479 | 0,325 | 0,246 | 0,200 |
| 25 | 1,467 | 0,930 | 0,631 | 0,480 | 0,391 |
| 30 | 2,282 | 1,562 | 1,087 | 0,830 | 0,676 |
| 35 | 3,284 | 2,378 | 1,728 | 1,318 | 1,073 |
| 40 | 4,477 | 3,382 | 2,549 | 1,955 | 1,602 |
| 45 | 5,868 | 4,578 | 3,558 | 2,798 | 2,281 |
| 50 | 7,462 | 5,971 | 4,759 | 3,816 | 3,099 |
| 55 | 9,266 | 7,566 | 6,157 | 5,026 | 4,162 |
| 60 | 11,289 | 9,372 | 7,758 | 6,434 | 5,388 |
| 65 | 13,542 | 11,398 | 9,569 | 8,045 | 6,811 |
| 70 | 16,037 | 13,653 | 11,601 | 9,868 | 8,439 |
| 75 | 18,790 | 16,151 | 13,862 | 11,910 | 10,279 |
| 80 | 21,819 | 18,907 | 16,367 | 14,184 | 12,339 |
| 85 | | 21,938 | 19,129 | 16,701 | 14,631 |
| 90 | | | 22,167 | 19,476 | 17,168 |
| 95 | | | | 22,529 | 19,965 |
| 100 | | | | | 23,040 |

## Kreisbogen mit Übergangsbogen.

| $r$ | 140 | 140 | 140 | 150 | 150 |
|---|---|---|---|---|---|
| $L$ | 60 | 70 | 80 | 10 | 20 |
| $l$ | 59,724 | 69,562 | 79,347 | 9,999 | 19,991 |
| $a$ | 28,600 | 32,844 | 36,897 | 4,994 | 9,951 |
| $f$ | 1,036 | 1,401 | 1,825 | 0,028 | 0,111 |
| $1:m$ | 46929,6 | 53412,0 | 59359,4 | 8984,0 | 17872,8 |
| $\tau\delta$ | 14,27 24 | 16,89 46 | 19,61 20 | 2,12 46 | 4,26 41 |
| $x=$ 5 | 0,003 | 0,002 | 0,002 | 0,014 | 0,007 |
| 10 | 0,021 | 0,019 | 0,017 | 0,111 | 0,056 |
| 15 | 0,072 | 0,063 | 0,057 | 0,363 | 0,189 |
| 20 | 0,170 | 0,150 | 0,135 | 0,780 | 0,447 |
| 25 | 0,333 | 0,293 | 0,263 | 1,368 | 0,868 |
| 30 | 0,575 | 0,506 | 0,455 | 2,127 | 1,457 |
| 35 | 0,914 | 0,803 | 0,722 | 3,060 | 2,217 |
| 40 | 1,364 | 1,198 | 1,078 | 4,170 | 3,152 |
| 45 | 1,942 | 1,706 | 1,535 | 5,461 | 4,263 |
| 50 | 2,664 | 2,340 | 2,106 | 6,939 | 5,556 |
| 55 | 3,545 | 3,115 | 2,803 | 8,609 | 7,036 |
| 60 | 4,540 | 4,044 | 3,639 | 10,477 | 8,707 |
| 65 | 5,851 | 5,142 | 4,626 | 12,553 | 10,577 |
| 70 | 7,297 | 6,302 | 5,778 | 14,846 | 12,655 |
| 75 | 8,949 | 7,899 | 7,107 | 17,366 | 14,949 |
| 80 | 10,813 | 9,582 | 8,416 | 20,128 | 17,472 |
| 85 | 12,899 | 11,479 | 10,348 | 23,146 | 20,235 |
| 90 | 15,219 | 13,600 | 12,287 | | 23,256 |
| 95 | 17,784 | 15,955 | 14,451 | | |
| 100 | 20,612 | 18,559 | 16,853 | | |
| 105 | 23,720 | 21,428 | 19,506 | | |
| 110 | | 24,579 | 22,427 | | |

**Tafel III.**

## Kreisbogen mit Übergangsbogen.

| $r$ | 150 | 150 | 150 | 150 | 150 |
|---|---|---|---|---|---|
| $L$ | 30 | 40 | 50 | 60 | 70 |
| $l$ | 29,970 | 39,929 | 49,861 | 59,760 | 69,619 |
| $a$ | 14,838 | 19,620 | 24,271 | 28,768 | 33,094 |
| $f$ | 0,248 | 0,438 | 0,679 | 0,970 | 1,311 |
| $1:m$ | 26574,2 | 35001,8 | 43077,8 | 50734,5 | 57916,1 |
| $\tau^g$ | 6,43 33 | 8,64 58 | 10,91 41 | 13,24 91 | 15,65 93 |
| $x = 10$ | 0,038 | 0,029 | 0,023 | 0,020 | 0,017 |
| 15 | 0,127 | 0,096 | 0,078 | 0,067 | 0,058 |
| 20 | 0,301 | 0,229 | 0,186 | 0,158 | 0,138 |
| 25 | 0,588 | 0,446 | 0,363 | 0,308 | 0,270 |
| 30 | 1,013 | 0,771 | 0,627 | 0,532 | 0,466 |
| 35 | 1,609 | 1,225 | 0,995 | 0,845 | 0,740 |
| 40 | 2,373 | 1,819 | 1,486 | 1,261 | 1,105 |
| 45 | 3,312 | 2,601 | 2,120 | 1,796 | 1,573 |
| 50 | 4,427 | 3,547 | 2,878 | 2,464 | 2,158 |
| 55 | 5,725 | 4,670 | 3,860 | 3,279 | 2,873 |
| 60 | 7,208 | 5,975 | 4,996 | 4,207 | 3,730 |
| 65 | 8,884 | 7,467 | 6,314 | 5,412 | 4,742 |
| 70 | 10,759 | 9,152 | 7,819 | 6,748 | 5,826 |
| 75 | 12,842 | 11,036 | 9,517 | 8,272 | 7,284 |
| 80 | 15,144 | 13,127 | 11,416 | 9,990 | 8,832 |
| 85 | 17,669 | 15,436 | 13,522 | 11,909 | 10,578 |
| 90 | 20,438 | 17,974 | 15,847 | 14,037 | 12,524 |
| 95 | 23,464 | 20,754 | 18,401 | 16,384 | 14,681 |
| 100 | | 23,793 | 21,199 | 18,962 | 17,059 |
| 105 | | | 24,256 | 21,785 | 19,669 |
| 110 | | | | 24,869 | 22,526 |

## Kreisbogen mit Übergangsbogen.

| $r$ | 150 | 150 | 160 | 160 | 160 |
|---|---|---|---|---|---|
| $L$ | 80 | 90 | 10 | 20 | 30 |
| $l$ | 79,431 | 89,190 | 9,999 | 19,992 | 29,974 |
| $a$ | 37,242 | 41,214 | 4,995 | 9,957 | 14,857 |
| $f$ | 1,705 | 2,157 | 0,026 | 0,104 | 0,232 |
| $1:m$ | 64579,5 | 70694,2 | 9585,0 | 19080,7 | 28400,1 |
| $\tau^8$ | 18,15 06 | 20,72 60 | 1,99 15 | 3,99 54 | 6,02 37 |
| $x = 5$ | 0,002 | 0,002 | 0,013 | 0,007 | 0,004 |
| 10 | 0,015 | 0,014 | 0,014 | 0,052 | 0,035 |
| 15 | 0,052 | 0,048 | 0,339 | 0,177 | 0,119 |
| 20 | 0,124 | 0,113 | 0,731 | 0,419 | 0,282 |
| 25 | 0,242 | 0,221 | 1,282 | 0,813 | 0,550 |
| 30 | 0,418 | 0,382 | 1,992 | 1,364 | 0,948 |
| 35 | 0,664 | 0,606 | 2,865 | 2,076 | 1,505 |
| 40 | 0,991 | 0,905 | 3,902 | 2,950 | 2,220 |
| 45 | 1,411 | 1,289 | 5,108 | 3,989 | 3,097 |
| 50 | 1,936 | 1,768 | 6,486 | 5,196 | 4,139 |
| 55 | 2,576 | 2,353 | 8,041 | 6,575 | 5,350 |
| 60 | 3,344 | 3,055 | 9,778 | 8,131 | 6,732 |
| 65 | 4,252 | 3,885 | 11,704 | 9,870 | 8,292 |
| 70 | 5,311 | 4,853 | 13,826 | 11,797 | 10,035 |
| 75 | 6,533 | 5,968 | 16,153 | 13,921 | 11,966 |
| 80 | 7,760 | 7,242 | 18,696 | 16,250 | 14,094 |
| 85 | 9,511 | 8,687 | 21,465 | 18,794 | 16,426 |
| 90 | 11,289 | 10,036 | 24,465 | 21,563 | 18,975 |
| 95 | 13,271 | 12,132 | | 24,577 | 21,751 |
| 100 | 15,465 | 14,156 | | | 24,767 |
| 105 | 17,881 | 16,395 | | | |
| 110 | 20,532 | 18,859 | | | |

Tafel III.

## Kreisbogen mit Übergangsbogen.

| r | 160 | 160 | 160 | 160 | 160 |
|---|---|---|---|---|---|
| L | 40 | 50 | 60 | 70 | 80 |
| $l$ | 39,938 | 49,878 | 59,789 | 69,665 | 79,500 |
| $a$ | 19,665 | 24,356 | 28,907 | 33,304 | 37,536 |
| $f$ | 0,411 | 0,638 | 0,912 | 1,233 | 1,601 |
| $1:m$ | 37461,3 | 46189,4 | 54518,0 | 62390,8 | 69762,6 |
| $\tau^{s}$ | 8,08 79 | 10,19 86 | 12,36 50 | 14,59 51 | 16,89 46 |
| $x = 10$ | 0,027 | 0,022 | 0,018 | 0,016 | 0,014 |
| 15 | 0,090 | 0,073 | 0,062 | 0,054 | 0,048 |
| 20 | 0,214 | 0,173 | 0,147 | 0,128 | 0,115 |
| 25 | 0,417 | 0,338 | 0,287 | 0,250 | 0,224 |
| 30 | 0,721 | 0,584 | 0,495 | 0,433 | 0,387 |
| 35 | 1,145 | 0,928 | 0,786 | 0,687 | 0,615 |
| 40 | 1,700 | 1,386 | 1,174 | 1,026 | 0,917 |
| 45 | 2,430 | 1,973 | 1,671 | 1,461 | 1,306 |
| 50 | 3,313 | 2,686 | 2,293 | 2,003 | 1,792 |
| 55 | 4,361 | 3,600 | 3,052 | 2,667 | 2,385 |
| 60 | 5,579 | 4,659 | 3,920 | 3,462 | 3,096 |
| 65 | 6,968 | 5,886 | 5,036 | 4,402 | 3,937 |
| 70 | 8,535 | 7,287 | 6,279 | 5,419 | 4,917 |
| 75 | 10,284 | 8,865 | 7,695 | 6,761 | 6,047 |
| 80 | 12,223 | 10,626 | 9,289 | 8,199 | 7,202 |
| 85 | 14,359 | 12,576 | 11,067 | 9,814 | 8,803 |
| 90 | 16,700 | 14,724 | 13,035 | 11,616 | 10,447 |
| 95 | 19,256 | 17,078 | 15,201 | 13,606 | 12,276 |
| 100 | 22,041 | 19,649 | 17,574 | 15,797 | 14,298 |
| 105 | | 22,448 | 20,165 | 18,196 | 16,520 |
| 110 | | | 22,985 | 20,813 | 18,951 |
| 115 | | | | 23,662 | 21,603 |
| 120 | | | | | 24,489 |

# Kreisbogen mit Übergangsbogen.

| $r$ | 160 | 170 | 170 | 170 | 170 |
|---|---|---|---|---|---|
| $L$ | 90 | 10 | 20 | 30 | 40 |
| $l$ | 89,288 | 9,999 | 19,993 | 29,977 | 39,945 |
| $a$ | 41,601 | 4,995 | 9,962 | 14,873 | 19,702 |
| $f$ | 2,021 | 0,024 | 0,098 | 0,219 | 0,387 |
| $1:m$ | 76 599,2 | 10 185,8 | 20 287,6 | 30 223,1 | 39 914,3 |
| $\tau^g$ | 19,26 70 | 1,87 41 | 3,75 86 | 5,66 34 | 7,59 84 |
| $x = 5$ | 0,002 | 0,012 | 0,006 | 0,004 | 0,003 |
| 10 | 0,013 | 0,098 | 0,049 | 0,033 | 0,025 |
| 15 | 0,044 | 0,319 | 0,166 | 0,112 | 0,085 |
| 20 | 0,104 | 0,688 | 0,394 | 0,265 | 0,201 |
| 25 | 0,204 | 1,205 | 0,764 | 0,517 | 0,391 |
| 30 | 0,352 | 1,873 | 1,283 | 0,891 | 0,676 |
| 35 | 0,560 | 2,693 | 1,952 | 1,415 | 1,074 |
| 40 | 0,836 | 3,667 | 2,773 | 2,086 | 1,597 |
| 45 | 1,190 | 4,798 | 3,748 | 2,910 | 2,280 |
| 50 | 1,632 | 6,089 | 4,880 | 3,888 | 3,109 |
| 55 | 2,172 | 7,544 | 6,172 | 5,023 | 4,092 |
| 60 | 2,820 | 9,169 | 7,629 | 6,318 | 5,232 |
| 65 | 3,585 | 10,966 | 9,254 | 7,777 | 6,533 |
| 70 | 4,478 | 12,943 | 11,053 | 9,405 | 7,998 |
| 75 | 5,508 | 15,107 | 13,031 | 11,207 | 9,632 |
| 80 | 6,684 | 17,465 | 15,196 | 13,189 | 11,440 |
| 85 | 8,017 | 20,027 | 17,555 | 15,357 | 13,428 |
| 90 | 9,293 | 22,803 | 20,118 | 17,720 | 15,603 |
| 95 | 11,195 | | 22,896 | 20,287 | 17,972 |
| 100 | 13,059 | | | 23,068 | 20,546 |
| 105 | 15,118 | | | | 23,335 |
| 110 | 17,378 | | | | |
| 115 | 19,850 | | | | |

# Tafel III.
## Kreisbogen mit Übergangsbogen.

| $r$ | 170 | 170 | 170 | 170 | 170 |
|---|---|---|---|---|---|
| $L$ | 50 | 60 | 70 | 80 | 90 |
| $l$ | 49,892 | 59,813 | 69,703 | 79,557 | 89,369 |
| $a$ | 24,426 | 29,025 | 33,483 | 37,788 | 41,936 |
| $f$ | 0,602 | 0,860 | 1,163 | 1,511 | 1,904 |
| $1:m$ | 49289,2 | 58283,0 | 66839,6 | 74912,4 | 82464,5 |
| $\tau s$ | 9,57 24 | 11,59 35 | 13,66 87 | 15,80 35 | 18,00 18 |
| $x = 10$ | 0,020 | 0,017 | 0,015 | 0,013 | 0,012 |
| 15 | 0,068 | 0,058 | 0,050 | 0,045 | 0,041 |
| 20 | 0,162 | 0,137 | 0,120 | 0,107 | 0,097 |
| 25 | 0,317 | 0,268 | 0,234 | 0,209 | 0,189 |
| 30 | 0,548 | 0,463 | 0,404 | 0,360 | 0,327 |
| 35 | 0,870 | 0,736 | 0,641 | 0,572 | 0,520 |
| 40 | 1,298 | 1,098 | 0,958 | 0,854 | 0,776 |
| 45 | 1,849 | 1,563 | 1,363 | 1,216 | 1,105 |
| 50 | 2,520 | 2,145 | 1,870 | 1,669 | 1,516 |
| 55 | 3,374 | 2,855 | 2,489 | 2,221 | 2,018 |
| 60 | 4,366 | 3,672 | 3,232 | 2,883 | 2,619 |
| 65 | 5,515 | 4,710 | 4,109 | 3,666 | 3,330 |
| 70 | 6,825 | 5,872 | 5,067 | 4,579 | 4,159 |
| 75 | 8,299 | 7,195 | 6,311 | 5,632 | 5,116 |
| 80 | 9,942 | 8,682 | 7,651 | 6,722 | 6,209 |
| 85 | 11,760 | 10,340 | 9,157 | 8,198 | 7,447 |
| 90 | 13,758 | 12,172 | 10,833 | 9,728 | 8,656 |
| 95 | 15,943 | 14,184 | 12,684 | 11,427 | 10,398 |
| 100 | 18,324 | 16,385 | 14,717 | 13,300 | 12,127 |
| 105 | 20,910 | 18,782 | 16,938 | 15,362 | 14,034 |
| 110 | 23,711 | 21,384 | 19,357 | 17,614 | 16,124 |
| 115 | | 24,203 | 21,982 | 20,057 | 18,406 |
| 120 | | | 24,825 | 22,712 | 20,887 |

## Kreisbogen mit Übergangsbogen.

| $r$ | 180 | 180 | 180 | 180 | 180 |
|---|---|---|---|---|---|
| $L$ | 10 | 20 | 30 | 40 | 50 |
| $l$ | 9,999 | 19,994 | 29,979 | 39,951 | 49,904 |
| $a$ | 4,996 | 9,966 | 14,887 | 19,734 | 24,486 |
| $f$ | 0,023 | 0,092 | 0,207 | 0,366 | 0,569 |
| $1 : m$ | 10786,7 | 21493,8 | 32043,6 | 42361,7 | 52378,9 |
| $\tau^g$ | 1,76 98 | 3,54 84 | 5,34 41 | 7,16 53 | 9,01 96 |
| $x = 5$ | 0,012 | 0,006 | 0,004 | 0,003 | 0,002 |
| 10 | 0,093 | 0,047 | 0,031 | 0,024 | 0,019 |
| 15 | 0,301 | 0,157 | 0,105 | 0,080 | 0,064 |
| 20 | 0,649 | 0,372 | 0,250 | 0,189 | 0,153 |
| 25 | 1,138 | 0,721 | 0,488 | 0,369 | 0,298 |
| 30 | 1,768 | 1,210 | 0,841 | 0,637 | 0,515 |
| 35 | 2,541 | 1,841 | 1,334 | 1,012 | 0,819 |
| 40 | 3,460 | 2,615 | 1,967 | 1,505 | 1,222 |
| 45 | 4,525 | 3,534 | 2,744 | 2,148 | 1,740 |
| 50 | 5,740 | 4,600 | 3,665 | 2,929 | 2,373 |
| 55 | 7,108 | 5,817 | 4,733 | 3,855 | 3,174 |
| 60 | 8,633 | 7,186 | 5,952 | 4,927 | 4,107 |
| 65 | 10,319 | 8,712 | 7,324 | 6,151 | 5,188 |
| 70 | 12,170 | 10,398 | 8,852 | 7,527 | 6,418 |
| 75 | 14,193 | 12,251 | 10,541 | 9,060 | 7,802 |
| 80 | 16,396 | 14,275 | 12,397 | 10,755 | 9,344 |
| 85 | 18,780 | 16,477 | 14,423 | 12,615 | 11,046 |
| 90 | 21,359 | 18,864 | 16,628 | 14,647 | 12,915 |
| 95 | 24,141 | 21,444 | 19,018 | 16,857 | 14,956 |
| 100 | | 24,227 | 21,601 | 19,253 | 17,175 |
| 105 | | | 24,388 | 21,842 | 19,580 |
| 110 | | | | 24,635 | 22,179 |
| 115 | | | | | 24,982 |

# Tafel III.

## Kreisbogen mit Übergangsbogen.

| $r$ | 180 | 180 | 180 | 180 | 180 |
|---|---|---|---|---|---|
| $L$ | 60 | 70 | 80 | 90 | 100 |
| $l$ | 59,833 | 69,735 | 79,605 | 89,438 | 99,228 |
| $a$ | 29,125 | 33,636 | 38,005 | 42,228 | 46,302 |
| $f$ | 0,814 | 1,102 | 1,430 | 1,802 | 2,218 |
| $1:m$ | 62 032,0 | 71 265,6 | 80 032,3 | 88 293,3 | 96 018,9 |
| $\tau^8$ | 10,91 41 | 12,85 49 | 14,84 71 | 16,89 46 | 18,99 97 |
| $x = 10$ | 0,016 | 0,014 | 0,012 | 0,011 | 0,010 |
| 15 | 0,054 | 0,047 | 0,042 | 0,038 | 0,035 |
| 20 | 0,129 | 0,112 | 0,100 | 0,091 | 0,083 |
| 25 | 0,252 | 0,219 | 0,195 | 0,177 | 0,163 |
| 30 | 0,435 | 0,379 | 0,337 | 0,306 | 0,281 |
| 35 | 0,691 | 0,602 | 0,536 | 0,486 | 0,447 |
| 40 | 1,032 | 0,898 | 0,800 | 0,725 | 0,667 |
| 45 | 1,469 | 1,279 | 1,139 | 1,032 | 0,949 |
| 50 | 2,015 | 1,755 | 1,562 | 1,416 | 1,302 |
| 55 | 2,682 | 2,335 | 2,079 | 1,884 | 1,733 |
| 60 | 3,453 | 3,031 | 2,699 | 2,446 | 2,250 |
| 65 | 4,425 | 3,854 | 3,431 | 3,110 | 2,860 |
| 70 | 5,516 | 4,759 | 4,285 | 3,885 | 3,572 |
| 75 | 6,758 | 5,919 | 5,271 | 4,778 | 4,394 |
| 80 | 8,153 | 7,176 | 6,303 | 5,799 | 5,332 |
| 85 | 9,706 | 8,586 | 7,673 | 6,956 | 6,396 |
| 90 | 11,420 | 10,154 | 9,103 | 8,103 | 7,592 |
| 95 | 13,301 | 11,885 | 10,692 | 9,712 | 8,929 |
| 100 | 15,355 | 13,783 | 12,443 | 11,325 | 10,175 |
| 105 | 17,587 | 15,853 | 14,362 | 13,102 | 12,058 |
| 110 | 20,006 | 18,103 | 16,455 | 15,048 | 13,865 |
| 115 | 22,620 | 20,541 | 18,729 | 17,168 | 15,843 |
| 120 | | 23,174 | 21,190 | 19,471 | 17,997 |

# Kreisbogen mit Übergangsbogen.

| $r$ | 190 | 190 | 190 | 190 | 190 |
|---|---|---|---|---|---|
| $L$ | 10 | 20 | 30 | 40 | 50 |
| $l$ | 9,999 | 19,994 | 29,981 | 39,956 | 49,913 |
| $a$ | 4,996 | 9,970 | 14,898 | 19,761 | 24,537 |
| $f$ | 0,022 | 0,087 | 0,196 | 0,347 | 0,540 |
| $1:m$ | 11387,4 | 22699,4 | 33862,0 | 44804,4 | 55459,9 |
| $\tau^8$ | 1,67 66 | 3,36 05 | 5,05 91 | 6,77 94 | 8,52 80 |
| $x=$ 5 | 0,011 | 0,006 | 0,004 | 0,003 | 0,002 |
| 10 | 0,088 | 0,044 | 0,030 | 0,022 | 0,018 |
| 15 | 0,286 | 0,149 | 0,100 | 0,075 | 0,061 |
| 20 | 0,615 | 0,352 | 0,236 | 0,178 | 0,144 |
| 25 | 1,078 | 0,682 | 0,461 | 0,349 | 0,282 |
| 30 | 1,674 | 1,145 | 0,796 | 0,603 | 0,487 |
| 35 | 2,406 | 1,743 | 1,262 | 0,957 | 0,773 |
| 40 | 3,274 | 2,475 | 1,861 | 1,424 | 1,154 |
| 45 | 4,281 | 3,344 | 2,596 | 2,031 | 1,643 |
| 50 | 5,429 | 4,352 | 3,467 | 2,769 | 2,242 |
| 55 | 6,720 | 5,500 | 4,476 | 3,643 | 2,998 |
| 60 | 8,158 | 6,792 | 5,627 | 4,657 | 3,878 |
| 65 | 9,746 | 8,231 | 6,921 | 5,811 | 4,899 |
| 70 | 11,488 | 9,819 | 8,362 | 7,109 | 6,059 |
| 75 | 13,388 | 11,562 | 9,952 | 8,554 | 7,364 |
| 80 | 15,453 | 13,464 | 11,697 | 10,149 | 8,815 |
| 85 | 17,687 | 15,528 | 13,601 | 11,898 | 10,417 |
| 90 | 20,098 | 17,764 | 15,669 | 13,807 | 12,174 |
| 95 | 22,692 | 20,176 | 17,907 | 15,879 | 14,089 |
| 100 | | 22,771 | 20,321 | 18,121 | 16,169 |
| 105 | | | 22,919 | 20,540 | 18,419 |
| 110 | | | | 23,144 | 20,846 |
| 115 | | | | | 23,458 |

**Tafel III.**

## Kreisbogen mit Übergangsbogen.

| $r$ | 190 | 190 | 190 | 190 | 190 |
|---|---|---|---|---|---|
| $L$ | 60 | 70 | 80 | 90 | 100 |
| $l$ | 59,850 | 69,762 | 79,645 | 89,495 | 99,307 |
| $a$ | 29,211 | 33,767 | 38,193 | 42,482 | 46,630 |
| $f$ | 0,773 | 1,046 | 1,358 | 1,710 | 2,104 |
| $1 : m$ | 65767,2 | 75671,6 | 85125,4 | 94088,8 | 102529,6 |
| $\tau^g$ | 10,31 11 | 12,13 41 | 14,00 17 | 15,91 76 | 17,88 45 |
| $x = 10$ | 0,015 | 0,013 | 0,012 | 0,011 | 0,010 |
| 15 | 0,051 | 0,045 | 0,040 | 0,036 | 0,033 |
| 20 | 0,122 | 0,106 | 0,094 | 0,085 | 0,078 |
| 25 | 0,238 | 0,206 | 0,184 | 0,166 | 0,152 |
| 30 | 0,411 | 0,357 | 0,317 | 0,287 | 0,263 |
| 35 | 0,652 | 0,567 | 0,504 | 0,456 | 0,418 |
| 40 | 0,973 | 0,846 | 0,752 | 0,680 | 0,624 |
| 45 | 1,386 | 1,204 | 1,070 | 0,969 | 0,889 |
| 50 | 1,901 | 1,652 | 1,468 | 1,329 | 1,219 |
| 55 | 2,530 | 2,199 | 1,954 | 1,768 | 1,623 |
| 60 | 3,260 | 2,854 | 2,537 | 2,296 | 2,107 |
| 65 | 4,174 | 3,629 | 3,226 | 2,919 | 2,679 |
| 70 | 5,203 | 4,487 | 4,029 | 3,645 | 3,346 |
| 75 | 6,373 | 5,574 | 4,956 | 4,484 | 4,115 |
| 80 | 7,687 | 6,757 | 5,935 | 5,442 | 4,994 |
| 85 | 9,148 | 8,084 | 7,214 | 6,527 | 5,990 |
| 90 | 10,760 | 9,558 | 8,557 | 7,618 | 7,110 |
| 95 | 12,527 | 11,183 | 10,049 | 9,112 | 8,362 |
| 100 | 14,453 | 12,964 | 11,692 | 10,625 | 9,552 |
| 105 | 16,543 | 14,904 | 13,491 | 12,290 | 11,292 |
| 110 | 18,805 | 17,010 | 15,450 | 14,111 | 12,983 |
| 115 | 21,244 | 19,287 | 17,575 | 16,094 | 14,831 |
| 120 | 23,868 | 21,742 | 19,872 | 18,243 | 16,842 |

# Kreisbogen mit Übergangsbogen.

| $r$ | 200 | 200 | 200 | 200 | 200 |
|---|---|---|---|---|---|
| $L$ | 20 | 30 | 40 | 50 | 60 |
| $l$ | 19,995 | 29,983 | 39,960 | 49,922 | 59,865 |
| $a$ | 9,973 | 14,908 | 19,784 | 24,581 | 29,285 |
| $f$ | 0,083 | 0,186 | 0,330 | 0,514 | 0,736 |
| $1:m$ | 23904,4 | 35678,6 | 47243,0 | 58533,3 | 69490,2 |
| $\tau^s$ | 3,19 16 | 4,80 31 | 6,43 33 | 8,08 79 | 9,77 22 |
| $x = 10$ | 0,042 | 0,028 | 0,021 | 0,017 | 0,014 |
| 20 | 0,334 | 0,224 | 0,169 | 0,137 | 0,115 |
| 30 | 1,088 | 0,756 | 0,572 | 0,461 | 0,389 |
| 40 | 2,350 | 1,766 | 1,351 | 1,093 | 0,921 |
| 50 | 4,129 | 3,289 | 2,626 | 2,126 | 1,799 |
| 60 | 6,441 | 5,336 | 4,415 | 3,675 | 3,087 |
| 70 | 9,304 | 7,923 | 6,736 | 5,739 | 4,924 |
| 80 | 12,743 | 11,075 | 9,610 | 8,345 | 7,273 |
| 90 | 16,792 | 14,818 | 13,061 | 11,516 | 10,174 |
| 100 | 21,491 | 19,191 | 17,122 | 15,279 | 13,655 |
| 110 |  | 24,238 | 21,833 | 19,673 | 17,747 |
| 120 |  |  |  | 24,744 | 22,492 |

# Tafel III.
## Kreisbogen mit Übergangsbogen.

| $r$ | 200 | 200 | 200 | 200 | 250 |
|---|---|---|---|---|---|
| $L$ | 70 | 80 | 90 | 100 | 20 |
| $l$ | 69,786 | 79,680 | 89,544 | 99,375 | 19,997 |
| $a$ | 33,881 | 38,357 | 42,705 | 46,920 | 9,982 |
| $f$ | 0,996 | 1,293 | 1,628 | 2,002 | 0,067 |
| $1 : m$ | 80059,8 | 90194,6 | 99853,9 | 109004,1 | 29923,4 |
| $\tau^8$ | 11,49 12 | 13,24 91 | 15,04 93 | 16,89 46 | 2,55 08 |
| $x = 10$ | 0,012 | 0,011 | 0,010 | 0,009 | 0,033 |
| 20 | 0,100 | 0,089 | 0,080 | 0,073 | 0,267 |
| 30 | 0,337 | 0,299 | 0,270 | 0,248 | 0,870 |
| 40 | 0,799 | 0,710 | 0,641 | 0,587 | 1,876 |
| 50 | 1,561 | 1,386 | 1,252 | 1,147 | 3,291 |
| 60 | 2,698 | 2,395 | 2,163 | 1,982 | 5,122 |
| 70 | 4,245 | 3,803 | 3,435 | 3,147 | 7,378 |
| 80 | 6,386 | 5,609 | 5,127 | 4,697 | 10,072 |
| 90 | 9,031 | 8,076 | 7,190 | 6,688 | 13,219 |
| 100 | 12,241 | 11,030 | 10,010 | 9,003 | 16,836 |
| 110 | 16,048 | 14,565 | 13,290 | 12,210 | 20,946 |
| 120 | 20,487 | 18,716 | 17,168 | 15,832 | |
| 130 | | 23,525 | 21,685 | 20,074 | |
| 140 | | | | 24,982 | |

# Kreisbogen mit Übergangsbogen.

| | | | | | |
|---|---|---|---|---|---|
| $r$ | 250 | 250 | 250 | 250 | 250 |
| $L$ | 30 | 40 | 50 | 60 | 70 |
| $l$ | 29,989 | 39,974 | 49,950 | 59,914 | 69,863 |
| $a$ | 14,941 | 19,861 | 24,730 | 29,536 | 34,270 |
| $f$ | 0,150 | 0,265 | 0,413 | 0,592 | 0,803 |
| $1:m$ | 44742,1 | 59391,3 | 73817,2 | 87968,9 | 101798,6 |
| $\tau^8$ | 3,83 43 | 5,12 75 | 6,43 33 | 7,75 47 | 9,09 46 |
| $x = 10$ | 0,022 | 0,017 | 0,014 | 0,011 | 0,010 |
| 20 | 0,179 | 0,135 | 0,108 | 0,091 | 0,079 |
| 30 | 0,603 | 0,455 | 0,366 | 0,307 | 0,265 |
| 40 | 1,409 | 1,076 | 0,867 | 0,728 | 0,629 |
| 50 | 2,620 | 2,088 | 1,688 | 1,421 | 1,228 |
| 60 | 4,244 | 3,508 | 2,914 | 2,445 | 2,122 |
| 70 | 6,288 | 5,344 | 4,546 | 3,888 | 3,350 |
| 80 | 8,764 | 7,606 | 6,599 | 5,738 | 5,021 |
| 90 | 11,684 | 10,306 | 9,084 | 8,014 | 7,094 |
| 100 | 15,065 | 13,458 | 12,013 | 10,728 | 9,599 |
| 110 | 18,928 | 17,081 | 15,404 | 13,895 | 12,549 |
| 120 | 23,296 | 21,197 | 19,278 | 17,533 | 15,962 |
| 130 | | | 23,657 | 21,666 | 19,858 |
| 140 | | | | | 24,261 |

# Tafel III.
## Kreisbogen mit Übergangsbogen.

| $r$ | 250 | 250 | 250 | 250 | 300 |
|---|---|---|---|---|---|
| $L$ | 80 | 90 | 100 | 110 | 20 |
| $l$ | 79,795 | 89,708 | 99,600 | 109,468 | 19,998 |
| $a$ | 38,921 | 43,482 | 47,946 | 52,307 | 9,988 |
| $f$ | 1,044 | 1,315 | 1,616 | 1,948 | 0,056 |
| $1:m$ | 115261,5 | 128317,1 | 140929,1 | 153065,4 | 35936,1 |
| $\tau^g$ | 10,45 54 | 11,83 96 | 13,24 91 | 14,68 57 | 2,12 46 |
| $x = 10$ | 0,009 | 0,008 | 0,007 | 0,007 | 0,028 |
| 20 | 0,069 | 0,062 | 0,057 | 0,052 | 0,222 |
| 30 | 0,234 | 0,210 | 0,192 | 0,176 | 0,724 |
| 40 | 0,555 | 0,499 | 0,454 | 0,418 | 1,561 |
| 50 | 1,084 | 0,974 | 0,887 | 0,817 | 2,737 |
| 60 | 1,874 | 1,683 | 1,533 | 1,411 | 4,254 |
| 70 | 2,976 | 2,673 | 2,434 | 2,241 | 6,120 |
| 80 | 4,408 | 3,990 | 3,633 | 3,345 | 8,340 |
| 90 | 6,318 | 5,626 | 5,173 | 4,763 | 10,923 |
| 100 | 8,620 | 7,787 | 7,011 | 6,533 | 13,878 |
| 110 | 11,361 | 10,327 | 9,440 | 8,570 | 17,218 |
| 120 | 14,557 | 13,313 | 12,225 | 11,287 | 20,955 |
| 130 | 18,225 | 16,763 | 15,465 | 14,327 | |
| 140 | 22,389 | 20,698 | 19.181 | 17,833 | |
| 150 | | | 23,395 | 21,826 | |

# Kreisbogen mit Übergangsbogen.

| $r$ | 300 | 300 | 300 | 300 | 300 |
|---|---|---|---|---|---|
| $L$ | 30 | 40 | 50 | 60 | 70 |
| $l$ | 29,992 | 39,982 | 49,965 | 59,940 | 69,905 |
| $a$ | 14,959 | 19,903 | 24,811 | 29,675 | 34,488 |
| $f$ | 0,125 | 0,221 | 0,345 | 0,495 | 0,672 |
| $1:m$ | 53784,8 | 71491,3 | 89010,0 | 106296,8 | 123309,3 |
| $\tau^g$ | 3,19 16 | 4,26 41 | 5,34 41 | 6,43 33 | 7,53 33 |
| $x = 10$ | 0,019 | 0,014 | 0,011 | 0,009 | 0,008 |
| 20 | 0,149 | 0,112 | 0,090 | 0,075 | 0,065 |
| 30 | 0,502 | 0,378 | 0,303 | 0,254 | 0,219 |
| 40 | 1,172 | 0,894 | 0,719 | 0,602 | 0,519 |
| 50 | 2,178 | 1,735 | 1,401 | 1,176 | 1,014 |
| 60 | 3,525 | 2,913 | 2,416 | 2,026 | 1,752 |
| 70 | 5,217 | 4,433 | 3,768 | 3,218 | 2,770 |
| 80 | 7,260 | 6,302 | 5,465 | 4,746 | 4,144 |
| 90 | 9,662 | 8,525 | 7,513 | 6,623 | 5,853 |
| 100 | 12,431 | 11,111 | 9,920 | 8,854 | 7,913 |
| 110 | 15,578 | 14,070 | 12,695 | 11,448 | 10,331 |
| 120 | 19,115 | 17,413 | 15,847 | 14,416 | 13,117 |
| 130 | 23,059 | 21,154 | 19,391 | 17,767 | 16,282 |
| 140 | | | 23,341 | 21,518 | 19,839 |
| 150 | | | | | 23,802 |

**Tafel III.**

## Kreisbogen mit Übergangsbogen.

| $r$ | 300 | 300 | 300 | 300 | 300 |
|---|---|---|---|---|---|
| $L$ | 80 | 90 | 100 | 110 | 120 |
| $l$ | 79,858 | 89,798 | 99,722 | 109,630 | 119,520 |
| $a$ | 39,241 | 43,928 | 48,542 | 53,080 | 57,535 |
| $f$ | 0,875 | 1,104 | 1,357 | 1,636 | 1,940 |
| $1 : m$ | 140007,3 | 156353,0 | 172311,1 | 187849,3 | 202937,9 |
| $\tau^g$ | 8,64 58 | 9 77 22 | 10,91 41 | 12,07 27 | 13,24 91 |
| $x = 10$ | 0,007 | 0,006 | 0,006 | 0,005 | 0,005 |
| 20 | 0,057 | 0,051 | 0,047 | 0,043 | 0,039 |
| 30 | 0,193 | 0,173 | 0,157 | 0,144 | 0,133 |
| 40 | 0,457 | 0,409 | 0,371 | 0,341 | 0,315 |
| 50 | 0,893 | 0,799 | 0,725 | 0,665 | 0,616 |
| 60 | 1,543 | 1,381 | 1,254 | 1,150 | 1,064 |
| 70 | 2,450 | 2,194 | 1,991 | 1,826 | 1,690 |
| 80 | 3,638 | 3,275 | 2,971 | 2,726 | 2,523 |
| 90 | 5,200 | 4,631 | 4,231 | 3,881 | 3,592 |
| 100 | 7,092 | 6,391 | 5,755 | 5,323 | 4,928 |
| 110 | 9,339 | 8,470 | 7,720 | 7,014 | 6,559 |
| 120 | 11,949 | 10,909 | 9,992 | 9,195 | 8,413 |
| 130 | 14,933 | 13,716 | 12,628 | 11,665 | 10,824 |
| 140 | 18,302 | 16,903 | 15,638 | 14,504 | 13,497 |
| 150 | 22,070 | 20,482 | 19,034 | 17,723 | 16,545 |
| 160 | | 24,468 | 22,830 | 21,336 | 19,981 |
| 170 | | | | | 23,818 |

# Kreisbogen mit Übergangsbogen.

| $r$ | 300 | 350 | 350 | 350 | 350 |
|---|---|---|---|---|---|
| $L$ | 130 | 20 | 30 | 40 | 50 |
| $l$ | 129,390 | 19,998 | 29,994 | 39,987 | 49,974 |
| $a$ | 61,905 | 9,991 | 14,970 | 19,929 | 24,861 |
| $f$ | 2,268 | 0,048 | 0,107 | 0,190 | 0,296 |
| $1:m$ | 217550,8 | 41945,2 | 62815,3 | 83563,2 | 104149,2 |
| $\tau^{g}$ | 14,44 43 | 1,82 05 | 2,73 37 | 3,65 04 | 4,57 19 |
| $x = 10$ | 0,005 | 0,024 | 0,016 | 0,012 | 0,010 |
| 20 | 0,037 | 0,191 | 0,127 | 0,096 | 0,077 |
| 30 | 0,124 | 0,620 | 0,430 | 0,323 | 0,259 |
| 40 | 0,294 | 1,337 | 1,003 | 0,765 | 0,615 |
| 50 | 0,575 | 2,342 | 1,864 | 1,484 | 1,198 |
| 60 | 0,993 | 3,639 | 3,016 | 2,491 | 2,064 |
| 70 | 1,576 | 5,231 | 4,460 | 3,790 | 3,217 |
| 80 | 2,353 | 7,121 | 6,201 | 5,384 | 4,666 |
| 90 | 3,351 | 9,316 | 8,244 | 7,276 | 6,411 |
| 100 | 4,597 | 11,820 | 10,593 | 9,472 | 8,457 |
| 110 | 6,118 | 14,640 | 13,255 | 11,978 | 10,809 |
| 120 | 7,943 | 17,786 | 16,238 | 14,801 | 13,475 |
| 130 | 9,957 | 21,266 | 19,550 | 17,949 | 16,461 |
| 140 | 12,611 | | 23,201 | 21,430 | 19,777 |
| 150 | 15,494 | | | | 23,432 |
| 160 | 18,759 | | | | |
| 170 | 22,419 | | | | |

**Tafel III.**

## Kreisbogen mit Übergangsbogen.

| $r$ | 350 | 350 | 350 | 350 | 350 |
|---|---|---|---|---|---|
| $L$ | 60 | 70 | 80 | 90 | 100 |
| $l$ | 59,956 | 69,930 | 79,896 | 89,851 | 99,796 |
| $a$ | 29,760 | 34,621 | 39,438 | 44,204 | 48,915 |
| $f$ | 0,426 | 0,578 | 0,753 | 0,950 | 1,170 |
| $1:m$ | 124534,5 | 144681,7 | 164554,6 | 184118,6 | 203340,7 |
| $\tau^g$ | 5,49 91 | 6,43 33 | 7,37 54 | 8,32 66 | 9,28 77 |
| $x = 10$ | 0,008 | 0,007 | 0,006 | 0,005 | 0,005 |
| 20 | 0,064 | 0,055 | 0,049 | 0,043 | 0,039 |
| 30 | 0,217 | 0,187 | 0,164 | 0,147 | 0,133 |
| 40 | 0,514 | 0,442 | 0,389 | 0,348 | 0,315 |
| 50 | 1,004 | 0,864 | 0,760 | 0,679 | 0,615 |
| 60 | 1,731 | 1,493 | 1,313 | 1,173 | 1,062 |
| 70 | 2,747 | 2,364 | 2,084 | 1,863 | 1,687 |
| 80 | 4,051 | 3,532 | 3,099 | 2,781 | 2,518 |
| 90 | 5,649 | 4,987 | 4,424 | 3,940 | 3,585 |
| 100 | 7,547 | 6,738 | 6,033 | 5,426 | 4,888 |
| 110 | 9,748 | 8,791 | 7,940 | 7,190 | 6,542 |
| 120 | 12,259 | 11,151 | 10,151 | 9,256 | 8,465 |
| 130 | 15,087 | 13,825 | 12,672 | 11,629 | 10,692 |
| 140 | 18,241 | 16,819 | 15,511 | 14,315 | 13,230 |
| 150 | 21,728 | 20,142 | 18,675 | 17,323 | 16,085 |
| 160 | | 23,806 | 22,173 | 20,660 | 19,266 |
| 170 | | | | 24,338 | 22,782 |

# Kreisbogen mit Übergangsbogen.

| $r$ | 350 | 350 | 350 | 350 | 400 |
|---|---|---|---|---|---|
| $L$ | 110 | 120 | 130 | 140 | 20 |
| $l$ | 109,728 | 119,647 | 129,552 | 139,440 | 20 |
| $a$ | 53,567 | 58,154 | 62,675 | 67,124 | 10 |
| $f$ | 1,411 | 1,673 | 1,958 | 2,263 | 0,042 |
| $1:m$ | 222189,9 | 240637,3 | 258655,9 | 276221,1 | 48000 |
| $\tau^g$ | 10,25 96 | 11,24 34 | 12,23 96 | 13,24 91 | — |
| $x=$ 10 | 0,005 | 0,004 | 0,004 | 0,004 | 0,021 |
| 20 | 0,036 | 0,033 | 0,031 | 0,029 | 0,167 |
| 30 | 0.122 | 0,112 | 0,104 | 0,098 | 0,542 |
| 40 | 0,288 | 0,266 | 0,247 | 0,232 | 1,169 |
| 50 | 0,563 | 0,519 | 0,483 | 0,453 | 2,047 |
| 60 | 0,972 | 0,898 | 0,835 | 0,782 | 3,179 |
| 70 | 1,544 | 1,425 | 1,326 | 1,242 | 4,567 |
| 80 | 2,304 | 2,128 | 1,979 | 1,854 | 6,215 |
| 90 | 3,281 | 3,029 | 2,818 | 2,639 | 8,124 |
| 100 | 4,501 | 4,156 | 3,866 | 3,620 | 10,298 |
| 110 | 5,946 | 5,531 | 5,146 | 4,819 | 12,744 |
| 120 | 7,774 | 7,118 | 6,681 | 6,256 | 15,464 |
| 130 | 9,859 | 9,126 | 8,406 | 7,954 | 18,466 |
| 140 | 12,251 | 11,377 | 10,606 | 9,815 | 21,756 |
| 150 | 14,958 | 13,939 | 13,027 | 12,217 | |
| 160 | 17,986 | 16,819 | 15,762 | 14,811 | |
| 170 | 21,345 | 20,025 | 18,819 | 17,724 | |
| 180 | | 23,567 | 22,208 | 20,964 | |
| 190 | | | | 24,541 | |

Tafel III.

## Kreisbogen mit Übergangsbogen.

| $r$ | 400 | 400 | 400 | 400 | 400 |
|---|---|---|---|---|---|
| $L$ | 30 | 40 | 50 | 60 | 70 |
| $l$ | 29,996 | 39,990 | 49,981 | 59,966 | 69,946 |
| $a$ | 14,977 | 19,945 | 24,893 | 29,816 | 34,709 |
| $f$ | 0,094 | 0,166 | 0,259 | 0,373 | 0,507 |
| $1:m$ | 71838,3 | 95617,4 | 119254,3 | 142714,5 | 165964,7 |
| $\tau^8$ | 2,39 09 | 3,19 16 | 3,99 54 | 4,80 31 | 5,61 55 |
| $x = 10$ | 0,014 | 0,010 | 0,008 | 0,007 | 0,006 |
| 20 | 0,111 | 0,084 | 0,067 | 0,056 | 0,048 |
| 30 | 0,376 | 0,282 | 0,226 | 0,189 | 0,163 |
| 40 | 0,878 | 0,669 | 0,537 | 0,448 | 0,386 |
| 50 | 1,630 | 1,297 | 1,047 | 0,876 | 0,753 |
| 60 | 2,636 | 2,177 | 1,803 | 1,511 | 1,301 |
| 70 | 3,896 | 3,310 | 2,810 | 2,396 | 2,062 |
| 80 | 5,414 | 4,700 | 4,073 | 3,534 | 3,079 |
| 90 | 7,193 | 6,348 | 5,593 | 4,927 | 4,347 |
| 100 | 9,235 | 8,259 | 7,374 | 6,578 | 5,872 |
| 110 | 11,545 | 10,435 | 9,418 | 8,492 | 7,657 |
| 120 | 14,127 | 12,882 | 11,730 | 10,672 | 9,706 |
| 130 | 16,987 | 15,604 | 14,315 | 13,122 | 12,023 |
| 140 | 20,134 | 18,608 | 17,179 | 15,848 | 14,613 |
| 150 | 23,572 | 21,899 | 20,327 | 18,855 | 17,482 |
| 160 | | | 23,767 | 22,151 | 20,636 |
| 170 | | | | | 24,081 |

## Kreisbogen mit Übergangsbogen.

| | | | | | |
|---|---|---|---|---|---|
| $r$ | 400 | 400 | 400 | 400 | 400 |
| $L$ | 80 | 90 | 100 | 110 | 120 |
| $l$ | 79,920 | 89,886 | 99,844 | 109,792 | 119,730 |
| $a$ | 39,567 | 44,387 | 49,163 | 53,892 | 58,570 |
| $f$ | 0,661 | 0,834 | 1,027 | 1,240 | 1,472 |
| $1:m$ | 188972,1 | 211705,1 | 234133,4 | 256227,9 | 277961,0 |
| $\tau^g$ | 6,43 33 | 7,25 72 | 8,08 79 | 8,92 60 | 9,77 22 |
| $x = 10$ | 0,005 | 0,005 | 0,004 | 0,004 | 0,004 |
| 20 | 0,042 | 0,038 | 0,034 | 0,031 | 0,029 |
| 30 | 0,143 | 0,128 | 0,115 | 0,105 | 0,097 |
| 40 | 0,339 | 0,302 | 0,273 | 0,250 | 0,230 |
| 50 | 0,661 | 0,590 | 0,534 | 0,488 | 0,450 |
| 60 | 1,143 | 1,020 | 0,923 | 0,843 | 0,777 |
| 70 | 1,815 | 1,620 | 1,465 | 1,339 | 1,234 |
| 80 | 2,701 | 2,418 | 2,187 | 1,998 | 1,842 |
| 90 | 3,853 | 3,430 | 3,114 | 2,845 | 2,623 |
| 100 | 5,252 | 4,719 | 4,251 | 3,903 | 3,598 |
| 110 | 6,911 | 6,252 | 5,681 | 5,165 | 4,788 |
| 120 | 8,831 | 8,046 | 7,349 | 6,741 | 6,175 |
| 130 | 11,018 | 10,103 | 9,281 | 8,547 | 7,901 |
| 140 | 13,475 | 12,429 | 11,478 | 10,618 | 9,848 |
| 150 | 16,208 | 15,028 | 13,946 | 12,957 | 12,061 |
| 160 | 19,222 | 17,906 | 16,690 | 15,570 | 14,546 |
| 170 | 22,524 | 21,069 | 19,716 | 18,462 | 17,306 |
| 180 | | 24,524 | 23,030 | 21,639 | 20,349 |
| 190 | | | | | 23,681 |

## Kreisbogen mit Übergangsbogen.

| $r$ | 400 | 400 | 450 | 450 | 450 |
|---|---|---|---|---|---|
| $L$ | 130 | 140 | 20 | 30 | 40 |
| $l$ | 129,657 | 139,571 | 20 | 29,997 | 39,992 |
| $a$ | 63,194 | 67,761 | 10 | 14,982 | 19,957 |
| $f$ | 1,722 | 1,992 | 0,037 | 0,083 | 0,148 |
| $1:m$ | 299306,3 | 320239,3 | 54000,0 | 80856,2 | 107659,6 |
| $\tau^8$ | 10,62 71 | 11,49 12 | — | 2,12 46 | 2,83 54 |
| $x = 10$ | 0,003 | 0,003 | 0,018 | 0,012 | 0,009 |
| 20 | 0,027 | 0,025 | 0,148 | 0,099 | 0,074 |
| 30 | 0,090 | 0,084 | 0,482 | 0,334 | 0,251 |
| 40 | 0,214 | 0,200 | 1,038 | 0,779 | 0,594 |
| 50 | 0,418 | 0,390 | 1,818 | 1,447 | 1,152 |
| 60 | 0,722 | 0,674 | 2,823 | 2,340 | 1,933 |
| 70 | 1,146 | 1,071 | 4,055 | 3,459 | 2,940 |
| 80 | 1,711 | 1,599 | 5,515 | 4,804 | 4,172 |
| 90 | 2,436 | 2,276 | 7,205 | 6,379 | 5,633 |
| 100 | 3,341 | 3,122 | 9,129 | 8,187 | 7,324 |
| 110 | 4,447 | 4,156 | 11,289 | 10,229 | 9,249 |
| 120 | 5,773 | 5,396 | 13,689 | 12,508 | 11,409 |
| 130 | 7,282 | 6,860 | 16,332 | 15,030 | 13,810 |
| 140 | 9,165 | 8,490 | 19,223 | 17,798 | 16,455 |
| 150 | 11,255 | 10,537 | 22,369 | 20,816 | 19,348 |
| 160 | 13,613 | 12,772 | | 24,090 | 22,494 |
| 170 | 16,245 | 15,279 | | | |
| 180 | 19,157 | 18,062 | | | |
| 190 | 22,354 | 21,128 | | | |
| 200 | | 24,483 | | | |

# Kreisbogen mit Übergangsbogen.

| $r$ | 45° | 45° | 45° | 45° | 45° |
|---|---|---|---|---|---|
| $L$ | 50 | 60 | 70 | 80 | 90 |
| $l$ | 49,985 | 59,973 | 69,958 | 79,937 | 89,910 |
| $a$ | 24,916 | 29,854 | 34,769 | 39,657 | 44,513 |
| $f$ | 0,231 | 0,332 | 0,451 | 0,588 | 0,743 |
| $1:m$ | 134336,3 | 160855,4 | 187186,7 | 213300,3 | 239167,8 |
| $\tau^s$ | 3,54 84 | 4,26 41 | 4,98 32 | 5,70 61 | 6,43 33 |
| $x = 20$ | 0,060 | 0,050 | 0,043 | 0,038 | 0,033 |
| 30 | 0,201 | 0,168 | 0,144 | 0,127 | 0,113 |
| 40 | 0,476 | 0,398 | 0,342 | 0,300 | 0,268 |
| 50 | 0,930 | 0,777 | 0,668 | 0,586 | 0,523 |
| 60 | 1,601 | 1,341 | 1,154 | 1,013 | 0,903 |
| 70 | 2,495 | 2,126 | 1,829 | 1,608 | 1,434 |
| 80 | 3,615 | 3,135 | 2,730 | 2,395 | 2,141 |
| 90 | 4,962 | 4,370 | 3,853 | 3,413 | 3,039 |
| 100 | 6,539 | 5,833 | 5,204 | 4,652 | 4,177 |
| 110 | 8,348 | 7,527 | 6,784 | 6,120 | 5,534 |
| 120 | 10,391 | 9,454 | 8,596 | 7,818 | 7,120 |
| 130 | 12,673 | 11,617 | 10,643 | 9,751 | 8,938 |
| 140 | 15,196 | 14,020 | 12,928 | 11,919 | 10,990 |
| 150 | 17,965 | 16,667 | 15,455 | 14,326 | 13,281 |
| 160 | 20,984 | 19,563 | 18,228 | 16,978 | 15,815 |
| 170 | 24,261 | 22,712 | 21,251 | 19,878 | 18,594 |
| 180 | | | 24,531 | 23,032 | 21,624 |
| 190 | | | | | 24,910 |

**Tafel III.**

## Kreisbogen mit Übergangsbogen.

| $r$ | 45° | 45° | 45° | 45° | 45° |
|---|---|---|---|---|---|
| $L$ | 100 | 110 | 120 | 130 | 140 |
| $l$ | 99,876 | 109,836 | 119,787 | 129,729 | 139,661 |
| $a$ | 49,335 | 54,118 | 58,861 | 63,560 | 68,211 |
| $f$ | 0,916 | 1,106 | 1,313 | 1,537 | 1,778 |
| $1:m$ | 264760,8 | 290052,4 | 315016,5 | 339628,1 | 363863,3 |
| $\tau^B$ | 7,16 53 | 7,90 27 | 8,64 58 | 9,39 51 | 10,15 11 |
| $x=20$ | 0,030 | 0,028 | 0,025 | 0,024 | 0,022 |
| 30 | 0,102 | 0,093 | 0,086 | 0,080 | 0,074 |
| 40 | 0,242 | 0,221 | 0,203 | 0,188 | 0,176 |
| 50 | 0,472 | 0,431 | 0,397 | 0,368 | 0,344 |
| 60 | 0,816 | 0,745 | 0,686 | 0,636 | 0,594 |
| 70 | 1,296 | 1,183 | 1,089 | 1,010 | 0,943 |
| 80 | 1,934 | 1,765 | 1,625 | 1,508 | 1,407 |
| 90 | 2,753 | 2,513 | 2,314 | 2,146 | 2,003 |
| 100 | 3,763 | 3,448 | 3,174 | 2,944 | 2,748 |
| 110 | 5,024 | 4,568 | 4,225 | 3,919 | 3,658 |
| 120 | 6,499 | 5,955 | 5,456 | 5,088 | 4,749 |
| 130 | 8,205 | 7,550 | 6,972 | 6,428 | 6,038 |
| 140 | 10,144 | 9,377 | 8,688 | 8,077 | 7,487 |
| 150 | 12,320 | 11,439 | 10,639 | 9,917 | 9,273 |
| 160 | 14,736 | 13,740 | 12,826 | 11,992 | 11,239 |
| 170 | 17,396 | 16,283 | 15,253 | 14,307 | 13,441 |
| 180 | 20,304 | 19,072 | 17,925 | 16,863 | 15,884 |
| 190 | 23,466 | 22,112 | 20,845 | 19,666 | 18,572 |
| 200 | | | 24,019 | 22,720 | 21,509 |
| 210 | | | | | 24,700 |

# Kreisbogen mit Übergangsbogen.

| $r$ | 450 | 500 | 500 | 500 | 500 |
|---|---|---|---|---|---|
| $L$ | 150 | 20 | 30 | 40 | 50 |
| $l$ | 149,583 | 20 | 30 | 39,994 | 49,988 |
| $a$ | 72,813 | 10 | 15 | 19,965 | 24,932 |
| $f$ | 2,036 | 0,033 | 0,075 | 0,133 | 0,208 |
| $1:m$ | 387700,0 | 60000,0 | 90000,0 | 119693,5 | 149402,2 |
| $\tau^g$ | 10,91 41 | — | — | 2,55 08 | 3,19 16 |
| $x = 10$ | 0,003 | 0,017 | 0,011 | 0,008 | 0,007 |
| 20 | 0,021 | 0,133 | 0,089 | 0,067 | 0,054 |
| 30 | 0,070 | 0,433 | 0,300 | 0,226 | 0,181 |
| 40 | 0,165 | 0,934 | 0,700 | 0,534 | 0,428 |
| 50 | 0,322 | 1,636 | 1,301 | 1,036 | 0,836 |
| 60 | 0,557 | 2,539 | 2,104 | 1,738 | 1,439 |
| 70 | 0,885 | 3,646 | 3,109 | 2,642 | 2,243 |
| 80 | 1,321 | 4,957 | 4,318 | 3,749 | 3,250 |
| 90 | 1,880 | 6,475 | 5,732 | 5,062 | 4,460 |
| 100 | 2,579 | 8,200 | 7,353 | 6,580 | 5,875 |
| 110 | 3,433 | 10,135 | 9,183 | 8,306 | 7,498 |
| 120 | 4,457 | 12,283 | 11,224 | 10,242 | 9,329 |
| 130 | 5,667 | 14,647 | 13,480 | 12,391 | 11,372 |
| 140 | 7,078 | 17,229 | 15,952 | 14,755 | 13,629 |
| 150 | 8,633 | 20,033 | 18,644 | 17,338 | 16,103 |
| 100 | 10,563 | 23,063 | 21,562 | 20,143 | 18,797 |
| 170 | 12,656 | | 24,707 | 23,174 | 21,715 |
| 180 | 14,988 | | | | 24,862 |
| 190 | 17,562 | | | | |
| 200 | 20,384 | | | | |
| 210 | 23,457 | | | | |

# Tafel III.

## Kreisbogen mit Übergangsbogen.

| $r$ | 500 | 500 | 500 | 500 | 500 |
|---|---|---|---|---|---|
| $L$ | 60 | 70 | 80 | 90 | 100 |
| $l$ | 59,978 | 69,966 | 79,949 | 89,927 | 99,900 |
| $a$ | 29,882 | 34,813 | 39,721 | 44,604 | 49,459 |
| $f$ | 0,299 | 0,406 | 0,530 | 0,670 | 0,826 |
| $1 : m$ | 178968,6 | 208365,3 | 237565,1 | 266541,7 | 295268,8 |
| $\tau^g$ | 3,83 43 | 4,47 95 | 5,12 75 | 5,77 86 | 6,43 33 |
| $x = 20$ | 0,045 | 0,038 | 0,034 | 0,030 | 0,027 |
| 30 | 0,151 | 0,130 | 0,114 | 0,101 | 0,091 |
| 40 | 0,358 | 0,307 | 0,269 | 0,240 | 0,217 |
| 50 | 0,698 | 0,600 | 0,526 | 0,469 | 0,423 |
| 60 | 1,206 | 1,037 | 0,909 | 0,810 | 0,732 |
| 70 | 1,911 | 1,644 | 1,444 | 1,287 | 1,162 |
| 80 | 2,817 | 2,452 | 2,151 | 1,921 | 1,734 |
| 90 | 3,926 | 3,461 | 3,064 | 2,728 | 2,469 |
| 100 | 5,240 | 4,673 | 4,177 | 3,748 | 3,377 |
| 110 | 6,758 | 6,091 | 5,494 | 4,965 | 4,505 |
| 120 | 8,487 | 7,716 | 7,017 | 6,387 | 5,827 |
| 130 | 10,425 | 9,550 | 8,748 | 8,016 | 7,356 |
| 140 | 12,576 | 11,596 | 10,689 | 9,855 | 9,092 |
| 150 | 14,942 | 13,855 | 12,843 | 11,905 | 11,039 |
| 160 | 17,527 | 16,331 | 15,213 | 14,168 | 13,198 |
| 170 | 20,333 | 19,028 | 17,801 | 16,649 | 15,574 |
| 180 | 23,366 | 21,949 | 20,611 | 19,351 | 18,168 |
| 190 | | | 23,648 | 22,277 | 20,984 |
| 200 | | | | | 24,027 |

# Kreisbogen mit Übergangsbogen.

| $r$ | 500 | 500 | 500 | 500 | 500 |
|---|---|---|---|---|---|
| $L$ | 110 | 120 | 130 | 140 | 150 |
| $l$ | 109,867 | 119,827 | 129,780 | 139,726 | 149,662 |
| $a$ | 54,283 | 59,072 | 63,825 | 68,540 | 73,213 |
| $f$ | 0,997 | 1,185 | 1,388 | 1,606 | 1,839 |
| $1:m$ | 323721,9 | 351875,8 | 379707,7 | 407194,3 | 434314,0 |
| $\tau^g$ | 7,09 19 | 7,75 47 | 8,42 22 | 9,09 46 | 9,77 22 |
| $x = 20$ | 0,025 | 0,023 | 0,021 | 0,020 | 0,018 |
| 30 | 0,083 | 0,077 | 0,071 | 0,066 | 0,062 |
| 40 | 0,198 | 0,182 | 0,169 | 0,157 | 0,147 |
| 50 | 0,386 | 0,355 | 0,329 | 0,307 | 0,288 |
| 60 | 0,667 | 0,614 | 0,569 | 0,530 | 0,497 |
| 70 | 1,060 | 0,975 | 0,903 | 0,842 | 0,790 |
| 80 | 1,582 | 1,455 | 1,348 | 1,258 | 1,179 |
| 90 | 2,252 | 2,072 | 1,920 | 1,791 | 1,679 |
| 100 | 3,089 | 2,842 | 2,634 | 2,456 | 2,303 |
| 110 | 4,097 | 3,783 | 3,505 | 3,269 | 3,065 |
| 120 | 5,335 | 4,890 | 4,551 | 4,244 | 3,979 |
| 130 | 6,763 | 6,241 | 5,757 | 5,395 | 5,059 |
| 140 | 8,399 | 7,778 | 7,225 | 6,699 | 6,318 |
| 150 | 10,244 | 9,523 | 8,870 | 8,286 | 7,718 |
| 160 | 12,301 | 11,477 | 10,725 | 10,042 | 9,429 |
| 170 | 14,572 | 13,645 | 12,791 | 12,008 | 11,297 |
| 180 | 17,060 | 16,029 | 15,072 | 14,188 | 13,375 |
| 190 | 19,769 | 18,632 | 17,570 | 16,583 | 15,669 |
| 200 | 22,702 | 21,457 | 20,289 | 19,197 | 18,181 |
| 210 |  | 24,508 | 23,232 | 22,034 | 20,914 |
| 220 |  |  |  |  | 23,871 |

## Kreisbogen mit Übergangsbogen.

| $r$ | 500 | 500 | 600 | 600 | 600 |
|---|---|---|---|---|---|
| $L$ | 160 | 170 | 20 | 30 | 40 |
| $l$ | 159,590 | 169,509 | 20 | 30 | 39,996 |
| $a$ | 77,842 | 82,427 | 10 | 15 | 19,976 |
| $f$ | 2,088 | 2,352 | 0,028 | 0,062 | 0,111 |
| $1 : m$ | 461046,0 | 487370,0 | 72000,0 | 108000,0 | 143744,5 |
| $\tau^s$ | 10,45 54 | 11,14 44 | — | — | 2,12 46 |
| $x = 10$ | 0,002 | 0,002 | 0,014 | 0,009 | 0,007 |
| 20 | 0,017 | 0,016 | 0,111 | 0,074 | 0,056 |
| 30 | 0,059 | 0,055 | 0,361 | 0,250 | 0,188 |
| 40 | 0,139 | 0,131 | 0,778 | 0,583 | 0,445 |
| 50 | 0,271 | 0,256 | 1,363 | 1,084 | 0,863 |
| 60 | 0,468 | 0,443 | 2,115 | 1,752 | 1,447 |
| 70 | 0,744 | 0,704 | 3,036 | 2,588 | 2,200 |
| 80 | 1,111 | 1,051 | 4,125 | 3,593 | 3,121 |
| 90 | 1,581 | 1,496 | 5,385 | 4,768 | 4,211 |
| 100 | 2,169 | 2,052 | 6,816 | 6,113 | 5,471 |
| 110 | 2,887 | 2,731 | 8,420 | 7,630 | 6,903 |
| 120 | 3,748 | 3,546 | 10,197 | 9,321 | 8,507 |
| 130 | 4,765 | 4,508 | 12,150 | 11,186 | 10,285 |
| 140 | 5,952 | 5,630 | 14,281 | 13,227 | 12,238 |
| 150 | 7,320 | 6,925 | 16,590 | 15,447 | 14,369 |
| 160 | 8,816 | 8,404 | 19,081 | 17,846 | 16,679 |
| 170 | 10,654 | 9,994 | 21,755 | 20,428 | 19,170 |
| 180 | 12,636 | 11,965 | 24,815 | 23,195 | 21,844 |
| 190 | 14,830 | 14,061 | | | 24,705 |
| 200 | 17,240 | 16,372 | | | |
| 210 | 19,870 | 18,901 | | | |
| 220 | 22,723 | 21,651 | | | |

# Kreisbogen mit Übergangsbogen.

| $r$ | 600 | 600 | 600 | 600 | 600 |
|---|---|---|---|---|---|
| $L$ | 50 | 60 | 70 | 80 | 90 |
| $l$ | 49,991 | 59,985 | 69,976 | 79,964 | 89,949 |
| $a$ | 24,952 | 29,918 | 34,870 | 39,806 | 44,724 |
| $f$ | 0,173 | 0,249 | 0,339 | 0,443 | 0,560 |
| $1:m$ | 179501,3 | 215139,2 | 250634,8 | 285965,2 | 321107,7 |
| $\tau^g$ | 2,65 75 | 3,19 16 | 3,72 70 | 4,26 41 | 4,80 31 |
| $x = 20$ | 0,044 | 0,037 | 0,032 | 0,028 | 0,025 |
| 30 | 0,150 | 0,126 | 0,108 | 0,094 | 0,084 |
| 40 | 0,357 | 0,297 | 0,255 | 0,224 | 0,199 |
| 50 | 0,696 | 0,581 | 0,499 | 0,437 | 0,389 |
| 60 | 1,198 | 1,003 | 0,860 | 0,755 | 0,673 |
| 70 | 1,866 | 1,589 | 1,367 | 1,199 | 1,068 |
| 80 | 2,703 | 2,343 | 2,039 | 1,788 | 1,594 |
| 90 | 3,709 | 3,265 | 2,877 | 2,546 | 2,266 |
| 100 | 4,885 | 4,356 | 3,884 | 3,470 | 3,112 |
| 110 | 6,231 | 5,617 | 5,061 | 4,563 | 4,121 |
| 120 | 7,749 | 7,050 | 6,409 | 5,826 | 5,301 |
| 130 | 9,441 | 8,655 | 7,928 | 7,261 | 6,651 |
| 140 | 11,306 | 10,434 | 9,621 | 8,868 | 8,173 |
| 150 | 13,348 | 12,388 | 11,488 | 10,649 | 9,869 |
| 160 | 15,569 | 14,520 | 13,532 | 12,605 | 11,738 |
| 170 | 17,969 | 16,830 | 15,754 | 14,739 | 13,784 |
| 180 | 20,552 | 19,323 | 18,156 | 17,052 | 16,009 |
| 190 | 23,320 | 21,998 | 20,740 | 19,546 | 18,413 |
| 200 |  | 24,860 | 23,510 | 22,223 | 21,000 |
| 210 |  |  |  |  | 23,773 |

# Tafel III.
## Kreisbogen mit Übergangsbogen.

| $r$ | 600 | 600 | 600 | 600 | 600 |
|---|---|---|---|---|---|
| $L$ | 100 | 110 | 120 | 130 | 140 |
| $l$ | 99,931 | 109,908 | 119,880 | 129,847 | 139,809 |
| $a$ | 49,622 | 54,499 | 59,351 | 64,177 | 68,975 |
| $f$ | 0,690 | 0,834 | 0,991 | 1,161 | 1,345 |
| $1:m$ | 356040,1 | 390740,4 | 425187,3 | 459359,6 | 493237,0 |
| $\tau^g$ | 5,34 41 | 5,88 75 | 6,43 33 | 6,98 18 | 7,53 33 |
| $x = 20$ | 0,022 | 0,020 | 0,019 | 0,017 | 0,016 |
| 30 | 0,076 | 0,069 | 0,064 | 0,059 | 0,055 |
| 40 | 0,180 | 0,164 | 0,151 | 0,139 | 0,130 |
| 50 | 0,351 | 0,320 | 0,294 | 0,272 | 0,253 |
| 60 | 0,607 | 0,553 | 0,508 | 0,470 | 0,438 |
| 70 | 0,963 | 0,878 | 0,807 | 0,747 | 0,695 |
| 80 | 1,438 | 1,310 | 1,204 | 1,115 | 1,038 |
| 90 | 2,048 | 1,866 | 1,715 | 1,587 | 1,478 |
| 100 | 2,803 | 2,559 | 2,352 | 2,177 | 2,027 |
| 110 | 3,736 | 3,398 | 3,130 | 2,898 | 2,698 |
| 120 | 4,832 | 4,420 | 4,052 | 3,762 | 3,503 |
| 130 | 6,098 | 5,603 | 5,165 | 4,766 | 4,454 |
| 140 | 7,536 | 6,957 | 6,436 | 5,971 | 5,540 |
| 150 | 9,146 | 8,483 | 7,878 | 7,331 | 6,841 |
| 160 | 10,930 | 10,182 | 9,493 | 8,862 | 8,290 |
| 170 | 12,890 | 12,056 | 11,282 | 10,567 | 9,911 |
| 180 | 15,027 | 14,106 | 13,246 | 12,446 | 11,707 |
| 190 | 17,343 | 16,335 | 15,388 | 14,502 | 13,677 |
| 200 | 19,840 | 18,743 | 17,709 | 16,736 | 15,826 |
| 210 | 22,522 | 21,335 | 20,212 | 19,151 | 18,154 |
| 220 | | 24,111 | 22,898 | 21,748 | 20,663 |
| 230 | | | | 24,530 | 23,356 |

# Kreisbogen mit Übergangsbogen.

| $r$ | 600 | 600 | 600 | 600 | 700 |
|---|---|---|---|---|---|
| $L$ | 150 | 160 | 170 | 180 | 20 |
| $l$ | 149,766 | 159,716 | 169,659 | 179,595 | 20 |
| $a$ | 73,744 | 78,481 | 83,186 | 87,855 | 10 |
| $f$ | 1,541 | 1,750 | 1,973 | 2,207 | 0,024 |
| $1:m$ | 526800,0 | 560029,2 | 592906,0 | 625412,0 | 84000,0 |
| $\tau^s$ | 8,08 79 | 8,64 58 | 9,20 72 | 9,77 22 | — |
| $x = 20$ | 0,015 | 0,014 | 0,013 | 0,013 | 0,095 |
| 30 | 0,051 | 0,048 | 0,046 | 0,043 | 0,310 |
| 40 | 0,121 | 0,114 | 0,108 | 0,102 | 0,667 |
| 50 | 0,237 | 0,223 | 0,211 | 0,200 | 1,168 |
| 60 | 0,410 | 0,386 | 0,364 | 0,346 | 1,812 |
| 70 | 0,651 | 0,612 | 0,579 | 0,548 | 2,600 |
| 80 | 0,972 | 0,914 | 0,864 | 0,819 | 3,533 |
| 90 | 1,384 | 1,302 | 1,230 | 1,166 | 4,610 |
| 100 | 1,898 | 1,786 | 1,687 | 1,599 | 5,834 |
| 110 | 2,526 | 2,377 | 2,245 | 2,128 | 7,204 |
| 120 | 3,280 | 3,086 | 2,914 | 2,763 | 8,721 |
| 130 | 4,170 | 3,923 | 3,705 | 3,513 | 10,386 |
| 140 | 5,209 | 4,900 | 4,628 | 4,388 | 12,201 |
| 150 | 6,377 | 6,026 | 5,692 | 5,396 | 14,167 |
| 160 | 7,773 | 7,275 | 6,908 | 6,549 | 16,284 |
| 170 | 9,312 | 8,771 | 8,237 | 7,856 | 18,555 |
| 180 | 11,025 | 10,401 | 9,835 | 9,262 | 20,980 |
| 190 | 12,912 | 12,205 | 11,557 | 10,964 | 23,563 |
| 200 | 14,975 | 14,185 | 13,454 | 12,780 | |
| 210 | 17,217 | 16,342 | 15,528 | 14,771 | |
| 220 | 19,640 | 18,679 | 17,780 | 16,940 | |
| 230 | 22,245 | 21,197 | 20,212 | 19,288 | |

# Tafel III.
## Kreisbogen mit Übergangsbogen.

| $r$ | 700 | 700 | 700 | 700 | 700 |
|---|---|---|---|---|---|
| $L$ | 30 | 40 | 50 | 60 | 70 |
| $l$ | 30 | 39,997 | 49,994 | 59,989 | 69,982 |
| $a$ | 15 | 19,982 | 24,965 | 29,940 | 34,904 |
| $f$ | 0,054 | 0,095 | 0,148 | 0,214 | 0,291 |
| $1:m$ | 126000,0 | 167780,8 | 209572,3 | 251261,4 | 292828,3 |
| $\tau^s$ | — | 1,82 05 | 2,27 67 | 2,73 37 | 3,19 16 |
| $x = 20$ | 0,063 | 0,048 | 0,038 | 0,032 | 0,027 |
| 30 | 0,214 | 0,161 | 0,129 | 0,107 | 0,092 |
| 40 | 0,501 | 0,381 | 0,305 | 0,255 | 0,219 |
| 50 | 0,930 | 0,739 | 0,596 | 0,497 | 0,427 |
| 60 | 1,502 | 1,240 | 1,025 | 0,859 | 0,738 |
| 70 | 2,218 | 1,884 | 1,598 | 1,361 | 1,170 |
| 80 | 3,080 | 2,673 | 2,315 | 2,006 | 1,746 |
| 90 | 4,083 | 3,606 | 3,176 | 2,795 | 2,463 |
| 100 | 5,234 | 4,684 | 4,181 | 3,729 | 3,324 |
| 110 | 6,530 | 5,907 | 5,332 | 4,807 | 4,331 |
| 120 | 7,974 | 7,277 | 6,629 | 6,032 | 5,483 |
| 130 | 9,565 | 8,795 | 8,073 | 7,402 | 6,781 |
| 140 | 11,305 | 10,462 | 9,665 | 8,921 | 8,225 |
| 150 | 13,195 | 12,278 | 11,405 | 10,587 | 9,818 |
| 160 | 15,236 | 14,242 | 13,296 | 12,403 | 11,560 |
| 170 | 17,430 | 16,359 | 15,338 | 14,369 | 13,451 |
| 180 | 19,778 | 18,630 | 17,532 | 16,487 | 15,494 |
| 190 | 22,282 | 21,056 | 19,881 | 18,759 | 17,689 |
| 200 | 24,943 | 23,638 | 22,384 | 21,186 | 20,039 |
| 210 | | | | 23,769 | 22,544 |

## Kreisbogen mit Übergangsbogen.

| $r$ | 700 | 700 | 700 | 700 | 700 |
|---|---|---|---|---|---|
| $L$ | 80 | 90 | 100 | 110 | 120 |
| $l$ | 79,974 | 89,963 | 99,949 | 109,932 | 119,912 |
| $a$ | 39,857 | 44,797 | 49,722 | 54,630 | 59,521 |
| $f$ | 0,380 | 0,480 | 0,592 | 0,716 | 0,851 |
| $1:m$ | 334252,8 | 375515,5 | 416596,7 | 457477,3 | 498138,2 |
| $\tau^g$ | 3,65 04 | 4,11 05 | 4,57 19 | 5,03 47 | 5,49 91 |
| $x = 20$ | 0,024 | 0,021 | 0,019 | 0,017 | 0,016 |
| 30 | 0,081 | 0,072 | 0,065 | 0,059 | 0,054 |
| 40 | 0,191 | 0,170 | 0,154 | 0,140 | 0,129 |
| 50 | 0,374 | 0,333 | 0,300 | 0,273 | 0,251 |
| 60 | 0,646 | 0,575 | 0,518 | 0,472 | 0,434 |
| 70 | 1,026 | 0,913 | 0,823 | 0,750 | 0,689 |
| 80 | 1,530 | 1,363 | 1,229 | 1,120 | 1,028 |
| 90 | 2,178 | 1,939 | 1,750 | 1,594 | 1,463 |
| 100 | 2,968 | 2,660 | 2,397 | 2,186 | 2,007 |
| 110 | 3,903 | 3,523 | 3,192 | 2,904 | 2,672 |
| 120 | 4,983 | 4,531 | 4,129 | 3,775 | 3,461 |
| 130 | 6,208 | 5,685 | 5,210 | 4,786 | 4,408 |
| 140 | 7,580 | 6,984 | 6,438 | 5,941 | 5,493 |
| 150 | 9,100 | 8,431 | 7,812 | 7,243 | 6,723 |
| 160 | 10,767 | 10,025 | 9,333 | 8,692 | 8,100 |
| 170 | 12,584 | 11,768 | 11,003 | 10,289 | 9,624 |
| 180 | 14,552 | 13,661 | 12,822 | 12,034 | 11,297 |
| 190 | 16,672 | 15,705 | 14,792 | 13,930 | 13,119 |
| 200 | 18,945 | 17,902 | 16,913 | 15,977 | 15,092 |
| 210 | 21,372 | 20,254 | 19,188 | 18,176 | 17,216 |
| 220 | 23,957 | 22,760 | 20,053 | 20,530 | 19,495 |
| 230 | | | 24,205 | 23,039 | 21,928 |
| 240 | | | | | 24,517 |

# Tafel III.

## Kreisbogen mit Übergangsbogen.

| $r$ | 700 | 700 | 700 | 700 | 700 |
|---|---|---|---|---|---|
| $L$ | 130 | 140 | 150 | 160 | 170 |
| $l$ | 129,888 | 139,860 | 149,828 | 159,791 | 169,749 |
| $a$ | 64,392 | 69,243 | 74,071 | 78,875 | 83,655 |
| $f$ | 0,998 | 1,156 | 1,325 | 1,506 | 1,698 |
| $1:m$ | 538560,6 | 578726,8 | 618618,6 | 658218,6 | 697509,2 |
| $\tau^g$ | 5,96 53 | 6,43 33 | 6,90 33 | 7,37 54 | 7,84 98 |
| $x = 20$ | 0,015 | 0,014 | 0,013 | 0,012 | 0,011 |
| 30 | 0,050 | 0,047 | 0,044 | 0,041 | 0,039 |
| 40 | 0,119 | 0,111 | 0,103 | 0,097 | 0,092 |
| 50 | 0,232 | 0,216 | 0,202 | 0,189 | 0,179 |
| 60 | 0,401 | 0,373 | 0,349 | 0,328 | 0,310 |
| 70 | 0,637 | 0,593 | 0,554 | 0,521 | 0,492 |
| 80 | 0,951 | 0,885 | 0,828 | 0,778 | 0,734 |
| 90 | 1,354 | 1,260 | 1,178 | 1,108 | 1,045 |
| 100 | 1,857 | 1,728 | 1,617 | 1,519 | 1,434 |
| 110 | 2,471 | 2,300 | 2,152 | 2,022 | 1,908 |
| 120 | 3,209 | 2,986 | 2,793 | 2,625 | 2,477 |
| 130 | 4,069 | 3,796 | 3,551 | 3,338 | 3,150 |
| 140 | 5,093 | 4,727 | 4,436 | 4,169 | 3,934 |
| 150 | 6,253 | 5,830 | 5,437 | 5,127 | 4,839 |
| 160 | 7,558 | 7,064 | 6,619 | 6,198 | 5,872 |
| 170 | 9,010 | 8,445 | 7,928 | 7,463 | 7,013 |
| 180 | 10,611 | 9,974 | 9,386 | 8,849 | 8,360 |
| 190 | 12,360 | 11,651 | 10,991 | 10,383 | 9,823 |
| 200 | 14,259 | 13,477 | 12,745 | 12,066 | 11,434 |
| 210 | 16,310 | 15,454 | 14,649 | 13,897 | 13,194 |
| 220 | 18,513 | 17,583 | 16,705 | 15,879 | 15,105 |
| 230 | 20,870 | 19,865 | 18,913 | 18,014 | 17,167 |
| 240 | 23,383 | 22,302 | 21,275 | 20,302 | 19,381 |
| 250 | | 24,896 | 23,793 | 22,745 | 21,750 |

# Kreisbogen mit Übergangsbogen.

| $r$ | 700 | 700 | 800 | 800 | 800 |
|---|---|---|---|---|---|
| $L$ | 180 | 190 | 20 | 30 | 40 |
| $l$ | 179,702 | 189,650 | 20 | 30 | 40 |
| $a$ | 88,408 | 93,134 | 10 | 15 | 20 |
| $f$ | 1,901 | 2,114 | 0,021 | 0,047 | 0,083 |
| $1 : m$ | 736474,1 | 775097,3 | 96000,0 | 144000,0 | 192000,0 |
| $\tau\delta$ | 8,32 66 | 8,80 58 | — | — | — |
| $z = 20$ | 0,011 | 0,010 | 0,083 | 0,056 | 0,042 |
| 30 | 0,037 | 0,035 | 0,271 | 0,188 | 0,141 |
| 40 | 0,087 | 0,083 | 0,584 | 0,438 | 0,333 |
| 50 | 0,170 | 0,161 | 1,022 | 0,813 | 0,646 |
| 60 | 0,293 | 0,279 | 1,585 | 1,314 | 1,084 |
| 70 | 0,465 | 0,443 | 2,274 | 1,941 | 1,647 |
| 80 | 0,695 | 0,661 | 3,089 | 2,692 | 2,336 |
| 90 | 0,990 | 0,941 | 4,031 | 3,570 | 3,151 |
| 100 | 1,358 | 1,290 | 5,099 | 4,576 | 4,093 |
| 110 | 1,807 | 1,717 | 6,296 | 5,708 | 5,161 |
| 120 | 2,346 | 2,229 | 7,620 | 6,968 | 6,358 |
| 130 | 2,983 | 2,834 | 9,072 | 8,356 | 7,682 |
| 140 | 3,726 | 3,540 | 10,654 | 9,873 | 9,134 |
| 150 | 4,583 | 4,354 | 12,366 | 11,520 | 10,716 |
| 160 | 5,562 | 5,284 | 14,209 | 13,297 | 12,428 |
| 170 | 6,671 | 6,339 | 16,184 | 15,206 | 14,271 |
| 180 | 7,880 | 7,524 | 18,292 | 17,248 | 16,246 |
| 190 | 9,312 | 8,800 | 20,534 | 19,422 | 18,354 |
| 200 | 10,853 | 10,320 | 22,911 | 21,732 | 20,596 |
| 210 | 12,542 | 11,938 |  | 24,177 | 22,973 |
| 220 | 14,381 | 13,706 |  |  |  |
| 230 | 16,371 | 15,625 |  |  |  |
| 240 | 18,512 | 17,694 |  |  |  |
| 250 | 20,808 | 19,917 |  |  |  |

# Tafel III.
## Kreisbogen mit Übergangsbogen.

| $r$ | 800 | 800 | 800 | 800 | 800 |
|---|---|---|---|---|---|
| $L$ | 50 | 60 | 70 | 80 | 90 |
| $l$ | 49,995 | 59,992 | 69,987 | 79,980 | 89,972 |
| $a$ | 24,973 | 29,954 | 34,926 | 39,890 | 44,844 |
| $f$ | 0,130 | 0,187 | 0,255 | 0,333 | 0,420 |
| $1:m$ | 239625,6 | 287353,3 | 334973,8 | 382469,7 | 429823,1 |
| $\tau^g$ | 1,99 15 | 2,39 09 | 2,79 09 | 3,19 16 | 3,59 30 |
| $x = 20$ | 0,033 | 0,028 | 0,024 | 0,021 | 0,019 |
| 30 | 0,113 | 0,094 | 0,081 | 0,071 | 0,063 |
| 40 | 0,267 | 0,223 | 0,191 | 0,167 | 0,149 |
| 50 | 0,522 | 0,433 | 0,373 | 0,327 | 0,291 |
| 60 | 0,897 | 0,751 | 0,645 | 0,565 | 0,503 |
| 70 | 1,398 | 1,190 | 1,023 | 0,897 | 0,798 |
| 80 | 2,025 | 1,754 | 1,526 | 1,338 | 1,191 |
| 90 | 2,777 | 2,444 | 2,153 | 1,904 | 1,694 |
| 100 | 3,656 | 3,260 | 2,906 | 2,594 | 2,324 |
| 110 | 4,661 | 4,202 | 3,785 | 3,411 | 3,078 |
| 120 | 5,794 | 5,271 | 4,791 | 4,354 | 3,958 |
| 130 | 7,054 | 6,467 | 5,925 | 5,424 | 4,965 |
| 140 | 8,443 | 7,792 | 7,185 | 6,622 | 6,099 |
| 150 | 9,960 | 9,245 | 8,575 | 7,947 | 7,361 |
| 160 | 11,607 | 10,828 | 10,093 | 9,401 | 8,751 |
| 170 | 13,385 | 12,541 | 11,741 | 10,984 | 10,271 |
| 180 | 15,295 | 14,384 | 13,519 | 12,698 | 11,920 |
| 190 | 17,336 | 16,360 | 15,429 | 14,542 | 13,699 |
| 200 | 19,511 | 18,468 | 17,471 | 16,519 | 15,610 |
| 210 | 21,821 | 20,710 | 19,647 | 18,628 | 17,654 |
| 220 | 24,266 | 23,088 | 21,957 | 20;871 | 19,830 |
| 230 | | | 24,403 | 23,250 | 22,141 |
| 240 | | | | | 24,589 |

# Kreisbogen mit Übergangsbogen.

| $r$ | 800 | 800 | 800 | 800 | 800 |
|---|---|---|---|---|---|
| $L$ | 100 | 110 | 120 | 130 | 140 |
| $l$ | 99,961 | 109,948 | 119,932 | 129,914 | 139,893 |
| $a$ | 49,787 | 54,716 | 59,632 | 64,533 | 69,418 |
| $f$ | 0,519 | 0,628 | 0,746 | 0,875 | 1,014 |
| $1 : m$ | 477017,0 | 524034,4 | 570858,0 | 617471,8 | 663858,6 |
| $\tau^g$ | 3,99 54 | 4,39 87 | 4,80 31 | 5,20 87 | 5,61 55 |
| $x = 20$ | 0,017 | 0,015 | 0,015 | 0,013 | 0,012 |
| 30 | 0,057 | 0,052 | 0,047 | 0,044 | 0,041 |
| 40 | 0,134 | 0,122 | 0,112 | 0,104 | 0,096 |
| 50 | 0,262 | 0,238 | 0,219 | 0,202 | 0,188 |
| 60 | 0,453 | 0,412 | 0,378 | 0,350 | 0,325 |
| 70 | 0,719 | 0,654 | 0,601 | 0,555 | 0,517 |
| 80 | 1,073 | 0,977 | 0,897 | 0,829 | 0,771 |
| 90 | 1,528 | 1,391 | 1,277 | 1,181 | 1,098 |
| 100 | 2,094 | 1,908 | 1,752 | 1,619 | 1,506 |
| 110 | 2,788 | 2,536 | 2,332 | 2,156 | 2,005 |
| 120 | 3,606 | 3,296 | 3,022 | 2,798 | 2,603 |
| 130 | 4,550 | 4,178 | 3,847 | 3,551 | 3,309 |
| 140 | 5,622 | 5,187 | 4,793 | 4,442 | 4,124 |
| 150 | 6,820 | 6,323 | 5,866 | 5,453 | 5,083 |
| 160 | 8,147 | 7,586 | 7,067 | 6,592 | 6,159 |
| 170 | 9,603 | 8,978 | 8,396 | 7,857 | 7,362 |
| 180 | 11,187 | 10,499 | 9,853 | 9,252 | 8,693 |
| 190 | 12,902 | 12,150 | 11,440 | 10,775 | 10,154 |
| 200 | 14,748 | 13,931 | 13,157 | 12,428 | 11,743 |
| 210 | 16,726 | 15,843 | 15,005 | 14,212 | 13,463 |
| 220 | 18,837 | 17,888 | 16,985 | 16,127 | 15,314 |
| 230 | 21,081 | 20,067 | 19,097 | 18,174 | 17,296 |
| 240 | 23,461 | 22,380 | 21,344 | 20,355 | 19,412 |
| 250 | | 24,829 | 23,726 | 22,671 | 21,662 |

Tafel III.

## Kreisbogen mit Übergangsbogen.

| $r$ | 800 | 800 | 800 | 800 | 800 |
|---|---|---|---|---|---|
| $L$ | 150 | 160 | 170 | 180 | 190 |
| $l$ | 149,868 | 159,840 | 169,808 | 179,772 | 189,732 |
| $a$ | 74,285 | 79,134 | 83,964 | 88,773 | 93,561 |
| $f$ | 1,162 | 1,321 | 1,490 | 1,668 | 1,857 |
| $1 : m$ | 710003,0 | 755888,2 | 801499,3 | 846820,4 | 891836.6 |
| $\tau^s$ | 6,02 37 | 6,43 33 | 6,84 44 | 7,25 72 | 7,67 16 |
| $x = 20$ | 0,011 | 0,011 | 0,010 | 0,009 | 0,009 |
| 30 | 0,038 | 0,036 | 0,034 | 0,032 | 0,030 |
| 40 | 0,090 | 0,085 | 0,080 | 0,076 | 0,072 |
| 50 | 0,176 | 0,165 | 0,156 | 0,148 | 0,140 |
| 60 | 0,304 | 0,286 | 0,269 | 0,255 | 0,242 |
| 70 | 0,483 | 0,454 | 0,428 | 0,405 | 0,385 |
| 80 | 0,721 | 0,677 | 0,639 | 0,605 | 0,575 |
| 90 | 1,027 | 0,964 | 0,910 | 0,861 | 0,817 |
| 100 | 1,409 | 1,323 | 1,248 | 1,181 | 1,121 |
| 110 | 1,875 | 1,761 | 1,661 | 1,572 | 1,493 |
| 120 | 2,434 | 2,286 | 2,156 | 2,041 | 1,938 |
| 130 | 3,094 | 2,906 | 2,741 | 2,594 | 2,463 |
| 140 | 3,865 | 3,630 | 3,424 | 3,240 | 3,077 |
| 150 | 4,741 | 4,465 | 4,211 | 3,985 | 3,784 |
| 160 | 5,767 | 5,402 | 5,110 | 4,837 | 4,593 |
| 170 | 6,908 | 6,498 | 6,109 | 5,802 | 5,509 |
| 180 | 8,177 | 7,705 | 7,275 | 6,861 | 6,539 |
| 190 | 9,575 | 9,040 | 8,548 | 8,098 | 7,658 |
| 200 | 11,101 | 10,504 | 9,950 | 9,438 | 8,969 |
| 210 | 12,758 | 12,097 | 11,481 | 10,906 | 10,376 |
| 220 | 14,545 | 13,821 | 13,141 | 12,504 | 11,912 |
| 230 | 16,463 | 15,675 | 14,932 | 14,232 | 13,578 |
| 240 | 18,513 | 17,662 | 16,854 | 16,092 | 15,374 |
| 250 | 20,698 | 19,781 | 18,911 | 18,083 | 17,302 |

# Kreisbogen mit Übergangsbogen.

| $r$ | 800 | 900 | 900 | 900 | 900 |
|---|---|---|---|---|---|
| $L$ | 200 | 20 | 30 | 40 | 50 |
| $l$ | 199,688 | 20 | 30 | 40 | 49,996 |
| $a$ | 98,326 | 10 | 15 | 20 | 24,979 |
| $f$ | 2,055 | 0,019 | 0,042 | 0,074 | 0,116 |
| $1:m$ | 936533,8 | 108000,0 | 162000,0 | 216000,0 | 269667,1 |
| $\tau^g$ | 8,08 79 | — | — | — | 1,76 98 |
| $z = 20$ | 0,009 | 0,074 | 0,049 | 0,037 | 0,030 |
| 30 | 0,029 | 0,241 | 0,167 | 0,125 | 0,100 |
| 40 | 0,068 | 0,519 | 0,389 | 0,296 | 0,237 |
| 50 | 0,133 | 0,908 | 0,723 | 0,574 | 0,464 |
| 60 | 0,231 | 1,409 | 1,168 | 0,963 | 0,798 |
| 70 | 0,366 | 2,021 | 1,724 | 1,464 | 1,243 |
| 80 | 0,547 | 2,745 | 2,392 | 2,076 | 1,799 |
| 90 | 0,778 | 3,582 | 3,173 | 2,800 | 2,468 |
| 100 | 1,068 | 4,530 | 4,065 | 3,637 | 3,248 |
| 110 | 1,421 | 5,592 | 5,070 | 4,585 | 4,141 |
| 120 | 1,845 | 6,766 | 6,187 | 5,647 | 5,146 |
| 130 | 2,346 | 8,055 | 7,419 | 6,821 | 6,264 |
| 140 | 2,930 | 9,457 | 8,765 | 8,110 | 7,496 |
| 150 | 3,604 | 10,975 | 10,225 | 9,512 | 8,842 |
| 160 | 4,374 | 12,607 | 11,799 | 11,030 | 10,302 |
| 170 | 5,246 | 14,355 | 13,490 | 12,662 | 11,877 |
| 180 | 6,227 | 16,220 | 15,296 | 14,410 | 13,567 |
| 190 | 7,324 | 18,203 | 17,220 | 16,275 | 15,374 |
| 200 | 8,502 | 20,303 | 19,261 | 18,258 | 17,298 |
| 210 | 9,888 | 22,523 | 21,421 | 20,358 | 19,340 |
| 220 | 11,362 | 24,862 | 23,700 | 22,578 | 21,500 |
| 230 | 12,966 | | | 24,917 | 23,779 |
| 240 | 14,700 | | | | |
| 250 | 16,565 | | | | |

Tafel III.

## Kreisbogen mit Übergangsbogen.

| $r$ | 900 | 900 | 900 | 900 | 900 |
|---|---|---|---|---|---|
| $L$ | 60 | 70 | 80 | 90 | 100 |
| $l$ | 59,993 | 69,989 | 79,984 | 89,978 | 99,969 |
| $a$ | 29,963 | 34,942 | 39,913 | 44,877 | 49,831 |
| $f$ | 0,166 | 0,226 | 0,296 | 0,374 | 0,462 |
| $1 : m$ | 323424,9 | 377087,4 | 430638,7 | 484063,1 | 537345,4 |
| $\tau^8$ | 2,12 46 | 2,47 97 | 2,83 54 | 3,19 16 | 3,54 84 |
| $x = 20$ | 0,025 | 0,021 | 0,019 | 0,017 | 0,015 |
| 30 | 0,083 | 0,072 | 0,063 | 0,056 | 0,050 |
| 40 | 0,198 | 0,170 | 0,149 | 0,132 | 0,119 |
| 50 | 0,386 | 0,331 | 0,290 | 0,258 | 0,233 |
| 60 | 0,668 | 0,573 | 0,502 | 0,446 | 0,402 |
| 70 | 1,057 | 0,909 | 0,796 | 0,709 | 0,638 |
| 80 | 1,558 | 1,355 | 1,188 | 1,058 | 0,953 |
| 90 | 2,171 | 1,912 | 1,691 | 1,505 | 1,357 |
| 100 | 2,895 | 2,580 | 2,304 | 2,064 | 1,859 |
| 110 | 3,732 | 3,361 | 3,029 | 2,733 | 2,476 |
| 120 | 4,681 | 4,255 | 3,866 | 3,515 | 3,202 |
| 130 | 5,743 | 5,260 | 4,816 | 4,409 | 4,040 |
| 140 | 6,918 | 6,379 | 5,878 | 5,415 | 4,990 |
| 150 | 8,207 | 7,611 | 7,054 | 6,534 | 6,054 |
| 160 | 9,610 | 8,957 | 8,344 | 7,767 | 7,230 |
| 170 | 11,127 | 10,417 | 9,747 | 9,114 | 8,521 |
| 180 | 12,759 | 11,993 | 11,264 | 10,575 | 9,925 |
| 190 | 14,508 | 13,684 | 12,897 | 12,151 | 11,444 |
| 200 | 16,374 | 15,491 | 14,647 | 13,843 | 13,079 |
| 210 | 18,357 | 17,415 | 16,514 | 15,651 | 14,829 |
| 220 | 20,458 | 19,457 | 18,498 | 17,576 | 16,696 |
| 230 | 22,678 | 21,618 | 20,599 | 19,619 | 18,680 |
| 240 |  | 23,898 | 22,819 | 21,780 | 20,783 |
| 250 |  |  |  | 24,061 | 23,004 |

## Kreisbogen mit Übergangsbogen.

| $r$ | 900 | 900 | 900 | 900 | 900 |
|---|---|---|---|---|---|
| $L$ | 110 | 120 | 130 | 140 | 150 |
| $l$ | 109,959 | 119,947 | 129,932 | 139,915 | 149,896 |
| $a$ | 54,775 | 59,709 | 64,630 | 69,539 | 74,434 |
| $f$ | 0,558 | 0,664 | 0,779 | 0,902 | 1,035 |
| $1:m$ | 590469,8 | 643421,6 | 696185,4 | 748746,8 | 801090,1 |
| $\tau^g$ | 3,90 59 | 4,26 41 | 4,62 32 | 4,98 32 | 5,34 41 |
| $x = 20$ | 0,014 | 0,012 | 0,011 | 0,011 | 0,010 |
| 30 | 0,046 | 0,042 | 0,039 | 0,036 | 0,034 |
| 40 | 0,109 | 0,100 | 0,092 | 0,085 | 0,080 |
| 50 | 0,212 | 0,195 | 0,179 | 0,167 | 0,156 |
| 60 | 0,366 | 0,336 | 0,310 | 0,289 | 0,270 |
| 70 | 0,581 | 0,533 | 0,493 | 0,458 | 0,428 |
| 80 | 0,867 | 0,796 | 0,735 | 0,684 | 0,639 |
| 90 | 1,235 | 1,133 | 1,046 | 0,974 | 0,910 |
| 100 | 1,694 | 1,554 | 1,436 | 1,336 | 1,248 |
| 110 | 2,252 | 2,069 | 1,912 | 1,778 | 1,661 |
| 120 | 2,925 | 2,682 | 2,482 | 2,308 | 2,157 |
| 130 | 3,707 | 3,413 | 3,151 | 2,934 | 2,743 |
| 140 | 4,602 | 4,253 | 3,941 | 3,658 | 3,425 |
| 150 | 5,609 | 5,205 | 4,837 | 4,506 | 4,204 |
| 160 | 6,730 | 6,269 | 5,846 | 5,460 | 5,112 |
| 170 | 7,965 | 7,447 | 6,969 | 6,526 | 6,123 |
| 180 | 9,312 | 8,739 | 8,204 | 7,707 | 7,248 |
| 190 | 10,775 | 10,145 | 9,554 | 9,000 | 8,486 |
| 200 | 12,352 | 11,666 | 11,018 | 10,408 | 9,838 |
| 210 | 14,045 | 13,301 | 12,597 | 11,930 | 11,304 |
| 220 | 15,854 | 15,053 | 14,291 | 13,568 | 12,885 |
| 230 | 17,780 | 16,921 | 16,102 | 15,322 | 14,582 |
| 240 | 19,824 | 18,907 | 18,030 | 17,192 | 16,395 |
| 250 | 21,987 | 21,011 | 20,076 | 19,180 | 18,325 |

# Tafel III.
## Kreisbogen mit Übergangsbogen.

| $r$ | 900 | 900 | 900 | 900 | 900 |
|---|---|---|---|---|---|
| $L$ | 160 | 170 | 180 | 190 | 200 |
| $l$ | 159,874 | 169,848 | 179,820 | 189,788 | 199,753 |
| $a$ | 79,314 | 84,178 | 89,026 | 93,857 | 98,670 |
| $f$ | 1,177 | 1,327 | 1,486 | 1,654 | 1,831 |
| $1:m$ | 853201,6 | 905066,6 | 956670,9 | 1008000,9 | 1059043,2 |
| $\tau^8$ | 5,70 61 | 6,06 91 | 6,43 33 | 6,79 87 | 7,16 53 |
| $x = 20$ | 0,009 | 0,009 | 0,008 | 0,008 | 0,008 |
| 30 | 0,032 | 0,030 | 0,028 | 0,027 | 0,025 |
| 40 | 0,075 | 0,071 | 0,067 | 0,063 | 0,060 |
| 50 | 0,147 | 0,138 | 0,131 | 0,124 | 0,118 |
| 60 | 0,253 | 0,239 | 0,226 | 0,214 | 0,204 |
| 70 | 0,402 | 0,379 | 0,359 | 0,340 | 0,324 |
| 80 | 0,600 | 0,566 | 0,535 | 0,508 | 0,483 |
| 90 | 0,854 | 0,805 | 0,762 | 0,723 | 0,688 |
| 100 | 1,172 | 1,105 | 1,045 | 0,992 | 0,944 |
| 110 | 1,560 | 1,471 | 1,391 | 1,320 | 1,257 |
| 120 | 2,025 | 1,909 | 1,806 | 1,714 | 1,632 |
| 130 | 2,575 | 2,427 | 2,297 | 2,180 | 2,075 |
| 140 | 3,216 | 3,032 | 2,868 | 2,722 | 2,591 |
| 150 | 3,956 | 3,729 | 3,528 | 3,348 | 3,187 |
| 160 | 4,789 | 4,526 | 4,282 | 4,063 | 3,868 |
| 170 | 5,758 | 5,414 | 5,136 | 4,874 | 4,639 |
| 180 | 6,827 | 6,442 | 6,078 | 5,786 | 5,507 |
| 190 | 8,009 | 7,570 | 7,168 | 6,782 | 6,477 |
| 200 | 9,306 | 8,811 | 8,354 | 7,935 | 7,526 |
| 210 | 10,717 | 10,166 | 9,654 | 9,179 | 8,743 |
| 220 | 12,241 | 11,635 | 11,068 | 10,538 | 10,047 |
| 230 | 13,881 | 13,219 | 12,596 | 12,011 | 11,465 |
| 240 | 15,638 | 14,919 | 14,239 | 13,599 | 12,997 |
| 250 | 17,511 | 16,735 | 15,999 | 15,302 | 14,645 |

# Kreisbogen mit Übergangsbogen.

| $r$ | 900 | 900 | 1000 | 1000 | 1000 |
|---|---|---|---|---|---|
| $L$ | 210 | 220 | 20 | 30 | 40 |
| $l$ | 209,714 | 219,671 | 20 | 30 | 40 |
| $a$ | 103,463 | 108,237 | 10 | 15 | 20 |
| $f$ | 2,017 | 2,211 | 0,017 | 0,038 | 0,067 |
| $1 : m$ | 1109783,5 | 1160209,4 | 120000,0 | 180000,0 | 240000,0 |
| $\tau^g$ | 7,53 33 | 7,90 27 | — | — | — |
| $x = 20$ | 0,007 | 0,007 | 0,067 | 0,044 | 0,033 |
| 30 | 0,024 | 0,023 | 0,217 | 0,150 | 0,112 |
| 40 | 0,058 | 0,055 | 0,467 | 0,350 | 0,267 |
| 50 | 0,113 | 0,108 | 0,817 | 0,650 | 0,517 |
| 60 | 0,195 | 0,186 | 1,268 | 1,050 | 0,867 |
| 70 | 0,309 | 0,296 | 1,819 | 1,551 | 1,318 |
| 80 | 0,461 | 0,441 | 2,470 | 2,152 | 1,869 |
| 90 | 0,657 | 0,628 | 3,222 | 2,854 | 2,520 |
| 100 | 0,901 | 0,862 | 4,075 | 3,657 | 3,272 |
| 110 | 1,199 | 1,147 | 5,029 | 4,560 | 4,125 |
| 120 | 1,557 | 1,489 | 6,085 | 5,565 | 5,079 |
| 130 | 1,980 | 1,894 | 7,243 | 6,672 | 6,135 |
| 140 | 2,473 | 2,365 | 8,503 | 7,881 | 7,293 |
| 150 | 3,041 | 2,909 | 9,865 | 9,192 | 8,553 |
| 160 | 3,691 | 3,530 | 11,331 | 10,606 | 9,915 |
| 170 | 4,427 | 4,235 | 12,900 | 12,123 | 11,381 |
| 180 | 5,255 | 5,027 | 14,573 | 13,744 | 12,950 |
| 190 | 6,180 | 5,912 | 16,350 | 15,469 | 14,623 |
| 200 | 7,209 | 6,895 | 18,233 | 17,299 | 16,400 |
| 210 | 8,311 | 7,982 | 20,221 | 19,234 | 18,283 |
| 220 | 9,594 | 9,137 | 22,316 | 21,276 | 20,271 |
| 230 | 10,956 | 10,486 | | 23,423 | 22,366 |
| 240 | 12,434 | 11,909 | | | |
| 250 | 14,027 | 13,446 | | | |

## Tafel III.
### Kreisbogen mit Übergangsbogen.

| $r$ | 1000 | 1000 | 1000 | 1000 | 1000 |
|---|---|---|---|---|---|
| $L$ | 50 | 60 | 70 | 80 | 90 |
| $l$ | 50 | 59,995 | 69,991 | 79,987 | 89,982 |
| $a$ | 25 | 29,970 | 34,953 | 39,930 | 44,900 |
| $f$ | 0,104 | 0,150 | 0,204 | 0,266 | 0,337 |
| $1 : m$ | 300000,0 | 359482,4 | 419178,2 | 478774,1 | 538255,6 |
| $\tau^g$ | — | 1,91 17 | 2,23 11 | 2,55 08 | 2,87 10 |
| $x = 20$ | 0,027 | 0,022 | 0,019 | 0,017 | 0,015 |
| 30 | 0,090 | 0,075 | 0,064 | 0,056 | 0,050 |
| 40 | 0,213 | 0,178 | 0,153 | 0,134 | 0,119 |
| 50 | 0,417 | 0,348 | 0,298 | 0,261 | 0,232 |
| 60 | 0,717 | 0,601 | 0,515 | 0,451 | 0,401 |
| 70 | 1,117 | 0,951 | 0,818 | 0,716 | 0,637 |
| 80 | 1,618 | 1,402 | 1,219 | 1,069 | 0,951 |
| 90 | 2,219 | 1,953 | 1,720 | 1,521 | 1,354 |
| 100 | 2,921 | 2,605 | 2,322 | 2,072 | 1,856 |
| 110 | 3,723 | 3,357 | 3,024 | 2,724 | 2,458 |
| 120 | 4,627 | 4,211 | 3,827 | 3,477 | 3,161 |
| 130 | 5,632 | 5,166 | 4,731 | 4,331 | 3,965 |
| 140 | 6,738 | 6,222 | 5,737 | 5,286 | 4,869 |
| 150 | 7,947 | 7,380 | 6,844 | 6,342 | 5,875 |
| 160 | 9,258 | 8,640 | 8,053 | 7,501 | 6,983 |
| 170 | 10,672 | 10,003 | 9,364 | 8,761 | 8,193 |
| 180 | 12,189 | 11,468 | 10,779 | 10,124 | 9,505 |
| 190 | 13,810 | 13,038 | 12,297 | 11,590 | 10,920 |
| 200 | 15,535 | 14,711 | 13,918 | 13,160 | 12,438 |
| 210 | 17,365 | 16,489 | 15,644 | 14,834 | 14,060 |
| 220 | 19,301 | 18,371 | 17,889 | 16,610 | 15,786 |
| 230 | 21,342 | 20,360 | 19,408 | 18,496 | 17,617 |
| 240 | 23,490 | 22,455 | 21,452 | 20,485 | 19,554 |
| 250 | | 24,657 | 23,600 | 22,579 | 21,596 |

## Kreisbogen mit Übergangsbogen.

| $r$ | 1000 | 1000 | 1000 | 1000 | 1000 |
|---|---|---|---|---|---|
| $L$ | 100 | 110 | 120 | 130 | 140 |
| $l$ | 99,975 | 109,967 | 119,957 | 129,945 | 139,931 |
| $a$ | 49,863 | 54,818 | 59,764 | 64,700 | 69,626 |
| $f$ | 0,416 | 0,503 | 0,598 | 0,701 | 0,813 |
| $1:m$ | 597608,8 | 656819,8 | 715874,3 | 774759,4 | 833461,2 |
| $\tau_8$ | 3,19 16 | 3,51 27 | 3,83 43 | 4,15 66 | 4,47 95 |
| $x = 20$ | 0,013 | 0,012 | 0,011 | 0,010 | 0,010 |
| 30 | 0,045 | 0,041 | 0,038 | 0,035 | 0,032 |
| 40 | 0,107 | 0,097 | 0,089 | 0,083 | 0,077 |
| 50 | 0,209 | 0,190 | 0,175 | 0,162 | 0,150 |
| 60 | 0,361 | 0,329 | 0,302 | 0,279 | 0,259 |
| 70 | 0,574 | 0,523 | 0,479 | 0,443 | 0,412 |
| 80 | 0,857 | 0,780 | 0,715 | 0,661 | 0,614 |
| 90 | 1,220 | 1,110 | 1,018 | 0,941 | 0,875 |
| 100 | 1,672 | 1,522 | 1,397 | 1,291 | 1,200 |
| 110 | 2,226 | 2,025 | 1,859 | 1,718 | 1,597 |
| 120 | 2,879 | 2,630 | 2,411 | 2,230 | 2,073 |
| 130 | 3,632 | 3,333 | 3,068 | 2,832 | 2,636 |
| 140 | 4,486 | 4,138 | 3,822 | 3,540 | 3,288 |
| 150 | 5,442 | 5,043 | 4,678 | 4,346 | 4,048 |
| 160 | 6,500 | 6,050 | 5,634 | 5,253 | 4,905 |
| 170 | 7,659 | 7,159 | 6,693 | 6,261 | 5,863 |
| 180 | 8,920 | 8,369 | 7,853 | 7,370 | 6,923 |
| 190 | 10,284 | 9,682 | 9,115 | 8,582 | 8,084 |
| 200 | 11,751 | 11,098 | 10,480 | 9,896 | 9,348 |
| 210 | 13,321 | 12,617 | 11,948 | 11,313 | 10,715 |
| 220 | 14,996 | 14,240 | 13,519 | 12,833 | 12,184 |
| 230 | 16,775 | 15,967 | 15,195 | 14,458 | 13,756 |
| 240 | 18,659 | 17,799 | 16,975 | 16,186 | 15,433 |
| 250 | 20,648 | 19,736 | 18,860 | 18,019 | 17,215 |

**Tafel III.**

## Kreisbogen mit Übergangsbogen.

| r | 1000 | 1000 | 1000 | 1000 | 1000 |
|---|---|---|---|---|---|
| L | 150 | 160 | 170 | 180 | 190 |
| $l$ | 149,916 | 159,898 | 169,877 | 179,854 | 189,829 |
| $a$ | 74,540 | 79,443 | 84,332 | 89,209 | 94,071 |
| $f$ | 0,933 | 1,060 | 1,196 | 1,340 | 1,492 |
| $1:m$ | 891965,6 | 950260,4 | 1008331,6 | 1066166,8 | 1123751,7 |
| $\tau^g$ | 4,80 31 | 5,12 75 | 5,45 26 | 5,77 86 | 6,10 55 |
| $x = 20$ | 0,009 | 0,008 | 0,008 | 0,008 | 0,007 |
| 30 | 0,030 | 0,028 | 0,027 | 0,025 | 0,024 |
| 40 | 0,072 | 0,067 | 0,063 | 0,060 | 0,057 |
| 50 | 0,140 | 0,131 | 0,123 | 0,117 | 0,111 |
| 60 | 0,242 | 0,227 | 0,214 | 0,203 | 0,192 |
| 70 | 0,385 | 0,361 | 0,340 | 0,322 | 0,305 |
| 80 | 0,574 | 0,539 | 0,508 | 0,480 | 0,456 |
| 90 | 0,817 | 0,767 | 0,723 | 0,684 | 0,649 |
| 100 | 1,121 | 1,052 | 0,992 | 0,938 | 0,890 |
| 110 | 1,492 | 1,401 | 1,320 | 1,248 | 1,184 |
| 120 | 1,937 | 1,819 | 1,714 | 1,621 | 1,537 |
| 130 | 2,463 | 2,312 | 2,179 | 2,061 | 1,955 |
| 140 | 3,076 | 2,888 | 2,721 | 2,574 | 2,442 |
| 150 | 3,777 | 3,552 | 3,347 | 3,166 | 3,003 |
| 160 | 4,592 | 4,302 | 4,062 | 3,842 | 3,645 |
| 170 | 5,500 | 5,169 | 4,862 | 4,608 | 4,372 |
| 180 | 6,510 | 6,129 | 5,783 | 5,457 | 5,190 |
| 190 | 7,621 | 7,191 | 6,794 | 6,432 | 6,087 |
| 200 | 8,834 | 8,354 | 7,908 | 7,496 | 7,118 |
| 210 | 10,150 | 9,619 | 9,124 | 8,662 | 8,234 |
| 220 | 11,569 | 10,987 | 10,442 | 9,930 | 9,453 |
| 230 | 13,091 | 12,459 | 11,863 | 11,301 | 10,773 |
| 240 | 14,716 | 14,034 | 13,387 | 12,774 | 12,197 |
| 250 | 16,446 | 15,712 | 15,014 | 14,352 | 13,724 |

330

## Kreisbogen mit Übergangsbogen.

| $r$ | 1000 | 1000 | 1000 | 1000 | 1100 |
|---|---|---|---|---|---|
| $L$ | 200 | 210 | 220 | 230 | 20 |
| $l$ | 199,800 | 209,768 | 219,734 | 229,696 | 20 |
| $a$ | 98,918 | 103,750 | 108,565 | 113,363 | 10 |
| $f$ | 1,652 | 1,819 | 1,995 | 2,178 | 0,015 |
| $1:m$ | 1181075,3 | 1238124,5 | 1294887,5 | 1351350,6 | 132000,0 |
| $\tau^g$ | 6,43 33 | 6,76 21 | 7,09 19 | 7,42 28 | — |
| $x = 20$ | 0,007 | 0,006 | 0,006 | 0,006 | 0,061 |
| 30 | 0,023 | 0,022 | 0,021 | 0,020 | 0,196 |
| 40 | 0,054 | 0,052 | 0,049 | 0,047 | 0,423 |
| 50 | 0,106 | 0,101 | 0,096 | 0,092 | 0,742 |
| 60 | 0,183 | 0,174 | 0,167 | 0,160 | 1,152 |
| 70 | 0,290 | 0,277 | 0,265 | 0,254 | 1,653 |
| 80 | 0,433 | 0,414 | 0,395 | 0,379 | 2,245 |
| 90 | 0,617 | 0,589 | 0,563 | 0,539 | 2,928 |
| 100 | 0,847 | 0,808 | 0,772 | 0,740 | 3,703 |
| 110 | 1,127 | 1,075 | 1,028 | 0,985 | 4,570 |
| 120 | 1,463 | 1,396 | 1,335 | 1,279 | 5,529 |
| 130 | 1,860 | 1,774 | 1,697 | 1,626 | 6,580 |
| 140 | 2,323 | 2,216 | 2,119 | 2,031 | 7,724 |
| 150 | 2,857 | 2,726 | 2,606 | 2,498 | 8,960 |
| 160 | 3,468 | 3,308 | 3,163 | 3,031 | 10,290 |
| 170 | 4,160 | 3,968 | 3,794 | 3,636 | 11,714 |
| 180 | 4,938 | 4,710 | 4,504 | 4,316 | 13,231 |
| 190 | 5,807 | 5,540 | 5,297 | 5,076 | 14,842 |
| 200 | 6,753 | 6,461 | 6,178 | 5,920 | 16,548 |
| 210 | 7,841 | 7,455 | 7,152 | 6,853 | 18,349 |
| 220 | 9,010 | 8,600 | 8,193 | 7,880 | 20,247 |
| 230 | 10,281 | 9,821 | 9,396 | 8,968 | 22,240 |
| 240 | 11,654 | 11,144 | 10,670 | 10,229 | 24,329 |
| 250 | 13,131 | 12,571 | 12,047 | 11,557 | |
| 260 | 14,711 | 14,101 | 13,528 | 12,988 | |
| 270 | 16,395 | 15,736 | 15,112 | 14,522 | |
| 280 | 18,184 | 17,474 | 16,800 | 16,160 | |

Tafel III.

## Kreisbogen mit Übergangsbogen.

| $r$ | 1100 | 1100 | 1100 | 1100 | 1100 |
|---|---|---|---|---|---|
| $L$ | 30 | 40 | 50 | 60 | 70 |
| $l$ | 30 | 40 | 50 | 59,996 | 69,993 |
| $a$ | 15 | 20 | 25 | 29,975 | 34,961 |
| $f$ | 0,034 | 0,061 | 0,095 | 0,136 | 0,186 |
| $1:m$ | 198000,0 | 264000,0 | 330000,0 | 395529,4 | 461252,8 |
| $\tau^8$ | — | — | — | 1,73 76 | 2,02 78 |
| $x = 20$ | 0,040 | 0,030 | 0,024 | 0,020 | 0,017 |
| 30 | 0,136 | 0,102 | 0,082 | 0,068 | 0,059 |
| 40 | 0,318 | 0,242 | 0,194 | 0,162 | 0,139 |
| 50 | 0,591 | 0,469 | 0,379 | 0,316 | 0,271 |
| 60 | 0,955 | 0,788 | 0,652 | 0,546 | 0,468 |
| 70 | 1,410 | 1,198 | 1,016 | 0,864 | 0,743 |
| 80 | 1,956 | 1,699 | 1,471 | 1,274 | 1,108 |
| 90 | 2,594 | 2,291 | 2,017 | 1,775 | 1,564 |
| 100 | 3,323 | 2,974 | 2,655 | 2,367 | 2,110 |
| 110 | 4,144 | 3,749 | 3,384 | 3,051 | 2,748 |
| 120 | 5,057 | 4,616 | 4,205 | 3,825 | 3,478 |
| 130 | 6,062 | 5,575 | 5,118 | 4,693 | 4,299 |
| 140 | 7,159 | 6,626 | 6,123 | 5,652 | 5,213 |
| 150 | 8,349 | 7,770 | 7,220 | 6,704 | 6,218 |
| 160 | 9,632 | 9,006 | 8,410 | 7,848 | 7,316 |
| 170 | 11,009 | 10,336 | 9,693 | 9,085 | 8,506 |
| 180 | 12,479 | 11,760 | 11,070 | 10,415 | 9,789 |
| 190 | 14,044 | 13,277 | 12,540 | 11,838 | 11,166 |
| 200 | 15,703 | 14,888 | 14,105 | 13,355 | 12,637 |
| 210 | 17,456 | 16,594 | 15,764 | 14,967 | 14,202 |
| 220 | 19,305 | 18,395 | 17,517 | 16,673 | 15,861 |
| 230 | 21,250 | 20,293 | 19,366 | 18,474 | 17,615 |
| 240 | 23,291 | 22,286 | 21,311 | 20,372 | 19,465 |
| 250 | | 24,375 | 23,352 | 22,366 | 21,410 |

332

## Kreisbogen mit Übergangsbogen.

| $r$ | 1100 | 1100 | 1100 | 1100 | 1100 |
|---|---|---|---|---|---|
| $L$ | 80 | 90 | 100 | 110 | 120 |
| $l$ | 79,989 | 89,985 | 99,979 | 109,972 | 119,964 |
| $a$ | 39,942 | 44,917 | 49,887 | 54,849 | 59,805 |
| $f$ | 0,242 | 0,306 | 0,378 | 0,457 | 0,544 |
| $1:m$ | 526885,2 | 592413,3 | 657824,8 | 723106,5 | 788246,4 |
| $\tau^8$ | 2,31 82 | 2,60 90 | 2,90 01 | 3,19 16 | 3,48 35 |
| $x = 20$ | 0,015 | 0,014 | 0,012 | 0,011 | 0,010 |
| 30 | 0,051 | 0,046 | 0,041 | 0,037 | 0,034 |
| 40 | 0,121 | 0,108 | 0,097 | 0,089 | 0,081 |
| 50 | 0,237 | 0,211 | 0,190 | 0,173 | 0,159 |
| 60 | 0,410 | 0,365 | 0,328 | 0,299 | 0,274 |
| 70 | 0,651 | 0,579 | 0,521 | 0,474 | 0,435 |
| 80 | 0,971 | 0,864 | 0,778 | 0,708 | 0,650 |
| 90 | 1,382 | 1,230 | 1,108 | 1,008 | 0,925 |
| 100 | 1,883 | 1,686 | 1,519 | 1,383 | 1,269 |
| 110 | 2,475 | 2,233 | 2,021 | 1,839 | 1,689 |
| 120 | 3,159 | 2,871 | 2,615 | 2,388 | 2,190 |
| 130 | 3,934 | 3,601 | 3,300 | 3,027 | 2,786 |
| 140 | 4,802 | 4,422 | 4,075 | 3,758 | 3,471 |
| 150 | 5,762 | 5,337 | 4,943 | 4,580 | 4,248 |
| 160 | 6,814 | 6,343 | 5,903 | 5,494 | 5,117 |
| 170 | 7,958 | 7,441 | 6,955 | 6,501 | 6,078 |
| 180 | 9,195 | 8,632 | 8,100 | 7,599 | 7,131 |
| 190 | 10,525 | 9,916 | 9,337 | 8,791 | 8,276 |
| 200 | 11,949 | 11,293 | 10,669 | 10,076 | 9,514 |
| 210 | 13,467 | 12,764 | 12,093 | 11,454 | 10,846 |
| 220 | 15,079 | 14,329 | 13,611 | 12,925 | 12,271 |
| 230 | 16,786 | 15,989 | 15,224 | 14,491 | 13,790 |
| 240 | 18,587 | 17,743 | 16,925 | 16,151 | 15,403 |
| 250 | 20,485 | 19,692 | 18,723 | 17,906 | 17,111 |

Tafel III.

## Kreisbogen mit Übergangsbogen.

| $r$ | 1100 | 1100 | 1100 | 1100 | 1100 |
|---|---|---|---|---|---|
| $L$ | 130 | 140 | 150 | 160 | 170 |
| $l$ | 129,955 | 139,943 | 149,930 | 159,915 | 169,898 |
| $a$ | 64,752 | 69,690 | 74,619 | 79,539 | 84,447 |
| $f$ | 0,638 | 0,740 | 0,849 | 0,965 | 1,089 |
| $1:m$ | 853230,8 | 918048,3 | 982685,9 | 1047131,4 | 1111373,1 |
| $\tau^8$ | 3,77 58 | 4,06 86 | 4,36 20 | 4,65 59 | 4,95 04 |
| $x = 20$ | 0,009 | 0,009 | 0,008 | 0,008 | 0,007 |
| 30 | 0,032 | 0,029 | 0,027 | 0,026 | 0,024 |
| 40 | 0,075 | 0,070 | 0,065 | 0,061 | 0,058 |
| 50 | 0,146 | 0,133 | 0,127 | 0,119 | 0,112 |
| 60 | 0,253 | 0,235 | 0,220 | 0,206 | 0,194 |
| 70 | 0,402 | 0,374 | 0,349 | 0,328 | 0,309 |
| 80 | 0,600 | 0,558 | 0,521 | 0,489 | 0,461 |
| 90 | 0,854 | 0,794 | 0,742 | 0,696 | 0,656 |
| 100 | 1,172 | 1,089 | 1,018 | 0,955 | 0,900 |
| 110 | 1,560 | 1,450 | 1,354 | 1,271 | 1,198 |
| 120 | 2,025 | 1,882 | 1,758 | 1,650 | 1,555 |
| 130 | 2,572 | 2,393 | 2,236 | 2,098 | 1,977 |
| 140 | 3,215 | 2,985 | 2,792 | 2,620 | 2,469 |
| 150 | 3,946 | 3,676 | 3,430 | 3,223 | 3,037 |
| 160 | 4,770 | 4,453 | 4,168 | 3,905 | 3,686 |
| 170 | 5,685 | 5,323 | 4,992 | 4,691 | 4,413 |
| 180 | 6,692 | 6,285 | 5,908 | 5,562 | 5,247 |
| 190 | 7,792 | 7,339 | 6,917 | 6,525 | 6,165 |
| 200 | 8,984 | 8,486 | 8,018 | 7,581 | 7,175 |
| 210 | 10,270 | 9,725 | 9,212 | 8,729 | 8,278 |
| 220 | 11,649 | 11,058 | 10,498 | 9,970 | 9,473 |
| 230 | 13,121 | 12,484 | 11,879 | 11,303 | 10,761 |
| 240 | 14,686 | 14,004 | 13,352 | 12,731 | 12,143 |
| 250 | 16,348 | 15,619 | 14,920 | 14,253 | 13,618 |
| 260 | 18,105 | 17,328 | 16,583 | 15,869 | 15,188 |
| 270 | 19,956 | 19,132 | 18,340 | 17,579 | 16,852 |
| 280 | 21,903 | 21,032 | 20,193 | 19,385 | 18,611 |

## Kreisbogen mit Übergangsbogen.

| $r$ | 1100 | 1100 | 1100 | 1100 | 1100 |
|---|---|---|---|---|---|
| $L$ | 180 | 190 | 200 | 210 | 220 |
| $l$ | 179,880 | 189,858 | 199,835 | 209,809 | 219,780 |
| $a$ | 89,344 | 94,230 | 99,103 | 103,963 | 108,810 |
| $f$ | 1,220 | 1,358 | 1,504 | 1,656 | 1,817. |
| $1:m$ | 1175398,4 | 1239195,7 | 1302752,9 | 1366058,8 | 1429101,3 |
| $\tau^8$ | 5,24 56 | 5,54 14 | 5,83 80 | 6,13 52 | 6,43 33 |
| $x = 20$ | 0,007 | 0,006 | 0,006 | 0,006 | 0,006 |
| 30 | 0,023 | 0,022 | 0,021 | 0,020 | 0,019 |
| 40 | 0,054 | 0,052 | 0,049 | 0,047 | 0,045 |
| 50 | 0,106 | 0,101 | 0,096 | 0,092 | 0,087 |
| 60 | 0,184 | 0,174 | 0,166 | 0,158 | 0,151 |
| 70 | 0,292 | 0,277 | 0,263 | 0,251 | 0,240 |
| 80 | 0,436 | 0,413 | 0,393 | 0,375 | 0,358 |
| 90 | 0,620 | 0,588 | 0,560 | 0,534 | 0,510 |
| 100 | 0,851 | 0,807 | 0,768 | 0,732 | 0,700 |
| 110 | 1,132 | 1,074 | 1,022 | 0,974 | 0,931 |
| 120 | 1,470 | 1,394 | 1,326 | 1,265 | 1,209 |
| 130 | 1,869 | 1,773 | 1,686 | 1,608 | 1,537 |
| 140 | 2,335 | 2,215 | 2,106 | 2,009 | 1,920 |
| 150 | 2,871 | 2,724 | 2,591 | 2,471 | 2,362 |
| 160 | 3,485 | 3,305 | 3,144 | 2,998 | 2,866 |
| 170 | 4,180 | 3,965 | 3,771 | 3,596 | 3,438 |
| 180 | 4,952 | 4,706 | 4,477 | 4,269 | 4,081 |
| 190 | 5,835 | 5,523 | 5,265 | 5,021 | 4,800 |
| 200 | 6,800 | 6,455 | 6,126 | 5,856 | 5,598 |
| 210 | 7,857 | 7,467 | 7,108 | 6,761 | 6,480 |
| 220 | 9,007 | 8,572 | 8,168 | 7,795 | 7,428 |
| 230 | 10,250 | 9,769 | 9,320 | 8,900 | 8,514 |
| 240 | 11,586 | 11,059 | 10,565 | 10,100 | 9,668 |
| 250 | 13,015 | 12,443 | 11,904 | 11,393 | 10,916 |
| 260 | 14,539 | 13,920 | 13,335 | 12,779 | 12,257 |
| 270 | 16,156 | 15,492 | 14,860 | 14,259 | 13,691 |
| 280 | 17,868 | 17,158 | 16,480 | 15,833 | 15,218 |

# Tafel III.

## Kreisbogen mit Übergangsbogen.

| $r$ | 1100 | 1100 | 1200 | 1200 | 1200 |
|---|---|---|---|---|---|
| $L$ | 230 | 240 | 20 | 30 | 40 |
| $l$ | 229,749 | 239,714 | 20 | 30 | 40 |
| $a$ | 113,642 | 118,460 | 10 | 15 | 20 |
| $f$ | 1,984 | 2,159 | 0,014 | 0,031 | 0,056 |
| $1:m$ | 1491869,4 | 1554352,1 | 144000,0 | 216000,0 | 288000,0 |
| $\tau^8$ | 6,73 21 | 7,03 18 | — | — | — |
| $x = 20$ | 0,005 | 0,005 | 0,056 | 0,037 | 0,028 |
| 30 | 0,018 | 0,017 | 0,180 | 0,125 | 0,094 |
| 40 | 0,043 | 0,041 | 0,389 | 0,291 | 0,222 |
| 50 | 0,084 | 0,080 | 0,681 | 0,542 | 0,431 |
| 60 | 0,145 | 0,139 | 1,057 | 0,875 | 0,723 |
| 70 | 0,230 | 0,221 | 1,515 | 1,292 | 1,099 |
| 80 | 0,343 | 0,329 | 2,058 | 1,793 | 1,557 |
| 90 | 0,489 | 0,469 | 2,684 | 2,377 | 2,100 |
| 100 | 0,670 | 0,643 | 3,394 | 3,045 | 2,726 |
| 110 | 0,892 | 0,856 | 4,188 | 3,797 | 3,436 |
| 120 | 1,158 | 1,112 | 5,066 | 4,634 | 4,230 |
| 130 | 1,473 | 1,413 | 6,029 | 5,554 | 5,108 |
| 140 | 1,839 | 1,765 | 7,077 | 6,559 | 6,071 |
| 150 | 2,262 | 2,171 | 8,209 | 7,649 | 7,119 |
| 160 | 2,746 | 2,635 | 9,426 | 8,824 | 8,251 |
| 170 | 3,293 | 3,161 | 10,729 | 10,084 | 9,468 |
| 180 | 3,909 | 3,752 | 12,117 | 11,429 | 10,771 |
| 190 | 4,598 | 4,413 | 13,591 | 12,860 | 12,159 |
| 200 | 5,363 | 5,147 | 15,151 | 14,377 | 13,633 |
| 210 | 6,208 | 5,958 | 16,798 | 15,981 | 15,193 |
| 220 | 7,137 | 6,850 | 18,532 | 17,671 | 16,840 |
| 230 | 8,129 | 7,828 | 20,353 | 19,449 | 18,574 |
| 240 | 9,266 | 8,862 | 22,262 | 21,313 | 20,395 |
| 250 | 10,468 | 10,052 | 24,259 | 23,266 | 22,304 |
| 260 | 11,764 | 11,303 | | | 24,301 |
| 270 | 13,153 | 12,647 | | | |
| 280 | 14,636 | 14,085 | | | |
| 290 | 16,213 | 15,617 | | | |
| 300 | 17,885 | 17,242 | | | |

# Kreisbogen mit Übergangsbogen.

| $r$ | 1200 | 1200 | 1200 | 1200 | 1200 |
|---|---|---|---|---|---|
| $L$ | 50 | 60 | 70 | 80 | 90 |
| $l$ | 50 | 60 | 69,994 | 79,991 | 89,987 |
| $a$ | 25 | 30 | 34,967 | 39,951 | 44,931 |
| $f$ | 0,087 | 0,125 | 0,170 | 0,222 | 0,281 |
| $1:m$ | 360000,0 | 432000,0 | 503314,9 | 574977,6 | 646544,8 |
| $\tau^g$ | — | — | 1,85 85 | 2,12 46 | 2,39 09 |
| $x = 20$ | 0,022 | 0,019 | 0,016 | 0,014 | 0,012 |
| 30 | 0,075 | 0,063 | 0,054 | 0,047 | 0,042 |
| 40 | 0,178 | 0,148 | 0,127 | 0,111 | 0,099 |
| 50 | 0,347 | 0,289 | 0,248 | 0,217 | 0,193 |
| 60 | 0,598 | 0,500 | 0,419 | 0,376 | 0,334 |
| 70 | 0,931 | 0,792 | 0,681 | 0,597 | 0,531 |
| 80 | 1,348 | 1,168 | 1,015 | 0,890 | 0,792 |
| 90 | 1,849 | 1,626 | 1,433 | 1,266 | 1,127 |
| 100 | 2,433 | 2,169 | 1,933 | 1,725 | 1,545 |
| 110 | 3,101 | 2,795 | 2,518 | 2,268 | 2,046 |
| 120 | 3,853 | 3,505 | 3,187 | 2,895 | 2,631 |
| 130 | 4,690 | 4,299 | 3,939 | 3,605 | 3,300 |
| 140 | 5,610 | 5,177 | 4,776 | 4,400 | 4,053 |
| 150 | 6,615 | 6,140 | 5,696 | 5,279 | 4,890 |
| 160 | 7,705 | 7,188 | 6,701 | 6,242 | 5,811 |
| 170 | 8,880 | 8,320 | 7,792 | 7,290 | 6,816 |
| 180 | 10,140 | 9,537 | 8,967 | 8,422 | 7,907 |
| 190 | 11,485 | 10,840 | 10,227 | 9,640 | 9,082 |
| 200 | 12,916 | 12,228 | 11,572 | 10,943 | 10,343 |
| 210 | 14,433 | 13,702 | 13,004 | 12,332 | 11,688 |
| 220 | 16,037 | 15,262 | 14,521 | 13,806 | 13,120 |
| 230 | 17,727 | 16,909 | 16,125 | 15,367 | 14,638 |
| 240 | 19,505 | 18,643 | 17,816 | 17,015 | 16,242 |
| 250 | 21,369 | 20,464 | 19,594 | 18,749 | 17,933 |
| 260 | 23,322 | 22,373 | 21,459 | 20,570 | 19,711 |
| 270 | | 24,370 | 23,412 | 22,480 | 21,577 |
| 280 | | | | 24,477 | 23,532 |

Tafel III.

## Kreisbogen mit Übergangsbogen.

| $r$ | 1200 | 1200 | 1200 | 1200 | 1200 |
|---|---|---|---|---|---|
| $L$ | 100 | 110 | 120 | 130 | 140 |
| $l$ | 99,983 | 109,977 | 119,970 | 129,962 | 139,952 |
| $a$ | 49,905 | 54,873 | 59,836 | 64,791 | 69,739 |
| $f$ | 0,347 | 0,419 | 0,499 | 0,585 | 0,678 |
| $1:m$ | 718005,1 | 789346,0 | 860556,5 | 931624,7 | 1002538,8 |
| $\tau^s$ | 2,65 75 | 2,92 44 | 3,19 16 | 3,45 91 | 3,72 70 |
| $x = 20$ | 0,011 | 0,010 | 0,009 | 0,009 | 0,008 |
| 30 | 0,038 | 0,034 | 0,031 | 0,029 | 0,027 |
| 40 | 0,089 | 0,081 | 0,074 | 0,069 | 0,064 |
| 50 | 0,174 | 0,158 | 0,145 | 0,134 | 0,125 |
| 60 | 0,301 | 0,274 | 0,251 | 0,232 | 0,215 |
| 70 | 0,478 | 0,435 | 0,399 | 0,368 | 0,342 |
| 80 | 0,713 | 0,649 | 0,595 | 0,550 | 0,511 |
| 90 | 1,015 | 0,924 | 0,847 | 0,783 | 0,727 |
| 100 | 1,392 | 1,267 | 1,162 | 1,073 | 0,997 |
| 110 | 1,852 | 1,685 | 1,547 | 1,428 | 1,328 |
| 120 | 2,396 | 2,188 | 2,006 | 1,855 | 1,724 |
| 130 | 3,023 | 2,773 | 2,552 | 2,356 | 2,191 |
| 140 | 3,734 | 3,442 | 3,180 | 2,944 | 2,734 |
| 150 | 4,529 | 4,195 | 3,891 | 3,614 | 3,365 |
| 160 | 5,408 | 5,033 | 4,686 | 4,368 | 4,077 |
| 170 | 6,372 | 5,954 | 5,566 | 5,206 | 4,874 |
| 180 | 7,420 | 6,960 | 6,531 | 6,128 | 5,754 |
| 190 | 8,553 | 8,052 | 7,579 | 7,135 | 6,718 |
| 200 | 9,771 | 9,228 | 8,713 | 8,227 | 7,769 |
| 210 | 11,074 | 10,488 | 9,932 | 9,403 | 8,903 |
| 220 | 12,463 | 11,834 | 11,236 | 10,665 | 10,123 |
| 230 | 13,938 | 13,267 | 12,625 | 12,012 | 11,428 |
| 240 | 15,499 | 14,785 | 14,100 | 13,445 | 12,818 |
| 250 | 17,147 | 16,390 | 15,662 | 14,964 | 14,294 |
| 260 | 18,882 | 18,081 | 17,311 | 16,569 | 15,857 |
| 270 | 20,704 | 19,860 | 19,046 | 18,261 | 17,506 |
| 280 | 22,613 | 21,726 | 20,869 | 20,041 | 19,242 |

## Kreisbogen mit Übergangsbogen.

| $r$ | 1200 | 1200 | 1200 | 1200 | 1200 |
|---|---|---|---|---|---|
| $L$ | 150 | 160 | 170 | 180 | 190 |
| $l$ | 149,941 | 159,929 | 169,915 | 179,899 | 189,881 |
| $a$ | 74,680 | 79,612 | 84,535 | 89,448 | 94,352 |
| $f$ | 0,778 | 0,885 | 0,999 | 1,119 | 1,246 |
| $1 : m$ | 1073288,1 | 1143860,3 | 1214244,7 | 1284430,2 | 1354405,9 |
| $\tau 8$ | 3,99 54 | 4,26 41 | 4,53 34 | 4,80 31 | 5,07 33 |
| $x = 20$ | 0,007 | 0,007 | 0,007 | 0,006 | 0,006 |
| 30 | 0,025 | 0,024 | 0,022 | 0,021 | 0,020 |
| 40 | 0,060 | 0,056 | 0,053 | 0,050 | 0,047 |
| 50 | 0,116 | 0,109 | 0,103 | 0,097 | 0,092 |
| 60 | 0,201 | 0,189 | 0,178 | 0,168 | 0,159 |
| 70 | 0,320 | 0,300 | 0,282 | 0,267 | 0,253 |
| 80 | 0,477 | 0,448 | 0,422 | 0,399 | 0,378 |
| 90 | 0,679 | 0,637 | 0,600 | 0,568 | 0,538 |
| 100 | 0,932 | 0,874 | 0,824 | 0,779 | 0,738 |
| 110 | 1,240 | 1,164 | 1,096 | 1,036 | 0,983 |
| 120 | 1,610 | 1,511 | 1,423 | 1,345 | 1,276 |
| 130 | 2,047 | 1,921 | 1,809 | 1,710 | 1,622 |
| 140 | 2,557 | 2,399 | 2,260 | 2,136 | 2,026 |
| 150 | 3,141 | 2,951 | 2,780 | 2,628 | 2,492 |
| 160 | 3,815 | 3,576 | 3,373 | 3,189 | 3,024 |
| 170 | 4,570 | 4,294 | 4,040 | 3,825 | 3,627 |
| 180 | 5,409 | 5,091 | 4,802 | 4,533 | 4,306 |
| 190 | 6,332 | 5,973 | 5,642 | 5,339 | 5,055 |
| 200 | 7,340 | 6,939 | 6,567 | 6,223 | 5,906 |
| 210 | 8,432 | 7,990 | 7,576 | 7,190 | 6,831 |
| 220 | 9,610 | 9,125 | 8,670 | 8,242 | 7,842 |
| 230 | 10,872 | 10,346 | 9,848 | 9,379 | 8,937 |
| 240 | 12,220 | 11,652 | 11,111 | 10,601 | 10,118 |
| 250 | 13,654 | 13,043 | 12,461 | 11,908 | 11,383 |
| 260 | 15,174 | 14,520 | 13,897 | 13,301 | 12,734 |
| 270 | 16,780 | 16,084 | 15,418 | 14,780 | 14,171 |
| 280 | 18,474 | 17,735 | 17,025 | 16,345 | 15,693 |

# Tafel III.

## Kreisbogen mit Übergangsbogen.

| $r$ | 1200 | 1200 | 1200 | 1200 | 1200 |
|---|---|---|---|---|---|
| $L$ | 200 | 210 | 220 | 230 | 240 |
| $l$ | 199,861 | 209,839 | 219,815 | 229,789 | 239,760 |
| $a$ | 99,245 | 104,127 | 108,997 | 113,856 | 118,702 |
| $f$ | 1,380 | 1,520 | 1,668 | 1,821 | 1,982 |
| $1 : m$ | 1424159,7 | 1493681,4 | 1562961,3 | 1631986,9 | 1700748,2 |
| $\tau^g$ | 5,34 41 | 5,61 55 | 5,88 75 | 6,16 00 | 6,43 33 |
| $x = 20$ | 0,006 | 0,005 | 0,005 | 0,005 | 0,005 |
| 30 | 0,019 | 0,018 | 0,017 | 0,017 | 0,016 |
| 40 | 0,045 | 0,043 | 0,041 | 0,039 | 0,038 |
| 50 | 0,088 | 0,084 | 0,080 | 0,077 | 0,073 |
| 60 | 0,152 | 0,145 | 0,138 | 0,132 | 0,127 |
| 70 | 0,241 | 0,230 | 0,219 | 0,210 | 0,202 |
| 80 | 0,360 | 0,343 | 0,328 | 0,314 | 0,301 |
| 90 | 0,512 | 0,488 | 0,466 | 0,447 | 0,429 |
| 100 | 0,702 | 0,669 | 0,640 | 0,613 | 0,588 |
| 110 | 0,935 | 0,891 | 0,852 | 0,816 | 0,783 |
| 120 | 1,213 | 1,157 | 1,106 | 1,059 | 1,016 |
| 130 | 1,543 | 1,471 | 1,406 | 1,346 | 1,292 |
| 140 | 1,927 | 1,837 | 1,756 | 1,681 | 1,613 |
| 150 | 2,370 | 2,260 | 2,159 | 2,068 | 1,984 |
| 160 | 2,876 | 2,742 | 2,621 | 2,510 | 2,408 |
| 170 | 3,450 | 3,289 | 3,143 | 3,010 | 2,889 |
| 180 | 4,095 | 3,904 | 3,731 | 3,574 | 3,429 |
| 190 | 4,816 | 4,592 | 4,388 | 4,203 | 4,033 |
| 200 | 5,606 | 5,356 | 5,118 | 4,902 | 4,704 |
| 210 | 6,502 | 6,186 | 5,925 | 5,675 | 5,445 |
| 220 | 7,471 | 7,128 | 6,796 | 6,525 | 6,261 |
| 230 | 8,525 | 8,140 | 7,784 | 7,435 | 7,154 |
| 240 | 9,664 | 9,237 | 8,840 | 8,469 | 8,104 |
| 250 | 10,887 | 10,419 | 9,981 | 9,569 | 9,184 |
| 260 | 12,196 | 11,687 | 11,207 | 10,753 | 10,330 |
| 270 | 13,591 | 13,042 | 12,518 | 12,023 | 11,558 |
| 280 | 15,072 | 14,484 | 13,915 | 13,378 | 12,872 |

## Kreisbogen mit Übergangsbogen.

| $r$ | 1200 | 1300 | 1300 | 1300 | 1300 |
|---|---|---|---|---|---|
| $L$ | 250 | 20 | 30 | 40 | 50 |
| $l$ | 249,729 | 20 | 30 | 40 | 50 |
| $a$ | 123,535 | 10 | 15 | 20 | 25 |
| $f$ | 2,149 | 0,013 | 0,029 | 0,051 | 0,080 |
| $1 : m$ | 1769235,4 | 156000,0 | 234000,0 | 312000,0 | 390000,0 |
| $\tau^8$ | 6,70 72 | — | — | — | — |
| $x = 20$ | 0,005 | 0,051 | 0,034 | 0,026 | 0,021 |
| 30 | 0,015 | 0,167 | 0,115 | 0,087 | 0,069 |
| 40 | 0,036 | 0,359 | 0,269 | 0,205 | 0,164 |
| 50 | 0,071 | 0,629 | 0,500 | 0,397 | 0,321 |
| 60 | 0,122 | 0,975 | 0,808 | 0,667 | 0,551 |
| 70 | 0,194 | 1,398 | 1,193 | 1,013 | 0,859 |
| 80 | 0,289 | 1,899 | 1,655 | 1,436 | 1,244 |
| 90 | 0,412 | 2,477 | 2,194 | 1,937 | 1,706 |
| 100 | 0,565 | 3,132 | 2,811 | 2,515 | 2,245 |
| 110 | 0,752 | 3,865 | 3,505 | 3,170 | 2,862 |
| 120 | 0,977 | 4,675 | 4,276 | 3,903 | 3,556 |
| 130 | 1,242 | 5,563 | 5,125 | 4,713 | 4,327 |
| 140 | 1,551 | 6,529 | 6,053 | 5,601 | 5,176 |
| 150 | 1,908 | 7,573 | 7,058 | 6,567 | 6,104 |
| 160 | 2,315 | 8,696 | 8,141 | 7,611 | 7,109 |
| 170 | 2,777 | 9,897 | 9,302 | 8,734 | 8,192 |
| 180 | 3,296 | 11,176 | 10,543 | 9,935 | 9,353 |
| 190 | 3,877 | 12,534 | 11,862 | 11,214 | 10,594 |
| 200 | 4,522 | 13,972 | 13,260 | 12,572 | 11,913 |
| 210 | 5,234 | 15,490 | 14,737 | 14,010 | 13,311 |
| 220 | 6,018 | 17,087 | 16,294 | 15,528 | 14,788 |
| 230 | 6,877 | 18,764 | 17,931 | 17,125 | 16,345 |
| 240 | 7,814 | 20,521 | 19,648 | 18,802 | 17,982 |
| 250 | 8,803 | 22,359 | 21,446 | 20,559 | 19,699 |
| 260 | 9,934 | 24,278 | 23,324 | 22,397 | 21,497 |
| 270 | 11,121 | | | 24,316 | 23,375 |
| 280 | 12,393 | | | | |
| 290 | 13,751 | | | | |
| 300 | 15,195 | | | | |

## Kreisbogen mit Übergangsbogen.

| $r$ | 1300 | 1300 | 1300 | 1300 | 1300 |
|---|---|---|---|---|---|
| $L$ | 60 | 70 | 80 | 90 | 100 |
| $l$ | 60 | 69,995 | 79,992 | 89,989 | 99,985 |
| $a$ | 30 | 34,972 | 39,958 | 44,941 | 49,919 |
| $f$ | 0,115 | 0,157 | 0,205 | 0,260 | 0,320 |
| $1 : m$ | 468000,0 | 545367,5 | 623056,1 | 700656,6 | 778157,8 |
| $\tau^g$ | — | 1,71 53 | 1,96 08 | 2,20 65 | 2,45 24 |
| $x = 20$ | 0,017 | 0,015 | 0,013 | 0,011 | 0,010 |
| 30 | 0,058 | 0,050 | 0,043 | 0,039 | 0,035 |
| 40 | 0,137 | 0,117 | 0,103 | 0,091 | 0,082 |
| 50 | 0,267 | 0,229 | 0,201 | 0,178 | 0,161 |
| 60 | 0,462 | 0,396 | 0,347 | 0,308 | 0,278 |
| 70 | 0,731 | 0,629 | 0,551 | 0,490 | 0,441 |
| 80 | 1,077 | 0,937 | 0,822 | 0,731 | 0,658 |
| 90 | 1,500 | 1,322 | 1,169 | 1,040 | 0,937 |
| 100 | 2,001 | 1,784 | 1,592 | 1,426 | 1,284 |
| 110 | 2,579 | 2,324 | 2,193 | 1,889 | 1,709 |
| 120 | 3,234 | 2,942 | 2,672 | 2,429 | 2,210 |
| 130 | 3,967 | 3,636 | 3,327 | 3,046 | 2,789 |
| 140 | 4,777 | 4,407 | 4,060 | 3,740 | 3,445 |
| 150 | 5,665 | 5,256 | 4,871 | 4,512 | 4,178 |
| 160 | 6,631 | 6,183 | 5,759 | 5,362 | 4,989 |
| 170 | 7,675 | 7,188 | 6,725 | 6,289 | 5,878 |
| 180 | 8,798 | 8,273 | 7,770 | 7,295 | 6,845 |
| 190 | 9,999 | 9,434 | 8,893 | 8,378 | 7,890 |
| 200 | 11,278 | 10,674 | 10,094 | 9,541 | 9,013 |
| 210 | 12,636 | 11,993 | 11,374 | 10,781 | 10,214 |
| 220 | 14,074 | 13,392 | 12,733 | 12,101 | 11,494 |
| 230 | 15,592 | 14,870 | 14,171 | 13,499 | 12,853 |
| 240 | 17,189 | 16,427 | 15,688 | 14,977 | 14,291 |
| 250 | 18,866 | 18,064 | 17,286 | 16,535 | 15,809 |
| 260 | 20,623 | 19,781 | 18,963 | 18,173 | 17,407 |
| 270 | 22,461 | 21,579 | 20,721 | 19,890 | 19,084 |
| 280 | 24,380 | 23,458 | 22,559 | 21,688 | 20,842 |

# Kreisbogen mit Übergangsbogen.

| $r$ | 1300 | 1300 | 1300 | 1300 | 1300 |
|---|---|---|---|---|---|
| $L$ | 110 | 120 | 130 | 140 | 150 |
| $l$ | 109,980 | 119,974 | 129,968 | 139,959 | 149,950 |
| $a$ | 54,892 | 59,860 | 64,822 | 69,778 | 74,727 |
| $f$ | 0,387 | 0,461 | 0,540 | 0,627 | 0,719 |
| $1:m$ | 855549,0 | 932820,0 | 1009959,1 | 1086955,6 | 1163799,2 |
| $\tau^8$ | 2,69 85 | 2,94 49 | 3,19 16 | 3,43 85 | 3,68 58 |
| $x = 20$ | 0,009 | 0,009 | 0,008 | 0,007 | 0,007 |
| 30 | 0,032 | 0,029 | 0,027 | 0,025 | 0,023 |
| 40 | 0,075 | 0,069 | 0,063 | 0,059 | 0,055 |
| 50 | 0,146 | 0,134 | 0,124 | 0,115 | 0,107 |
| 60 | 0,252 | 0,232 | 0,214 | 0,199 | 0,186 |
| 70 | 0,401 | 0,368 | 0,340 | 0,316 | 0,295 |
| 80 | 0,598 | 0,549 | 0,507 | 0,471 | 0,440 |
| 90 | 0,85 | 0,782 | 0,722 | 0,671 | 0,626 |
| 100 | 1,169 | 1,072 | 0,990 | 0,920 | 0,859 |
| 110 | 1,555 | 1,427 | 1,318 | 1,225 | 1,144 |
| 120 | 2,018 | 1,851 | 1,711 | 1,590 | 1,485 |
| 130 | 2,559 | 2,354 | 2,174 | 2,021 | 1,888 |
| 140 | 3,176 | 2,933 | 2,715 | 2,522 | 2,358 |
| 150 | 3,871 | 3,590 | 3,333 | 3,104 | 2,897 |
| 160 | 4,643 | 4,324 | 4,029 | 3,761 | 3,519 |
| 170 | 5,493 | 5,135 | 4,802 | 4,496 | 4,215 |
| 180 | 6,421 | 6,024 | 5,652 | 5,308 | 4,989 |
| 190 | 7,427 | 6,991 | 6,581 | 6,198 | 5,840 |
| 200 | 8,511 | 8,037 | 7,587 | 7,166 | 6,769 |
| 210 | 9,673 | 9,160 | 8,672 | 8,212 | 7,776 |
| 220 | 10,914 | 10,362 | 9,835 | 9,336 | 8,861 |
| 230 | 12,234 | 11,643 | 11,076 | 10,538 | 10,025 |
| 240 | 13,633 | 13,002 | 12,397 | 11,819 | 11,267 |
| 250 | 15,112 | 14,441 | 13,796 | 13,179 | 12,589 |
| 260 | 16,669 | 15,960 | 15,275 | 14,618 | 13,989 |
| 270 | 18,307 | 17,558 | 16,833 | 16,138 | 15,469 |
| 280 | 20,025 | 19,236 | 18,472 | 17,737 | 17,028 |

Tafel III.
## Kreisbogen mit Übergangsbogen.

| $r$ | 1300 | 1300 | 1300 | 1300 | 1300 |
|---|---|---|---|---|---|
| $L$ | 160 | 170 | 180 | 190 | 200 |
| $l$ | 159,939 | 169,927 | 179,914 | 189,899 | 199,882 |
| $a$ | 79,669 | 84,603 | 89,529 | 94,447 | 99,356 |
| $f$ | 0,818 | 0,923 | 1,034 | 1,151 | 1,275 |
| $1 : m$ | 1240479,4 | 1316985,8 | 1393308,0 | 1469434,8 | 1545356,6 |
| $\tau^8$ | 3,93 34 | 4,18 14 | 4,42 98 | 4,67 86 | 4,92 78 |
| $x = 20$ | 0,006 | 0,006 | 0,006 | 0,005 | 0,005 |
| 30 | 0,022 | 0,021 | 0,019 | 0,019 | 0,017 |
| 40 | 0,053 | 0,049 | 0,046 | 0,044 | 0 041 |
| 50 | 0,101 | 0,095 | 0,090 | 0,085 | 0,081 |
| 60 | 0,174 | 0,164 | 0,155 | 0,147 | 0,140 |
| 70 | 0,277 | 0,260 | 0,246 | 0,233 | 0,222 |
| 80 | 0,413 | 0,389 | 0,367 | 0,348 | 0,331 |
| 90 | 0,588 | 0,554 | 0,523 | 0,496 | 0,472 |
| 100 | 0,806 | 0,759 | 0,718 | 0,681 | 0,647 |
| 110 | 1,073 | 1,010 | 0,955 | 0,906 | 0,861 |
| 120 | 1,393 | 1,312 | 1,240 | 1,176 | 1,118 |
| 130 | 1,771 | 1,668 | 1,577 | 1,495 | 1,422 |
| 140 | 2,212 | 2,084 | 1,969 | 1,867 | 1,776 |
| 150 | 2,721 | 2,562 | 2,422 | 2,297 | 2,184 |
| 160 | 3,298 | 3,110 | 2,940 | 2,787 | 2,650 |
| 170 | 3,960 | 3,726 | 3,526 | 3,343 | 3,179 |
| 180 | 4,695 | 4,428 | 4,180 | 3,969 | 3,774 |
| 190 | 5,508 | 5,203 | 4,922 | 4,660 | 4,438 |
| 200 | 6,399 | 6,055 | 5,736 | 5,444 | 5,168 |
| 210 | 7,368 | 6,985 | 6,628 | 6,297 | 5,992 |
| 220 | 8,414 | 7,993 | 7,598 | 7,228 | 6,885 |
| 230 | 9,539 | 9,079 | 8,646 | 8,238 | 7,856 |
| 240 | 10,743 | 10,244 | 9,772 | 9,325 | 8,905 |
| 250 | 12,025 | 11,488 | 10,976 | 10,491 | 10,033 |
| 260 | 13,386 | 12,810 | 12,259 | 11,736 | 11,239 |
| 270 | 14,827 | 14,211 | 13,622 | 13,059 | 12,523 |
| 280 | 16,346 | 15,691 | 15,063 | 14,461 | 13,887 |

# Kreisbogen mit Übergangsbogen.

| $r$ | 1300 | 1300 | 1300 | 1300 | 1300 |
|---|---|---|---|---|---|
| $L$ | 210 | 220 | 230 | 240 | 250 |
| $l$ | 209,863 | 219,842 | 229,820 | 239,796 | 249,769 |
| $a$ | 104,255 | 109,144 | 114,023 | 118,891 | 123,748 |
| $f$ | 1,405 | 1,541 | 1,684 | 1,832 | 1,987 |
| $1:m$ | 1621063,4 | 1696544,5 | 1771790,2 | 1846791,1 | 1921536,7 |
| $\tau^8$ | 5,17 74 | 5,42 76 | 5,67 82 | 5,92 94 | 6,18 10 |
| $x = 20$ | 0,005 | 0,005 | 0,005 | 0,004 | 0,004 |
| 30 | 0,017 | 0,016 | 0,015 | 0,015 | 0,014 |
| 40 | 0,039 | 0,038 | 0,036 | 0,035 | 0,033 |
| 50 | 0,077 | 0,074 | 0,071 | 0,068 | 0,065 |
| 60 | 0,133 | 0,127 | 0,122 | 0,117 | 0,112 |
| 70 | 0,212 | 0,202 | 0,194 | 0,186 | 0,178 |
| 80 | 0,316 | 0,302 | 0,289 | 0,277 | 0,266 |
| 90 | 0,450 | 0,430 | 0,411 | 0,394 | 0,379 |
| 100 | 0,617 | 0,589 | 0,564 | 0,541 | 0,520 |
| 110 | 0,821 | 0,784 | 0,751 | 0,721 | 0,692 |
| 120 | 1,066 | 1,018 | 0,975 | 0,936 | 0,899 |
| 130 | 1,355 | 1,295 | 1,240 | 1,190 | 1,143 |
| 140 | 1,693 | 1,617 | 1,549 | 1,486 | 1,428 |
| 150 | 2,082 | 1,989 | 1,905 | 1,827 | 1,756 |
| 160 | 2,527 | 2,414 | 2,312 | 2,217 | 2,131 |
| 170 | 3,031 | 2,896 | 2,773 | 2,660 | 2,557 |
| 180 | 3,598 | 3,438 | 3,292 | 3,158 | 3,035 |
| 190 | 4,231 | 4,043 | 3,871 | 3,714 | 3,569 |
| 200 | 4,935 | 4,716 | 4,515 | 4,332 | 4,163 |
| 210 | 5,702 | 5,459 | 5,227 | 5,015 | 4,819 |
| 220 | 6,568 | 6,263 | 6,010 | 5,766 | 5,541 |
| 230 | 7,501 | 7,171 | 6,851 | 6,588 | 6,332 |
| 240 | 8,512 | 8,144 | 7,802 | 7,466 | 7,196 |
| 250 | 9,601 | 9,195 | 8,815 | 8,460 | 8,109 |
| 260 | 10,768 | 10,324 | 9,906 | 9,513 | 9,147 |
| 270 | 12,014 | 11,531 | 11,075 | 10,644 | 10,240 |
| 280 | 13,339 | 12,817 | 12,323 | 11,854 | 11,412 |
| 290 | 14,743 | 14,182 | 13,650 | 13,142 | 12,662 |
| 300 | 16,226 | 15,627 | 15,056 | 14,509 | 13,990 |

## Kreisbogen mit Übergangsbogen.

| $r$ | 1300 | 1400 | 1400 | 1400 | 1400 |
|---|---|---|---|---|---|
| $L$ | 260 | 20 | 30 | 40 | 50 |
| $l$ | 259,740 | 20 | 30 | 40 | 50 |
| $a$ | 128,594 | 10 | 15 | 20 | 25 |
| $f$ | 2,147 | 0,012 | 0,027 | 0,048 | 0,074 |
| $L:m$ | 1996017,0 | 168000,0 | 252000,0 | 336000,0 | 420000,0 |
| $\tau^g$ | 6,43 33 | — | — | — | — |
| $x = 20$ | 0,004 | 0,048 | 0,032 | 0,024 | 0,019 |
| 30 | 0,014 | 0,155 | 0,107 | 0,080 | 0,064 |
| 40 | 0,032 | 0,334 | 0,250 | 0,190 | 0,152 |
| 50 | 0,062 | 0,584 | 0,464 | 0,369 | 0,298 |
| 60 | 0,108 | 0,905 | 0,750 | 0,620 | 0,511 |
| 70 | 0,172 | 1,298 | 1,108 | 0,941 | 0,797 |
| 80 | 0,257 | 1,763 | 1,537 | 1,334 | 1,155 |
| 90 | 0,365 | 2,300 | 2,037 | 1,799 | 1,584 |
| 100 | 0,501 | 2,908 | 2,609 | 2,336 | 2,084 |
| 110 | 0,667 | 3,588 | 3,254 | 2,944 | 2,656 |
| 120 | 0,866 | 4,340 | 3,970 | 3,624 | 3,301 |
| 130 | 1,101 | 5,164 | 4,758 | 4,376 | 4,017 |
| 140 | 1,375 | 6,061 | 5,619 | 5,200 | 4,805 |
| 150 | 1,691 | 7,030 | 6,551 | 6,097 | 5,666 |
| 160 | 2,052 | 8,071 | 7,556 | 7,066 | 6,598 |
| 170 | 2,461 | 9,185 | 8,634 | 8,107 | 7,603 |
| 180 | 2,921 | 10,372 | 9,784 | 9,221 | 8,681 |
| 190 | 3,436 | 11,632 | 11,007 | 10,408 | 9,831 |
| 200 | 4,008 | 12,965 | 12,304 | 11,668 | 11,054 |
| 210 | 4,640 | 14,371 | 13,674 | 13,001 | 12,351 |
| 220 | 5,335 | 15,851 | 15,117 | 14,407 | 13,721 |
| 230 | 6,096 | 17,405 | 16,634 | 15,887 | 15,164 |
| 240 | 6,926 | 19,034 | 18,225 | 17,441 | 16,681 |
| 250 | 7,828 | 20,737 | 19,891 | 19,070 | 18,272 |
| 260 | 8,779 | 22,514 | 21,631 | 20,773 | 19,938 |
| 270 | 9,861 | 24,367 | 23,446 | 22,550 | 21,678 |
| 280 | 10,994 | | | 24,403 | 23,493 |
| 290 | 12,206 | | | | |
| 300 | 13,496 | | | | |

346

## Kreisbogen mit Übergangsbogen.

| $r$ | 1400 | 1400 | 1400 | 1400 | 1400 |
|---|---|---|---|---|---|
| $L$ | 60 | 70 | 80 | 90 | 100 |
| $l$ | 60 | 70 | 79,993 | 89,991 | 99,987 |
| $a$ | 30 | 35 | 39,964 | 44,949 | 49,930 |
| $f$ | 0,107 | 0,146 | 0,190 | 0,241 | 0,297 |
| $1:m$ | 504000,0 | 588000,0 | 671123,2 | 754752,2 | 838289,0 |
| $\tau^8$ | — | — | 1,82 05 | 2,04 85 | 2,27 67 |
| $x = 20$ | 0,016 | 0,014 | 0,012 | 0,011 | 0,009 |
| 30 | 0,054 | 0,046 | 0,040 | 0,036 | 0,032 |
| 40 | 0,127 | 0,109 | 0,095 | 0,085 | 0,076 |
| 50 | 0,248 | 0,213 | 0,186 | 0,166 | 0,149 |
| 60 | 0,429 | 0,367 | 0,322 | 0,286 | 0,257 |
| 70 | 0,679 | 0,583 | 0,511 | 0,454 | 0,409 |
| 80 | 1,000 | 0,870 | 0,763 | 0,678 | 0,611 |
| 90 | 1,393 | 1,227 | 1,085 | 0,966 | 0,870 |
| 100 | 1,858 | 1,656 | 1,478 | 1,324 | 1,192 |
| 110 | 2,395 | 2,156 | 1,943 | 1,753 | 1,586 |
| 120 | 3,003 | 2,728 | 2,480 | 2,254 | 2,052 |
| 130 | 3,683 | 3,373 | 3,088 | 2,827 | 2,589 |
| 140 | 4,435 | 4,089 | 3,768 | 3,471 | 3,197 |
| 150 | 5,259 | 4,877 | 4,521 | 4,188 | 3,878 |
| 160 | 6,156 | 5,738 | 5,345 | 4,976 | 4,631 |
| 170 | 7,125 | 6,670 | 6,242 | 5,837 | 5,455 |
| 180 | 8,166 | 7,675 | 7,211 | 6,770 | 6,352 |
| 190 | 9,280 | 8,753 | 8,253 | 7,775 | 7,322 |
| 200 | 10,467 | 9,903 | 9,367 | 8,853 | 8,363 |
| 210 | 11,727 | 11,126 | 10,554 | 10,004 | 9,478 |
| 220 | 13,060 | 12,423 | 11,814 | 11,228 | 10,665 |
| 230 | 14,466 | 13,793 | 13,148 | 12,525 | 11,926 |
| 240 | 15,946 | 15,236 | 14,555 | 13,896 | 13,259 |
| 250 | 17,500 | 16,753 | 16,035 | 15,339 | 14,666 |
| 260 | 19,129 | 18,344 | 17,590 | 16,857 | 16,147 |
| 270 | 20,832 | 20,010 | 19,218 | 18,448 | 17,702 |
| 280 | 22,609 | 21,750 | 20,921 | 20,114 | 19,331 |
| 290 | 24,462 | 23,565 | 22,699 | 21,854 | 21,034 |
| 300 | | | 24,552 | 23,670 | 22,812 |

Tafel III.

## Kreisbogen mit Übergangsbogen.

| $r$ | 1400 | 1400 | 1400 | 1400 | 1400 |
|---|---|---|---|---|---|
| $L$ | 110 | 120 | 130 | 140 | 150 |
| $l$ | 109,983 | 119,978 | 129,972 | 139,965 | 149,957 |
| $a$ | 54,907 | 59,879 | 64,846 | 69,808 | 74,764 |
| $f$ | 0,360 | 0,428 | 0,502 | 0,582 | 0,668 |
| $1:m$ | 921723,4 | 1005045,6 | 1088245,4 | 1171313,2 | 1254239,9 |
| $\tau^g$ | 2,50 51 | 2,73 37 | 2,96 25 | 3,19 16 | 3,42 09 |
| $x = 20$ | 0,009 | 0,008 | 0,007 | 0,007 | 0,006 |
| 30 | 0,029 | 0,027 | 0,025 | 0,023 | 0,022 |
| 40 | 0,069 | 0,064 | 0,059 | 0,055 | 0,051 |
| 50 | 0,136 | 0,124 | 0,115 | 0,107 | 0,099 |
| 60 | 0,234 | 0,215 | 0,198 | 0,184 | 0,172 |
| 70 | 0,372 | 0,341 | 0,315 | 0,293 | 0,273 |
| 80 | 0,555 | 0,509 | 0,470 | 0,437 | 0,408 |
| 90 | 0,791 | 0,725 | 0,670 | 0,622 | 0,581 |
| 100 | 1,085 | 0,995 | 0,919 | 0,854 | 0,797 |
| 110 | 1,443 | 1,324 | 1,223 | 1,136 | 1,061 |
| 120 | 1,874 | 1,718 | 1,588 | 1,475 | 1,378 |
| 130 | 2,375 | 2,185 | 2,018 | 1,876 | 1,752 |
| 140 | 2,948 | 2,723 | 2,521 | 2,341 | 2,188 |
| 150 | 3,593 | 3,332 | 3,094 | 2,882 | 2,689 |
| 160 | 4,310 | 4,013 | 3,739 | 3,490 | 3,265 |
| 170 | 5,099 | 4,766 | 4,457 | 4,171 | 3,911 |
| 180 | 5,960 | 5,591 | 5,246 | 4,925 | 4,629 |
| 190 | 6,893 | 6,488 | 6,107 | 5,751 | 5,419 |
| 200 | 7,899 | 7,457 | 7,041 | 6,649 | 6,281 |
| 210 | 8,977 | 8,499 | 8,047 | 7,619 | 7,215 |
| 220 | 10,128 | 9,615 | 9,126 | 8,661 | 8,222 |
| 230 | 11,352 | 10,802 | 10,277 | 9,777 | 9,301 |
| 240 | 12,649 | 12,063 | 11,502 | 10,965 | 10,454 |
| 250 | 14,020 | 13,397 | 12,800 | 12,226 | 11,678 |
| 260 | 15,464 | 14,804 | 14,171 | 13,561 | 12,976 |
| 270 | 16,982 | 16,286 | 15,615 | 14,969 | 14,348 |
| 280 | 18,574 | 17,841 | 17,133 | 16,451 | 15,793 |
| 290 | 20,240 | 19,470 | 18,726 | 18,006 | 17,312 |
| 300 | 21,981 | 21,174 | 20,392 | 19,636 | 18,906 |

# Kreisbogen mit Übergangsbogen.

| $r$ | 1400 | 1400 | 1400 | 1400 | 1400 |
|---|---|---|---|---|---|
| $L$ | 160 | 170 | 180 | 190 | 200 |
| $l$ | 159,948 | 169,937 | 179,926 | 189,913 | 199,898 |
| $a$ | 79,714 | 84,657 | 89,594 | 94,522 | 99,444 |
| $f$ | 0,759 | 0,857 | 0,960 | 1,070 | 1,185 |
| $1:m$ | 1337011,4 | 1419622,5 | 1502062,3 | 1584320,1 | 1666386,6 |
| $\tau^g$ | 3,65 04 | 3,88 03 | 4,11 05 | 4,34 10 | 4,57 19 |
| $x = 20$ | 0,006 | 0,006 | 0,005 | 0,005 | 0,005 |
| 30 | 0,020 | 0,019 | 0,018 | 0,017 | 0,017 |
| 40 | 0,048 | 0,045 | 0,043 | 0,040 | 0,038 |
| 50 | 0,094 | 0,088 | 0,083 | 0,079 | 0,075 |
| 60 | 0,162 | 0,152 | 0,144 | 0,136 | 0,130 |
| 70 | 0,257 | 0,242 | 0,228 | 0,216 | 0,206 |
| 80 | 0,383 | 0,361 | 0,340 | 0,323 | 0,307 |
| 90 | 0,545 | 0,514 | 0,485 | 0,460 | 0,437 |
| 100 | 0,748 | 0,704 | 0,666 | 0,631 | 0,600 |
| 110 | 0,996 | 0,937 | 0,886 | 0,840 | 0,799 |
| 120 | 1,292 | 1,217 | 1,150 | 1,091 | 1,037 |
| 130 | 1,643 | 1,548 | 1,463 | 1,387 | 1,318 |
| 140 | 2,052 | 1,933 | 1,827 | 1,732 | 1,647 |
| 150 | 2,524 | 2,377 | 2,247 | 2,130 | 2,026 |
| 160 | 3,061 | 2,885 | 2,727 | 2,585 | 2,458 |
| 170 | 3,673 | 3,457 | 3,271 | 3,101 | 2,948 |
| 180 | 4,356 | 4,107 | 3,878 | 3,681 | 3,500 |
| 190 | 5,110 | 4,826 | 4,565 | 4,323 | 4,116 |
| 200 | 5,936 | 5,617 | 5,320 | 5,049 | 4,793 |
| 210 | 6,834 | 6,479 | 6,147 | 5,841 | 5,557 |
| 220 | 7,805 | 7,414 | 7,046 | 6,705 | 6,385 |
| 230 | 8,849 | 8,422 | 8,018 | 7,641 | 7,286 |
| 240 | 9,965 | 9,502 | 9,062 | 8,649 | 8,258 |
| 250 | 11,154 | 10,655 | 10,179 | 9,730 | 9,304 |
| 260 | 12,416 | 11,881 | 11,369 | 10,884 | 10,422 |
| 270 | 13,751 | 13,180 | 12,632 | 12,111 | 11,613 |
| 280 | 15,160 | 14,252 | 13,969 | 13,411 | 12,877 |
| 290 | 16,643 | 15,998 | 15,378 | 14,784 | 14,214 |
| 300 | 18,198 | 17,518 | 16,861 | 16,231 | 15,625 |

**Tafel III.**

## Kreisbogen mit Übergangsbogen.

| $r$ | 1400 | 1400 | 1400 | 1400 | 1400 |
|---|---|---|---|---|---|
| $L$ | 210 | 220 | 230 | 240 | 250 |
| $l$ | 209,882 | 219,864 | 229,845 | 239,824 | 249,801 |
| $a$ | 104,356 | 109,261 | 114,156 | 119,042 | 123,918 |
| $f$ | 1,306 | 1,432 | 1,564 | 1,702 | 1,847 |
| $1:m$ | 1748252,6 | 1829908,9 | 1911344,9 | 1992552,7 | 2073521,9 |
| $\tau^g$ | 4,80 31 | 5,03 47 | 5,26 67 | 5,49 91 | 5,73 20 |
| $x = 20$ | 0,005 | 0,004 | 0,004 | 0,004 | 0,004 |
| 30 | 0,015 | 0,015 | 0,014 | 0,014 | 0,013 |
| 40 | 0,037 | 0,035 | 0,033 | 0,032 | 0,031 |
| 50 | 0,072 | 0,068 | 0,065 | 0,063 | 0,060 |
| 60 | 0,124 | 0,118 | 0,113 | 0,108 | 0,104 |
| 70 | 0,196 | 0,187 | 0,179 | 0,172 | 0,165 |
| 80 | 0,293 | 0,280 | 0,268 | 0,257 | 0,247 |
| 90 | 0,417 | 0,398 | 0,381 | 0,366 | 0,352 |
| 100 | 0,572 | 0,547 | 0,523 | 0,502 | 0,482 |
| 110 | 0,761 | 0,727 | 0,696 | 0,668 | 0,641 |
| 120 | 0,988 | 0,944 | 0,904 | 0,867 | 0,833 |
| 130 | 1,257 | 1,201 | 1,150 | 1,103 | 1,060 |
| 140 | 1,570 | 1,500 | 1,436 | 1,378 | 1,324 |
| 150 | 1,930 | 1,844 | 1,766 | 1,694 | 1,628 |
| 160 | 2,342 | 2,238 | 2,143 | 2,056 | 1,975 |
| 170 | 2,810 | 2,685 | 2,570 | 2,466 | 2,369 |
| 180 | 3,336 | 3,187 | 3,051 | 2,927 | 2,813 |
| 190 | 3,923 | 3,748 | 3,589 | 3,442 | 3,308 |
| 200 | 4,576 | 4,372 | 4,186 | 4,015 | 3,858 |
| 210 | 5,288 | 5,061 | 4,845 | 4,648 | 4,466 |
| 220 | 6,091 | 5,808 | 5,571 | 5,344 | 5,135 |
| 230 | 6,956 | 6,648 | 6,353 | 6,106 | 5,868 |
| 240 | 7,893 | 7,550 | 7,231 | 6,923 | 6,667 |
| 250 | 8,902 | 8,524 | 8,170 | 7,840 | 7,518 |
| 260 | 9,985 | 9,571 | 9,181 | 8,816 | 8,476 |
| 270 | 11,140 | 10,690 | 10,265 | 9,864 | 9,489 |
| 280 | 12,368 | 11,882 | 11,421 | 10,985 | 10,575 |
| 290 | 13,669 | 13,148 | 12,650 | 12,179 | 11,733 |
| 300 | 15,044 | 14,487 | 13,954 | 13,446 | 12,964 |

350

## Kreisbogen mit Übergangsbogen.

| $r$ | 1400 | 1400 | 1500 | 1500 | 1500 |
|---|---|---|---|---|---|
| $L$ | 260 | 270 | 20 | 30 | 40 |
| $l$ | 259,776 | 269,749 | 20 | 30 | 40 |
| $a$ | 128,784 | 133,640 | 10 | 15 | 20 |
| $f$ | 1,996 | 2,151 | 0,011 | 0,025 | 0,044 |
| $1:m$ | 2154242,6 | 2234708,2 | 180000,0 | 270000,0 | 360000,0 |
| $\tau^8$ | 5,96 53 | 6,19 90 | — | — | — |
| $x = 20$ | 0,004 | 0,004 | 0,044 | 0,030 | 0,022 |
| 30 | 0,013 | 0,012 | 0,144 | 0,100 | 0,075 |
| 40 | 0,030 | 0,029 | 0,311 | 0,233 | 0,178 |
| 50 | 0,058 | 0,056 | 0,544 | 0,433 | 0,344 |
| 60 | 0,100 | 0,097 | 0,845 | 0,700 | 0,577 |
| 70 | 0,159 | 0,154 | 1,212 | 1,034 | 0,878 |
| 80 | 0,238 | 0,229 | 1,645 | 1,434 | 1,245 |
| 90 | 0,338 | 0,326 | 2,146 | 1,901 | 1,678 |
| 100 | 0,464 | 0,447 | 2,713 | 2,435 | 2,179 |
| 110 | 0,618 | 0,595 | 3,348 | 3,036 | 2,746 |
| 120 | 0,802 | 0,773 | 4,050 | 3,705 | 3,381 |
| 130 | 1,020 | 0,983 | 4,819 | 4,440 | 4,083 |
| 140 | 1,274 | 1,228 | 5,655 | 5,242 | 4,852 |
| 150 | 1,567 | 1,510 | 6,559 | 6,112 | 5,688 |
| 160 | 1,901 | 1,833 | 7,530 | 7,050 | 6,592 |
| 170 | 2,280 | 2,199 | 8,569 | 8,055 | 7,563 |
| 180 | 2,707 | 2,610 | 9,676 | 9,127 | 8,602 |
| 190 | 3,184 | 3,069 | 10,850 | 10,268 | 9,709 |
| 200 | 3,714 | 3,580 | 12,093 | 11,477 | 10,883 |
| 210 | 4,299 | 4,144 | 13,404 | 12,754 | 12,126 |
| 220 | 4,943 | 4,765 | 14,784 | 14,099 | 13,437 |
| 230 | 5,648 | 5,445 | 16,232 | 15,513 | 14,817 |
| 240 | 6,417 | 6,186 | 17,749 | 16,996 | 16,265 |
| 250 | 7,253 | 6,992 | 19,336 | 18,548 | 17,782 |
| 260 | 8,138 | 7,865 | 20,991 | 20,169 | 19,368 |
| 270 | 9,136 | 8,783 | 22,716 | 21,859 | 21,024 |
| 280 | 10,186 | 9,822 | 24,511 | 23,619 | 22,749 |
| 290 | 11,309 | 10,910 | | | 24,544 |
| 300 | 12,505 | 12,070 | | | |

Tafel III.

## Kreisbogen mit Übergangsbogen.

| $r$ | 1500 | 1500 | 1500 | 1500 | 1500 |
|---|---|---|---|---|---|
| $L$ | 50 | 60 | 70 | 80 | 90 |
| $l$ | 50 | 60 | 70 | 79,994 | 89,992 |
| $a$ | 25 | 30 | 35 | 39,969 | 44,956 |
| $f$ | 0,069 | 0,100 | 0,136 | 0,178 | 0,225 |
| $1 : m$ | 450000,0 | 540000,0 | 630000,0 | 719181,8 | 808835,5 |
| $\tau^g$ | — | — | — | 1,69 89 | 1,91 17 |
| $z = 20$ | 0,018 | 0,015 | 0,013 | 0,011 | 0,010 |
| 30 | 0,060 | 0,050 | 0,043 | 0,038 | 0,033 |
| 40 | 0,142 | 0,119 | 0,102 | 0,089 | 0,079 |
| 50 | 0,278 | 0,231 | 0,198 | 0,174 | 0,155 |
| 60 | 0,477 | 0,400 | 0,343 | 0,300 | 0,267 |
| 70 | 0,744 | 0,633 | 0,544 | 0,477 | 0,424 |
| 80 | 1,078 | 0,934 | 0,811 | 0,712 | 0,633 |
| 90 | 1,478 | 1,301 | 1,145 | 1,013 | 0,901 |
| 100 | 1,945 | 1,734 | 1,545 | 1,380 | 1,235 |
| 110 | 2,479 | 2,234 | 2,012 | 1,814 | 1,636 |
| 120 | 3,080 | 2,802 | 2,546 | 2,315 | 2,103 |
| 130 | 3,749 | 3,437 | 3,147 | 2,882 | 2,637 |
| 140 | 4,484 | 4,139 | 3,816 | 3,517 | 3,239 |
| 150 | 5,286 | 4,908 | 4,551 | 4,219 | 3,908 |
| 160 | 6,156 | 5,744 | 5,353 | 4,988 | 4,643 |
| 170 | 7,094 | 6,648 | 6,223 | 5,825 | 5,446 |
| 180 | 8,099 | 7,619 | 7,161 | 6,729 | 6,316 |
| 190 | 9,171 | 8,658 | 8,166 | 7,699 | 7,254 |
| 200 | 10,312 | 9,765 | 9,238 | 8,739 | 8,259 |
| 210 | 11,521 | 10,939 | 10,379 | 9,846 | 9,332 |
| 220 | 12,798 | 12,182 | 11,588 | 11,021 | 10,473 |
| 230 | 14,143 | 13,493 | 12,865 | 12,264 | 11,682 |
| 240 | 15,557 | 14,873 | 14,210 | 13,575 | 12,959 |
| 250 | 17,040 | 16,321 | 15,624 | 14,955 | 14,305 |
| 260 | 18,592 | 17,838 | 17,107 | 16,404 | 15,720 |
| 270 | 20,213 | 19,425 | 18,659 | 17,921 | 17,203 |
| 280 | 21,903 | 21,080 | 20,280 | 19,508 | 18,755 |
| 290 | 23,663 | 22,805 | 21,970 | 21,164 | 20,376 |
| 300 | | 24,600 | 23,730 | 22,889 | 22,066 |

# Kreisbogen mit Übergangsbogen.

| $r$ | 1500 | 1500 | 1500 | 1500 | 1500 |
|---|---|---|---|---|---|
| $L$ | 100 | 110 | 120 | 130 | 140 |
| $l$ | 99,989 | 109,985 | 119,981 | 129,976 | 139,970 |
| $a$ | 49,939 | 54,919 | 59,895 | 64,866 | 69,833 |
| $f$ | 0,278 | 0,336 | 0,400 | 0,469 | 0,543 |
| $1:m$ | 898402,9 | 987874,8 | 1077241,8 | 1166494,4 | 1255623,7 |
| $\tau^8$ | 2,12 46 | 2,33 76 | 2,55 08 | 2,76 42 | 2,97 78 |
| $x = 20$ | 0,009 | 0,008 | 0,007 | 0,007 | 0,006 |
| 30 | 0,030 | 0,027 | 0,025 | 0,023 | 0,022 |
| 40 | 0,071 | 0,065 | 0,059 | 0,055 | 0,051 |
| 50 | 0,139 | 0,127 | 0,116 | 0,107 | 0,099 |
| 60 | 0,240 | 0,219 | 0,201 | 0,185 | 0,172 |
| 70 | 0,381 | 0,347 | 0,318 | 0,294 | 0,273 |
| 80 | 0,570 | 0,518 | 0,475 | 0,439 | 0,408 |
| 90 | 0,811 | 0,738 | 0,677 | 0,625 | 0,581 |
| 100 | 1,113 | 1,012 | 0,928 | 0,857 | 0,797 |
| 110 | 1,481 | 1,347 | 1,236 | 1,141 | 1,060 |
| 120 | 1,915 | 1,748 | 1,603 | 1,481 | 1,376 |
| 130 | 2,416 | 2,216 | 2,039 | 1,882 | 1,750 |
| 140 | 2,984 | 2,751 | 2,540 | 2,352 | 2,184 |
| 150 | 3,619 | 3,353 | 3,108 | 2,887 | 2,687 |
| 160 | 4,321 | 4,021 | 3,744 | 3,489 | 3,256 |
| 170 | 5,090 | 4,757 | 4,447 | 4,158 | 3,891 |
| 180 | 5,927 | 5,560 | 5,217 | 4,894 | 4,594 |
| 190 | 6,831 | 6,431 | 6,053 | 5,698 | 5,364 |
| 200 | 7,803 | 7,369 | 6,957 | 6,569 | 6,201 |
| 210 | 8,842 | 8,374 | 7,929 | 7,507 | 7,106 |
| 220 | 9,949 | 9,448 | 8,969 | 8,513 | 8,078 |
| 230 | 11,125 | 10,589 | 10,076 | 9,587 | 9,118 |
| 240 | 12,368 | 11,798 | 11,251 | 10,728 | 10,226 |
| 250 | 13,679 | 13,076 | 12,495 | 11,938 | 11,402 |
| 260 | 15,059 | 14,422 | 13,807 | 13,216 | 12,646 |
| 270 | 16,508 | 15,836 | 15,188 | 14,562 | 13,959 |
| 280 | 18,026 | 17,319 | 16,637 | 15,977 | 15,340 |
| 290 | 19,612 | 18,871 | 18,154 | 17,461 | 16,789 |
| 300 | 21,268 | 20,493 | 19,741 | 19,013 | 18,306 |

Tafel III.

## Kreisbogen mit Übergangsbogen.

| $r$ | 1500 | 1500 | 1500 | 1500 | 1500 |
|---|---|---|---|---|---|
| $L$ | 150 | 160 | 170 | 180 | 190 |
| $l$ | 149,962 | 159,954 | 169,945 | 179,935 | 189,924 |
| $a$ | 74,795 | 79,751 | 84,701 | 89,646 | 94,584 |
| $f$ | 0,624 | 0,710 | 0,801 | 0,897 | 0,999 |
| $1 : m$ | 1344620,1 | 1433473,9 | 1522176,5 | 1610717,1 | 1699090,0 |
| $\tau^g$ | 3,19 16 | 3,40 56 | 3,61 98 | 3,83 43 | 4,04 91 |
| $x = 20$ | 0,006 | 0,006 | 0,005 | 0,005 | 0,005 |
| 30 | 0,020 | 0,019 | 0,018 | 0,017 | 0,016 |
| 40 | 0,048 | 0,045 | 0,042 | 0,040 | 0,038 |
| 50 | 0,093 | 0,087 | 0,082 | 0,078 | 0,074 |
| 60 | 0,161 | 0,150 | 0,142 | 0,134 | 0,127 |
| 70 | 0,255 | 0,239 | 0,225 | 0,213 | 0,202 |
| 80 | 0,381 | 0,357 | 0,336 | 0,319 | 0,301 |
| 90 | 0,542 | 0,509 | 0,479 | 0,454 | 0,429 |
| 100 | 0,744 | 0,698 | 0,657 | 0,621 | 0,589 |
| 110 | 0,990 | 0,929 | 0,874 | 0,826 | 0,783 |
| 120 | 1,285 | 1,206 | 1,135 | 1,073 | 1,017 |
| 130 | 1,634 | 1,533 | 1,443 | 1,364 | 1,293 |
| 140 | 2,041 | 1,914 | 1,803 | 1,704 | 1,615 |
| 150 | 2,508 | 2,354 | 2,217 | 2,095 | 1,986 |
| 160 | 3,045 | 2,855 | 2,691 | 2,543 | 2,411 |
| 170 | 3,648 | 3,427 | 3,224 | 3,050 | 2,892 |
| 180 | 4,318 | 4,064 | 3,831 | 3,617 | 3,432 |
| 190 | 5,055 | 4,767 | 4,502 | 4,258 | 4,032 |
| 200 | 5,859 | 5,538 | 5,239 | 4,962 | 4,708 |
| 210 | 6,730 | 6,376 | 6,044 | 5,733 | 5,446 |
| 220 | 7,669 | 7,281 | 6,916 | 6,572 | 6,251 |
| 230 | 8,675 | 8,254 | 7,855 | 7,478 | 7,124 |
| 240 | 9,749 | 9,294 | 8,862 | 8,451 | 8,064 |
| 250 | 10,891 | 10,402 | 9,937 | 9,493 | 9,072 |
| 260 | 12,101 | 11,579 | 11,079 | 10,602 | 10,147 |
| 270 | 13,380 | 12,824 | 12,290 | 11,779 | 11,291 |
| 280 | 14,727 | 14,137 | 13,569 | 13,024 | 12,503 |
| 290 | 16,142 | 15,518 | 14,917 | 14,338 | 13,783 |
| 300 | 17,626 | 16,968 | 16,333 | 15,720 | 15,131 |

## Kreisbogen mit Übergangsbogen.

| $r$ | 1500 | 1500 | 1500 | 1500 | 1500 |
|---|---|---|---|---|---|
| $L$ | 200 | 210 | 220 | 230 | 240 |
| $l$ | 199,911 | 209,897 | 219,882 | 229,865 | 239,846 |
| $a$ | 99,515 | 104,439 | 109,355 | 114,264 | 119,164 |
| $f$ | 1,107 | 1,219 | 1,338 | 1,462 | 1,591 |
| $1 : m$ | 1787282,3 | 1875287,9 | 1963095,5 | 2050698,6 | 2138086,0 |
| $\tau^g$ | 4,26 41 | 4,47 95 | 4,69 52 | 4,91 11 | 5,12 75 |
| $x = 20$ | 0,004 | 0,004 | 0,004 | 0,004 | 0,004 |
| 30 | 0,015 | 0,014 | 0,014 | 0,013 | 0,013 |
| 40 | 0,036 | 0,034 | 0,033 | 0,031 | 0,030 |
| 50 | 0,070 | 0,067 | 0,064 | 0,061 | 0,058 |
| 60 | 0,121 | 0,115 | 0,110 | 0,105 | 0,101 |
| 70 | 0,192 | 0,183 | 0,175 | 0,167 | 0,160 |
| 80 | 0,286 | 0,273 | 0,261 | 0,250 | 0,239 |
| 90 | 0,408 | 0,389 | 0,371 | 0,356 | 0,341 |
| 100 | 0,560 | 0,533 | 0,509 | 0,488 | 0,468 |
| 110 | 0,745 | 0,710 | 0,678 | 0,649 | 0,623 |
| 120 | 0,967 | 0,922 | 0,880 | 0,843 | 0,808 |
| 130 | 1,229 | 1,172 | 1,119 | 1,072 | 1,027 |
| 140 | 1,535 | 1,463 | 1,398 | 1,338 | 1,283 |
| 150 | 1,888 | 1,800 | 1,720 | 1,646 | 1,579 |
| 160 | 2,292 | 2,185 | 2,087 | 1,998 | 1,916 |
| 170 | 2,749 | 2,620 | 2,503 | 2,396 | 2,298 |
| 180 | 3,263 | 3,110 | 2,971 | 2,844 | 2,728 |
| 190 | 3,838 | 3,658 | 3,494 | 3,345 | 3,208 |
| 200 | 4,470 | 4,266 | 4,075 | 3,901 | 3,742 |
| 210 | 5,181 | 4,931 | 4,718 | 4,516 | 4,331 |
| 220 | 5,954 | 5,677 | 5,415 | 5,192 | 4,980 |
| 230 | 6,794 | 6,483 | 6,197 | 5,923 | 5,691 |
| 240 | 7,700 | 7,357 | 7,038 | 6,741 | 6,453 |
| 250 | 8,673 | 8,298 | 7,946 | 7,616 | 7,308 |
| 260 | 9,716 | 9,307 | 8,922 | 8,558 | 8,217 |
| 270 | 10,827 | 10,384 | 9,965 | 9,568 | 9,194 |
| 280 | 12,005 | 11,528 | 11,076 | 10,646 | 10,239 |
| 290 | 13,251 | 12,740 | 12,255 | 11,792 | 11,351 |
| 300 | 14,565 | 14,022 | 13,502 | 13,006 | 12,532 |

23*

Tafel III.

## Kreisbogen mit Übergangsbogen.

| $r$ | 1500 | 1500 | 1500 | 1500 | 1600 |
|---|---|---|---|---|---|
| $L$ | 250 | 260 | 270 | 280 | 20 |
| $l$ | 249,826 | 259,805 | 269,781 | 279,756 | 20 |
| $a$ | 124,056 | 128,939 | 133,813 | 138,678 | 10 |
| $f$ | 1,725 | 1,865 | 2,010 | 2,161 | 0,010 |
| $1 : m$ | 2225250,5 | 2312182,4 | 2398875,3 | 2485316,6 | 192000,0 |
| $\tau^g$ | 5,34 41 | 5,56 12 | 5,77 86 | 5,99 64 | — |
| $x = 20$ | 0,004 | 0,003 | 0,003 | 0,003 | 0,042 |
| 30 | 0,012 | 0,012 | 0,011 | 0,011 | 0,135 |
| 40 | 0,029 | 0,028 | 0,027 | 0,026 | 0,291 |
| 50 | 0,056 | 0,054 | 0,052 | 0,051 | 0,510 |
| 60 | 0,097 | 0,093 | 0,090 | 0,087 | 0,792 |
| 70 | 0,154 | 0,148 | 0,143 | 0,138 | 1,136 |
| 80 | 0,230 | 0,221 | 0,213 | 0,206 | 1,542 |
| 90 | 0,328 | 0,315 | 0,304 | 0,293 | 2,011 |
| 100 | 0,449 | 0,432 | 0,417 | 0,402 | 2,543 |
| 110 | 0,598 | 0,575 | 0,555 | 0,536 | 3,138 |
| 120 | 0,777 | 0,747 | 0,720 | 0,695 | 3,795 |
| 130 | 0,987 | 0,950 | 0,916 | 0,884 | 4,516 |
| 140 | 1,233 | 1,187 | 1,144 | 1,104 | 5,300 |
| 150 | 1,517 | 1,460 | 1,407 | 1,358 | 6,147 |
| 160 | 1,841 | 1,771 | 1,707 | 1,648 | 7,057 |
| 170 | 2,208 | 2,124 | 2,048 | 1,977 | 8,030 |
| 180 | 2,621 | 2,522 | 2,431 | 2,347 | 9,067 |
| 190 | 3,082 | 2,966 | 2,859 | 2,760 | 10,167 |
| 200 | 3,595 | 3,460 | 3,335 | 3,219 | 11,331 |
| 210 | 4,162 | 4,005 | 3,861 | 3,726 | 12,559 |
| 220 | 4,785 | 4,605 | 4,439 | 4,284 | 13,851 |
| 230 | 5,468 | 5,262 | 5,072 | 4,896 | 15,207 |
| 240 | 6,212 | 5,979 | 5,763 | 5,563 | 16,627 |
| 250 | 7,007 | 6,758 | 6,514 | 6,287 | 18,112 |
| 260 | 7,898 | 7,584 | 7,327 | 7,072 | 19,662 |
| 270 | 8,842 | 8,512 | 8,185 | 7,920 | 21,277 |
| 280 | 9,853 | 9,490 | 9,150 | 8,810 | 22,956 |
| 290 | 10,932 | 10,537 | 10,164 | 9,813 | 24,701 |
| 300 | 12,079 | 11,651 | 11,245 | 10,861 | |

# Kreisbogen mit Übergangsbogen.

| $r$ | 1600 | 1600 | 1600 | 1600 | 1600 |
|---|---|---|---|---|---|
| $L$ | 30 | 40 | 50 | 60 | 70 |
| $l$ | 30 | 40 | 50 | 60 | 70 |
| $a$ | 15 | 20 | 25 | 30 | 35 |
| $f$ | 0,023 | 0,042 | 0,065 | 0,094 | 0,128 |
| $1:m$ | 288000,0 | 384000,0 | 480000,0 | 576000,0 | 672000,0 |
| $\tau^8$ | — | — | — | — | — |
| $x=20$ | 0,028 | 0,021 | 0,017 | 0,014 | 0,012 |
| 30 | 0,094 | 0,070 | 0,056 | 0,047 | 0,040 |
| 40 | 0,218 | 0,167 | 0,133 | 0,111 | 0,095 |
| 50 | 0,406 | 0,323 | 0,260 | 0,217 | 0,186 |
| 60 | 0,656 | 0,542 | 0,448 | 0,375 | 0,321 |
| 70 | 0,969 | 0,824 | 0,698 | 0,594 | 0,510 |
| 80 | 1,344 | 1,168 | 1,011 | 0,876 | 0,761 |
| 90 | 1,782 | 1,574 | 1,386 | 1,220 | 1,074 |
| 100 | 2,283 | 2,043 | 1,824 | 1,626 | 1,449 |
| 110 | 2,846 | 2,575 | 2,325 | 2,095 | 1,887 |
| 120 | 3,472 | 3,170 | 2,888 | 2,627 | 2,388 |
| 130 | 4,161 | 3,828 | 3,514 | 3,222 | 2,951 |
| 140 | 4,913 | 4,548 | 4,203 | 3,880 | 3,577 |
| 150 | 5,728 | 5,332 | 4,955 | 4,600 | 4,266 |
| 160 | 6,607 | 6,179 | 5,770 | 5,384 | 5,018 |
| 170 | 7,549 | 7,089 | 6,649 | 6,231 | 5,833 |
| 180 | 8,554 | 8,062 | 7,591 | 7,141 | 6,712 |
| 190 | 9,622 | 9,099 | 8,596 | 8,114 | 7,654 |
| 200 | 10,754 | 10,199 | 9,664 | 9,151 | 8,659 |
| 210 | 11,950 | 11,363 | 10,796 | 10,251 | 9,727 |
| 220 | 13,210 | 12,591 | 11,992 | 11,415 | 10,859 |
| 230 | 14,534 | 13,883 | 13,252 | 12,643 | 12,055 |
| 240 | 15,922 | 15,239 | 14,576 | 13,935 | 13,315 |
| 250 | 17,375 | 16,659 | 15,964 | 15,291 | 14,639 |
| 260 | 18,893 | 18,144 | 17,417 | 16,711 | 16,027 |
| 270 | 20,475 | 19,694 | 18,935 | 18,196 | 17,480 |
| 280 | 22,121 | 21,309 | 20,517 | 19,746 | 18,998 |
| 290 | 23,833 | 22,988 | 22,163 | 21,361 | 20,580 |
| 300 |  | 24,733 | 23,875 | 23,040 | 22,226 |

# Tafel III.

## Kreisbogen mit Übergangsbogen.

| $r$ | 1600 | 1600 | 1600 | 1600 | 1600 |
|---|---|---|---|---|---|
| $L$ | 80 | 90 | 100 | 110 | 120 |
| $l$ | 80 | 89,993 | 99,990 | 109,987 | 119,983 |
| $a$ | 40 | 44,961 | 49,946 | 54,929 | 59,907 |
| $f$ | 0,167 | 0,211 | 0,260 | 0,315 | 0,375 |
| $1:m$ | 768000,0 | 862907,8 | 958502,7 | 1054007,4 | 1149413,2 |
| $\tau^g$ | — | 1,79 20 | 1,99 15 | 2,19 11 | 2,39 09 |
| $x = 20$ | 0,010 | 0,009 | 0,008 | 0,008 | 0,007 |
| 30 | 0,035 | 0,031 | 0,028 | 0,026 | 0,024 |
| 40 | 0,083 | 0,074 | 0,067 | 0,061 | 0,056 |
| 50 | 0,162 | 0,145 | 0,130 | 0,119 | 0,109 |
| 60 | 0,281 | 0,250 | 0,225 | 0,205 | 0,188 |
| 70 | 0,447 | 0,397 | 0,358 | 0,325 | 0,298 |
| 80 | 0,667 | 0,593 | 0,534 | 0,486 | 0,445 |
| 90 | 0,949 | 0,845 | 0,761 | 0,692 | 0,634 |
| 100 | 1,293 | 1,158 | 1,043 | 0,949 | 0,870 |
| 110 | 1,699 | 1,534 | 1,388 | 1,262 | 1,158 |
| 120 | 2,168 | 1,972 | 1,795 | 1,639 | 1,503 |
| 130 | 2,700 | 2,472 | 2,264 | 2,077 | 1,911 |
| 140 | 3,295 | 3,035 | 2,796 | 2,578 | 2,381 |
| 150 | 3,953 | 3,662 | 3,392 | 3,142 | 2,914 |
| 160 | 4,673 | 4,352 | 4,050 | 3,769 | 3,509 |
| 170 | 5,457 | 5,104 | 4,770 | 4,458 | 4,167 |
| 180 | 6,304 | 5,919 | 5,554 | 5,211 | 4,888 |
| 190 | 7,214 | 6,797 | 6,401 | 6,026 | 5,672 |
| 200 | 8,187 | 7,740 | 7,312 | 6,905 | 6,520 |
| 210 | 9,224 | 8,746 | 8,286 | 7,847 | 7,431 |
| 220 | 10,324 | 9,814 | 9,323 | 8,853 | 8,405 |
| 230 | 11,488 | 10,947 | 10,423 | 9,922 | 9,442 |
| 240 | 12,716 | 12,143 | 11,587 | 11,055 | 10,543 |
| 250 | 14,008 | 13,403 | 12,816 | 12,251 | 11,707 |
| 260 | 15,364 | 14,727 | 14,108 | 13,512 | 12,936 |
| 270 | 16,784 | 16,116 | 15,465 | 14,836 | 14,228 |
| 280 | 18,269 | 17,569 | 16,885 | 16,224 | 15,585 |
| 290 | 19,819 | 19,086 | 18,370 | 17,677 | 17,006 |
| 300 | 21,434 | 20,668 | 19,920 | 19,195 | 18,492 |

## Kreisbogen mit Übergangsbogen.

| $r$ | 1600 | 1600 | 1600 | 1600 | 1600 |
|---|---|---|---|---|---|
| $L$ | 130 | 140 | 150 | 160 | 170 |
| $l$ | 129,979 | 139,973 | 149,967 | 159,960 | 169,952 |
| $a$ | 64,882 | 69,853 | 74,819 | 79,781 | 84,737 |
| $f$ | 0,440 | 0,510 | 0,585 | 0,665 | 0,751 |
| $1:m$ | 1244712,3 | 1339895,4 | 1434953,8 | 1529878,8 | 1624661,0 |
| $\tau g$ | 2,59 08 | 2,79 09 | 2,99 11 | 3,19 16 | 3,39 22 |
| $x = 20$ | 0,006 | 0,006 | 0,006 | 0,005 | 0,005 |
| 30 | 0,022 | 0,020 | 0,019 | 0,018 | 0,017 |
| 40 | 0,051 | 0,048 | 0,045 | 0,042 | 0,039 |
| 50 | 0,100 | 0,093 | 0,087 | 0,082 | 0,077 |
| 60 | 0,174 | 0,161 | 0,151 | 0,141 | 0,133 |
| 70 | 0,276 | 0,256 | 0,239 | 0,224 | 0,211 |
| 80 | 0,411 | 0,382 | 0,357 | 0,335 | 0,315 |
| 90 | 0,586 | 0,544 | 0,508 | 0,477 | 0,449 |
| 100 | 0,803 | 0,746 | 0,697 | 0,654 | 0,616 |
| 110 | 1,069 | 0,993 | 0,928 | 0,870 | 0,819 |
| 120 | 1,388 | 1,290 | 1,204 | 1,130 | 1,063 |
| 130 | 1,764 | 1,640 | 1,531 | 1,436 | 1,352 |
| 140 | 2,204 | 2,047 | 1,912 | 1,794 | 1,689 |
| 150 | 2,706 | 2,520 | 2,350 | 2,206 | 2,077 |
| 160 | 3,270 | 3,052 | 2,856 | 2,675 | 2,521 |
| 170 | 3,897 | 3,647 | 3,419 | 3,212 | 3,022 |
| 180 | 4,587 | 4,305 | 4,046 | 3,807 | 3,589 |
| 190 | 5,340 | 5,027 | 4,736 | 4,466 | 4,217 |
| 200 | 6,156 | 5,812 | 5,490 | 5,188 | 4,908 |
| 210 | 7,035 | 6,660 | 6,306 | 5,973 | 5,662 |
| 220 | 7,977 | 7,571 | 7,185 | 6,821 | 6,479 |
| 230 | 8,983 | 8,545 | 8,128 | 7,732 | 7,359 |
| 240 | 10,052 | 9,583 | 9,134 | 8,707 | 8,302 |
| 250 | 11,185 | 10,684 | 10,204 | 9,745 | 9,309 |
| 260 | 12,382 | 11,849 | 11,337 | 10,847 | 10,379 |
| 270 | 13,642 | 13,078 | 12,534 | 12,013 | 11,513 |
| 280 | 14,967 | 14,370 | 13,796 | 13,242 | 12,711 |
| 290 | 16,356 | 15,726 | 15,121 | 14,535 | 13,972 |
| 300 | 17,810 | 17,148 | 16,510 | 15,893 | 15,298 |

**Tafel III.**

## Kreisbogen mit Übergangsbogen.

| $r$ | 1600 | 1600 | 1600 | 1600 | 1600 |
|---|---|---|---|---|---|
| $L$ | 180 | 190 | 200 | 210 | 220 |
| $l$ | 179,943 | 189,933 | 199,922 | 209,910 | 219,896 |
| $a$ | 89,688 | 94,634 | 99,573 | 104,506 | 109,432 |
| $f$ | 0,841 | 0,937 | 1,038 | 1,144 | 1,255 |
| $1 : m$ | 1719292,3 | 1813764,2 | 1908068,0 | 2002194,5 | 2096137,9 |
| $\tau^g$ | 3,59 30 | 3,79 41 | 3,99 54 | 4,19 69 | 4,39 87 |
| $x = 20$ | 0,005 | 0,004 | 0,004 | 0,004 | 0,004 |
| 30 | 0,016 | 0,015 | 0,014 | 0,013 | 0,013 |
| 40 | 0,037 | 0,035 | 0,034 | 0,032 | 0,031 |
| 50 | 0,073 | 0,069 | 0,066 | 0,062 | 0,060 |
| 60 | 0,126 | 0,119 | 0,113 | 0,108 | 0,103 |
| 70 | 0,200 | 0,189 | 0,180 | 0,171 | 0,164 |
| 80 | 0,298 | 0,282 | 0,268 | 0,256 | 0,245 |
| 90 | 0,424 | 0,402 | 0,382 | 0,364 | 0,348 |
| 100 | 0,582 | 0,551 | 0,524 | 0,499 | 0,477 |
| 110 | 0,774 | 0,734 | 0,698 | 0,665 | 0,635 |
| 120 | 1,005 | 0,953 | 0,906 | 0,863 | 0,824 |
| 130 | 1,278 | 1,211 | 1,151 | 1,097 | 1,048 |
| 140 | 1,596 | 1,513 | 1,438 | 1,370 | 1,309 |
| 150 | 1,963 | 1,861 | 1,769 | 1,686 | 1,610 |
| 160 | 2,382 | 2,258 | 2,147 | 2,046 | 1,954 |
| 170 | 2,858 | 2,709 | 2,575 | 2,454 | 2,344 |
| 180 | 3,389 | 3,215 | 3,056 | 2,913 | 2,782 |
| 190 | 3,988 | 3,778 | 3,595 | 3,426 | 3,272 |
| 200 | 4,648 | 4,410 | 4,188 | 3,996 | 3,817 |
| 210 | 5,370 | 5,102 | 4,853 | 4,619 | 4,418 |
| 220 | 6,156 | 5,856 | 5,577 | 5,318 | 5,073 |
| 230 | 7,005 | 6,673 | 6,363 | 6,073 | 5,804 |
| 240 | 7,917 | 7,554 | 7,212 | 6,891 | 6,591 |
| 250 | 8,892 | 8,498 | 8,125 | 7,773 | 7,441 |
| 260 | 9,931 | 9,506 | 9,101 | 8,718 | 8,355 |
| 270 | 11,034 | 10,577 | 10,141 | 9,726 | 9,332 |
| 280 | 12,200 | 11,711 | 11,244 | 10,798 | 10,373 |
| 290 | 13,429 | 12,909 | 12,410 | 11,933 | 11,477 |
| 300 | 14,724 | 14,171 | 13,641 | 13,132 | 12,644 |

360

# Kreisbogen mit Übergangsbogen.

| $r$ | 1600 | 1600 | 1600 | 1600 | 1600 |
|---|---|---|---|---|---|
| $L$ | 230 | 240 | 250 | 260 | 270 |
| $l$ | 229,881 | 239,865 | 249,847 | 259,828 | 269,808 |
| $a$ | 114,352 | 119,264 | 124,169 | 129,066 | 133,955 |
| $f$ | 1,371 | 1,492 | 1,618 | 1,750 | 1,886 |
| $1:m$ | 2189886,1 | 2283431,8 | 2376769,8 | 2469887,2 | 2562778,1 |
| $\tau^8$ | 4,60 08 | 4,80 31 | 5,00 57 | 5,20 87 | 5,41 19 |
| $x = 20$ | 0,004 | 0,004 | 0,003 | 0,003 | 0,003 |
| 30 | 0,012 | 0,012 | 0,011 | 0,011 | 0,011 |
| 40 | 0,029 | 0,028 | 0,027 | 0,026 | 0,025 |
| 50 | 0,057 | 0,055 | 0,053 | 0,051 | 0,049 |
| 60 | 0,099 | 0,095 | 0,091 | 0,088 | 0,084 |
| 70 | 0,157 | 0,150 | 0,144 | 0,139 | 0,134 |
| 80 | 0,234 | 0,224 | 0,215 | 0,207 | 0,200 |
| 90 | 0,333 | 0,319 | 0,307 | 0,295 | 0,284 |
| 100 | 0,457 | 0,438 | 0,421 | 0,405 | 0,390 |
| 110 | 0,608 | 0,583 | 0,560 | 0,539 | 0,519 |
| 120 | 0,789 | 0,757 | 0,727 | 0,700 | 0,674 |
| 130 | 1,003 | 0,962 | 0,924 | 0,890 | 0,857 |
| 140 | 1,253 | 1,202 | 1,154 | 1,111 | 1,071 |
| 150 | 1,541 | 1,478 | 1,420 | 1,366 | 1,317 |
| 160 | 1,870 | 1,794 | 1,723 | 1,658 | 1,598 |
| 170 | 2,244 | 2,152 | 2,067 | 1,989 | 1,917 |
| 180 | 2,664 | 2,554 | 2,454 | 2,361 | 2,276 |
| 190 | 3,132 | 3,004 | 2,886 | 2,777 | 2,677 |
| 200 | 3,653 | 3,504 | 3,366 | 3,239 | 3,122 |
| 210 | 4,229 | 4,056 | 3,896 | 3,750 | 3,614 |
| 220 | 4,862 | 4,663 | 4,480 | 4,311 | 4,155 |
| 230 | 5,547 | 5,328 | 5,119 | 4,926 | 4,748 |
| 240 | 6,312 | 6,044 | 5,816 | 5,597 | 5,394 |
| 250 | 7,131 | 6,842 | 6,562 | 6,326 | 6,097 |
| 260 | 8,013 | 7,692 | 7,394 | 7,102 | 6,858 |
| 270 | 8,959 | 8,607 | 8,278 | 7,969 | 7,664 |
| 280 | 9,969 | 9,586 | 9,225 | 8,885 | 8,565 |
| 290 | 11,043 | 10,628 | 10,235 | 9,864 | 9,514 |
| 300 | 12,181 | 11,733 | 11,309 | 10,907 | 10,525 |

## Tafel III.
### Kreisbogen mit Übergangsbogen.

| $r$ | 1600 | 1600 | 1700 | 1700 | 1700 |
|---|---|---|---|---|---|
| $L$ | 280 | 290 | 20 | 30 | 40 |
| $l$ | 279,786 | 289,762 | 20 | 30 | 40 |
| $a$ | 138,836 | 143,708 | 10 | 15 | 20 |
| $f$ | 2,027 | 2,174 | 0,010 | 0,022 | 0,039 |
| $1 : m$ | 2655434,4 | 2747848,7 | 204000,0 | 306000,0 | 408000,0 |
| $\tau^g$ | 5,61 55 | 5,81 94 | — | — | — |
| $x = 20$ | 0,003 | 0,003 | 0,039 | 0,026 | 0,020 |
| 30 | 0,010 | 0,010 | 0,128 | 0,088 | 0,066 |
| 40 | 0,024 | 0,023 | 0,275 | 0,206 | 0,157 |
| 50 | 0,047 | 0,045 | 0,481 | 0,382 | 0,304 |
| 60 | 0,081 | 0,079 | 0,746 | 0,618 | 0,510 |
| 70 | 0,129 | 0,125 | 1,070 | 0,912 | 0,774 |
| 80 | 0,193 | 0,186 | 1,452 | 1,265 | 1,098 |
| 90 | 0,275 | 0,265 | 1,893 | 1,677 | 1,481 |
| 100 | 0,377 | 0,364 | 2,394 | 2,148 | 1,923 |
| 110 | 0,501 | 0,484 | 2,954 | 2,678 | 2,423 |
| 120 | 0,650 | 0,629 | 3,573 | 3,267 | 2,983 |
| 130 | 0,827 | 0,800 | 4,251 | 3,916 | 3,602 |
| 140 | 1,033 | 0,998 | 4,988 | 4,624 | 4,280 |
| 150 | 1,271 | 1,228 | 5,785 | 5,391 | 5,017 |
| 160 | 1,542 | 1,491 | 6,641 | 6,217 | 5,814 |
| 170 | 1,850 | 1,788 | 7,556 | 7,103 | 6,670 |
| 180 | 2,196 | 2,122 | 8,531 | 8,048 | 7,585 |
| 190 | 2,583 | 2,496 | 9,566 | 9,053 | 8,560 |
| 200 | 3,013 | 2,911 | 10,661 | 10,118 | 9,595 |
| 210 | 3,488 | 3,370 | 11,816 | 11,243 | 10,690 |
| 220 | 4,010 | 3,875 | 13,031 | 12,427 | 11,845 |
| 230 | 4,582 | 4,428 | 14,306 | 13,672 | 13,060 |
| 240 | 5,206 | 5,031 | 15,641 | 14,977 | 14,335 |
| 250 | 5,884 | 5,686 | 17,036 | 16,343 | 15,670 |
| 260 | 6,619 | 6,396 | 18,492 | 17,769 | 17,065 |
| 270 | 7,412 | 7,163 | 20,010 | 19,256 | 18,522 |
| 280 | 8,248 | 7,989 | 21,589 | 20,803 | 20,039 |
| 290 | 9,184 | 8,854 | 23,228 | 22,412 | 21,617 |
| 300 | 10,165 | 9,826 | 24,928 | 24,082 | 23,257 |

## Kreisbogen mit Übergangsbogen.

| r | 1700 | 1700 | 1700 | 1700 | 1700 |
|---|---|---|---|---|---|
| L | 50 | 60 | 70 | 80 | 90 |
| l | 50 | 60 | 70 | 80 | 89,994 |
| a | 25 | 30 | 35 | 40 | 44,965 |
| f | 0,061 | 0,088 | 0,120 | 0,157 | 0,198 |
| 1 : m | 510000,0 | 612000,0 | 714000,0 | 816000,0 | 916971,9 |
| $\tau^g$ | — | — | — | — | 1,68 64 |
| x = 20 | 0,016 | 0,013 | 0,011 | 0,010 | 0,009 |
| 30 | 0,053 | 0,044 | 0,038 | 0,033 | 0,029 |
| 40 | 0,125 | 0,104 | 0,090 | 0,078 | 0,070 |
| 50 | 0,245 | 0,204 | 0,175 | 0,153 | 0,137 |
| 60 | 0,421 | 0,353 | 0,303 | 0,265 | 0,236 |
| 70 | 0,657 | 0,559 | 0,480 | 0,420 | 0,374 |
| 80 | 0,951 | 0,824 | 0,716 | 0,627 | 0,558 |
| 90 | 1,304 | 1,147 | 1,010 | 0,893 | 0,795 |
| 100 | 1,716 | 1,530 | 1,363 | 1,216 | 1,089 |
| 110 | 2,187 | 1,972 | 1,775 | 1,599 | 1,443 |
| 120 | 2,717 | 2,472 | 2,246 | 2,041 | 1,855 |
| 130 | 3,306 | 3,032 | 2,776 | 2,541 | 2,326 |
| 140 | 3,955 | 3,651 | 3,365 | 3,101 | 2,857 |
| 150 | 4,663 | 4,329 | 4,014 | 3,720 | 3,446 |
| 160 | 5,430 | 5,066 | 4,722 | 4,398 | 4,095 |
| 170 | 6,256 | 5,863 | 5,489 | 5,135 | 4,803 |
| 180 | 7,142 | 6,719 | 6,315 | 5,932 | 5,570 |
| 190 | 8,087 | 7,634 | 7,201 | 6,788 | 6,396 |
| 200 | 9,092 | 8,609 | 8,146 | 7,703 | 7,282 |
| 210 | 10,157 | 9,644 | 9,151 | 8,678 | 8,228 |
| 220 | 11,282 | 10,739 | 10,216 | 9,713 | 9,233 |
| 230 | 12,466 | 11,894 | 11,341 | 10,808 | 10,298 |
| 240 | 13,711 | 13,109 | 12,525 | 11,963 | 11,423 |
| 250 | 15,016 | 14,384 | 13,770 | 13,178 | 12,608 |
| 260 | 16,382 | 15,719 | 15,075 | 14,453 | 13,853 |
| 270 | 17,808 | 17,114 | 16,441 | 15,788 | 15,158 |
| 280 | 19,295 | 18,571 | 17,867 | 17,183 | 16,524 |
| 290 | 20,842 | 20,088 | 19,354 | 18,640 | 17,950 |
| 300 | 22,451 | 21,666 | 20,901 | 20,157 | 19,437 |

# Tafel III.

## Kreisbogen mit Übergangsbogen.

| $r$ | 1700 | 1700 | 1700 | 1700 | 1700 |
|---|---|---|---|---|---|
| $L$ | 100 | 110 | 120 | 130 | 140 |
| $l$ | 99,991 | 109,988 | 119,985 | 129,981 | 139,976 |
| $a$ | 49,952 | 54,937 | 59,918 | 64,896 | 69,870 |
| $f$ | 0,245 | 0,296 | 0,353 | 0,414 | 0,480 |
| $1:m$ | 1018589,7 | 1120123,5 | 1221565,2 | 1322904,7 | 1424135,7 |
| $\tau^8$ | 1,87 41 | 2,06 19 | 2,24 99 | 2,43 79 | 2,62 61 |
| $x = 20$ | 0,008 | 0,007 | 0,007 | 0,006 | 0,006 |
| 30 | 0,027 | 0,024 | 0,022 | 0,020 | 0,019 |
| 40 | 0,063 | 0,057 | 0,052 | 0,048 | 0,045 |
| 50 | 0,123 | 0,112 | 0,102 | 0,094 | 0,088 |
| 60 | 0,212 | 0,193 | 0,177 | 0,163 | 0,152 |
| 70 | 0,337 | 0,306 | 0,281 | 0,259 | 0,241 |
| 80 | 0,503 | 0,457 | 0,419 | 0,387 | 0,360 |
| 90 | 0,716 | 0,651 | 0,597 | 0,551 | 0,512 |
| 100 | 0,981 | 0,893 | 0,819 | 0,756 | 0,702 |
| 110 | 1,306 | 1,188 | 1,090 | 1,006 | 0,935 |
| 120 | 1,789 | 1,542 | 1,414 | 1,306 | 1,214 |
| 130 | 2,131 | 1,954 | 1,798 | 1,660 | 1,543 |
| 140 | 2,632 | 2,425 | 2,240 | 2,074 | 1,926 |
| 150 | 3,192 | 2,956 | 2,741 | 2,544 | 2,370 |
| 160 | 3,811 | 3,546 | 3,302 | 3,075 | 2,871 |
| 170 | 4,489 | 4,195 | 3,921 | 3,665 | 3,431 |
| 180 | 5,226 | 4,903 | 4,599 | 4,314 | 4,051 |
| 190 | 6,024 | 5,670 | 5,337 | 5,022 | 4,730 |
| 200 | 6,881 | 6,496 | 6,134 | 5,790 | 5,468 |
| 210 | 7,796 | 7,382 | 6,991 | 6,618 | 6,265 |
| 220 | 8,771 | 8,328 | 7,907 | 7,504 | 7,122 |
| 230 | 9,806 | 9,334 | 8,883 | 8,450 | 8,039 |
| 240 | 10,902 | 10,399 | 9,919 | 9,456 | 9,014 |
| 250 | 12,056 | 11,523 | 11,015 | 10,522 | 10,150 |
| 260 | 13,271 | 12,708 | 12,170 | 11,648 | 11,146 |
| 270 | 14,547 | 13,954 | 13,384 | 12,833 | 12,301 |
| 280 | 15,882 | 15,260 | 14,659 | 14,078 | 13,517 |
| 290 | 17,278 | 16,626 | 15,995 | 15,384 | 14,792 |
| 300 | 18,735 | 18,052 | 17,391 | 16,750 | 16,128 |

## Kreisbogen mit Übergangsbogen.

| $r$ | 1700 | 1700 | 1700 | 1700 | 1700 |
|---|---|---|---|---|---|
| $L$ | 150 | 160 | 170 | 180 | 190 |
| $l$ | 149,971 | 159,965 | 169,958 | 179,950 | 189,941 |
| $a$ | 74,840 | 79,806 | 84,767 | 89,724 | 94,675 |
| $f$ | 0,550 | 0,626 | 0,707 | 0,792 | 0,882 |
| $1:m$ | 1525248,4 | 1626235,2 | 1727088,9 | 1827800,4 | 1928360,4 |
| $\tau_B$ | 2,81 44 | 3,00 29 | 3,19 16 | 3,38 04 | 3,56 94 |
| $x = 20$ | 0,005 | 0,005 | 0,005 | 0,004 | 0,004 |
| 30 | 0,018 | 0,017 | 0,016 | 0,015 | 0,014 |
| 40 | 0,042 | 0,039 | 0,037 | 0,035 | 0,033 |
| 50 | 0,082 | 0,077 | 0,072 | 0,068 | 0,065 |
| 60 | 0,142 | 0,133 | 0,125 | 0,118 | 0,112 |
| 70 | 0,225 | 0,211 | 0,199 | 0,188 | 0,178 |
| 80 | 0,336 | 0,315 | 0,296 | 0,280 | 0,266 |
| 90 | 0,478 | 0,448 | 0,422 | 0,399 | 0,378 |
| 100 | 0,656 | 0,615 | 0,579 | 0,547 | 0,519 |
| 110 | 0,873 | 0,819 | 0,771 | 0,728 | 0,690 |
| 120 | 1,133 | 1,063 | 1,001 | 0,945 | 0,896 |
| 130 | 1,440 | 1,351 | 1,272 | 1,202 | 1,139 |
| 140 | 1,799 | 1,687 | 1,589 | 1,501 | 1,423 |
| 150 | 2,211 | 2,075 | 1,954 | 1,846 | 1,750 |
| 160 | 2,685 | 2,517 | 2,372 | 2,241 | 2,124 |
| 170 | 3,216 | 3,021 | 2,843 | 2,688 | 2,548 |
| 180 | 3,806 | 3,581 | 3,377 | 3,188 | 3,024 |
| 190 | 4,455 | 4,201 | 3,967 | 3,752 | 3,554 |
| 200 | 5,164 | 4,880 | 4,616 | 4,372 | 4,148 |
| 210 | 5,932 | 5,619 | 5,324 | 5,052 | 4,798 |
| 220 | 6,759 | 6,417 | 6,093 | 5,791 | 5,508 |
| 230 | 7,646 | 7,274 | 6,922 | 6,589 | 6,277 |
| 240 | 8,592 | 8,191 | 7,809 | 7,447 | 7,105 |
| 250 | 9,598 | 9,167 | 8,756 | 8,364 | 7,993 |
| 260 | 10,664 | 10,203 | 9,762 | 9,341 | 8,940 |
| 270 | 11,790 | 11,299 | 10,829 | 10,378 | 9,947 |
| 280 | 12,975 | 12,455 | 11,955 | 11,475 | 11,014 |
| 290 | 14,220 | 13,671 | 13,141 | 12,631 | 12,140 |
| 300 | 15,524 | 14,947 | 14,387 | 13,847 | 13,327 |

Tafel III.

## Kreisbogen mit Übergangsbogen.

| $r$ | 1700 | 1700 | 1700 | 1700 | 1700 |
|---|---|---|---|---|---|
| $L$ | 200 | 210 | 220 | 230 | 240 |
| $l$ | 199,931 | 209,920 | 219,908 | 229,895 | 239,880 |
| $a$ | 99,622 | 104,562 | 109,497 | 114,425 | 119,348 |
| $f$ | 0,977 | 1,077 | 1,181 | 1,291 | 1,406 |
| $1:m$ | 2028762,9 | 2128997,5 | 2229058,5 | 2328936,4 | 2428623,5 |
| $\tau^8$ | 3,75 86 | 3,94 80 | 4,13 76 | 4,32 75 | 4,51 75 |
| $x=20$ | 0,004 | 0,004 | 0,004 | 0,003 | 0,003 |
| 30 | 0,013 | 0,013 | 0,012 | 0,012 | 0,011 |
| 40 | 0,032 | 0,030 | 0,029 | 0,028 | 0,026 |
| 50 | 0,062 | 0,059 | 0,056 | 0,054 | 0,051 |
| 60 | 0,106 | 0,101 | 0,097 | 0,093 | 0,089 |
| 70 | 0,169 | 0,161 | 0,154 | 0,147 | 0,141 |
| 80 | 0,252 | 0,240 | 0,230 | 0,220 | 0,211 |
| 90 | 0,359 | 0,342 | 0,327 | 0,313 | 0,300 |
| 100 | 0,493 | 0,470 | 0,449 | 0,429 | 0,412 |
| 110 | 0,656 | 0,625 | 0,597 | 0,571 | 0,548 |
| 120 | 0,852 | 0,812 | 0,775 | 0,742 | 0,712 |
| 130 | 1,083 | 1,032 | 0,986 | 0,943 | 0,905 |
| 140 | 1,353 | 1,289 | 1,231 | 1,178 | 1,130 |
| 150 | 1,664 | 1,585 | 1,514 | 1,449 | 1,390 |
| 160 | 2,019 | 1,924 | 1,838 | 1,759 | 1,687 |
| 170 | 2,422 | 2,308 | 2,204 | 2,110 | 2,023 |
| 180 | 2,875 | 2,739 | 2,616 | 2,504 | 2,401 |
| 190 | 3,381 | 3,222 | 3,077 | 2,945 | 2,824 |
| 200 | 3,939 | 3,758 | 3,589 | 3,435 | 3,294 |
| 210 | 4,564 | 4,345 | 4,155 | 3,976 | 3,813 |
| 220 | 5,244 | 5,001 | 4,771 | 4,572 | 4,384 |
| 230 | 5,984 | 5,711 | 5,458 | 5,217 | 5,010 |
| 240 | 6,783 | 6,481 | 6,198 | 5,936 | 5,684 |
| 250 | 7,641 | 7,310 | 6,997 | 6,706 | 6,435 |
| 260 | 8,559 | 8,198 | 7,856 | 7,535 | 7,235 |
| 270 | 9,536 | 9,146 | 8,775 | 8,425 | 8,094 |
| 280 | 10,574 | 10,154 | 9,753 | 9,374 | 9,014 |
| 290 | 11,671 | 11,223 | 10,791 | 10,382 | 9,993 |
| 300 | 12,829 | 12,353 | 11,887 | 11,450 | 11,032 |

## Kreisbogen mit Übergangsbogen.

| $r$ | 1700 | 1700 | 1700 | 1700 | 1700 |
|---|---|---|---|---|---|
| $L$ | 250 | 260 | 270 | 280 | 290 |
| $l$ | 249,865 | 259,848 | 269,830 | 279,810 | 289,789 |
| $a$ | 124,263 | 129,172 | 134,073 | 138,967 | 143,853 |
| $f$ | 1,524 | 1,648 | 1,776 | 1,910 | 2,048 |
| $1 : m$ | 2528113,4 | 2627396,4 | 2726464,2 | 2825311,1 | 2923928,9 |
| $\tau^8$ | 4,70 79 | 4,89 84 | 5,08 93 | 5,28 04 | 5,47 18 |
| $x = 20$ | 0,003 | 0,003 | 0,003 | 0,003 | 0,003 |
| 30 | 0,011 | 0,010 | 0,010 | 0,010 | 0,009 |
| 40 | 0,025 | 0,023 | 0,023 | 0,023 | 0,022 |
| 50 | 0,049 | 0,048 | 0,046 | 0,044 | 0,043 |
| 60 | 0,085 | 0,082 | 0,079 | 0,076 | 0,074 |
| 70 | 0,136 | 0,131 | 0,126 | 0,121 | 0,117 |
| 80 | 0,203 | 0,195 | 0,188 | 0,181 | 0,175 |
| 90 | 0,288 | 0,277 | 0,267 | 0,258 | 0,249 |
| 100 | 0,395 | 0,381 | 0,367 | 0,354 | 0,342 |
| 110 | 0,526 | 0,507 | 0,488 | 0,471 | 0,455 |
| 120 | 0,683 | 0,658 | 0,634 | 0,612 | 0,591 |
| 130 | 0,869 | 0,836 | 0,806 | 0,777 | 0,751 |
| 140 | 1,085 | 1,044 | 1,006 | 0,971 | 0,938 |
| 150 | 1,335 | 1,285 | 1,238 | 1,195 | 1,154 |
| 160 | 1,620 | 1,559 | 1,502 | 1,450 | 1,401 |
| 170 | 1,943 | 1,870 | 1,802 | 1,739 | 1,680 |
| 180 | 2,307 | 2,220 | 2,139 | 2,064 | 1,995 |
| 190 | 2,713 | 2,611 | 2,516 | 2,428 | 2,346 |
| 200 | 3,164 | 3,045 | 2,934 | 2,832 | 2,736 |
| 210 | 3,663 | 3,525 | 3,397 | 3,278 | 3,167 |
| 220 | 4,212 | 4,053 | 3,905 | 3,769 | 3,642 |
| 230 | 4,813 | 4,631 | 4,463 | 4,306 | 4,161 |
| 240 | 5,468 | 5,261 | 5,070 | 4,893 | 4,728 |
| 250 | 6,170 | 5,947 | 5,731 | 5,530 | 5,344 |
| 260 | 6,953 | 6,678 | 6,446 | 6,221 | 6,011 |
| 270 | 7,782 | 7,491 | 7,206 | 6,967 | 6,732 |
| 280 | 8,673 | 8,352 | 8,051 | 7,754 | 7,508 |
| 290 | 9,623 | 9,273 | 8,942 | 8,632 | 8,323 |
| 300 | 10,631 | 10,253 | 9,893 | 9,554 | 9,234 |

# Tafel III.
## Kreisbogen mit Übergangsbogen.

| $r$ | 1800 | 1800 | 1800 | 1800 | 1800 |
|---|---|---|---|---|---|
| $L$ | 20 | 30 | 40 | 50 | 60 |
| $l$ | 20 | 30 | 40 | 50 | 60 |
| $a$ | 10 | 15 | 20 | 25 | 30 |
| $f$ | 0,009 | 0,021 | 0,037 | 0,058 | 0,083 |
| $1:m$ | 216000,0 | 324000,0 | 432000,0 | 540000,0 | 648000,0 |
| $\tau^s$ | — | — | — | — | — |
| $x = 20$ | 0,037 | 0,025 | 0,019 | 0,015 | 0,012 |
| 30 | 0,120 | 0,083 | 0,063 | 0,050 | 0,042 |
| 40 | 0,259 | 0,193 | 0,148 | 0,119 | 0,099 |
| 50 | 0,454 | 0,361 | 0,287 | 0,231 | 0,193 |
| 60 | 0,704 | 0,584 | 0,482 | 0,398 | 0,333 |
| 70 | 1,010 | 0,862 | 0,732 | 0,621 | 0,528 |
| 80 | 1,371 | 1,195 | 1,038 | 0,899 | 0,778 |
| 90 | 1,788 | 1,584 | 1,399 | 1,232 | 1,084 |
| 100 | 2,261 | 2,029 | 1,816 | 1,621 | 1,446 |
| 110 | 2,789 | 2,530 | 2,289 | 2,066 | 1,864 |
| 120 | 3,373 | 3,086 | 2,817 | 2,567 | 2,336 |
| 130 | 4,013 | 3,698 | 3,401 | 3,123 | 2,863 |
| 140 | 4,709 | 4,367 | 4,041 | 3,735 | 3,447 |
| 150 | 5,462 | 5,091 | 4,737 | 4,404 | 4,087 |
| 160 | 6,270 | 5,871 | 5,490 | 5,128 | 4,783 |
| 170 | 7,134 | 6,707 | 6,298 | 5,908 | 5,536 |
| 180 | 8,055 | 7,599 | 7,162 | 6,744 | 6,344 |
| 190 | 9,032 | 8,548 | 8,083 | 7,636 | 7,208 |
| 200 | 10,065 | 9,553 | 9,060 | 8,585 | 8,129 |
| 210 | 11,155 | 10,615 | 10,093 | 9,590 | 9,106 |
| 220 | 12,301 | 11,733 | 11,183 | 10,652 | 10,139 |
| 230 | 13,504 | 12,907 | 12,329 | 11,770 | 11,229 |
| 240 | 14,764 | 14,139 | 13,532 | 12,944 | 12,375 |
| 250 | 16,081 | 15,427 | 14,792 | 14,176 | 13,578 |
| 260 | 17,455 | 16,772 | 16,109 | 15,464 | 14,838 |
| 270 | 18,886 | 18,175 | 17,483 | 16,809 | 16,155 |
| 280 | 20,374 | 19,635 | 18,914 | 18,212 | 17,529 |
| 290 | 21,920 | 21,152 | 20,402 | 19,672 | 18,960 |
| 300 | 23,524 | 22,726 | 21,948 | 21,189 | 20,448 |

# Kreisbogen mit Übergangsbogen.

| $r$ | 1800 | 1800 | 1800 | 1800 | 1800 |
|---|---|---|---|---|---|
| $L$ | 70 | 80 | 90 | 100 | 110 |
| $l$ | 70 | 80 | 90 | 99,992 | 109,990 |
| $a$ | 35 | 40 | 45 | 49,958 | 54,944 |
| $f$ | 0,113 | 0,148 | 0,187 | 0,231 | 0,280 |
| $1:m$ | 756000,0 | 864000,0 | 972000,0 | 1078668,2 | 1186227,9 |
| $\tau^g$ | — | — | — | 1,76 98 | 1,94 72 |
| $x = 20$ | 0,010 | 0,009 | 0,008 | 0,007 | 0,007 |
| 30 | 0,036 | 0,031 | 0,028 | 0,025 | 0,023 |
| 40 | 0,085 | 0,074 | 0,066 | 0,059 | 0,054 |
| 50 | 0,165 | 0,145 | 0,129 | 0,116 | 0,105 |
| 60 | 0,286 | 0,250 | 0,222 | 0,200 | 0,182 |
| 70 | 0,454 | 0,397 | 0,353 | 0,318 | 0,289 |
| 80 | 0,676 | 0,593 | 0,527 | 0,475 | 0,432 |
| 90 | 0,953 | 0,843 | 0,750 | 0,676 | 0,615 |
| 100 | 1,287 | 1,149 | 1,027 | 0,927 | 0,843 |
| 110 | 1,676 | 1,510 | 1,361 | 1,233 | 1,122 |
| 120 | 2,121 | 1,927 | 1,750 | 1,594 | 1,456 |
| 130 | 2,622 | 2,400 | 2,195 | 2,012 | 1,846 |
| 140 | 3,178 | 2,928 | 2,696 | 2,485 | 2,291 |
| 150 | 3,790 | 3,512 | 3,252 | 3,013 | 2,792 |
| 160 | 4,459 | 4,152 | 3,864 | 3,598 | 3,348 |
| 170 | 5,183 | 4,848 | 4,533 | 4,238 | 3,961 |
| 180 | 5,963 | 5,601 | 5,257 | 4,934 | 4,629 |
| 190 | 6,799 | 6,409 | 6,037 | 5,687 | 5,354 |
| 200 | 7,691 | 7,273 | 6,873 | 6,495 | 6,134 |
| 210 | 8,640 | 8,194 | 7,765 | 7,360 | 6,970 |
| 220 | 9,645 | 9,171 | 8,714 | 8,281 | 7,863 |
| 230 | 10,707 | 10,204 | 9,719 | 9,258 | 8,813 |
| 240 | 11,825 | 11,294 | 10,781 | 10,291 | 9,818 |
| 250 | 12,999 | 12,440 | 11,899 | 11,381 | 10,880 |
| 260 | 14,231 | 13,643 | 13,073 | 12,528 | 11,998 |
| 270 | 15,519 | 14,903 | 14,305 | 13,731 | 13,173 |
| 280 | 16,864 | 16,220 | 15,593 | 14,991 | 14,405 |
| 290 | 18,267 | 17,594 | 16,938 | 16,309 | 15,694 |
| 300 | 19,727 | 19,025 | 18,341 | 17,682 | 17,039 |

24   Höfer, Bogentafeln.

Tafel III.

## Kreisbogen mit Übergangsbogen.

| $r$ | 1800 | 1800 | 1800 | 1800 | 1800 |
|---|---|---|---|---|---|
| $L$ | 120 | 130 | 140 | 150 | 160 |
| $l$ | 119,987 | 129,983 | 139,979 | 149,974 | 159,968 |
| $a$ | 59,927 | 64,907 | 69,884 | 74,857 | 79,827 |
| $f$ | 0,333 | 0,391 | 0,453 | 0,520 | 0,591 |
| $1 : m$ | 1293699,4 | 1401076,5 | 1508349,7 | 1615511,6 | 1722554,8 |
| $\tau^g$ | 2,12 46 | 2,30 21 | 2,47 97 | 2,65 75 | 2,83 54 |
| $x = 20$ | 0,006 | 0,006 | 0,005 | 0,005 | 0,005 |
| 30 | 0,021 | 0,019 | 0,018 | 0,017 | 0,016 |
| 40 | 0,049 | 0,046 | 0,042 | 0,040 | 0,037 |
| 50 | 0,097 | 0,089 | 0,083 | 0,077 | 0,073 |
| 60 | 0,167 | 0,154 | 0,143 | 0,134 | 0,125 |
| 70 | 0,265 | 0,245 | 0,227 | 0,212 | 0,199 |
| 80 | 0,396 | 0,365 | 0,339 | 0,317 | 0,297 |
| 90 | 0,564 | 0,520 | 0,483 | 0,451 | 0,423 |
| 100 | 0,773 | 0,714 | 0,663 | 0,619 | 0,581 |
| 110 | 1,029 | 0,950 | 0,882 | 0,824 | 0,773 |
| 120 | 1,335 | 1,233 | 1,146 | 1,070 | 1,003 |
| 130 | 1,698 | 1,568 | 1,457 | 1,360 | 1,275 |
| 140 | 2,115 | 1,958 | 1,818 | 1,698 | 1,593 |
| 150 | 2,588 | 2,403 | 2,237 | 2,088 | 1,959 |
| 160 | 3,117 | 2,904 | 2,710 | 2,535 | 2,376 |
| 170 | 3,702 | 3,461 | 3,239 | 3,037 | 2,851 |
| 180 | 4,342 | 4,074 | 3,824 | 3,594 | 3,381 |
| 190 | 5,039 | 4,743 | 4,465 | 4,207 | 3,966 |
| 200 | 5,791 | 5,468 | 5,162 | 4,875 | 4,607 |
| 210 | 6,600 | 6,248 | 5,915 | 5,600 | 5,304 |
| 220 | 7,465 | 7,085 | 6,723 | 6,381 | 6,057 |
| 230 | 8,386 | 7,978 | 7,588 | 7,218 | 6,866 |
| 240 | 9,363 | 8,927 | 8,510 | 8,111 | 7,732 |
| 250 | 10,397 | 9,933 | 9,487 | 9,061 | 8,653 |
| 260 | 11,487 | 10,995 | 10,521 | 10,067 | 9,631 |
| 270 | 12,633 | 12,113 | 11,612 | 11,130 | 10,666 |
| 280 | 13,837 | 13,288 | 12,758 | 12,248 | 11,756 |
| 290 | 15,097 | 14,520 | 13,962 | 13,424 | 12,903 |
| 300 | 16,414 | 15,809 | 15,223 | 14,656 | 14,107 |

370

## Kreisbogen mit Übergangsbogen.

| $r$ | 1800 | 1800 | 1800 | 1800 | 1800 |
|---|---|---|---|---|---|
| $L$ | 170 | 180 | 190 | 200 | 210 |
| $l$ | 169,962 | 179,955 | 189,947 | 199,938 | 209,929 |
| $a$ | 84,792 | 89,754 | 94,710 | 99,662 | 104,609 |
| $f$ | 0,667 | 0,748 | 0,834 | 0,923 | 1,018 |
| $1:m$ | 1829470,9 | 1936252,2 | 2042891,5 | 2149381,7 | 2255713,2 |
| $\tau^g$ | 3,01 34 | 3,19 16 | 3,36 99 | 3,54 84 | 3,72 70 |
| $x = 20$ | 0,004 | 0,004 | 0,004 | 0,004 | 0,003 |
| 30 | 0,015 | 0,014 | 0,013 | 0,013 | 0,012 |
| 40 | 0,035 | 0,033 | 0,031 | 0,030 | 0,028 |
| 50 | 0,068 | 0,065 | 0,061 | 0,058 | 0,055 |
| 60 | 0,118 | 0,112 | 0,106 | 0,100 | 0,096 |
| 70 | 0,187 | 0,177 | 0,168 | 0,159 | 0,152 |
| 80 | 0,280 | 0,264 | 0,251 | 0,238 | 0,227 |
| 90 | 0,399 | 0,376 | 0,357 | 0,339 | 0,323 |
| 100 | 0,547 | 0,516 | 0,490 | 0,465 | 0,443 |
| 110 | 0,728 | 0,687 | 0,652 | 0,619 | 0,590 |
| 120 | 0,945 | 0,892 | 0,846 | 0,804 | 0,766 |
| 130 | 1,201 | 1,135 | 1,075 | 1,022 | 0,974 |
| 140 | 1,500 | 1,417 | 1,343 | 1,277 | 1,216 |
| 150 | 1,845 | 1,743 | 1,652 | 1,571 | 1,496 |
| 160 | 2,239 | 2,115 | 2,005 | 1,906 | 1,816 |
| 170 | 2,684 | 2,537 | 2,405 | 2,285 | 2,178 |
| 180 | 3,187 | 3,010 | 2,855 | 2,713 | 2,585 |
| 190 | 3,744 | 3,542 | 3,355 | 3,191 | 3,041 |
| 200 | 4,358 | 4,127 | 3,916 | 3,719 | 3,547 |
| 210 | 5,027 | 4,768 | 4,530 | 4,308 | 4,101 |
| 220 | 5,752 | 5,466 | 5,200 | 4,952 | 4,719 |
| 230 | 6,534 | 6,220 | 5,926 | 5,649 | 5,389 |
| 240 | 7,371 | 7,029 | 6,707 | 6,402 | 6,116 |
| 250 | 8,264 | 7,895 | 7,545 | 7,212 | 6,899 |
| 260 | 9,214 | 8,817 | 8,439 | 8,078 | 7,738 |
| 270 | 10,221 | 9,795 | 9,389 | 9,001 | 8,633 |
| 280 | 11,284 | 10,830 | 10,396 | 9,980 | 9,584 |
| 290 | 12,403 | 11,921 | 11,459 | 11,015 | 10,591 |
| 300 | 13,578 | 13,069 | 12,579 | 12,107 | 11,654 |

**Tafel III.**

## Kreisbogen mit Übergangsbogen.

| $r$ | 1800 | 1800 | 1800 | 1800 | 1800 |
|---|---|---|---|---|---|
| $L$ | 220 | 230 | 240 | 250 | 260 |
| $l$ | 219,918 | 229,906 | 239,893 | 249,879 | 259,864 |
| $a$ | 109,551 | 114,487 | 119,418 | 124,342 | 129,260 |
| $f$ | 1,116 | 1,220 | 1,328 | 1,440 | 1,558 |
| $1:m$ | 2361879,1 | 2467873,0 | 2573686,4 | 2679312,6 | 2784741,3 |
| $\tau s$ | 3,90 59 | 4,08 49 | 4,26 41 | 4,44 36 | 4,62 32 |
| $x = 20$ | 0,003 | 0,003 | 0,003 | 0,003 | 0,003 |
| 30 | 0,011 | 0,011 | 0,010 | 0,010 | 0,010 |
| 40 | 0,027 | 0,026 | 0,025 | 0,024 | 0,023 |
| 50 | 0,053 | 0,051 | 0,049 | 0,047 | 0,045 |
| 60 | 0,091 | 0,088 | 0,084 | 0,081 | 0,078 |
| 70 | 0,145 | 0,139 | 0,133 | 0,128 | 0,123 |
| 80 | 0,217 | 0,207 | 0,199 | 0,191 | 0,184 |
| 90 | 0,309 | 0,295 | 0,283 | 0,272 | 0,262 |
| 100 | 0,423 | 0,405 | 0,388 | 0,373 | 0,359 |
| 110 | 0,563 | 0,539 | 0,517 | 0,497 | 0,478 |
| 120 | 0,732 | 0,700 | 0,671 | 0,645 | 0,621 |
| 130 | 0,930 | 0,890 | 0,853 | 0,820 | 0,789 |
| 140 | 1,162 | 1,112 | 1,066 | 1,024 | 0,985 |
| 150 | 1,429 | 1,368 | 1,311 | 1,260 | 1,212 |
| 160 | 1,734 | 1,660 | 1,591 | 1,529 | 1,471 |
| 170 | 2,080 | 1,991 | 1,909 | 1,834 | 1,764 |
| 180 | 2,469 | 2,363 | 2,266 | 2,177 | 2,094 |
| 190 | 2,904 | 2,779 | 2,665 | 2,560 | 2,463 |
| 200 | 3,387 | 3,242 | 3,108 | 2,986 | 2,873 |
| 210 | 3,921 | 3,753 | 3,598 | 3,456 | 3,326 |
| 220 | 4,503 | 4,315 | 4,137 | 3,974 | 3,824 |
| 230 | 5,150 | 4,924 | 4,728 | 4,541 | 4,369 |
| 240 | 5,849 | 5,601 | 5,364 | 5,160 | 4,964 |
| 250 | 6,604 | 6,328 | 6,071 | 5,823 | 5,611 |
| 260 | 7,415 | 7,111 | 6,826 | 6,559 | 6,302 |
| 270 | 8,281 | 7,950 | 7,638 | 7,343 | 7,069 |
| 280 | 9,204 | 8,845 | 8,505 | 8,183 | 7,881 |
| 290 | 10,183 | 9,797 | 9,428 | 9,079 | 8,749 |
| 300 | 11,219 | 10,806 | 10,409 | 10,032 | 9,674 |

## Kreisbogen mit Übergangsbogen.

| $r$ | 1800 | 1800 | 1800 | 1800 | 2000 |
|---|---|---|---|---|---|
| $L$ | 270 | 280 | 290 | 300 | 20 |
| $l$ | 269,848 | 279,831 | 289,812 | 299,792 | 20 |
| $a$ | 134,172 | 139,078 | 143,976 | 148,867 | 10 |
| $f$ | 1,679 | 1,804 | 1,935 | 2,070 | 0,008 |
| $1 : m$ | 2889969,0 | 2994987,2 | 3099785,4 | 3204360,4 | 240000,0 |
| $\tau^8$ | 4,80 31 | 4,98 32 | 5,16 35 | 5,34 41 | — |
| $x = 20$ | 0,003 | 0,003 | 0,003 | 0,002 | 0,033 |
| 30 | 0,009 | 0,009 | 0,009 | 0,008 | 0,108 |
| 40 | 0,022 | 0,021 | 0,021 | 0,020 | 0,233 |
| 50 | 0,043 | 0,042 | 0,040 | 0,039 | 0,408 |
| 60 | 0,075 | 0,072 | 0,070 | 0,067 | 0,633 |
| 70 | 0,119 | 0,114 | 0,111 | 0,107 | 0,908 |
| 80 | 0,177 | 0,171 | 0,165 | 0,160 | 1,233 |
| 90 | 0,252 | 0,243 | 0,235 | 0,228 | 1,608 |
| 100 | 0,346 | 0,334 | 0,323 | 0,312 | 2,034 |
| 110 | 0,461 | 0,444 | 0,429 | 0,415 | 2,510 |
| 120 | 0,598 | 0,577 | 0,557 | 0,539 | 3,035 |
| 130 | 0,760 | 0,734 | 0,709 | 0,686 | 3,611 |
| 140 | 0,950 | 0,916 | 0,885 | 0,856 | 4,237 |
| 150 | 1,168 | 1,127 | 1,089 | 1,053 | 4,914 |
| 160 | 1,417 | 1,368 | 1,321 | 1,278 | 5,641 |
| 170 | 1,700 | 1,640 | 1,585 | 1,533 | 6,418 |
| 180 | 2,018 | 1,947 | 1,881 | 1,820 | 7,246 |
| 190 | 2,373 | 2,290 | 2,213 | 2,141 | 8,124 |
| 200 | 2,768 | 2,671 | 2,581 | 2,497 | 9,053 |
| 210 | 3,204 | 3,092 | 2,988 | 2,890 | 10,033 |
| 220 | 3,684 | 3,555 | 3,435 | 3,323 | 11,064 |
| 230 | 4,210 | 4,062 | 3,925 | 3,797 | 12,145 |
| 240 | 4,783 | 4,616 | 4,460 | 4,314 | 13,277 |
| 250 | 5,407 | 5,218 | 5,041 | 4,876 | 14,460 |
| 260 | 6,082 | 5,869 | 5,670 | 5,485 | 15,694 |
| 270 | 6,799 | 6,572 | 6,350 | 6,143 | 16,980 |
| 280 | 7,596 | 7,316 | 7,082 | 6,851 | 18,317 |
| 290 | 8,437 | 8,142 | 7,853 | 7,611 | 19,705 |
| 300 | 9,334 | 9,011 | 8,710 | 8,408 | 21,145 |

## Kreisbogen mit Übergangsbogen.

| $r$ | 2000 | 2000 | 2000 | 2000 | 2000 |
|---|---|---|---|---|---|
| $L$ | 30 | 40 | 50 | 60 | 70 |
| $l$ | 30 | 40 | 50 | 60 | 70 |
| $a$ | 15 | 20 | 25 | 30 | 35 |
| $f$ | 0,019 | 0,033 | 0,052 | 0,075 | 0,102 |
| $1 : m$ | 360000,0 | 480000,0 | 600000,0 | 720000,0 | 840000,0 |
| $\tau^t$ | — | — | — | — | — |
| $x = 20$ | 0,022 | 0,017 | 0,013 | 0,011 | 0,010 |
| 30 | 0,075 | 0,056 | 0,045 | 0,038 | 0,032 |
| 40 | 0,175 | 0,133 | 0,107 | 0,089 | 0,076 |
| 50 | 0,325 | 0,258 | 0,208 | 0,174 | 0,149 |
| 60 | 0,525 | 0,433 | 0,358 | 0,300 | 0,258 |
| 70 | 0,775 | 0,658 | 0,558 | 0,475 | 0,408 |
| 80 | 1,075 | 0,933 | 0,808 | 0,700 | 0,608 |
| 90 | 1,425 | 1,258 | 1,108 | 0,975 | 0,858 |
| 100 | 1,826 | 1,633 | 1,458 | 1,300 | 1,158 |
| 110 | 2,277 | 2,059 | 1,859 | 1,675 | 1,508 |
| 120 | 2,778 | 2,535 | 2,310 | 2,101 | 1,909 |
| 130 | 3,328 | 3,060 | 2,811 | 2,577 | 2,360 |
| 140 | 3,929 | 3,636 | 3,361 | 3,102 | 2,861 |
| 150 | 4,580 | 4,262 | 3,962 | 3,678 | 3,411 |
| 160 | 5,282 | 4,939 | 4,613 | 4,304 | 4,012 |
| 170 | 6,034 | 5,666 | 5,315 | 4,981 | 4,663 |
| 180 | 6,836 | 6,443 | 6,067 | 5,708 | 5,365 |
| 190 | 7,688 | 7,271 | 6,869 | 6,485 | 6,117 |
| 200 | 8,592 | 8,149 | 7,721 | 7,313 | 6,919 |
| 210 | 9,547 | 9,078 | 8,625 | 8,191 | 7,771 |
| 220 | 10,553 | 10,058 | 9,580 | 9,120 | 8,675 |
| 230 | 11,609 | 11,089 | 10,586 | 10,100 | 9,630 |
| 240 | 12,716 | 12,170 | 11,642 | 11,131 | 10,636 |
| 250 | 13,873 | 13,302 | 12,749 | 12,212 | 11,692 |
| 260 | 15,082 | 14,485 | 13,906 | 13,344 | 12,799 |
| 270 | 16,342 | 15,719 | 15,115 | 14,527 | 13,956 |
| 280 | 17,653 | 17,005 | 16,375 | 15,761 | 15,165 |
| 290 | 19,016 | 18,342 | 17,685 | 17,047 | 16,425 |
| 300 | 20,430 | 19,730 | 19,049 | 18,384 | 17,736 |

## Kreisbogen mit Übergangsbogen.

| $r$ | 2000 | 2000 | 2000 | 2000 | 2000 |
|---|---|---|---|---|---|
| $L$ | 80 | 90 | 100 | 110 | 120 |
| $l$ | 80 | 90 | 100 | 109,992 | 119,989 |
| $a$ | 40 | 45 | 50 | 54,954 | 59,941 |
| $f$ | 0,133 | 0,169 | 0,208 | 0,252 | 0,300 |
| $1 : m$ | 960000,0 | 1080000,0 | 1200000,0 | 1318404,7 | 1437929,5 |
| $\tau^8$ | — | — | — | 1,75 21 | 1,91 17 |
| $x = 20$ | 0,008 | 0,007 | 0,007 | 0,006 | 0,006 |
| 30 | 0,028 | 0,025 | 0,023 | 0,020 | 0,019 |
| 40 | 0,067 | 0,059 | 0,053 | 0,049 | 0,045 |
| 50 | 0,130 | 0,116 | 0,104 | 0,095 | 0,087 |
| 60 | 0,225 | 0,200 | 0,180 | 0,164 | 0,150 |
| 70 | 0,357 | 0,318 | 0,286 | 0,260 | 0,239 |
| 80 | 0,533 | 0,474 | 0,427 | 0,388 | 0,356 |
| 90 | 0,758 | 0,675 | 0,608 | 0,553 | 0,507 |
| 100 | 1,033 | 0,925 | 0,833 | 0,758 | 0,695 |
| 110 | 1,358 | 1,225 | 1,109 | 1,009 | 0,926 |
| 120 | 1,733 | 1,575 | 1,433 | 1,310 | 1,201 |
| 130 | 2,159 | 1,976 | 1,808 | 1,661 | 1,527 |
| 140 | 2,635 | 2,427 | 2,234 | 2,061 | 1,903 |
| 150 | 3,160 | 2,928 | 2,710 | 2,512 | 2,329 |
| 160 | 3,736 | 3,478 | 3,235 | 3,013 | 2,805 |
| 170 | 4,362 | 4,079 | 3,811 | 3,564 | 3,331 |
| 180 | 5,039 | 4,730 | 4,437 | 4,164 | 3,907 |
| 190 | 5,766 | 5,432 | 5,114 | 4,816 | 4,533 |
| 200 | 6,543 | 6,184 | 5,841 | 5,520 | 5,210 |
| 210 | 7,371 | 6,986 | 6,618 | 6,271 | 5,937 |
| 220 | 8,249 | 7,838 | 7,446 | 7,073 | 6,714 |
| 230 | 9,178 | 8,742 | 8,324 | 7,926 | 7,543 |
| 240 | 10,158 | 9,697 | 9,253 | 8,831 | 8,422 |
| 250 | 11,189 | 10,703 | 10,233 | 9,786 | 9,351 |
| 260 | 12,270 | 11,759 | 11,264 | 10,791 | 10,331 |
| 270 | 13,402 | 12,866 | 12,345 | 11,847 | 11,362 |
| 280 | 14,585 | 14,023 | 13,477 | 12,953 | 12,443 |
| 290 | 16,819 | 15,232 | 14,660 | 14,111 | 13,576 |
| 300 | 17,105 | 16,492 | 15,894 | 15,320 | 14,759 |

# Tafel III.

## Kreisbogen mit Übergangsbogen.

| $r$ | 2000 | 2000 | 2000 | 2000 | 2000 |
|---|---|---|---|---|---|
| $L$ | 130 | 140 | 150 | 160 | 170 |
| $l$ | 129,986 | 139,983 | 149,979 | 159,974 | 169,969 |
| $a$ | 64,925 | 69,906 | 74,884 | 79,860 | 84,832 |
| $f$ | 0,352 | 0,408 | 0,468 | 0,533 | 0,601 |
| $1:m$ | 1557367,4 | 1676712,9 | 1795958,3 | 1915096,3 | 2034120,7 |
| $\tau^8$ | 2,07 13 | 2,23 11 | 2,39 09 | 2,55 08 | 2,71 08 |
| $x = 20$ | 0,005 | 0,005 | 0,004 | 0,004 | 0,004 |
| 30 | 0,017 | 0,016 | 0,015 | 0,014 | 0,013 |
| 40 | 0,041 | 0,038 | 0,036 | 0,033 | 0,031 |
| 50 | 0,080 | 0,075 | 0,070 | 0,065 | 0,061 |
| 60 | 0,139 | 0,129 | 0,120 | 0,113 | 0,106 |
| 70 | 0,220 | 0,205 | 0,191 | 0,179 | 0,169 |
| 80 | 0,329 | 0,305 | 0,285 | 0,267 | 0,252 |
| 90 | 0,468 | 0,435 | 0,406 | 0,381 | 0,358 |
| 100 | 0,642 | 0,596 | 0,557 | 0,522 | 0,492 |
| 110 | 0,855 | 0,794 | 0,741 | 0,695 | 0,654 |
| 120 | 1,110 | 1,031 | 0,962 | 0,902 | 0,850 |
| 130 | 1,410 | 1,310 | 1,223 | 1,147 | 1,080 |
| 140 | 1,762 | 1,636 | 1,528 | 1,433 | 1,349 |
| 150 | 2,162 | 2,012 | 1,878 | 1,762 | 1,659 |
| 160 | 2,613 | 2,438 | 2,280 | 2,138 | 2,014 |
| 170 | 3,114 | 2,914 | 2,731 | 2,565 | 2,414 |
| 180 | 3,665 | 3,441 | 3,232 | 3,042 | 2,866 |
| 190 | 4,267 | 4,017 | 3,784 | 3,568 | 3,368 |
| 200 | 4,919 | 4,643 | 4,385 | 4,145 | 3,920 |
| 210 | 5,621 | 5,321 | 5,037 | 4,771 | 4,522 |
| 220 | 6,374 | 6,048 | 5,740 | 5,448 | 5,174 |
| 230 | 7,176 | 6,826 | 6,493 | 6,176 | 5,876 |
| 240 | 8,029 | 7,654 | 7,296 | 6,954 | 6,630 |
| 250 | 8,934 | 8,533 | 8,148 | 7,783 | 7,433 |
| 260 | 9,889 | 9,462 | 9,050 | 8,662 | 8,286 |
| 270 | 10,894 | 10,442 | 10,006 | 9,592 | 9,191 |
| 280 | 11,950 | 11,473 | 11,014 | 10,572 | 10,146 |
| 290 | 13,057 | 12,555 | 12,071 | 11,603 | 11,152 |
| 300 | 14,215 | 13,688 | 13,178 | 12,686 | 12,209 |

## Kreisbogen mit Übergangsbogen.

| $r$ | 2000 | 2000 | 2000 | 2000 | 2000 |
|---|---|---|---|---|---|
| $L$ | 180 | 190 | 200 | 210 | 220 |
| $l$ | 179,964 | 189,957 | 199,950 | 209,942 | 219,933 |
| $a$ | 89,800 | 94,765 | 99,726 | 104,683 | 109,636 |
| $f$ | 0,674 | 0,750 | 0,832 | 0,916 | 1,006 |
| $1 : m$ | 2153022,6 | 2271796,6 | 2390435,4 | 2508931,5 | 2627279,2 |
| $\tau^8$ | 2,87 10 | 3,03 12 | 3,19 16 | 3,35 20 | 3,51 27 |
| $x = 20$ | 0,004 | 0,004 | 0,003 | 0,003 | 0,003 |
| 30 | 0,013 | 0,012 | 0,011 | 0,011 | 0,010 |
| 40 | 0,030 | 0,028 | 0,027 | 0,026 | 0,024 |
| 50 | 0,058 | 0,055 | 0,052 | 0,050 | 0,048 |
| 60 | 0,100 | 0,095 | 0,090 | 0,086 | 0,082 |
| 70 | 0,159 | 0,151 | 0,143 | 0,137 | 0,131 |
| 80 | 0,238 | 0,225 | 0,214 | 0,204 | 0,195 |
| 90 | 0,339 | 0,321 | 0,305 | 0,291 | 0,277 |
| 100 | 0,464 | 0,440 | 0,418 | 0,399 | 0,381 |
| 110 | 0,618 | 0,586 | 0,557 | 0,531 | 0,507 |
| 120 | 0,803 | 0,761 | 0,723 | 0,689 | 0,658 |
| 130 | 1,020 | 0,967 | 0,919 | 0,876 | 0,836 |
| 140 | 1,274 | 1,208 | 1,148 | 1,094 | 1,045 |
| 150 | 1,568 | 1,486 | 1,412 | 1,345 | 1,285 |
| 160 | 1,903 | 1,803 | 1,713 | 1,632 | 1,559 |
| 170 | 2,282 | 2,163 | 2,055 | 1,958 | 1,870 |
| 180 | 2,707 | 2,567 | 2,440 | 2,324 | 2,220 |
| 190 | 3,185 | 3,017 | 2,869 | 2,734 | 2,611 |
| 200 | 3,713 | 3,521 | 3,344 | 3,189 | 3,045 |
| 210 | 4,290 | 4,073 | 3,874 | 3,688 | 3,525 |
| 220 | 4,917 | 4,675 | 4,452 | 4,244 | 4,049 |
| 230 | 5,594 | 5,327 | 5,079 | 4,846 | 4,631 |
| 240 | 6,322 | 6,030 | 5,757 | 5,498 | 5,259 |
| 250 | 7,100 | 6,784 | 6,485 | 6,202 | 5,938 |
| 260 | 7,929 | 7,588 | 7,264 | 6,956 | 6,666 |
| 270 | 8,809 | 8,442 | 8,093 | 7,760 | 7,445 |
| 280 | 9,739 | 9,346 | 8,973 | 8,615 | 8,275 |
| 290 | 10,720 | 10,301 | 9,903 | 9,520 | 9,155 |
| 300 | 11,750 | 11,308 | 10,884 | 10,476 | 10,086 |

Tafel III.

## Kreisbogen mit Übergangsbogen.

| $r$ | 2000 | 2000 | 2000 | 2000 | 2000 |
|---|---|---|---|---|---|
| $L$ | 230 | 240 | 250 | 260 | 270 |
| $l$ | 229,924 | 239,914 | 249,902 | 259,890 | 269,877 |
| $a$ | 114,584 | 119,528 | 124,466 | 129,400 | 134,328 |
| $f$ | 1,099 | 1,196 | 1,297 | 1,403 | 1,512 |
| $1 : m$ | 2745469,6 | 2863497,4 | 2981356,2 | 3099037,9 | 3216535,2 |
| $\tau^8$ | 3,67 34 | 3,83 43 | 3,99 54 | 4,15 66 | 4,31 80 |
| $x = 20$ | 0,003 | 0,003 | 0,003 | 0,003 | 0,002 |
| 30 | 0,010 | 0,009 | 0,009 | 0,009 | 0,008 |
| 40 | 0,023 | 0,022 | 0,021 | 0,021 | 0,020 |
| 50 | 0,046 | 0,044 | 0,042 | 0,040 | 0,039 |
| 60 | 0,079 | 0,075 | 0,072 | 0,070 | 0,067 |
| 70 | 0,125 | 0,120 | 0,115 | 0,111 | 0,107 |
| 80 | 0,186 | 0,179 | 0,172 | 0,165 | 0,160 |
| 90 | 0,265 | 0,255 | 0,245 | 0,235 | 0,227 |
| 100 | 0,364 | 0,349 | 0,335 | 0,323 | 0,311 |
| 110 | 0,485 | 0,465 | 0,446 | 0,430 | 0,414 |
| 120 | 0,629 | 0,604 | 0,580 | 0,558 | 0,537 |
| 130 | 0,800 | 0,767 | 0,737 | 0,709 | 0,683 |
| 140 | 0,999 | 0,958 | 0,920 | 0,885 | 0,853 |
| 150 | 1,229 | 1,178 | 1,132 | 1,089 | 1,049 |
| 160 | 1,492 | 1,430 | 1,374 | 1,322 | 1,273 |
| 170 | 1,790 | 1,716 | 1,648 | 1,585 | 1,527 |
| 180 | 2,124 | 2,037 | 1,956 | 1,882 | 1,813 |
| 190 | 2,498 | 2,395 | 2,301 | 2,213 | 2,132 |
| 200 | 2,914 | 2,793 | 2,683 | 2,581 | 2,487 |
| 210 | 3,373 | 3,234 | 3,106 | 2,988 | 2,879 |
| 220 | 3,878 | 3,718 | 3,571 | 3,436 | 3,310 |
| 230 | 4,427 | 4,249 | 4,081 | 3,926 | 3,783 |
| 240 | 5,035 | 4,822 | 4,637 | 4,461 | 4,298 |
| 250 | 5,689 | 5,456 | 5,235 | 5,042 | 4,858 |
| 260 | 6,393 | 6,136 | 5,895 | 5,664 | 5,464 |
| 270 | 7,148 | 6,865 | 6,599 | 6,351 | 6,111 |
| 280 | 7,952 | 7,644 | 7,353 | 7,081 | 6,824 |
| 290 | 8,806 | 8,474 | 8,159 | 7,861 | 7,580 |
| 300 | 9,712 | 9,355 | 9,015 | 8,692 | 8,386 |

# Kreisbogen mit Übergangsbogen.

| $r$ | 2000 | 2000 | 2000 | 2000 | 2000 |
|---|---|---|---|---|---|
| $L$ | 280 | 290 | 300 | 310 | 320 |
| $l$ | 279,863 | 289,848 | 299,831 | 309,814 | 319,795 |
| $a$ | 139,252 | 144,169 | 149,080 | 153,986 | 158,885 |
| $f$ | 1,626 | 1,744 | 1,865 | 1,991 | 2,121 |
| $1 : m$ | 3333845,0 | 3450955,6 | 3567862,3 | 3684560,7 | 3801041,7 |
| $\tau^8$ | 4,47 95 | 4,64 12 | 4,80 31 | 4,96 52 | 5,12 75 |
| $x = 20$ | 0,002 | 0,002 | 0,002 | 0,002 | 0,002 |
| 30 | 0,008 | 0,008 | 0,008 | 0,007 | 0,007 |
| 40 | 0,019 | 0,019 | 0,018 | 0,017 | 0,017 |
| 50 | 0,038 | 0,036 | 0,035 | 0,034 | 0,033 |
| 60 | 0,065 | 0,063 | 0,061 | 0,059 | 0,057 |
| 70 | 0,102 | 0,099 | 0,096 | 0,093 | 0,090 |
| 80 | 0,154 | 0,148 | 0,144 | 0,139 | 0,135 |
| 90 | 0,219 | 0,211 | 0,204 | 0,198 | 0,192 |
| 100 | 0,300 | 0,290 | 0,280 | 0,271 | 0,263 |
| 110 | 0,399 | 0,386 | 0,373 | 0,361 | 0,350 |
| 120 | 0,518 | 0,501 | 0,484 | 0,469 | 0,455 |
| 130 | 0,659 | 0,637 | 0,616 | 0,596 | 0,578 |
| 140 | 0,823 | 0,795 | 0,769 | 0,745 | 0,722 |
| 150 | 1,012 | 0,978 | 0,946 | 0,916 | 0,888 |
| 160 | 1,229 | 1,187 | 1,148 | 1,112 | 1,078 |
| 170 | 1,474 | 1,424 | 1,377 | 1,333 | 1,293 |
| 180 | 1,749 | 1,690 | 1,635 | 1,583 | 1,534 |
| 190 | 2,057 | 1,988 | 1,922 | 1,862 | 1,804 |
| 200 | 2,400 | 2,318 | 2,242 | 2,171 | 2,105 |
| 210 | 2,778 | 2,684 | 2,596 | 2,513 | 2,437 |
| 220 | 3,194 | 3,086 | 2,984 | 2,890 | 2,801 |
| 230 | 3,650 | 3,526 | 3,410 | 3,302 | 3,201 |
| 240 | 4,147 | 4,006 | 3,875 | 3,752 | 3,637 |
| 250 | 4,687 | 4,528 | 4,379 | 4,241 | 4,111 |
| 260 | 5,272 | 5,093 | 4,926 | 4,770 | 4,624 |
| 270 | 5,904 | 5,704 | 5,517 | 5,342 | 5,178 |
| 280 | 6,575 | 6,361 | 6,153 | 5,958 | 5,775 |
| 290 | 7,316 | 7,056 | 6,836 | 6,619 | 6,416 |
| 300 | 8,096 | 7,824 | 7,555 | 7,328 | 7,103 |
| 310 | 8,928 | 8,631 | 8,349 | 8,071 | 7,837 |
| 320 | 9,810 | 9,488 | 9,182 | 8,893 | 8,604 |

# Tafel III.

## Kreisbogen mit Übergangsbogen.

| $r$ | 2500 | 2500 | 2500 | 2500 | 2500 |
|---|---|---|---|---|---|
| $L$ | 20 | 30 | 40 | 50 | 60 |
| $l$ | 20 | 30 | 40 | 50 | 60 |
| $a$ | 10 | 15 | 20 | 25 | 30 |
| $f$ | 0,007 | 0,015 | 0,027 | 0,042 | 0,060 |
| $1:m$ | 300000,0 | 450000,0 | 600000,0 | 750000,0 | 900000,0 |
| $\tau^8$ | — | — | — | — | — |
| $x = 20$ | 0,027 | 0,018 | 0,013 | 0,011 | 0,009 |
| 30 | 0,087 | 0,060 | 0,045 | 0,036 | 0,030 |
| 40 | 0,187 | 0,140 | 0,107 | 0,085 | 0,071 |
| 50 | 0,327 | 0,260 | 0,207 | 0,167 | 0,139 |
| 60 | 0,507 | 0,420 | 0,347 | 0,287 | 0,240 |
| 70 | 0,727 | 0,620 | 0,527 | 0,447 | 0,380 |
| 80 | 0,987 | 0,860 | 0,747 | 0,647 | 0,560 |
| 90 | 1,287 | 1,140 | 1,007 | 0,887 | 0,780 |
| 100 | 1,627 | 1,460 | 1,307 | 1,167 | 1,040 |
| 110 | 2,007 | 1,820 | 1,647 | 1,487 | 1,340 |
| 120 | 2,428 | 2,221 | 2,027 | 1,847 | 1,680 |
| 130 | 2,888 | 2,661 | 2,448 | 2,248 | 2,060 |
| 140 | 3,389 | 3,142 | 2,908 | 2,688 | 2,481 |
| 150 | 3,930 | 3,663 | 3,409 | 3,169 | 2,941 |
| 160 | 4,511 | 4,224 | 3,950 | 3,690 | 3,442 |
| 170 | 5,132 | 4,825 | 4,531 | 4,251 | 3,983 |
| 180 | 5,793 | 5,466 | 5,152 | 4,852 | 4,564 |
| 190 | 6,495 | 6,147 | 5,813 | 5,493 | 5,185 |
| 200 | 7,237 | 6,869 | 6,515 | 6,174 | 5,846 |
| 210 | 8,020 | 7,631 | 7,257 | 6,896 | 6,548 |
| 220 | 8,843 | 8,434 | 8,040 | 7,658 | 7,290 |
| 230 | 9,706 | 9,277 | 8,863 | 8,461 | 8,073 |
| 240 | 10,610 | 10,160 | 9,726 | 9,304 | 8,896 |
| 250 | 11,554 | 11,084 | 10,630 | 10,187 | 9,759 |
| 260 | 12,539 | 12,049 | 11,574 | 11,111 | 10,663 |
| 270 | 13,564 | 13,054 | 12,559 | 12,076 | 11,607 |
| 280 | 14,630 | 14,100 | 13,584 | 13,081 | 12,592 |
| 290 | 15,737 | 15,186 | 14,650 | 14,127 | 13,617 |
| 300 | 16,884 | 16,313 | 15,757 | 15,213 | 14,683 |

## Kreisbogen mit Übergangsbogen.

| $r$ | 2500 | 2500 | 2500 | 2500 | 2500 |
|---|---|---|---|---|---|
| $L$ | 70 | 80 | 90 | 100 | 110 |
| $l$ | 70 | 80 | 90 | 100 | 110 |
| $a$ | 35 | 40 | 45 | 50 | 55 |
| $f$ | 0,082 | 0,107 | 0,135 | 0,167 | 0,202 |
| $1:m$ | 1050000,0 | 1200000,0 | 1350000,0 | 1500000,0 | 1650000,0 |
| $\tau^8$ | — | — | — | — | — |
| $x = 20$ | 0,008 | 0,007 | 0,006 | 0,005 | 0,005 |
| 30 | 0,026 | 0,023 | 0,020 | 0,018 | 0,016 |
| 40 | 0,061 | 0,053 | 0,047 | 0,043 | 0,039 |
| 50 | 0,119 | 0,104 | 0,093 | 0,083 | 0,076 |
| 60 | 0,206 | 0,180 | 0,160 | 0,144 | 0,131 |
| 70 | 0,327 | 0,286 | 0,254 | 0,229 | 0,208 |
| 80 | 0,487 | 0,427 | 0,379 | 0,341 | 0,310 |
| 90 | 0,687 | 0,606 | 0,540 | 0,486 | 0,442 |
| 100 | 0,927 | 0,826 | 0,740 | 0,667 | 0,606 |
| 110 | 1,207 | 1,086 | 0,980 | 0,887 | 0,807 |
| 120 | 1,527 | 1,386 | 1,260 | 1,147 | 1,047 |
| 130 | 1,887 | 1,726 | 1,580 | 1,447 | 1,327 |
| 140 | 2,288 | 2,106 | 1,940 | 1,787 | 1,647 |
| 150 | 2,728 | 2,527 | 2,341 | 2,167 | 2,007 |
| 160 | 3,209 | 2,987 | 2,781 | 2,588 | 2,408 |
| 170 | 3,730 | 3,488 | 3,262 | 3,048 | 2,848 |
| 180 | 4,291 | 4,029 | 3,783 | 3,549 | 3,329 |
| 190 | 4,892 | 4,610 | 4,344 | 4,090 | 3,850 |
| 200 | 5,533 | 5,231 | 4,945 | 4,671 | 4,411 |
| 210 | 6,214 | 5,892 | 5,586 | 5,292 | 5,012 |
| 220 | 6,936 | 6,594 | 6,267 | 5,953 | 5,653 |
| 230 | 7,698 | 7,336 | 6,989 | 6,655 | 6,334 |
| 240 | 8,501 | 8,119 | 7,751 | 7,397 | 7,056 |
| 250 | 9,344 | 8,942 | 8,554 | 8,180 | 7,818 |
| 260 | 10,227 | 9,805 | 9,397 | 9,003 | 8,621 |
| 270 | 11,151 | 10,709 | 10,280 | 9,866 | 9,464 |
| 280 | 12,116 | 11,653 | 11,204 | 10,770 | 10,347 |
| 290 | 13,121 | 12,638 | 12,169 | 11,714 | 11,271 |
| 300 | 14,167 | 13,663 | 13,174 | 12,699 | 12,236 |

Tafel III.

## Kreisbogen mit Übergangsbogen.

| $r$ | 2500 | 2500 | 2500 | 2500 | 2500 |
|---|---|---|---|---|---|
| $L$ | 120 | 130 | 140 | 150 | 160 |
| $l$ | 120 | 129,991 | 139,989 | 149,986 | 159,984 |
| $a$ | 60 | 64,952 | 69,940 | 74,926 | 79,910 |
| $f$ | 0,240 | 0,282 | 0,326 | 0,375 | 0,427 |
| $1 : m$ | 1800000,0 | 1947893,3 | 2097368,6 | 2246764,2 | 2396074,0 |
| $\tau^g$ | — | 1,65 64 | 1,78 40 | 1,91 17 | 2,03 94 |
| $x = 20$ | 0,004 | 0,004 | 0,004 | 0,004 | 0,003 |
| 30 | 0,015 | 0,014 | 0,013 | 0,012 | 0,011 |
| 40 | 0,036 | 0,033 | 0,031 | 0,028 | 0,027 |
| 50 | 0,069 | 0,064 | 0,060 | 0,056 | 0,052 |
| 60 | 0,120 | 0,111 | 0,103 | 0,097 | 0,090 |
| 70 | 0,191 | 0,176 | 0,164 | 0,153 | 0,143 |
| 80 | 0,284 | 0,263 | 0,244 | 0,228 | 0,214 |
| 90 | 0,405 | 0,374 | 0,348 | 0,324 | 0,304 |
| 100 | 0,556 | 0,513 | 0,477 | 0,445 | 0,417 |
| 110 | 0,739 | 0,683 | 0,635 | 0,592 | 0,555 |
| 120 | 0,960 | 0,887 | 0,824 | 0,769 | 0,721 |
| 130 | 1,220 | 1,128 | 1,048 | 0,978 | 0,917 |
| 140 | 1,520 | 1,408 | 1,308 | 1,221 | 1,145 |
| 150 | 1,860 | 1,729 | 1,608 | 1,502 | 1,409 |
| 160 | 2,240 | 2,089 | 1,948 | 1,822 | 1,709 |
| 170 | 2,661 | 2,490 | 2,328 | 2,183 | 2,050 |
| 180 | 3,121 | 2,930 | 2,749 | 2,584 | 2,432 |
| 190 | 3,622 | 3,411 | 3,210 | 3,025 | 2,852 |
| 200 | 4,163 | 3,932 | 3,711 | 3,506 | 3,313 |
| 210 | 4,744 | 4,493 | 4,252 | 4,027 | 3,814 |
| 220 | 5,365 | 5,094 | 4,834 | 4,588 | 4,355 |
| 230 | 6,026 | 5,735 | 5,455 | 5,189 | 4,936 |
| 240 | 6,728 | 6,417 | 6,116 | 5,831 | 5,558 |
| 250 | 7,470 | 7,140 | 6,817 | 6,513 | 6,220 |
| 260 | 8,253 | 7,902 | 7,560 | 7,235 | 6,922 |
| 270 | 9,076 | 8,705 | 8,343 | 7,997 | 7,665 |
| 280 | 9,939 | 9,549 | 9,167 | 8,800 | 8,448 |
| 290 | 10,843 | 10,432 | 10,031 | 9,644 | 9,272 |
| 300 | 11,787 | 11,356 | 10,935 | 10,527 | 10,135 |

## Kreisbogen mit Übergangsbogen.

| $r$ | 2500 | 2500 | 2500 | 2500 | 2500 |
|---|---|---|---|---|---|
| $L$ | 170 | 180 | 190 | 200 | 210 |
| $l$ | 169,980 | 179,977 | 189,973 | 199,968 | 209,963 |
| $a$ | 84,892 | 89,872 | 94,850 | 99,824 | 104,797 |
| $f$ | 0,481 | 0,540 | 0,601 | 0,666 | 0,733 |
| $1 : m$ | 2545291,8 | 2694412,1 | 2843429,0 | 2992338,0 | 3141133,0 |
| $\tau^8$ | 2,16 72 | 2,29 50 | 2,42 29 | 2,55 08 | 2,67 88 |
| $x = 20$ | 0,003 | 0,003 | 0,003 | 0,003 | 0,003 |
| 30 | 0,011 | 0,010 | 0,009 | 0,009 | 0,009 |
| 40 | 0,025 | 0,024 | 0,023 | 0,021 | 0,020 |
| 50 | 0,049 | 0,046 | 0,044 | 0,042 | 0,040 |
| 60 | 0,085 | 0,080 | 0,076 | 0,072 | 0,069 |
| 70 | 0,135 | 0,127 | 0,121 | 0,115 | 0,109 |
| 80 | 0,201 | 0,190 | 0,180 | 0,171 | 0,163 |
| 90 | 0,286 | 0,271 | 0,256 | 0,244 | 0,232 |
| 100 | 0,393 | 0,371 | 0,352 | 0,334 | 0,318 |
| 110 | 0,523 | 0,494 | 0,468 | 0,445 | 0,424 |
| 120 | 0,679 | 0,641 | 0,608 | 0,577 | 0,550 |
| 130 | 0,863 | 0,815 | 0,773 | 0,734 | 0,699 |
| 140 | 1,078 | 1,018 | 0,965 | 0,917 | 0,873 |
| 150 | 1,326 | 1,253 | 1,187 | 1,128 | 1,074 |
| 160 | 1,609 | 1,520 | 1,441 | 1,369 | 1,304 |
| 170 | 1,930 | 1,823 | 1,728 | 1,642 | 1,564 |
| 180 | 2,290 | 2,164 | 2,051 | 1,949 | 1,857 |
| 190 | 2,692 | 2,546 | 2,411 | 2,292 | 2,184 |
| 200 | 3,132 | 2,967 | 2,813 | 2,672 | 2,547 |
| 210 | 3,613 | 3,428 | 3,254 | 3,094 | 2,947 |
| 220 | 4,135 | 3,930 | 3,736 | 3,556 | 3,389 |
| 230 | 4,697 | 4,471 | 4,257 | 4,058 | 3,871 |
| 240 | 5,298 | 5,052 | 4,818 | 4,599 | 4,392 |
| 250 | 5,939 | 5,674 | 5,420 | 5,181 | 4,954 |
| 260 | 6,621 | 6,336 | 6,063 | 5,804 | 5,556 |
| 270 | 7,343 | 7,038 | 6,745 . | 6,465 | 6,197 |
| 280 | 8,106 | 7,781 | 7,467 | 7,166 | 6,880 |
| 290 | 8,910 | 8,564 | 8,230 | 7,907 | 7,603 |
| 300 | 9,753 | 9,388 | 9,033 | 8,690 | 8,367 |

Tafel III.

## Kreisbogen mit Übergangsbogen.

| $r$ | 2500 | 2500 | 2500 | 2500 | 2500 |
|---|---|---|---|---|---|
| $L$ | 220 | 230 | 240 | 250 | 260 |
| $l$ | 219,957 | 229,951 | 239,945 | 249,938 | 259,930 |
| $a$ | 109,766 | 114,733 | 119,697 | 124,658 | 129,615 |
| $f$ | 0,805 | 0,880 | 0,958 | 1,039 | 1,124 |
| $1 : m$ | 3289806,8 | 3438355,6 | 3586773,6 | 3735055,2 | 3883192,9 |
| $\tau^g$ | 2,80 69 | 2,93 50 | 3,06 33 | 3,19 16 | 3,31 99 |
| $x = 20$ | 0,002 | 0,002 | 0,002 | 0,002 | 0,002 |
| 30 | 0,008 | 0,008 | 0,008 | 0,007 | 0,007 |
| 40 | 0,019 | 0,019 | 0,018 | 0,017 | 0,016 |
| 50 | 0,038 | 0,036 | 0,035 | 0,033 | 0,032 |
| 60 | 0,066 | 0,063 | 0,060 | 0,058 | 0,056 |
| 70 | 0,104 | 0,100 | 0,096 | 0,092 | 0,088 |
| 80 | 0,156 | 0,149 | 0,143 | 0,137 | 0,132 |
| 90 | 0,222 | 0,212 | 0,203 | 0,195 | 0,188 |
| 100 | 0,304 | 0,291 | 0,279 | 0,268 | 0,258 |
| 110 | 0,405 | 0,387 | 0,371 | 0,356 | 0,343 |
| 120 | 0,525 | 0,503 | 0,482 | 0,463 | 0,445 |
| 130 | 0,668 | 0,639 | 0,613 | 0,588 | 0,566 |
| 140 | 0,834 | 0,798 | 0,765 | 0,735 | 0,707 |
| 150 | 1,026 | 0,982 | 0,941 | 0,904 | 0,869 |
| 160 | 1,245 | 1,191 | 1,142 | 1,097 | 1,055 |
| 170 | 1,493 | 1,429 | 1,370 | 1,315 | 1,265 |
| 180 | 1,773 | 1,696 | 1,626 | 1,561 | 1,502 |
| 190 | 2,085 | 1,995 | 1,912 | 1,836 | 1,766 |
| 200 | 2,432 | 2,327 | 2,230 | 2,142 | 2,060 |
| 210 | 2,815 | 2,693 | 2,582 | 2,479 | 2,385 |
| 220 | 3,235 | 3,097 | 2,969 | 2,851 | 2,742 |
| 230 | 3,698 | 3,536 | 3,392 | 3,258 | 3,133 |
| 240 | 4,200 | 4,021 | 3,852 | 3,701 | 3,560 |
| 250 | 4,742 | 4,542 | 4,357 | 4,180 | 4,024 |
| 260 | 5,324 | 5,104 | 4,899 | 4,706 | 4,522 |
| 270 | 5,946 | 5,707 | 5,481 | 5,269 | 5,070 |
| 280 | 6,609 | 6,349 | 6,103 | 5,871 | 5,653 |
| 290 | 7,312 | 7,032 | 6,766 | 6,514 | 6,276 |
| 300 | 8,055 | 7,755 | 7,470 | 7,197 | 6,938 |

384

# Kreisbogen mit Übergangsbogen.

| | | | | | |
|---|---|---|---|---|---|
| $r$ | 3000 | 3000 | 3000 | 3000 | 3000 |
| $L$ | 30 | 40 | 50 | 60 | 70 |
| $l$ | 30 | 40 | 50 | 60 | 70 |
| $a$ | 15 | 20 | 25 | 30 | 35 |
| $f$ | 0,012 | 0,022 | 0,035 | 0,050 | 0,068 |
| $1 : m$ | 540000,0 | 720000,0 | 900000,0 | 1080000,0 | 1260000,0 |
| $\tau^g$ | — | — | — | — | — |
| $x = 20$ | 0,015 | 0,011 | 0,009 | 0,007 | 0,006 |
| 30 | 0,050 | 0,038 | 0,030 | 0,025 | 0,021 |
| 40 | 0,116 | 0,089 | 0,071 | 0,059 | 0,051 |
| 50 | 0,216 | 0,172 | 0,139 | 0,116 | 0,099 |
| 60 | 0,349 | 0,289 | 0,240 | 0,200 | 0,171 |
| 70 | 0,516 | 0,439 | 0,373 | 0,317 | 0,272 |
| 80 | 0,716 | 0,622 | 0,539 | 0,467 | 0,405 |
| 90 | 0,949 | 0,839 | 0,739 | 0,650 | 0,572 |
| 100 | 1,216 | 1,089 | 0,972 | 0,867 | 0,772 |
| 110 | 1,516 | 1,372 | 1,239 | 1,117 | 1,005 |
| 120 | 1,849 | 1,689 | 1,539 | 1,400 | 1,272 |
| 130 | 2,216 | 2,039 | 1,873 | 1,717 | 1,572 |
| 140 | 2,617 | 2,423 | 2,240 | 2,067 | 1,905 |
| 150 | 3,051 | 2,840 | 2,640 | 2,451 | 2,272 |
| 160 | 3,518 | 3,291 | 3,074 | 2,868 | 2,673 |
| 170 | 4,019 | 3,775 | 3,541 | 3,319 | 3,107 |
| 180 | 4,553 | 4,292 | 4,042 | 3,803 | 3,574 |
| 190 | 5,120 | 4,842 | 4,576 | 4,320 | 4,075 |
| 200 | 5,721 | 5,427 | 5,143 | 4,870 | 4,609 |
| 210 | 6,356 | 6,045 | 5,744 | 5,455 | 5,176 |
| 220 | 7,025 | 6,696 | 6,379 | 6,073 | 5,777 |
| 230 | 7,726 | 7,381 | 7,047 | 6,724 | 6,412 |
| 240 | 8,461 | 8,100 | 7,749 | 7,409 | 7,081 |
| 250 | 9,230 | 8,852 | 8,485 | 8,128 | 7,782 |
| 260 | 10,033 | 9,638 | 9,254 | 8,880 | 8,517 |
| 270 | 10,869 | 10,457 | 10,056 | 9,666 | 9,286 |
| 280 | 11,739 | 11,310 | 10,892 | 10,485 | 10,089 |
| 290 | 12,643 | 12,197 | 11,762 | 11,338 | 10,925 |
| 300 | 13,580 | 13,118 | 12,666 | 12,225 | 11,795 |

25  Höfer, Bogentafeln.

**Tafel III.**

## Kreisbogen mit Übergangsbogen.

| $r$ | 3000 | 3000 | 3000 | 3000 | 3000 |
|---|---|---|---|---|---|
| $L$ | 80 | 90 | 100 | 110 | 120 |
| $l$ | 80 | 90 | 100 | 110 | 120 |
| $a$ | 40 | 45 | 50 | 55 | 60 |
| $f$ | 0,089 | 0,112 | 0,139 | 0,168 | 0,200 |
| $1 : m$ | 1440000,0 | 1620000,0 | 1800000,0 | 1980000,0 | 2160000,0 |
| $\tau^g$ | — | — | — | — | — |
| $x = 20$ | 0,006 | 0,005 | 0,004 | 0,004 | 0,004 |
| 30 | 0,019 | 0,017 | 0,015 | 0,014 | 0,013 |
| 40 | 0,044 | 0,040 | 0,036 | 0,032 | 0,030 |
| 50 | 0,087 | 0,077 | 0,069 | 0,063 | 0,058 |
| 60 | 0,150 | 0,133 | 0,120 | 0,109 | 0,100 |
| 70 | 0,238 | 0,212 | 0,191 | 0,173 | 0,159 |
| 80 | 0,356 | 0,316 | 0,284 | 0,259 | 0,237 |
| 90 | 0,506 | 0,450 | 0,405 | 0,368 | 0,338 |
| 100 | 0,689 | 0,616 | 0,556 | 0,505 | 0,463 |
| 110 | 0,906 | 0,816 | 0,739 | 0,672 | 0,616 |
| 120 | 1,156 | 1,049 | 0,956 | 0,872 | 0,800 |
| 130 | 1,439 | 1,316 | 1,206 | 1,105 | 1,017 |
| 140 | 1,756 | 1,616 | 1,489 | 1,372 | 1,267 |
| 150 | 2,106 | 1,949 | 1,806 | 1,672 | 1,550 |
| 160 | 2,490 | 2,316 | 2,156 | 2,005 | 1,867 |
| 170 | 2,907 | 2,717 | 2,540 | 2,372 | 2,217 |
| 180 | 3,358 | 3,151 | 2,957 | 2,773 | 2,601 |
| 190 | 3,842 | 3,618 | 3,408 | 3,207 | 3,018 |
| 200 | 4,359 | 4,119 | 3,892 | 3,674 | 3,469 |
| 210 | 4,909 | 4,653 | 4,409 | 4,175 | 3,953 |
| 220 | 5,494 | 5,220 | 4,959 | 4,709 | 4,470 |
| 230 | 6,112 | 5,821 | 5,544 | 5,276 | 5,020 |
| 240 | 6,763 | 6,456 | 6,162 | 5,877 | 5,605 |
| 250 | 7,448 | 7,125 | 6,813 | 6,512 | 6,223 |
| 260 | 8,167 | 7,826 | 7,498 | 7,181 | 6,874 |
| 270 | 8,919 | 8,561 | 8,217 | 7,882 | 7,559 |
| 280 | 9,705 | 9,330 | 8,969 | 8,617 | 8,278 |
| 290 | 10,524 | 10,133 | 9,755 | 9,386 | 9,030 |
| 300 | 11,377 | 10,969 | 10,574 | 10,189 | 9,816 |

### Kreisbogen mit Übergangsbogen.

| $r$ | 3000 | 3000 | 3000 | 3000 | 3000 |
|---|---|---|---|---|---|
| $L$ | 130 | 140 | 150 | 160 | 170 |
| $l$ | 130 | 140 | 150 | 159,989 | 169,986 |
| $a$ | 65 | 70 | 75 | 79,938 | 84,925 |
| $f$ | 0,235 | 0,272 | 0,312 | 0,355 | 0,401 |
| $1:m$ | 2340000,0 | 2520000,0 | 2700000,0 | 2876727,2 | 3056074.1 |
| $\tau^s$ | — | — | — | 1,69 89 | 1,86 53 |
| $x = 20$ | 0,003 | 0,003 | 0,003 | 0,003 | 0,003 |
| 30 | 0,012 | 0,011 | 0,010 | 0,010 | 0,009 |
| 40 | 0,027 | 0,025 | 0,024 | 0,022 | 0,021 |
| 50 | 0,053 | 0,050 | 0,046 | 0,043 | 0,041 |
| 60 | 0,092 | 0,086 | 0,080 | 0,075 | 0,070 |
| 70 | 0,147 | 0,136 | 0,127 | 0,119 | 0,112 |
| 80 | 0,219 | 0,203 | 0,190 | 0,178 | 0,168 |
| 90 | 0,312 | 0,289 | 0,270 | 0,253 | 0,239 |
| 100 | 0,427 | 0,397 | 0,370 | 0,348 | 0,327 |
| 110 | 0,569 | 0,528 | 0,493 | 0,463 | 0,435 |
| 120 | 0,738 | 0,686 | 0,640 | 0,601 | 0,565 |
| 130 | 0,939 | 0,872 | 0,814 | 0,764 | 0,719 |
| 140 | 1,172 | 1,089 | 1,016 | 0,954 | 0,898 |
| 150 | 1,439 | 1,339 | 1,250 | 1,173 | 1,104 |
| 160 | 1,739 | 1,622 | 1,516 | 1,424 | 1,340 |
| 170 | 2,072 | 1,939 | 1,816 | 1,707 | 1,607 |
| 180 | 2,439 | 2,289 | 2,149 | 2,024 | 1,908 |
| 190 | 2,840 | 2,673 | 2,516 | 2,374 | 2,242 |
| 200 | 3,274 | 3,090 | 2,917 | 2,758 | 2,608 |
| 210 | 3,741 | 3,541 | 3,351 | 3,175 | 3,009 |
| 220 | 4,242 | 4,025 | 3,818 | 3,626 | 3,443 |
| 230 | 4,776 | 4,542 | 4,319 | 4,111 | 3,911 |
| 240 | 5,343 | 5,092 | 4,853 | 4,628 | 4,411 |
| 250 | 5,944 | 5,677 | 5,420 | 5,179 | 4,946 |
| 260 | 6,579 | 6,295 | 6,021 | 5,763 | 5,513 |
| 270 | 7,248 | 6,946 | 6,656 | 6,382 | 6,115 |
| 280 | 7,949 | 7,631 | 7,325 | 7,033 | 6,750 |
| 290 | 8,684 | 8,350 | 8,026 | 7,719 | 7,418 |
| 300 | 9,453 | 9,102 | 8,761 | 8,437 | 8,120 |

## Tafel III.

### Kreisbogen mit Übergangsbogen.

| $r$ | 3000 | 3000 | 3000 | 3000 | 3000 |
|---|---|---|---|---|---|
| $L$ | 180 | 190 | 200 | 210 | 220 |
| $l$ | 179,984 | 189,981 | 199,978 | 209,974 | 219,970 |
| $a$ | 89,911 | 94,895 | 99,878 | 104,859 | 109,838 |
| $f$ | 0,450 | 0,501 | 0,555 | 0,612 | 0,672 |
| $1:m$ | 3235341,0 | 3414522,0 | 3593611,6 | 3772605,2 | 3951499,1 |
| $\tau^8$ | 1,91 17 | 2,01 81 | 2,12 46 | 2,23 11 | 2,33 76 |
| $x = 20$ | 0,002 | 0,002 | 0,002 | 0,002 | 0,002 |
| 30 | 0,008 | 0,008 | 0,008 | 0,007 | 0,007 |
| 40 | 0,020 | 0,019 | 0,018 | 0,017 | 0,016 |
| 50 | 0,039 | 0,037 | 0,035 | 0,033 | 0,032 |
| 60 | 0,067 | 0,063 | 0,060 | 0,057 | 0,055 |
| 70 | 0,106 | 0,100 | 0,095 | 0,091 | 0,087 |
| 80 | 0,158 | 0,150 | 0,142 | 0,136 | 0,130 |
| 90 | 0,225 | 0,214 | 0,203 | 0,193 | 0,184 |
| 100 | 0,309 | 0,293 | 0,278 | 0,265 | 0,253 |
| 110 | 0,411 | 0,390 | 0,370 | 0,353 | 0,337 |
| 120 | 0,534 | 0,506 | 0,481 | 0,458 | 0,437 |
| 130 | 0,679 | 0,643 | 0,611 | 0,582 | 0,556 |
| 140 | 0,848 | 0,803 | 0,764 | 0,727 | 0,694 |
| 150 | 1,043 | 0,988 | 0,939 | 0,895 | 0,854 |
| 160 | 1,266 | 1,200 | 1,140 | 1,086 | 1,037 |
| 170 | 1,518 | 1,439 | 1,367 | 1,302 | 1,243 |
| 180 | 1,802 | 1,708 | 1,623 | 1,546 | 1,476 |
| 190 | 2,120 | 2,008 | 1,909 | 1,818 | 1,736 |
| 200 | 2,470 | 2,342 | 2,225 | 2,121 | 2,025 |
| 210 | 2,854 | 2,709 | 2,576 | 2,454 | 2,344 |
| 220 | 3,271 | 3,110 | 2,960 | 2,822 | 2,694 |
| 230 | 3,722 | 3,544 | 3,378 | 3,222 | 3,078 |
| 240 | 4,207 | 4,012 | 3,829 | 3,656 | 3,496 |
| 250 | 4,724 | 4,513 | 4,313 | 4,124 | 3,947 |
| 260 | 5,275 | 5,047 | 4,830 | 4,626 | 4,432 |
| 270 | 5,860 | 5,615 | 5,382 | 5,161 | 4,950 |
| 280 | 6,478 | 6,217 | 5,967 | 5,729 | 5,501 |
| 290 | 7,130 | 6,852 | 6,585 | 6,330 | 6,085 |
| 300 | 7,816 | 7,520 | 7,236 | 6,965 | 6,700 |

## Kreisbogen mit Übergangsbogen.

| $r$ | 4000 | 4000 | 4000 | 4000 | 4000 |
|---|---|---|---|---|---|
| $L$ | 30 | 40 | 50 | 60 | 70 |
| $l$ | 30 | 40 | 50 | 60 | 70 |
| $a$ | 15 | 20 | 25 | 30 | 35 |
| $f$ | 0,009 | 0,017 | 0,026 | 0,038 | 0,051 |
| $1 : m$ | 720000,0 | 960000,0 | 1200000,0 | 1440000,0 | 1680000,0 |
| $\tau^8$ | — | — | — | — | — |
| $x = 20$ | 0,011 | 0,008 | 0,007 | 0,006 | 0,005 |
| 30 | 0,038 | 0,028 | 0,023 | 0,019 | 0,016 |
| 40 | 0,087 | 0,067 | 0,053 | 0,044 | 0,038 |
| 50 | 0,162 | 0,129 | 0,104 | 0,087 | 0,074 |
| 60 | 0,262 | 0,217 | 0,179 | 0,150 | 0,129 |
| 70 | 0,387 | 0,329 | 0,279 | 0,238 | 0,204 |
| 80 | 0,537 | 0,467 | 0,404 | 0,350 | 0,304 |
| 90 | 0,712 | 0,629 | 0,554 | 0,488 | 0,429 |
| 100 | 0,912 | 0,817 | 0,729 | 0,650 | 0,579 |
| 110 | 1,137 | 1,029 | 0,929 | 0,838 | 0,754 |
| 120 | 1,387 | 1,267 | 1,154 | 1,050 | 0,954 |
| 130 | 1,662 | 1,529 | 1,404 | 1,288 | 1,179 |
| 140 | 1,962 | 1,817 | 1,679 | 1,550 | 1,429 |
| 150 | 2,287 | 2,130 | 1,979 | 1,838 | 1,704 |
| 160 | 2,637 | 2,468 | 2,304 | 2,151 | 2,004 |
| 170 | 3,013 | 2,831 | 2,654 | 2,489 | 2,329 |
| 180 | 3,414 | 3,218 | 3,030 | 2,852 | 2,679 |
| 190 | 3,839 | 3,631 | 3,431 | 3,239 | 3,055 |
| 200 | 4,290 | 4,069 | 3,856 | 3,652 | 3,456 |
| 210 | 4,765 | 4,532 | 4,307 | 4,090 | 3,881 |
| 220 | 5,266 | 5,020 | 4,782 | 4,553 | 4,332 |
| 230 | 5,791 | 5,533 | 5,283 | 5,041 | 4,807 |
| 240 | 6,342 | 6,071 | 5,808 | 5,554 | 5,308 |
| 250 | 6,918 | 6,634 | 6,359 | 6,092 | 5,833 |
| 260 | 7,519 | 7,223 | 6,935 | 6,655 | 6,384 |
| 270 | 8,146 | 7,837 | 7,536 | 7,244 | 6,960 |
| 280 | 8,797 | 8,476 | 8,163 | 7,858 | 7,561 |
| 290 | 9,473 | 9,140 | 8,714 | 8,497 | 8,188 |
| 300 | 10,175 | 9,829 | 9,490 | 9,161 | 8,839 |

# Tafel III.

## Kreisbogen mit Übergangsbogen.

| $r$ | 4000 | 4000 | 4000 | 4000 | 4000 |
|---|---|---|---|---|---|
| $L$ | 80 | 90 | 100 | 110 | 120 |
| $l$ | 80 | 90 | 100 | 110 | 120 |
| $a$ | 40 | 45 | 50 | 55 | 60 |
| $f$ | 0,067 | 0,084 | 0,104 | 0,126 | 0,150 |
| $1 : m$ | 1920000,0 | 2160000,0 | 2400000,0 | 2640000,0 | 2880000,0 |
| $\tau^s$ | — | — | — | — | — |
| $x = 20$ | 0,004 | 0,004 | 0,003 | 0,003 | 0,003 |
| 30 | 0,014 | 0,012 | 0,011 | 0,010 | 0,009 |
| 40 | 0,033 | 0,030 | 0,027 | 0,024 | 0,022 |
| 50 | 0,065 | 0,058 | 0,052 | 0,047 | 0,043 |
| 60 | 0,112 | 0,100 | 0,090 | 0,082 | 0,075 |
| 70 | 0,179 | 0,159 | 0,143 | 0,130 | 0,119 |
| 80 | 0,267 | 0,237 | 0,213 | 0,194 | 0,178 |
| 90 | 0,379 | 0,338 | 0,304 | 0,276 | 0,253 |
| 100 | 0,517 | 0,462 | 0,417 | 0,379 | 0,347 |
| 110 | 0,679 | 0,612 | 0,554 | 0,504 | 0,462 |
| 120 | 0,867 | 0,787 | 0,716 | 0,654 | 0,600 |
| 130 | 1,079 | 0,987 | 0,904 | 0,829 | 0,762 |
| 140 | 1,317 | 1,212 | 1,116 | 1,029 | 0,950 |
| 150 | 1,579 | 1,462 | 1,354 | 1,254 | 1,162 |
| 160 | 1,867 | 1,737 | 1,616 | 1,504 | 1,400 |
| 170 | 2,180 | 2,037 | 1,904 | 1,779 | 1,662 |
| 180 | 2,518 | 2,362 | 2,217 | 2,079 | 1,950 |
| 190 | 2,881 | 2,712 | 2,555 | 2,404 | 2,263 |
| 200 | 3,268 | 3,088 | 2,918 | 2,754 | 2,601 |
| 210 | 3,681 | 3,489 | 3,305 | 3,130 | 2,964 |
| 220 | 4,119 | 3,914 | 3,718 | 3,531 | 3,351 |
| 230 | 4,582 | 4,365 | 4,156 | 3,956 | 3,764 |
| 240 | 5,070 | 4,840 | 4,619 | 4,407 | 4,202 |
| 250 | 5,583 | 5,341 | 5,107 | 4,882 | 4,665 |
| 260 | 6,121 | 5,866 | 5,620 | 5,383 | 5,153 |
| 270 | 6,684 | 6,417 | 6,158 | 5,908 | 5,666 |
| 280 | 7,273 | 6,993 | 6,721 | 6,459 | 6,204 |
| 290 | 7,887 | 7,594 | 7,310 | 7,035 | 6,767 |
| 300 | 8,526 | 8,221 | 7,924 | 7,636 | 7,356 |

# Kreisbogen mit Übergangsbogen.

| $r$ | 4000 | 4000 | 4000 | 4000 | 5000 |
|---|---|---|---|---|---|
| $L$ | 130 | 140 | 150 | 160 | 40 |
| $l$ | 130 | 140 | 150 | 160 | 40 |
| $a$ | 65 | 70 | 75 | 80 | 20 |
| $f$ | 0,176 | 0,204 | 0,234 | 0,267 | 0,013 |
| $1:m$ | 3120000,0 | 3360000,0 | 3600000,0 | 3840000,0 | 1200000,0 |
| $\tau^s$ | — | — | — | — | — |
| $x = 20$ | 0,003 | 0,002 | 0,002 | 0,002 | 0,007 |
| 30 | 0,009 | 0,008 | 0,007 | 0,007 | 0,022 |
| 40 | 0,021 | 0,019 | 0,018 | 0,017 | 0,053 |
| 50 | 0,040 | 0,037 | 0,035 | 0,033 | 0,103 |
| 60 | 0,069 | 0,064 | 0,060 | 0,056 | 0,173 |
| 70 | 0,110 | 0,102 | 0,095 | 0,089 | 0,263 |
| 80 | 0,164 | 0,152 | 0,142 | 0,133 | 0,373 |
| 90 | 0,234 | 0,217 | 0,202 | 0,190 | 0,503 |
| 100 | 0,321 | 0,298 | 0,278 | 0,261 | 0,653 |
| 110 | 0,426 | 0,396 | 0,370 | 0,347 | 0,823 |
| 120 | 0,554 | 0,514 | 0,480 | 0,450 | 1,013 |
| 130 | 0,704 | 0,654 | 0,610 | 0,572 | 1,223 |
| 140 | 0,879 | 0,817 | 0,762 | 0,715 | 1,453 |
| 150 | 1,079 | 1,004 | 0,938 | 0,879 | 1,703 |
| 160 | 1,304 | 1,216 | 1,137 | 1,067 | 1,973 |
| 170 | 1,554 | 1,454 | 1,362 | 1,279 | 2,264 |
| 180 | 1,829 | 1,716 | 1,612 | 1,517 | 2,574 |
| 190 | 2,129 | 2,004 | 1,887 | 1,779 | 2,904 |
| 200 | 2,454 | 2,317 | 2,187 | 2,067 | 3,255 |
| 210 | 2,804 | 2,655 | 2,512 | 2,380 | 3,625 |
| 220 | 3,180 | 3,018 | 2,862 | 2,718 | 4,015 |
| 230 | 3,581 | 3,405 | 3,238 | 3,081 | 4,425 |
| 240 | 4,006 | 3,818 | 3,639 | 3,468 | 4,855 |
| 250 | 4,457 | 4,256 | 4,064 | 3,881 | 5,305 |
| 260 | 4,932 | 4,719 | 4,515 | 4,319 | 5,776 |
| 270 | 5,433 | 5,207 | 4,990 | 4,782 | 6,267 |
| 280 | 5,958 | 5,720 | 5,491 | 5,270 | 6,777 |
| 290 | 6,509 | 6,258 | 6,016 | 5,783 | 7,308 |
| 300 | 7,085 | 6,821 | 6,567 | 6,321 | 7,859 |

# Tafel III.

## Kreisbogen mit Übergangsbogen.

| $r$ | 5000 | 5000 | 5000 | 5000 | 5000 |
|---|---|---|---|---|---|
| $L$ | 50 | 60 | 70 | 80 | 90 |
| $l$ | 50 | 60 | 70 | 80 | 90 |
| $a$ | 25 | 30 | 35 | 40 | 45 |
| $f$ | 0,021 | 0,030 | 0,041 | 0,053 | 0,068 |
| $1:m$ | 1500000,0 | 1800000,0 | 2100000,0 | 2400000,0 | 2700000,0 |
| $\tau^8$ | — | — | — | — | — |
| $x = 20$ | 0,005 | 0,004 | 0,004 | 0,003 | 0,003 |
| 30 | 0,018 | 0,015 | 0,013 | 0,011 | 0,010 |
| 40 | 0,043 | 0,036 | 0,030 | 0,027 | 0,024 |
| 50 | 0,084 | 0,069 | 0,060 | 0,052 | 0,046 |
| 60 | 0,143 | 0,120 | 0,103 | 0,090 | 0,080 |
| 70 | 0,223 | 0,190 | 0,163 | 0,143 | 0,127 |
| 80 | 0,323 | 0,280 | 0,243 | 0,213 | 0,190 |
| 90 | 0,443 | 0,390 | 0,343 | 0,303 | 0,270 |
| 100 | 0,583 | 0,520 | 0,463 | 0,413 | 0,370 |
| 110 | 0,743 | 0,670 | 0,603 | 0,543 | 0,490 |
| 120 | 0,923 | 0,840 | 0,763 | 0,693 | 0,630 |
| 130 | 1,123 | 1,030 | 0,943 | 0,863 | 0,790 |
| 140 | 1,343 | 1,240 | 1,143 | 1,053 | 0,970 |
| 150 | 1,583 | 1,470 | 1,363 | 1,263 | 1,170 |
| 160 | 1,843 | 1,720 | 1,603 | 1,493 | 1,390 |
| 170 | 2,124 | 1,990 | 1,863 | 1,743 | 1,630 |
| 180 | 2,424 | 2,281 | 2,144 | 2,013 | 1,890 |
| 190 | 2,744 | 2,591 | 2,444 | 2,304 | 2,171 |
| 200 | 3,085 | 2,921 | 2,764 | 2,614 | 2,471 |
| 210 | 3,445 | 3,272 | 3,105 | 2,944 | 2,791 |
| 220 | 3,825 | 3,642 | 3,465 | 3,295 | 3,132 |
| 230 | 4,226 | 4,032 | 3,845 | 3,665 | 3,492 |
| 240 | 4,647 | 4,442 | 4,246 | 4,055 | 3,872 |
| 250 | 5,088 | 4,872 | 4,667 | 4,465 | 4,273 |
| 260 | 5,548 | 5,322 | 5,108 | 4,895 | 4,694 |
| 270 | 6,028 | 5,793 | 5,568 | 5,345 | 5,135 |
| 280 | 6,529 | 6,284 | 6,048 | 5,816 | 5,595 |
| 290 | 7,050 | 6,794 | 6,549 | 6,307 | 6,075 |
| 300 | 7,590 | 7,325 | 7,070 | 6,817 | 6,576 |

## Kreisbogen mit Übergangsbogen.

| $r$ | 5000 | 5000 | 5000 | 5000 | 6000 |
|---|---|---|---|---|---|
| $L$ | 100 | 110 | 120 | 130 | 40 |
| $l$ | 100 | 110 | 120 | 130 | 40 |
| $a$ | 50 | 55 | 60 | 65 | 20 |
| $f$ | 0,084 | 0,101 | 0,120 | 0,141 | 0,011 |
| $1:m$ | 3000000,0 | 3300000,0 | 3600000,0 | 3900000,0 | 1440000,0 |
| $\tau^8$ | — | — | — | — | — |
| $x = 20$ | 0,003 | 0,002 | 0,002 | 0,002 | 0,006 |
| 30 | 0,009 | 0,008 | 0,007 | 0,007 | 0,019 |
| 40 | 0,021 | 0,019 | 0,018 | 0,016 | 0,044 |
| 50 | 0,042 | 0,038 | 0,035 | 0,032 | 0,086 |
| 60 | 0,072 | 0,065 | 0,060 | 0,055 | 0,144 |
| 70 | 0,114 | 0,104 | 0,095 | 0,088 | 0,219 |
| 80 | 0,171 | 0,155 | 0,142 | 0,131 | 0,311 |
| 90 | 0,243 | 0,221 | 0,203 | 0,187 | 0,419 |
| 100 | 0,333 | 0,303 | 0,278 | 0,256 | 0,544 |
| 110 | 0,444 | 0,403 | 0,370 | 0,341 | 0,686 |
| 120 | 0,574 | 0,523 | 0,480 | 0,443 | 0,844 |
| 130 | 0,724 | 0,663 | 0,610 | 0,563 | 1,019 |
| 140 | 0,894 | 0,823 | 0,760 | 0,703 | 1,211 |
| 150 | 1,084 | 1,003 | 0,930 | 0,863 | 1,419 |
| 160 | 1,294 | 1,203 | 1,120 | 1,043 | 1,644 |
| 170 | 1,524 | 1,423 | 1,330 | 1,243 | 1,886 |
| 180 | 1,774 | 1,663 | 1,560 | 1,463 | 2,144 |
| 190 | 2,044 | 1,923 | 1,810 | 1,703 | 2,419 |
| 200 | 2,335 | 2,204 | 2,080 | 1,963 | 2,711 |
| 210 | 2,645 | 2,504 | 2,371 | 2,244 | 3,020 |
| 220 | 2,975 | 2,824 | 2,681 | 2,544 | 3,345 |
| 230 | 3,326 | 3,165 | 3,011 | 2,864 | 3,687 |
| 240 | 3,696 | 3,525 | 3,362 | 3,205 | 4,045 |
| 250 | 4,086 | 3,905 | 3,732 | 3,565 | 4,420 |
| 260 | 4,496 | 4,306 | 4,122 | 3,945 | 4,812 |
| 270 | 4,926 | 4,727 | 4,532 | 4,346 | 5,221 |
| 280 | 5,376 | 5,168 | 4,962 | 4,767 | 5,646 |
| 290 | 5,847 | 5,628 | 5,412 | 5,208 | 6,088 |
| 300 | 6,338 | 6,108 | 5,883 | 5,668 | 6,546 |

Tafel III.

## Kreisbogen mit Übergangsbogen.

| $r$ | 6000 | 6000 | 6000 | 6000 | 6000 |
|---|---|---|---|---|---|
| $L$ | 50 | 60 | 70 | 80 | 90 |
| $l$ | 50 | 60 | 70 | 80 | 90 |
| $a$ | 25 | 30 | 35 | 40 | 45 |
| $f$ | 0,017 | 0,025 | 0,034 | 0,044 | 0,056 |
| $1:m$ | 1800000,0 | 2160000,0 | 2520000,0 | 2880000,0 | 3240000,0 |
| $\tau^s$ | — | — | — | — | — |
| $x = 20$ | 0,004 | 0,004 | 0,003 | 0,003 | 0,002 |
| 30 | 0,015 | 0,013 | 0,011 | 0,009 | 0,008 |
| 40 | 0,036 | 0,030 | 0,026 | 0,022 | 0,020 |
| 50 | 0,069 | 0,058 | 0,050 | 0,043 | 0,039 |
| 60 | 0,119 | 0,100 | 0,086 | 0,075 | 0,067 |
| 70 | 0,186 | 0,158 | 0,136 | 0,119 | 0,106 |
| 80 | 0,269 | 0,233 | 0,203 | 0,178 | 0,158 |
| 90 | 0,369 | 0,325 | 0,286 | 0,252 | 0,225 |
| 100 | 0,486 | 0,433 | 0,386 | 0,344 | 0,308 |
| 110 | 0,619 | 0,558 | 0,503 | 0,452 | 0,408 |
| 120 | 0,769 | 0,700 | 0,636 | 0,577 | 0,525 |
| 130 | 0,936 | 0,858 | 0,786 | 0,719 | 0,658 |
| 140 | 1,119 | 1,033 | 0,953 | 0,877 | 0,808 |
| 150 | 1,319 | 1,225 | 1,136 | 1,052 | 0,975 |
| 160 | 1,536 | 1,433 | 1,336 | 1,244 | 1,158 |
| 170 | 1,769 | 1,658 | 1,553 | 1,452 | 1,358 |
| 180 | 2,019 | 1,900 | 1,786 | 1,677 | 1,575 |
| 190 | 2,286 | 2,158 | 2,036 | 1,919 | 1,808 |
| 200 | 2,569 | 2,433 | 2,303 | 2,177 | 2,058 |
| 210 | 2,869 | 2,725 | 2,586 | 2,452 | 2,325 |
| 220 | 3,186 | 3,034 | 2,886 | 2,744 | 2,608 |
| 230 | 3,520 | 3,359 | 3,203 | 3,053 | 2,908 |
| 240 | 3,870 | 3,701 | 3,537 | 3,378 | 3,225 |
| 250 | 4,237 | 4,059 | 3,887 | 3,720 | 3,559 |
| 260 | 4,621 | 4,433 | 4,254 | 4,078 | 3,909 |
| 270 | 5,021 | 4,826 | 4,638 | 4,453 | 4,276 |
| 280 | 5,438 | 5,235 | 5,038 | 4,845 | 4,660 |
| 290 | 5,871 | 5,660 | 5,455 | 5,254 | 5,060 |
| 300 | 6,321 | 6,102 | 5,890 | 5,679 | 5,477 |

# Kreisbogen mit Übergangsbogen.

| $r$ | 6000 | 6000 | 8000 | 8000 | 8000 |
|---|---|---|---|---|---|
| $L$ | 100 | 110 | 40 | 50 | 60 |
| $l$ | 100 | 110 | 40 | 50 | 60 |
| $a$ | 50 | 55 | 20 | 25 | 30 |
| $f$ | 0,069 | 0,084 | 0,008 | 0,013 | 0,019 |
| $1:m$ | 3600000,0 | 3960000,0 | 1920000,0 | 2400000,0 | 2880000,0 |
| $\tau^8$ | — | — | — | — | — |
| $x = 20$ | 0,002 | 0,002 | 0,004 | 0,003 | 0,003 |
| 30 | 0,007 | 0,007 | 0,014 | 0,011 | 0,009 |
| 40 | 0,018 | 0,016 | 0,033 | 0,027 | 0,022 |
| 50 | 0,035 | 0,032 | 0,064 | 0,052 | 0,043 |
| 60 | 0,060 | 0,055 | 0,108 | 0,089 | 0,075 |
| 70 | 0,095 | 0,087 | 0,164 | 0,139 | 0,119 |
| 80 | 0,142 | 0,129 | 0,233 | 0,202 | 0,175 |
| 90 | 0,202 | 0,184 | 0,314 | 0,277 | 0,244 |
| 100 | 0,278 | 0,252 | 0,408 | 0,364 | 0,325 |
| 110 | 0,369 | 0,336 | 0,514 | 0,464 | 0,419 |
| 120 | 0,477 | 0,436 | 0,633 | 0,577 | 0,525 |
| 130 | 0,602 | 0,553 | 0,764 | 0,702 | 0,644 |
| 140 | 0,744 | 0,686 | 0,908 | 0,840 | 0,775 |
| 150 | 0,902 | 0,836 | 1,064 | 0,990 | 0,919 |
| 160 | 1,077 | 1,003 | 1,233 | 1,152 | 1,075 |
| 170 | 1,269 | 1,186 | 1,414 | 1,327 | 1,244 |
| 180 | 1,477 | 1,386 | 1,608 | 1,515 | 1,425 |
| 190 | 1,702 | 1,603 | 1,814 | 1,715 | 1,619 |
| 200 | 1,944 | 1,836 | 2,033 | 1,927 | 1,825 |
| 210 | 2,202 | 2,086 | 2,264 | 2,152 | 2,044 |
| 220 | 2,477 | 2,353 | 2,508 | 2,390 | 2,275 |
| 230 | 2,769 | 2,636 | 2,764 | 2,640 | 2,519 |
| 240 | 3,078 | 2,936 | 3,033 | 2,903 | 2,775 |
| 250 | 3,403 | 3,253 | 3,315 | 3,178 | 3,044 |
| 260 | 3,745 | 3,587 | 3,609 | 3,465 | 3,326 |
| 270 | 4,103 | 3,937 | 3,915 | 3,764 | 3,620 |
| 280 | 4,478 | 4,304 | 4,234 | 4,077 | 3,926 |
| 290 | 4,870 | 4,688 | 4,565 | 4,403 | 4,245 |
| 300 | 5,279 | 5,088 | 4,909 | 4,741 | 4,576 |

# Tafel III.
## Kreisbogen mit Übergangsbogen.

| $r$ | 8000 | 8000 | 10 000 | 10 000 | 10 000 |
|---|---|---|---|---|---|
| $L$ | 70 | 80 | 40 | 50 | 60 |
| $l$ | 70 | 80 | 40 | 50 | 60 |
| $a$ | 35 | 40 | 20 | 25 | 30 |
| $f$ | 0,026 | 0,033 | 0,007 | 0,010 | 0,015 |
| $1 : m$ | 3360000,0 | 3840000,0 | 2400000,0 | 3000000,0 | 3600000,0 |
| $\tau^8$ | — | — | — | — | — |
| $x = 20$ | 0,002 | 0,002 | 0,003 | 0,003 | 0,002 |
| 30 | 0,008 | 0,007 | 0,011 | 0,009 | 0,008 |
| 40 | 0,019 | 0,017 | 0,027 | 0,021 | 0,018 |
| 50 | 0,037 | 0,033 | 0,052 | 0,042 | 0,035 |
| 60 | 0,064 | 0,056 | 0,087 | 0,071 | 0,060 |
| 70 | 0,102 | 0,089 | 0,132 | 0,111 | 0,095 |
| 80 | 0,152 | 0,133 | 0,187 | 0,161 | 0,140 |
| 90 | 0,213 | 0,189 | 0,252 | 0,221 | 0,195 |
| 100 | 0,289 | 0,258 | 0,327 | 0,291 | 0,260 |
| 110 | 0,377 | 0,339 | 0,412 | 0,371 | 0,335 |
| 120 | 0,477 | 0,433 | 0,507 | 0,461 | 0,420 |
| 130 | 0,589 | 0,539 | 0,612 | 0,561 | 0,515 |
| 140 | 0,714 | 0,658 | 0,727 | 0,671 | 0,620 |
| 150 | 0,852 | 0,790 | 0,852 | 0,791 | 0,735 |
| 160 | 1,002 | 0,934 | 0,987 | 0,921 | 0,860 |
| 170 | 1,165 | 1,090 | 1,132 | 1,061 | 0,995 |
| 180 | 1,340 | 1,259 | 1,287 | 1,211 | 1,140 |
| 190 | 1,527 | 1,440 | 1,452 | 1,371 | 1,295 |
| 200 | 1,727 | 1,634 | 1,627 | 1,541 | 1,460 |
| 210 | 1,940 | 1,840 | 1,812 | 1,721 | 1,635 |
| 220 | 2,165 | 2,059 | 2,007 | 1,911 | 1,820 |
| 230 | 2,403 | 2,291 | 2,212 | 2,111 | 2,015 |
| 240 | 2,653 | 2,534 | 2,427 | 2,321 | 2,220 |
| 250 | 2,914 | 2,789 | 2,652 | 2,541 | 2,435 |

# Tafel IV

## Polar-Koordinaten

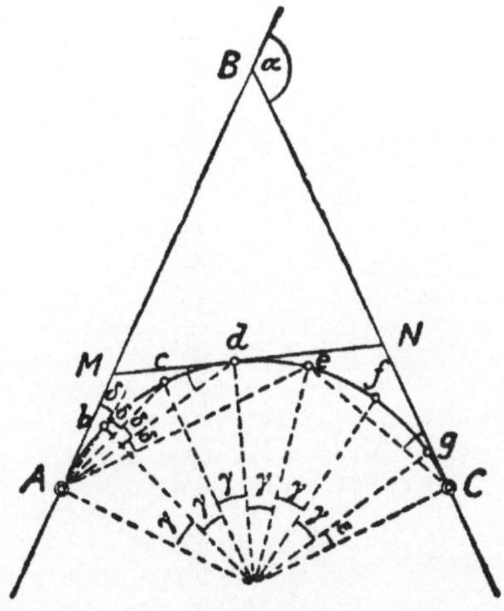


**Hierzu Abschnitt 19 der Einführung**

## Polar-Koordinaten.

| Bo-gen-län-ge m | Umfangswinkel ($\delta^g$) bei dem Halbmesser ($R$ in m) | | | | Bo-gen-län-ge m |
|---|---|---|---|---|---|
| | **100** | **110** | **120** | **130** | |
| 10 | 3,1831 | 2,8937 | 2,6526 | 2,4485 | 10 |
| 20 | 6,3662 | 5,7875 | 5,3052 | 4,8971 | 20 |
| 30 | 9,5493 | 8,6812 | 7,9577 | 7,3456 | 30 |
| 40 | 12,7324 | 11,5749 | 10,6103 | 9,7941 | 40 |
| 50 | 15,9155 | 14,4686 | 13,2629 | 12,2427 | 50 |
| 60 | 19,0986 | 17,3624 | 15,9155 | 14,6912 | 60 |
| 70 | 22,2817 | 20,2561 | 18,5681 | 17,1398 | 70 |
| 80 | 25,4648 | 23,1498 | 21,2207 | 19,5883 | 80 |
| 90 | 28,6479 | 26,0435 | 23,8732 | 22,0368 | 90 |
| 100 | 31,8310 | 28,9373 | 26,5258 | 24,4854 | 100 |

| | **140** | **150** | **160** | **170** | |
|---|---|---|---|---|---|
| 10 | 2,2736 | 2,1221 | 1,9894 | 1,8724 | 10 |
| 20 | 4,5473 | 4,2441 | 3,9789 | 3,7448 | 20 |
| 30 | 6,8209 | 6,3662 | 5,9683 | 5,6172 | 30 |
| 40 | 9,0946 | 8,4883 | 7,9577 | 7,4896 | 40 |
| 50 | 11,3682 | 10,6103 | 9,9472 | 9,3621 | 50 |
| 60 | 13,6419 | 12,7324 | 11,9366 | 11,2345 | 60 |
| 70 | 15,9155 | 14,8545 | 13,9261 | 13,1069 | 70 |
| 80 | 18,1891 | 16,9765 | 15,9155 | 14,9793 | 80 |
| 90 | 20,4628 | 19,0986 | 17,9049 | 16,8517 | 90 |
| 100 | 22,7364 | 21,2207 | 19,8944 | 18,7241 | 100 |

Tafel IV.

## Polar-Koordinaten.

| Bo-gen-län-ge m | Umfangswinkel ($\delta^g$) bei dem Halbmesser ($R$ in m) | | | | Bo-gen-län-ge m |
|---|---|---|---|---|---|
| | 180 | 190 | 200 | 210 | |
| 10 | 1,7684 | 1,6753 | 1,5915 | 1,5158 | 10 |
| 20 | 3,5368 | 3,3506 | 3,1831 | 3,0315 | 20 |
| 30 | 5,3052 | 5,0259 | 4,7746 | 4,5473 | 30 |
| 40 | 7,0736 | 6,7013 | 6,3662 | 6,0630 | 40 |
| 50 | 8,8419 | 8,3766 | 7,9577 | 7,5788 | 50 |
| 60 | 10,6103 | 10,0519 | 9,5493 | 9,0946 | 60 |
| 70 | 12,3787 | 11,7272 | 11,1408 | 10,6103 | 70 |
| 80 | 14,1471 | 13,4025 | 12,7324 | 12,1261 | 80 |
| 90 | 15,9155 | 15,0778 | 14,3239 | 13,6419 | 90 |
| 100 | 17,6839 | 16,7532 | 15,9155 | 15,1576 | 100 |

| | 220 | 230 | 240 | 250 | |
|---|---|---|---|---|---|
| 10 | 1,4469 | 1,3840 | 1,3263 | 1,2732 | 10 |
| 20 | 2,8937 | 2,7679 | 2,6526 | 2,5465 | 20 |
| 30 | 4,3406 | 4,1519 | 3,9789 | 3,8197 | 30 |
| 40 | 5,7875 | 5,5358 | 5,3052 | 5,0930 | 40 |
| 50 | 7,2343 | 6,9198 | 6,6315 | 6,3662 | 50 |
| 60 | 8,6812 | 8,3037 | 7,9577 | 7,6394 | 60 |
| 70 | 10,1280 | 9,6877 | 9,2840 | 8,9127 | 70 |
| 80 | 11,5749 | 11,0716 | 10,6103 | 10,1859 | 80 |
| 90 | 13,0218 | 12,4556 | 11,9366 | 11,4592 | 90 |
| 100 | 14,4686 | 13,8396 | 13,2629 | 12,7324 | 100 |

## Polar-Koordinaten.

| Bo-gen-län-ge m | Umfangswinkel ($\delta^g$) bei dem Halbmesser ($R$ in m) | | | | Bo-gen-län-ge m |
|---|---|---|---|---|---|
| | **260** | **270** | **280** | **290** | |
| 10 | 1,2243 | 1,1789 | 1,1368 | 1,0976 | 10 |
| 20 | 2,4485 | 2,3579 | 2,2736 | 2,1952 | 20 |
| 30 | 3,6728 | 3,5368 | 3,4105 | 3,2929 | 30 |
| 40 | 4,8971 | 4,7157 | 4,5473 | 4,3905 | 40 |
| 50 | 6,1213 | 5,8946 | 5,6841 | 5,4881 | 50 |
| 60 | 7,3456 | 7,0736 | 6,8209 | 6,5857 | 60 |
| 70 | 8,5699 | 8,2525 | 7,9577 | 7,6833 | 70 |
| 80 | 9,7941 | 9,4314 | 9,0946 | 8,7810 | 80 |
| 90 | 11,0184 | 10,6103 | 10,2314 | 9,8786 | 90 |
| 100 | 12,2427 | 11,7893 | 11,3682 | 10,9762 | 100 |
| | **300** | **325** | **350** | **375** | |
| 10 | 1,0610 | 0,9794 | 0,9095 | 0,8488 | 10 |
| 20 | 2,1221 | 1,9588 | 1,8189 | 1,6977 | 20 |
| 30 | 3,1831 | 2,9382 | 2,7284 | 2,5465 | 30 |
| 40 | 4,2441 | 3,9177 | 3,6378 | 3,3953 | 40 |
| 50 | 5,3052 | 4,8971 | 4,5473 | 4,2441 | 50 |
| 60 | 6,3662 | 5,8765 | 5,4567 | 5,0930 | 60 |
| 70 | 7,4272 | 6,8559 | 6,3662 | 5,9418 | 70 |
| 80 | 8,4883 | 7,8353 | 7,2757 | 6,7906 | 80 |
| 90 | 9,5493 | 8,8147 | 8,1851 | 7,6394 | 90 |
| 100 | 10,6103 | 9,7941 | 9,0946 | 8,4882 | 100 |

## Tafel IV.
### Polar-Koordinaten.

| Bogenlänge m | Umfangswinkel ($\delta^g$) bei dem Halbmesser ($R$ in m) | | | | Bogenlänge m |
|---|---|---|---|---|---|
|  | **400** | **425** | **450** | **475** |  |
| 10 | 0,7958 | 0,7490 | 0,7074 | 0,6701 | 10 |
| 20 | 1,5915 | 1,4979 | 1,4147 | 1,3403 | 20 |
| 30 | 2,3873 | 2,2469 | 2,1221 | 2,0104 | 30 |
| 40 | 3,1831 | 2,9959 | 2,8294 | 2,6805 | 40 |
| 50 | 3,9789 | 3,7448 | 3,5368 | 3,3506 | 50 |
| 60 | 4,7746 | 4,4938 | 4,2441 | 4,0208 | 60 |
| 70 | 5,5704 | 5,2428 | 4,9515 | 4,6909 | 70 |
| 80 | 6,3662 | 5,9917 | 5,6588 | 5,3610 | 80 |
| 90 | 7,1620 | 6,7407 | 6,3662 | 6,0311 | 90 |
| 100 | 7,9577 | 7,4896 | 7,0736 | 6,7013 | 100 |
|  | **500** | **525** | **550** | **575** |  |
| 10 | 0,6366 | 0,6063 | 0,5787 | 0,5536 | 10 |
| 20 | 1,2732 | 1,2126 | 1,1575 | 1,1072 | 20 |
| 30 | 1,9099 | 1,8189 | 1,7362 | 1,6607 | 30 |
| 40 | 2,5465 | 2,4252 | 2,3150 | 2,2143 | 40 |
| 50 | 3,1831 | 3,0315 | 2,8937 | 2,7679 | 50 |
| 60 | 3,8197 | 3,6738 | 3,4725 | 3,3215 | 60 |
| 70 | 4,4563 | 4,2441 | 4,0512 | 3,8751 | 70 |
| 80 | 5,0930 | 4,8504 | 4,6300 | 4,4287 | 80 |
| 90 | 5,7296 | 5,4567 | 5,2087 | 4,9822 | 90 |
| 100 | 6,3662 | 6,0630 | 5,7875 | 5,5358 | 100 |

402

## Polar-Koordinaten.

| Bo-gen-län-ge m | Umfangswinkel ($\delta^g$) bei dem Halbmesser ($R$ in m) | | | | Bo-gen-län-ge m |
|---|---|---|---|---|---|
| | 600 | 625 | 650 | 675 | |
| 10 | 0,5305 | 0,5093 | 0,4897 | 0,4716 | 10 |
| 20 | 1,0610 | 1,0186 | 0,9794 | 0,9431 | 20 |
| 30 | 1,5915 | 1,5279 | 1,4691 | 1,4147 | 30 |
| 40 | 2,1221 | 2,0372 | 1,9588 | 1,8863 | 40 |
| 50 | 2,6526 | 2,5465 | 2,4485 | 2,3579 | 50 |
| 60 | 3,1831 | 3,0558 | 2,9382 | 2,8294 | 60 |
| 70 | 3,7136 | 3,5651 | 3,4280 | 3,3010 | 70 |
| 80 | 4,2441 | 4,0744 | 3,9177 | 3,7726 | 80 |
| 90 | 4,7746 | 4,5837 | 4,4074 | 4,2441 | 90 |
| 100 | 5,3052 | 5,0930 | 4,8971 | 4,7157 | 100 |
| | 700 | 725 | 750 | 775 | |
| 10 | 0,4547 | 0,4390 | 0,4244 | 0,4107 | 10 |
| 20 | 0,9095 | 0,8781 | 0,8488 | 0,8214 | 20 |
| 30 | 1,3642 | 1,3171 | 1,2732 | 1,2322 | 30 |
| 40 | 1,8189 | 1,7562 | 1,6977 | 1,6429 | 40 |
| 50 | 2,2736 | 2,1952 | 2,1221 | 2,0536 | 50 |
| 60 | 2,7284 | 2,6343 | 2,5465 | 2,4643 | 60 |
| 70 | 3,1831 | 3,0733 | 2,9709 | 2,8751 | 70 |
| 80 | 3,6378 | 3,5124 | 3,3953 | 3,2858 | 80 |
| 90 | 4,0926 | 3,9514 | 3,8197 | 3,6965 | 90 |
| 100 | 4,5473 | 4,3905 | 4,2441 | 4,1072 | 100 |

Tafel IV.

## Polar-Koordinaten.

| Bogenlänge m | Umfangswinkel ($\delta^g$) bei dem Halbmesser ($R$ in m) | | | | Bogenlänge m |
|---|---|---|---|---|---|
| | 800 | 850 | 900 | 950 | |
| 10 | 0,3979 | 0,3745 | 0,3537 | 0,3351 | 10 |
| 20 | 0,7958 | 0,7490 | 0,7074 | 0,6701 | 20 |
| 30 | 1,1937 | 1,1234 | 1,0610 | 1,0052 | 30 |
| 40 | 1,5916 | 1,4979 | 1,4147 | 1,3403 | 40 |
| 50 | 1,9894 | 1,8724 | 1,7684 | 1,6753 | 50 |
| 60 | 2,3873 | 2,2469 | 2,1221 | 2,0104 | 60 |
| 70 | 2,7852 | 2,6214 | 2,4757 | 2,3454 | 70 |
| 80 | 3,1831 | 2,9959 | 2,8294 | 2,6805 | 80 |
| 90 | 3,5810 | 3,3703 | 3,1831 | 3,0156 | 90 |
| 100 | 3,9789 | 3,7448 | 3,5368 | 3,3506 | 100 |

Bei dem Halbmesser $R_1 = n \cdot R$ sind die Umfangswinkel zu denselben Bogenlängen

$$\delta_{R_1} = \frac{1}{n} \cdot \delta_R .$$

Mit Beschränkung auf $n = 10$ und $n = 100$ benutze man z. B.

für $R = 1000$ die 10. Teile der Winkel für $R = 100$,
„ $R = 1300$ „ 10. „ „ „ „ $R = 130$,
„ $R = 15000$ „ 100. „ „ „ „ $R = 150$.

# Umwandlung der alten Kreisteilung in neue.

### (Sechzigteilung in Hundertteilung.)

#### Grade.

| o | 0 | 1 | 2 | 3 | 4 | 5 | 6 | 7 | 8 | 9 |
|---|---|---|---|---|---|---|---|---|---|---|
| 00 | 0,0.. | 1,1.. | 2,2.. | 3,3.. | 4,4.. | 5,5.. | 6,6.. | 7,7.. | 8,8.. | 10,0.. |
| 10 | 11,1.. | 12,2.. | 13,3.. | 14,4.. | 15,5.. | 16,6.. | 17,7.. | 18,8.. | 20,0.. | 21,1.. |
| 20 | 22,2.. | 23,3.. | 24,4.. | 25,5.. | 26,6.. | 27,7.. | 28,8.. | 30,0.. | 31,1.. | 32,2.. |
| 30 | 33,3.. | 34,4.. | 35,5.. | 36,6.. | 37,7.. | 38,8.. | 40,0.. | 41,1.. | 42,2.. | 43,3.. |
| 40 | 44,4.. | 45,5.. | 46,6.. | 47,7.. | 48,8.. | 50,0.. | 51,1.. | 52,2.. | 53,3.. | 54,4.. |
| 50 | 55,5.. | 56,6.. | 57,7.. | 58,8.. | 60,0.. | 61,1.. | 62,2.. | 63,3.. | 64,4.. | 65,5.. |
| 60 | 66,6.. | 67,7.. | 68,8.. | 70,0.. | 71,1.. | 72,2.. | 73,3.. | 74,4.. | 75,5.. | 76,6.. |
| 70 | 77,7.. | 78,8.. | 80,0.. | 81,1.. | 82,2.. | 83,3.. | 84,4.. | 85,5.. | 86,6.. | 87,7.. |
| 80 | 88,8.. | 90,0.. | 91,1.. | 92,2.. | 93,3.. | 94,4.. | 95,5.. | 96,6.. | 97,7.. | 98,8.. |
| 90 | 100,0.. | 101,1.. | 102,2.. | 103,3.. | 104,4.. | 105,5.. | 106,6.. | 107,7.. | 108,8.. | 110,0.. |
| 100 | 111,1.. | 112,2.. | 113,3.. | 114,4.. | 115,5.. | 116,6.. | 117,7.. | 118,8.. | 120,0.. | 121,1.. |
| 110 | 122,2.. | 123,3.. | 124,4.. | 125,5.. | 126,6.. | 127,7.. | 128,8.. | 130,0.. | 131,1.. | 132,2.. |
| 120 | 133,3.. | 134,4.. | 135,5.. | 136,6.. | 137,7.. | 138,8.. | 140,0.. | 141,1.. | 142,2.. | 143,3.. |
| 130 | 144,4.. | 145,5.. | 146,6.. | 147,7.. | 148,8.. | 150,0.. | 151,1.. | 152,2.. | 153,3.. | 154,4.. |
| 140 | 155,5.. | 156,6.. | 157,7.. | 158,8.. | 160,0.. | 161,1.. | 162,2.. | 163,3.. | 164,4.. | 165,5.. |
| 150 | 166,6.. | 167,7.. | 168,8.. | 170,0.. | 171,1.. | 172,2.. | 173,3.. | 174,4.. | 175,5.. | 176,6.. |
| 160 | 177,7.. | 178,8.. | 180,0.. | 181,1.. | 182,2.. | 183,3.. | 184,4.. | 185,5.. | 186,6.. | 187,7.. |
| 170 | 188,8.. | 190,0.. | 191,1.. | 192,2.. | 193,3.. | 194,4.. | 195,5.. | 196,6.. | 197,7.. | 198,8.. |
| 180 | 200,0.. | 201,1.. | 202,2.. | 203,3.. | 204,4.. | 205,5.. | 206,6.. | 207,7.. | 208,8.. | 210,0.. |
| 190 | 211,1.. | 212,2.. | 213,3.. | 214,4.. | 215,5.. | 216,6.. | 217,7.. | 218,8.. | 220,0.. | 221,1.. |

#### Minuten.

| ' | 0 | 1 | 2 | 3 | 4 | 5 | 6 | 7 | 8 | 9 |
|---|---|---|---|---|---|---|---|---|---|---|
|  | 0, | 0, | 0, | 0, | 0, | 0, | 0, | 0, | 0, | 0, |
| 00 | 00000 | 01852 | 03704 | 05556 | 07407 | 09259 | 11111 | 12963 | 14815 | 16667 |
| 10 | 18519 | 20370 | 22222 | 24074 | 25926 | 27778 | 29630 | 31481 | 33333 | 35185 |
| 20 | 37037 | 38889 | 40741 | 42593 | 44444 | 46296 | 48148 | 50000 | 51852 | 53704 |
| 30 | 55556 | 57407 | 59259 | 61111 | 62963 | 64815 | 66667 | 68519 | 70370 | 72222 |
| 40 | 74074 | 75926 | 77778 | 79630 | 81481 | 83333 | 85185 | 87037 | 88889 | 90741 |
|  |  |  |  |  | 1, | 1, | 1, | 1, | 1, | 1, |
| 50 | 92593 | 94444 | 96296 | 98148 | 00000 | 01852 | 03704 | 05556 | 07407 | 09259 |

#### Sekunden.

| " | 0 | 1 | 2 | 3 | 4 | 5 | 6 | 7 | 8 | 9 |
|---|---|---|---|---|---|---|---|---|---|---|
|  | 0, | 0, | 0, | 0, | 0, | 0, | 0, | 0, | 0, | 0, |
| 00 | 00000 | 00031 | 00062 | 00093 | 00123 | 00154 | 00185 | 00216 | 00247 | 00278 |
| 10 | 00309 | 00340 | 00370 | 00401 | 00432 | 00463 | 00494 | 00525 | 00556 | 00586 |
| 20 | 00617 | 00648 | 00679 | 00710 | 00741 | 00772 | 00802 | 00833 | 00864 | 00895 |
| 30 | 00926 | 00957 | 00988 | 01019 | 01049 | 01080 | 01111 | 01142 | 01173 | 01204 |
| 40 | 01235 | 01265 | 01296 | 01327 | 01358 | 01389 | 01420 | 01451 | 01481 | 01512 |
| 50 | 01543 | 01574 | 01605 | 01636 | 01667 | 01698 | 01728 | 01759 | 01790 | 01821 |

| o | 0,0" | 0,1" | 0,2" | 0,3" | 0,4" | 0,5" | 0,6" | 0,7" | 0,8" | 0,9" |
|---|---|---|---|---|---|---|---|---|---|---|
| 0, | 00000 | 00003 | 00006 | 00009 | 00012 | 00015 | 00019 | 00022 | 00025 | 00028 |

# Tafel V.
## Umwandlung der neuen Kreisteilung in alte.
(Hundertteilung in Sechzigteilung.)

### Grade.

| g | 0 | 1 | 2 | 3 | 4 | 5 | 6 | 7 | 8 | 9 |
|---|---|---|---|---|---|---|---|---|---|---|
| | ° ' | ° ' | ° ' | ° ' | ° ' | ° ' | ° ' | ° ' | ° ' | ° ' |
| 00 | 0 0 | 0 54 | 1 48 | 2 42 | 3 36 | 4 30 | 5 24 | 6 18 | 7 12 | 8 6 |
| 10 | 9 0 | 9 54 | 10 48 | 11 42 | 12 36 | 13 30 | 14 24 | 15 18 | 16 12 | 17 6 |
| 20 | 18 0 | 18 54 | 19 48 | 20 42 | 21 36 | 22 30 | 23 24 | 24 18 | 25 12 | 26 6 |
| 30 | 27 0 | 27 54 | 28 48 | 29 42 | 30 36 | 31 30 | 32 24 | 33 18 | 34 12 | 35 6 |
| 40 | 36 0 | 36 54 | 37 48 | 38 42 | 39 36 | 40 30 | 41 24 | 42 18 | 43 12 | 44 6 |
| 50 | 45 0 | 45 54 | 46 48 | 47 42 | 48 36 | 49 30 | 50 24 | 51 18 | 52 12 | 53 6 |
| 60 | 54 0 | 54 54 | 55 48 | 56 42 | 57 36 | 58 30 | 59 24 | 60 18 | 61 12 | 62 6 |
| 70 | 63 0 | 63 54 | 64 48 | 65 42 | 66 36 | 67 30 | 68 24 | 69 18 | 70 12 | 71 6 |
| 80 | 72 0 | 72 54 | 73 48 | 74 42 | 75 36 | 76 30 | 77 24 | 78 18 | 79 12 | 80 6 |
| 90 | 81 0 | 81 54 | 82 48 | 83 42 | 84 36 | 85 30 | 86 24 | 87 18 | 88 12 | 89 6 |
| 100 | 90 0 | 90 54 | 91 48 | 92 42 | 93 36 | 94 30 | 95 24 | 96 18 | 97 12 | 98 6 |
| 110 | 99 0 | 99 54 | 100 48 | 101 42 | 102 36 | 103 30 | 104 24 | 105 18 | 106 12 | 107 6 |
| 120 | 108 0 | 108 54 | 109 48 | 110 42 | 111 36 | 112 30 | 113 24 | 114 18 | 115 12 | 116 6 |
| 130 | 117 0 | 117 54 | 118 48 | 119 42 | 120 36 | 121 30 | 122 24 | 123 18 | 124 12 | 125 6 |
| 140 | 126 0 | 126 54 | 127 48 | 128 42 | 129 36 | 130 30 | 131 24 | 132 18 | 133 12 | 134 6 |
| 150 | 135 0 | 135 54 | 136 48 | 137 42 | 138 36 | 139 30 | 140 24 | 141 18 | 142 12 | 143 6 |
| 160 | 144 0 | 144 54 | 145 48 | 146 42 | 147 36 | 148 30 | 149 24 | 150 18 | 151 12 | 152 6 |
| 170 | 153 0 | 153 54 | 154 48 | 155 42 | 156 36 | 157 30 | 158 24 | 159 18 | 160 12 | 161 6 |
| 180 | 162 0 | 162 54 | 163 48 | 164 42 | 165 36 | 166 30 | 167 24 | 168 18 | 169 12 | 170 6 |
| 190 | 171 0 | 171 54 | 172 48 | 173 42 | 174 36 | 175 30 | 176 24 | 177 18 | 178 12 | 179 6 |

### Minuten

| g | 0 | 1 | 2 | 3 | 4 | 5 | 6 | 7 | 8 | 9 |
|---|---|---|---|---|---|---|---|---|---|---|
| | ' " | ' " | ' " | ' " | ' " | ' " | ' " | ' " | ' " | ' " |
| 0,00 | 0 0,0 | 0 32,4 | 1 4,8 | 1 37,2 | 2 9,6 | 2 42,0 | 3 14,4 | 3 46,8 | 4 19,2 | 4 51,6 |
| 0,10 | 5 24,0 | 5 56,4 | 6 28,8 | 7 1,2 | 7 33,6 | 8 6,0 | 8 38,4 | 9 10,8 | 9 43,2 | 10 15,6 |
| 0,20 | 10 48,0 | 11 20,4 | 11 52,8 | 12 25,2 | 12 57,6 | 13 30,0 | 14 2,4 | 14 34,8 | 15 7,2 | 15 39,6 |
| 0,30 | 16 12,0 | 16 44,4 | 17 16,8 | 17 49,2 | 18 21,6 | 18 54,0 | 19 26,4 | 19 58,8 | 20 31,2 | 21 3,6 |
| 0,40 | 21 36,0 | 22 8,4 | 22 40,8 | 23 13,2 | 23 45,6 | 24 18,0 | 24 50,4 | 25 22,8 | 25 55,2 | 26 27,6 |
| 0,50 | 27 0,0 | 27 32,4 | 28 4,8 | 28 37,2 | 29 9,6 | 29 42,0 | 30 14,4 | 30 46,8 | 31 19,2 | 31 51,6 |
| 0,60 | 32 24,0 | 32 56,4 | 33 28,8 | 34 1,2 | 34 33,6 | 35 6,0 | 35 38,4 | 36 10,8 | 36 43,2 | 37 15,6 |
| 0,70 | 37 48,0 | 38 20,4 | 38 52,8 | 39 25,2 | 39 57,6 | 40 30,0 | 41 2,4 | 41 34,8 | 42 7,2 | 42 39,6 |
| 0,80 | 43 12,0 | 43 44,4 | 44 16,8 | 44 49,2 | 45 21,6 | 45 54,0 | 46 26,4 | 46 58,8 | 47 31,2 | 48 3,6 |
| 0,90 | 48 36,0 | 49 8,4 | 49 40,8 | 50 13,2 | 50 45,6 | 51 18,0 | 51 50,4 | 52 22,8 | 52 55,2 | 53 27,6 |

### Sekunden.

| g | 0 | 1 | 2 | 3 | 4 | 5 | 6 | 7 | 8 | 9 |
|---|---|---|---|---|---|---|---|---|---|---|
| 0,0000 | 0,00 | 0,32 | 0,65 | 0,97 | 1,30 | 1,62 | 1,94 | 2,27 | 2,59 | 2,92 |
| 0,0010 | 3,24 | 3,56 | 3,89 | 4,21 | 4,54 | 4,86 | 5,18 | 5,51 | 5,83 | 6,16 |
| 0,0020 | 6,48 | 6,80 | 7,13 | 7,45 | 7,78 | 8,10 | 8,42 | 8,75 | 9,07 | 9,40 |
| 0,0030 | 9,72 | 10,04 | 10,37 | 10,69 | 11,02 | 11,34 | 11,66 | 11,99 | 12,31 | 12,64 |
| 0,0040 | 12,96 | 13,28 | 13,61 | 13,93 | 14,26 | 14,58 | 14,90 | 15,23 | 15,55 | 15,88 |
| 0,0050 | 16,20 | 16,52 | 16,85 | 17,17 | 17,50 | 17,82 | 18,14 | 18,47 | 18,79 | 19,12 |
| 0,0060 | 19,44 | 19,76 | 20,09 | 20,41 | 20,74 | 21,06 | 21,38 | 21,71 | 22,03 | 22,36 |
| 0,0070 | 22,68 | 23,00 | 23,33 | 23,65 | 23,98 | 24,30 | 24,62 | 24,95 | 25,27 | 25,60 |
| 0,0080 | 25,92 | 26,24 | 26,57 | 26,89 | 27,22 | 27,54 | 27,86 | 28,19 | 28,51 | 28,84 |
| 0,0090 | 29,16 | 29,48 | 29,81 | 30,13 | 30,46 | 30,78 | 31,10 | 31,43 | 31,75 | 32,08 |

## Anhang: Formeln zur Prüfung der Bogenabsteckung und zur Einschaltung von Zwischenpunkten.

Vorausgesetzt wird, daß die Bogenlänge des Abschnitts, dessen Abstand ($h$) von der Sehne geprüft oder abgesteckt werden soll, von der Länge dieser Sehne nicht merklich verschieden ist.

Die Formeln gewährleisten eine Genauigkeit von 1 bis 2 mm, wenn man bei den für Hauptbahnen in Betracht kommenden Halbmessern den Vermarkungsabstand nicht größer als 20 m, die Sehne also nicht länger als 40 m wählt.

Die Parabelformeln gelten für Parabeln von der Form $y = m \cdot x^2$. Für sie ist $m \ (= 1 : {}^1/m)$ aus dem Kopf der Tafel III zu entnehmen oder nach den Gleichungen (16) — Seite 11 — oder (25) — Seite 14 — zu berechnen. Man beachte, daß bei Absteckung nach dem Winkelbildverfahren (s. Abschn. 24) der Krümmungshalbmesser am Parabel-Ende bis zu 5% vom Kreishalbmesser abweichen darf. Man kann den Übergangspunkt mit der Ordinate $y_l$ gegen die Tangente festlegen und $m$ berechnen aus $m = y_l : l^2$.

| Nr. u. Kennzeichnung | Abbildung | bei ungleichmäßiger Teilung $a \gtrless b$ | bei gleichmäßiger Teilung $a = b = c$ |
|---|---|---|---|
| | A. Reine Kreisbogen | | |
| 1 Kreisabschnitt | | $h = \dfrac{a \cdot b}{2\,r}$ | $h = \dfrac{c^2}{2\,r}$ |
| 2 Halbmesserwechsel | | $h = \dfrac{a \cdot b}{2\,(a + b)} \cdot \left(\dfrac{a}{r_1} + \dfrac{b}{r_2}\right)$<br>Wenn $r_1$ und $r_2$ nicht sehr verschieden sind, genügt:<br>$h = \dfrac{a \cdot b}{r_1 + r_2}$ | $h = \dfrac{c^2}{4} \cdot \dfrac{r_1 + r_2}{r_1 \cdot r_2}$<br><br>$h = \dfrac{c^2}{r_1 + r_2}$ |

| Nr. u. Kennzeichnung | Abbildung | bei ungleichmäßiger Teilung $a \gtrless b$ | bei gleichmäßiger Teilung $a = b = c$ |
|---|---|---|---|
| | | B. Vollständige kubische Parabeln (von $\varrho = \infty$ bis $\varrho = r$) | |
| 3 Ganze Parabel in $p$ Abschnitte von der Länge $c$ zerlegt | | | $h_n = n \cdot 3\, m \cdot c^3$<br><br>$h_o = \frac{1}{2}\, m \cdot c^3$<br><br>$h_p = h_o \cdot (6\, p - 1)$ |
| 4 Beliebiger Parabelabschnitt | | $h = m \cdot a \cdot b \cdot (3\, d + 2\, a + b)$<br><br>Für $d = o$ wird:<br><br>$h = m \cdot a \cdot b \cdot (2\, a + b)$ | $h = 3\, m \cdot c^2\, (d + c)$<br><br><br><br>$h = 3\, m \cdot c^3$ |
| 5 Zusammenstoß zweier Parabeln | | $h = \frac{1}{2} \cdot \left[ m_1 \cdot a_2 \cdot (3\, l_1 - a) + {} + m_2 \cdot b^2 \cdot (3\, l_2 - b) \right]$<br><br>Für $l_1 = l_2 = l$ und $m_1 = m_2 = m$ wird:<br><br>$h = \frac{m}{2} \left[ a^2 (3\, l - a) + b^2 (3\, l - b) \right]$ | $h = \frac{c^2}{2} \left[ m_1 \cdot (3\, l_1 - c) + {} + m_2 \cdot (3\, l_2 - c) \right]$<br><br><br><br>$h = m \cdot c^2 \cdot (3\, l - c)$ |

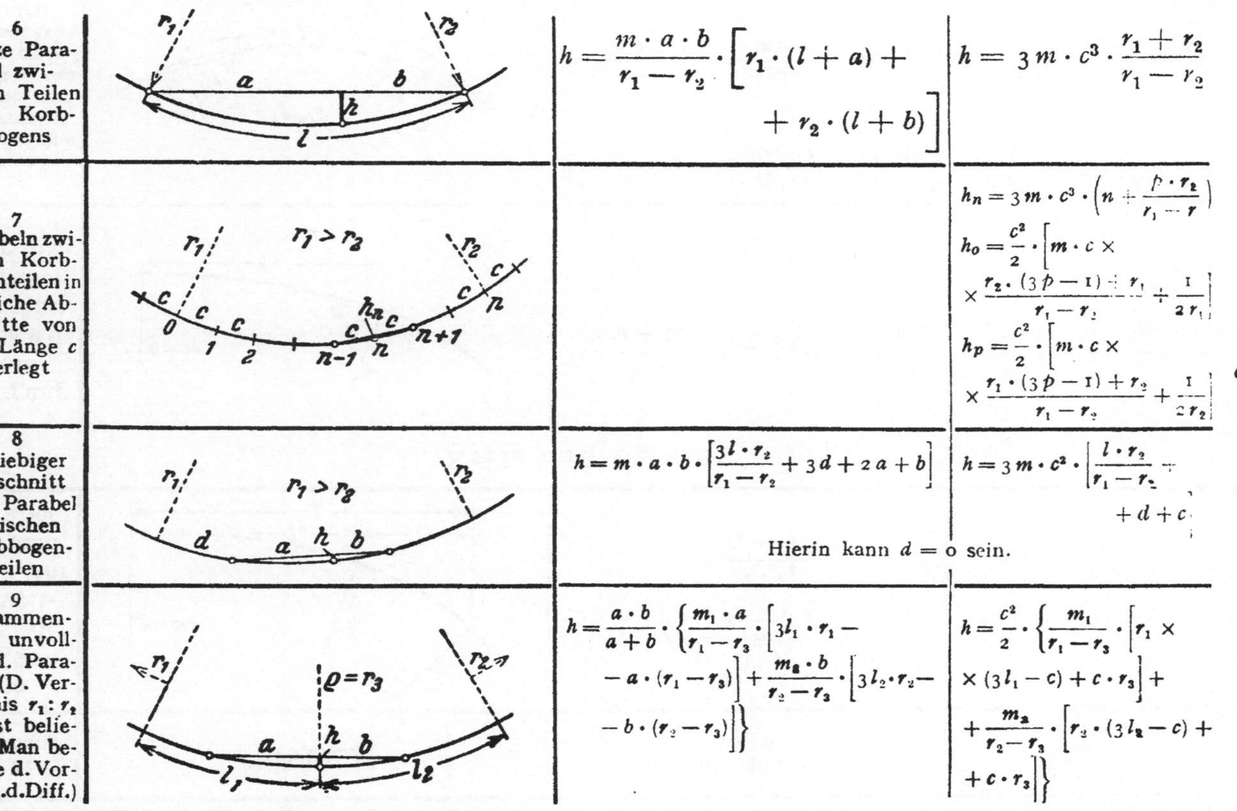


| | | | |
|---|---|---|---|
| **6** Ganze Parabel zwischen Teilen eines Korbbogens | | $h = \dfrac{m \cdot a \cdot b}{r_1 - r_2} \cdot \left[ r_1 \cdot (l + a) + r_2 \cdot (l + b) \right]$ | $h = 3\,m \cdot c^3 \cdot \dfrac{r_1 + r_2}{r_1 - r_2}$ |
| **7** Parabeln zwischen Korbbogenteilen in $p$ gleiche Abschnitte von der Länge $c$ zerlegt | | | $h_n = 3\,m \cdot c^3 \cdot \left( n + \dfrac{p \cdot r_2}{r_1 - r} \right)$ <br> $h_0 = \dfrac{c^2}{2} \cdot \left[ m \cdot c \times \dfrac{r_2 \cdot (3p - 1) \div r_1}{r_1 - r_2} \div \dfrac{1}{2 r_1} \right]$ <br> $h_p = \dfrac{c^2}{2} \cdot \left[ m \cdot c \times \dfrac{r_1 \cdot (3p - 1) + r_2}{r_1 - r_2} + \dfrac{1}{2 r_2} \right]$ |
| **8** Beliebiger Abschnitt der Parabel zwischen Korbbogenteilen | | $h = m \cdot a \cdot b \cdot \left[ \dfrac{3 l \cdot r_2}{r_1 - r_2} + 3 d + 2 a + b \right]$ | $h = 3\,m \cdot c^2 \cdot \left[ \dfrac{l \cdot r_2}{r_1 - r_2} + d + c \right.$ <br><br> Hierin kann $d = 0$ sein. |
| **9** Zusammenstoß unvollständ. Parabeln (D. Verhältnis $r_1 : r_2 : r_3$ ist beliebig. Man beachte d. Vorzeich.d.Diff.) | | $h = \dfrac{a \cdot b}{a + b} \cdot \left\{ \dfrac{m_1 \cdot a}{r_1 - r_3} \cdot \left[ 3 l_1 \cdot r_1 - a \cdot (r_1 - r_3) \right] + \dfrac{m_2 \cdot b}{r_2 - r_3} \cdot \left[ 3 l_2 \cdot r_2 - b \cdot (r_2 - r_3) \right] \right\}$ | $h = \dfrac{c^2}{2} \cdot \left\{ \dfrac{m_1}{r_1 - r_3} \cdot \left[ r_1 \times (3 l_1 - c) + c \cdot r_3 \right] + \dfrac{m_2}{r_2 - r_3} \cdot \left[ r_2 \cdot (3 l_2 - c) + c \cdot r_3 \right] \right\}$ |

| Nr. u. Kenn-zeichnung | Abbildung | bei ungleichmäßiger Teilung $a \gtrless b$ | bei gleichmäßiger Teilung $a = b = c$ |
|---|---|---|---|
| 10 Ergänzung der unvollständ. zur vollständ. Parabel | | $L = \dfrac{l \cdot r_1}{r_1 - r_2}$ <br> $l_1 = \dfrac{l \cdot r_2}{r_1 - r_2}$ | |

### D. Kreis und Parabel.

| Nr. u. Kenn-zeichnung | Abbildung | bei ungleichmäßiger Teilung $a \gtrless b$ | bei gleichmäßiger Teilung $a = b = c$ |
|---|---|---|---|
| 11 Übergang vom Stück $a$ d. vollständ. Parabel z. Kreis-stück $b$ | | $h = \dfrac{a \cdot b}{a + b} \cdot \left[ m \cdot a(3l - a) + \dfrac{b}{2r} \right]$ | $h = \dfrac{c^2}{2} \cdot \left[ m \cdot (3l - c) + \dfrac{1}{2r} \right]$ |
| 12 Übergang vom Stück $a$ der unvollst. Parabel zum Stück $b$ des flacheren $(r_1)$ oder schärferen $(r_2)$ Kreisbogens | | $h_1 = \dfrac{a \cdot b}{a + b} \cdot \left[ m \cdot a \cdot \left( \dfrac{3l \cdot r_2}{r_1 - r_2} + a \right) + \dfrac{b}{2r_1} \right]$ <br> $h_2 = \dfrac{a \cdot b}{a + b} \cdot \left[ m \cdot a \cdot \left( \dfrac{3l \cdot r_1}{r_1 - r_2} - a \right) + \dfrac{b}{2r_2} \right]$ | $h_1 = \dfrac{c^2}{2} \cdot \left[ m \cdot \left( \dfrac{3l \cdot r_2}{r_1 - r_2} + c \right) + \dfrac{1}{2r_1} \right]$ <br> $h_2 = \dfrac{c^2}{2} \cdot \left[ m \cdot \left( \dfrac{3l \cdot r_1}{r_1 - r_2} - c \right) + \dfrac{1}{2r_2} \right]$ |

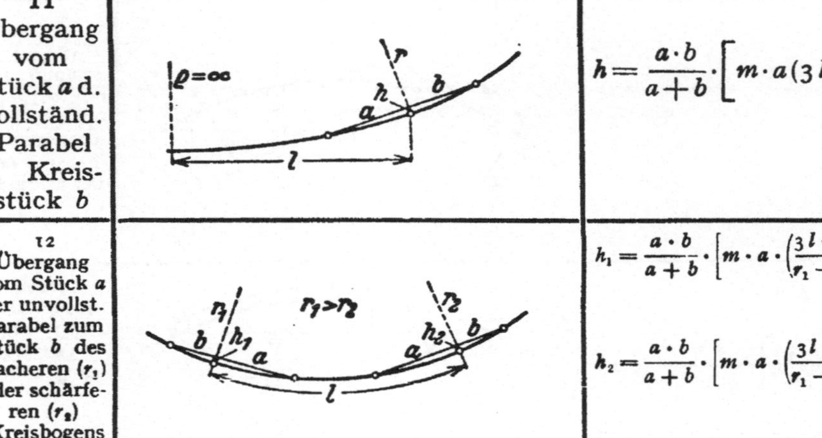